优秀青年学者文库·工程热物理卷

建筑外立面开口火溢流动力学与基础理论

Fundamental Theory and Mechanism of Compartment-Facade Fire

胡隆华　唐　飞　陆凯华　任　飞　孙协鹏　著

科学出版社

北　京

内 容 简 介

本书围绕建筑外立面开口火溢流火灾特点，结合实验和理论分析、数值计算，系统阐述了自由边界、上下与平行双开口、高原低压低氧、不同边墙结构以及环境风等不同情况下建筑火灾开口火溢流的动力学演化规律与理论，针对开口火溢流火焰形态参数、温度分布与热流等特征参数分布规律建立了相应的理论基础模型。

本书主要供高层建筑火灾科研、消防监督安全管理、防火设计等方面的人员使用，也可作为高等院校安全科学与工程专业学生的参考书。

图书在版编目(CIP)数据

建筑外立面开口火溢流动力学与基础理论 = Fundamental Theory and Mechanism of Compartment-Facade Fire / 胡隆华等著. —北京：科学出版社，2020.9

(优秀青年学者文库・工程热物理卷)

ISBN 978-7-03-065885-2

Ⅰ. ①建… Ⅱ. ①胡… Ⅲ. ①建筑设计-火焰-溢流-空气动力学-研究 Ⅳ. ①TU892

中国版本图书馆CIP数据核字(2020)第156668号

责任编辑：范运年　赵　颖 / 责任校对：王萌萌
责任印制：吴兆东 / 封面设计：蓝正设计

科学出版社 出版
北京东黄城根北街 16 号
邮政编码：100717
http://www.sciencep.com

北京凌奇印刷有限责任公司 印刷
科学出版社发行　各地新华书店经销

*

2020 年 9 月第　一　版　开本：720 × 1000　1/16
2024 年 1 月第二次印刷　印张：17 1/2
字数：342 000

定价：138.00 元

(如有印装质量问题，我社负责调换)

青年多创新，求真且力行（代序）

——青年人，请分享您成功的经验

能源动力及环境是全球人类赖以生存和发展的极其重要的因素，随着经济的快速发展和环境保护意识的不断加强，为保证人类的可持续发展，节能、高效、降低或消除污染排放物、发展新能源及可再生能源已经成为能源领域研究和发展的重要任务。

能源动力短缺及环境污染是世界各国面临的极其重要的社会问题，我国也不例外。虽然从 20 世纪 50 年代我国扔掉了“贫油”的帽子，但是“缺油、少气、相对富煤”的资源特性是肯定的。从 1993 年起，随着经济的快速发展，我国成为石油净进口国，截止到 2018 年，我国的石油进口对外依存度已经超过 70%，远远超过 50%的能源安全线。由于大量的能源消耗，特别是化石能源的消耗，环境受到很大污染，特别是空气质量屡屡为世人诟病。雾霾的频频来袭，成为我国不少地区的难隐之痛。我国能源工业发展更是面临经济增长、环境保护和社会发展的重大压力，在未来能源发展中，如何充分利用天然气、水能、核能等清洁能源，加快发展太阳能、风能、生物质能等可再生能源，洁净利用石油、煤炭等化石能源，提高能源利用率，降低能源利用过程中带来的大气、固废、水资源的污染等问题，实现能源、经济、环境的可持续发展，是我国未来能源领域发展的必由之路。

近年来，我国政府在能源动力领域不断加大科研投入的力度，在能源利用和环境保护方面取得了一系列的成果，也有一大批年轻的学者得以锻炼成长，在各自的研究领域做出了可喜的成绩。科学技术的创新与进步，离不开科研人员的辛勤努力，更离不开他们不拘泥于前人研究成果、敢于创新的勇气，需要青年学者的参与和孜孜不倦的追求。

近代中国发生了三个巨大的变革，改变了中国的命运，分别是 1919 年的五四运动、1949 年的中华人民共和国成立和 1978 年的改革开放。五四运动从文化上唤醒国人，中华人民共和国成立后从一个一穷二白的国家发展成初具规模的工业大国，变成了真正意义上的世界强国。改革开放将中国发展成世界第二大经济体。涉及国运的三次大事变，年轻人在其中发挥了重要的作用。

青年是创造力最丰富的人生阶段，科学的未来在于青年。

经过数十年的发展，我国已经成为世界上最大的高等教育人才的培养国，每年不仅国内培养出大量优秀的青年人才，随着国家经济实力不断壮大，大批学成的国外优秀青年学者也纷纷回国加入到祖国建设的队伍中。在“不拘一格降人才”的精神指导下，涌现出一大批“杰出青年”“青年长江学者”“青年拔尖人才”等优秀的年轻学者，成为所在学科的领军人物或学术带头人或学术骨干，为学科的发展做出重要贡献。

科学的发展需要交流，交流的最重要方式是论文和著作。古代对学者要求的“立德、立功、立言”的三立中，立言就是著书立说。一个人成功，常常谦虚地表示是站在巨人的肩膀上，就是参照前人的研究成果，发展出新的理论和方法。我国著名学者屠呦呦之所以能够发现青蒿素，就是从古人葛洪的著作中得到重要启发。诺贝尔物理学奖获得者杨振宁教授，除了与李政道合作的宇称不守恒理论之外，还提出了非阿贝尔规范场论以及杨-巴克斯特方程，为后来获得诺贝尔物理学奖奠定了很好的基础，他在统计力学和高温超导方面的贡献也为后来的工作起到重要的方向标作用。因此，著书立说，不仅对于个人的学术成熟和成长有重要的作用，对于促进学科发展、带动他人的进步也至关重要。

著名学者王国维曾在其所著的《人间词话》中对古今之成大事业、大学问者提出人生必经三个境界，第一境界是“昨夜西风凋碧树，独上高楼，望尽天涯路”；第二境界是“衣带渐宽终不悔，为伊消得人憔悴”；第三境界是“众里寻他千百度，蓦然回首，那人正在灯火阑珊处”。这里指出，做学问，成大事首先是要耐得住孤独；其次是要守得住清贫，要坚持。在以上基础上，成功自然就会到来。当然，著书是辛苦的。在当前还没有完全消除唯论文的现状下，从功利主义出发，撰写一篇论文可能比著一本书花费的时间、精力要少很多，然而，作为一个真正的学者，著书立说是非常必要的。

科学出版社作为国家最重要的科学文集出版单位，出于对未来发展、对培养青年人的重大担当，提出了《优秀青年学者文库 • 工程热物理卷》出版计划。该计划给了青年学者一个非常好的机会，为他们提供了很好的展现能力的平台，也给他们一个总结自己学术成果的机会。本套丛书就是立足于能源与动力领域优秀青年学者的科研工作，将其中的优秀成果展示出来。

国家的经济快速发展，能源需求日盛。化石能源消耗带来的资源和环境的担忧，给我们从事能源动力的研究人员一个绝好的发展机会，寻找新能源，实现可持续发展是我们工程热物理学科所有同仁的共同追求。希望我们青年学者，不辱使命，积极创新，努力拼搏，创造出一个美好的未来。

姚春德

2019 年 2 月 27 日

前　言

近年来，随着我国社会经济发展不断进步，城市化水平不断提高，各类人员涌入大中城市。城市人口数量不断增加，(超)高层建筑日益增多。据统计，中国内地共有高层建筑约 20 万栋(约 3000 多栋为超高层)，高层建筑的快速发展在满足城市发展需求的同时也带来了严重的火灾安全问题。高层建筑内部一旦发生火灾，不仅火与烟气蔓延非常迅速，而且，随火灾规模不断扩大还会通过建筑窗口溢出，形成外立面开口火溢流。外立面开口火溢流对引燃建筑外立面保温材料乃至形成内—外—内交互蔓延的大规模立体火灾具有重要影响，扑救十分困难。因此，亟须建筑外立面开口火溢流的科学基础理论的支撑。

中国科学技术大学火灾科学国家重点实验室面向国家对高层建筑火灾防治的重大需求，近十年来，承担了包括 973 计划、国家自然科学基金优秀青年科学基金项目等一批国家级重要科研项目。结合我国城市高层建筑特点，对建筑外立面开口火溢流的形成机制及其特征参数分布规律进行了系统而深入的研究，本书的作者团队承担和参加了这些项目的研究工作，取得了一批创新性的科研成果。

本书内容主要基于作者近十年来的科研成果积累，并适当吸纳了国内外其他与高层建筑开口火溢流相关的基础知识。全书以科学认识高层建筑外立面开口火溢流为主线，系统讨论了外立面开口火溢流形成、发展的基础理论，在研究方法上注重理论分析和实验研究、数值计算相结合；首先深入讨论了自由边界条件下高层建筑外立面开口火溢流基础理论，在此基础上，结合我国高层建筑的特点，介绍了竖直(倾斜)挡墙、侧墙、高原低压低氧及外界风等特殊边界条件下外立面开口火溢流理论，可为高层建筑防火设计及安全管理提供科技支撑和参考。本书由胡隆华拟定全书大纲，并撰写第一章、第三章及第九章，唐飞主要撰写第五章、第六章及第八章，陆凯华主要撰写第二章、第四章及第七章，任飞参与撰写了第二章、第三章、第九章，孙协鹏参与撰写了第一章、第五章、第九章。另外，作者所在团队的邱曾维硕士、胡开智硕士等同学，这些年来一直与作者共同研究，其中的一些科研成果被作为本书的重要素材。

本书主要供高层建筑火灾科研、消防监督安全管理、防火设计等方面的人员使用，也可作为高等院校安全科学与工程专业学生的参考书。

由于作者水平所限，书中不足之处在所难免，恳请读者批评指正。

胡隆华

2020.5.1

目　录

第一章 绪 论

建筑外立面开口火溢流是建筑火灾由内向外发展的重要转折。火焰溢出开口后，具备一定的形态特征，将显著改变建筑外立面的温度分布和传热特性(如热辐射和热对流等)；火焰和高温烟气也逐渐向上层和周边建筑物传播，引燃外立面保温材料，加速火势的蔓延，引起更大的火灾。因此，开展建筑火灾外立面开口溢流现象与物理机制的研究，对建筑消防安全具有十分重要的理论意义和实践参考价值。

第一节 建筑外立面开口火溢流的基本现象

近年来，随着我国城市化建设日趋成熟，越来越多的城市涌现出来，而人口迁移使这些城市中人口密度不断上升，相应地产生了城市用地日趋紧张问题。为了应对这一难题，容纳更多的人口，许多城市中建成了大量高层、超高层建筑。我国现行的规范中[1,2]，将超过 10 层的住宅建筑和超过 24 层的公共建筑定义为高层建筑。截至目前，我国(包括港澳台)已拥有 300m 以上超高层建筑近两百余座，占全球总数的一半以上，高层建筑更是不胜枚举。

在当今火灾事故类型中，建筑火灾占据相当大的比例。高层建筑的火灾特性与普通建筑有很大区别，给高层建筑消防带来许多新的难题。与普通建筑相比，高层建筑结构复杂，功能多样，起火因素多[3]，火灾危险性大。此外，高层建筑楼层较高，消防员的登高和供水都有一定的难度，给扑救带来了难题，加之楼层内部人员密度较大，疏散较为困难，在人员疏散过程中又难免有挤压踩踏事故的发生，这些都将对人身财产安全造成重大威胁。

近年来，国内外发生了多起高层建筑火灾案例[4-7]，这些火灾最后都形成了建筑外立面大型立体火蔓延。此类火灾蔓延迅速，火焰和高温烟气向周围迅速传播，进入上层和相邻的房间、建筑物中，引燃建筑外墙材料，同时，高层建筑内人口密度较大，易燃物品多，火灾的蔓延对人员和财产安全将造成更大的威胁。下面按时间发生顺序列举了一些国内外高层建筑火灾案例。

1) 美国米高梅旅馆火灾

1980 年 11 月 21 日，美国米高梅旅馆火灾[6]可以说是美国迄今为止最为严重的高层建筑火灾。该建筑有 26 层，火灾是房间上方的供电线路短路所致，当时发生火灾之后，火势蔓延到餐厅，由于餐厅内存在大量的易燃物品(装饰、用具)，在这期间室内人员并没有采用消防设施将火扑灭，烟气通过空调系统向高层蔓延，很快整个高楼都处于火海之中。大量的烟气、火焰从高楼的窗户开口处溢出，该事件一共造成了 84 人死亡，679 人受伤，损失十分严重(图 1.1)。

图 1.1　美国米高梅旅馆火灾(1980.11.21，图片来自科学网)

2)西班牙马德里温莎公爵大厦火灾

2005 年 2 月 12 日，当地时间 23 时许，位于西班牙马德里市[7]的繁华地带的温莎公爵大厦发生大火，造成部分楼梯坍塌。温莎公爵大厦共有 32 层，楼高约 106m，是马德里市十大最高的地标性建筑物之一。据当地电台报道，火灾最早从 21 层开始，逐步向上蔓延，相关调查显示，大厦被火烧后的温度曾高达 800℃，火势持续了二十多个小时，直到当地时间第二天 20 时左右才被扑灭。所幸火灾发生时，由于大楼正在装修，楼内没有住户，也并无工作人员，只有 1 名消防队员在救火时受伤(图 1.2)。

图 1.2　西班牙马德里温莎公爵大厦火灾(2005.2.12，图片来自科学网)

3)广州金海湾大楼火灾

2006 年 8 月 11 日 18 时 10 分，广州金海湾毗邻中大北门的一座高楼 22 层临江的外墙突然起火，大火从 22 层烧起并迅速蔓延至 25 层。消防员及时赶来，在 5min 内扑灭大火，并没有人员伤亡。从现场可以看出，着火的两座大楼相邻，并且中间有一定的间距，类似于传统建筑的“亲嘴楼”，建筑外立面的火焰蔓延与传统的不同，周围空气的卷吸还受到旁边建筑的影响，类似于开口溢流受到竖直挡墙的影响(图 1.3)。

图 1.3 广州金海湾大楼火灾(2006.8.11，图片来自新浪网)

4)央视新址北配楼火灾

2009 年 2 月 9 日，中央电视台员工在央视新址北配楼(全称中央电视台电视文化中心)附近，违反规定燃放大型烟花。20 时 30 分左右，大型礼花弹的高温残骸落入中心建筑顶部，引燃外墙上的易燃材料，火焰沿着大厦外立面蔓延，迅速使整栋大楼陷入火海之中。在接近 6h 之后大火才被熄灭，2.1 万 m^2 的建筑面积被火焰烧毁，大楼外墙除北侧以外的外壁材料均被严重破坏。火灾造成 1 名消防人员牺牲，30 多人受伤，直接经济损失估计 1.64 亿元(图 1.4)。

5)韩国釜山商用公寓大楼火灾

2010 年 10 月 1 日，当地时间 11 时 34 分许，韩国釜山一栋 140m 高的 38 层商用公寓突然起火，起火原因是电线老化短路，在公寓层产生 4 处电火花。火势不断蔓延，大火点燃了公寓背面的外墙，并扩散到最高的 38 层(图 1.5)。

图 1.4　央视新址北配楼火灾(2009.2.9，图片来自新浪网)

图 1.5　韩国釜山商用公寓大楼火灾(2010.10.1，图片来自 FFSA)

6) 上海教师公寓火灾

2010 年 11 月 15 日 14 时 20 分，上海静安区胶州路教师公寓住宅由于电焊工无证违规操作，致使周围易燃物被焊渣引燃，造成脚手架突发大火。该教师公寓高 28 层，底层为商场，第 2～4 层为办公所用，第 5～28 层作为住宅使用。共有 500 户居民，大多数住户为教师，其中老人占据多数。在消防官兵救援过程中，由于云梯高度的限制，达不到着火大楼的顶部，加上水枪也只能到教师公寓 2/3 高度，同时由于火势太大，直升机也不能靠近，致使救援工作开展不顺利。最终 58 人遇难，70 余人受伤(图 1.6)。

图 1.6　上海教师公寓大火(2010.11.15，图片来自新华网)

7)沈阳皇朝万鑫国际大厦火灾

2011 年 2 月 3 日零时 13 分，沈阳皇朝万鑫国际大厦 B 座公寓楼发生火灾，大火最终烧毁整栋 B 座大楼。据调查，火灾系因燃放烟花不慎引起楼体外部保温材料燃烧所致，造成重大财产损失(图 1.7)。

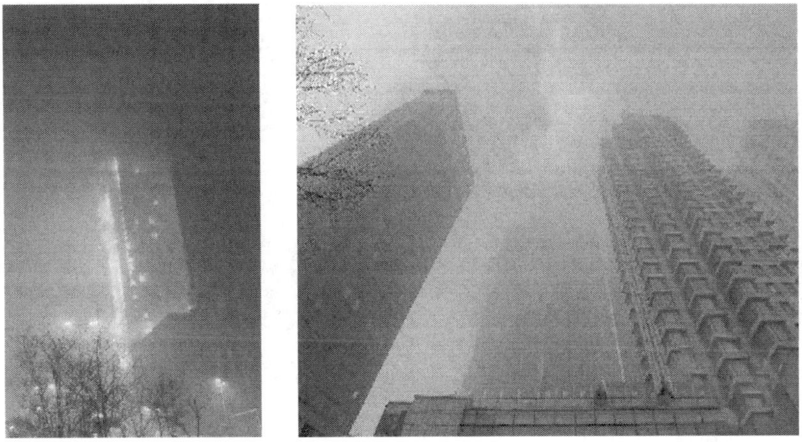

图 1.7　沈阳皇朝万鑫国际大厦火灾(2011.2.3，图片来自新华网)

8)广州光复大厦火灾

2012 年 3 月 22 日，在广州市慕湾区光复路一座 28 层的大楼——光复大厦，其 13 层一间房间发生大火。火焰从破损的窗口溢出，并猛烈燃烧。由于起火楼层太高，消防车水枪不能有效地扑灭大火。滚滚浓烟迅速地蔓延到起火房间以上的楼层，直到 3h 以后，火势才被有效地控制住。此后烟雾减少才让楼上的居民得以疏散。所幸该建筑外立面建筑材料没有被引燃，因此火势没有往更高的楼层蔓延(图 1.8)。

图 1.8　广州光复大厦火灾(2012.3.22，图片来自新华网)

9) 印度新德里 Himalaya 大厦火灾

2012 年 11 月 19 日，印度新德里 Himalaya 大厦第 12 层发生火灾，大量烟气和火焰从窗户溢出，对建筑结构造成严重破坏，并造成 1 人死亡(图 1.9)。

图 1.9　印度新德里 Himalaya 大厦火灾(2012.11.19，图片来自中新网)

10) 延安国贸大厦火灾

2012 年 12 月 22 日 4 时 30 分左右，延安国贸大厦发生火灾，在火灾现场共发现 3 具遗体。据调查，造成这次火灾的原因是无烟煤炉引燃包裹混凝土加固立柱的棉被和围挡彩条布，引发国贸大厦二楼起火，现场可以看到火焰从窗户开口处喷涌而出(图 1.10)。

11) 新疆和田高层建筑火灾

新疆和田地区处于典型的低压环境，2013 年 3 月 24 日 19 时 35 分许，新疆和田市民街附近一座高层建筑发生火灾，火势猛烈。不过该建筑的起火楼层

图 1.10 延安国贸大厦火灾(2012.12.22，图片来自中新网)

位于顶层(11 层)，顶层发生了外部火焰溢出，通过房间的门向下层蔓延，新疆和田地区公安消防支队接到报警后迅速派出消防车和人员进行救援工作，20 时 06 分，经过奋力救援，近 200 名居民全部被疏散至安全地带，未造成人员伤亡(图 1.11)。

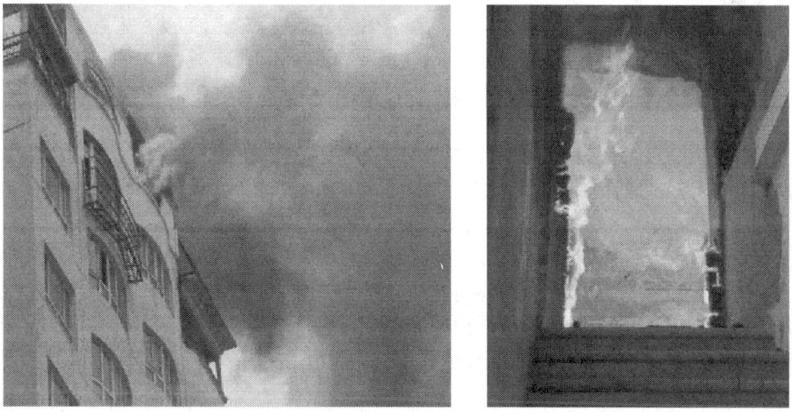

图 1.11 新疆和田高层建筑火灾(2013.3.24，图片来自中新网)

12)迪拜“玛丽娜火炬”住宅楼火灾

2015 年 2 月 21 日，迪拜“玛丽娜火炬”住宅楼发生一起特大火灾，该楼高达 79 层。火灾从大厦中部燃起，但由于受大风的助长作用，火溢流以“跨层”的方式快速蔓延，仅用不到 2h 便向上蔓延了十多层(图 1.12)。报道称迪拜大风的作用使大火就像“沉没的泰坦尼克号”般无法控制，损失惨重。

从上述众多的案例可以发现，无论高层建筑的起火点在建筑外立面还是建筑内部房间，其火灾的主要特点是蔓延迅速(包括室内火灾通过窗户、玻璃幕墙等途径溢出，引燃上层和周围建筑)，加上近年来广泛使用易燃外墙保温材料，极易向上形成立体蔓延，造成几(多)层同时燃烧，而且热烟毒气危害严重，直接威胁着

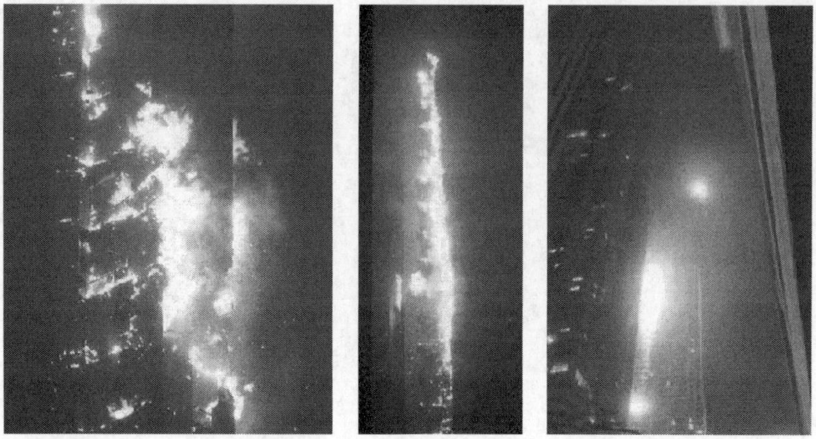

图 1.12 迪拜“玛丽娜火炬”住宅楼火灾(2015.2.21，图片来自环球网)

人们的生命安全，酿成群死群伤的严重后果。此外，绝大多数的建筑开口火溢流往往发生在非自由边界条件下，会受到周围条件和环境的干扰(如毗邻建筑、坡地建筑、挑檐阻隔、侧墙结构、环境风、低压条件等)，如金海湾大楼火灾是典型的毗邻建筑火灾场景(图 1.3)。

一、建筑外立面开口火溢流形成过程

建筑外立面开口火溢流始发于建筑内部的受限空间火灾，其形成过程受多重因素的综合影响，包括受限空间面积(房间尺寸)、建筑开口形式(单开口，多开口，开口尺寸、形状)、火灾载荷分布(燃烧房间内部的热释放速率)、边界条件(侧墙、斜坡、竖直挡墙)及外界的环境条件(环境风、低压)等。根据其不同阶段的表现形式可将其发展过程分为三个阶段：初始发展阶段、充分燃烧阶段及火焰溢出阶段。下面将分别从以上三个阶段对火溢流的产生机理进行分析。

初始发展阶段：此阶段房间内的空气供给充足，火焰充分燃烧，火灾的发展过程主要受可燃物自身影响，该阶段火灾控制形式为燃料控制(fuel-control)(图 1.13)[8-11]。

图 1.13 初始发展阶段(图片来自文献[10])

充分燃烧阶段：随着火灾的发展，未着火区域的可燃物受火源热辐射及对流传热影响，温度逐渐上升至燃点，从而促使火灾蔓延范围逐渐增大。在此过程中，由于火源热释放速率的不断增加，室内氧气逐渐呈现出不足状态，从而导致火灾控制方式由燃料控制转变为通风控制(under-ventilated)[9]。在该阶段末尾，若室内温度足够高，窗户玻璃会由于房间内外的压差发生破裂[12-14]并发生轰燃[9]，从而促使火灾蔓延至室外，进入到火焰溢出的阶段。否则，若由于室内温度不够高或窗户玻璃防火性能较好，将会出现火灾熄灭的现象，建筑外立面的火溢流现象也将不会发生(图 1.14)。

图 1.14　充分燃烧阶段(图片来自文献[10])

火焰溢出阶段：当火灾进入充分燃烧阶段之后，燃烧程度仍在缓慢增加，空气供给逐渐不足，一部分由室内可燃物液化蒸发形成的可燃性气体随着高温烟气一起从开口处溢出，与外界的氧气混合燃烧而产生火焰，这种火焰现象称作外部燃烧现象，也叫作开口火溢流现象(图 1.15)。

图 1.15　火焰溢出阶段(图片来自文献[10])

火焰向空间外部扩展传播，可能将火焰和高温烟气引入到相邻房间和建筑物中，加速火灾的立体蔓延，引起更大的火灾。

二、建筑外立面开口火溢流形成机制

在通风控制燃烧阶段，因热浮力产生的静压差[15-17]是形成火溢流的直接原因。本小节将结合室内外的压力分布对建筑外立面的开口火溢流形成进行介绍。如图 1.16～图 1.19 所示，火源燃烧产生的火羽流因浮力上升并在顶棚下沉积，烟气因与外界同一高度处的空气存在压力差而溢出，底部火羽流进一步卷吸周围空气维持燃烧，达到一个动态的平衡。现在假设燃料的燃烧速率和燃烧行为是理想的行为，并且室内外的压力垂直分布是呈线性变化。

第一阶段如图 1.16 所示，通常是指室内火灾的初始阶段。在这一阶段，热烟气层(热烟气层高度(height of hot flue gas layer)为 H_d)尚未到达室内窗户开口的顶部，从右侧的压力分布图上可以看出，在同一高度处，室内气体受热膨胀导致压力升高，整个房间内部的压力比外部压力高，内部的冷空气从靠近地板的开口处流出，由于热空气的密度低于冷空气，在腔室的顶部积聚了一定高度的热烟气，因此，内部的压力分布图上方有一个转折。

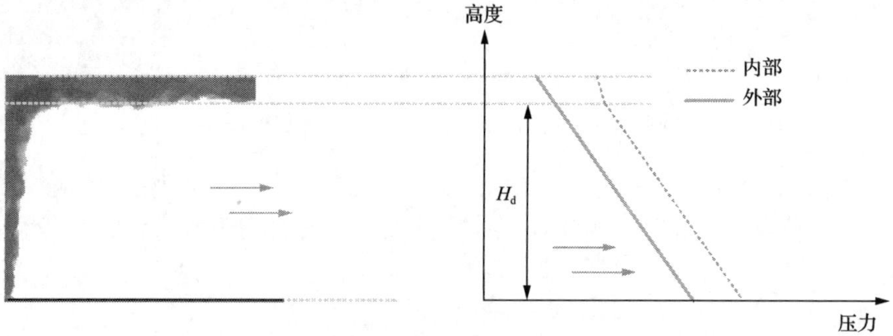

图 1.16　第一阶段(图片来自文献[10])

第二阶段如图 1.17 所示，热烟气层的堆积已经到达了开口顶部，热烟气开始从开口上方流出，可以看出在开口的任意高度处，室内压力仍然比外部压力高，室内的冷空气从窗户下部流出，靠近窗户顶部的热空气从上部流出，从开口处

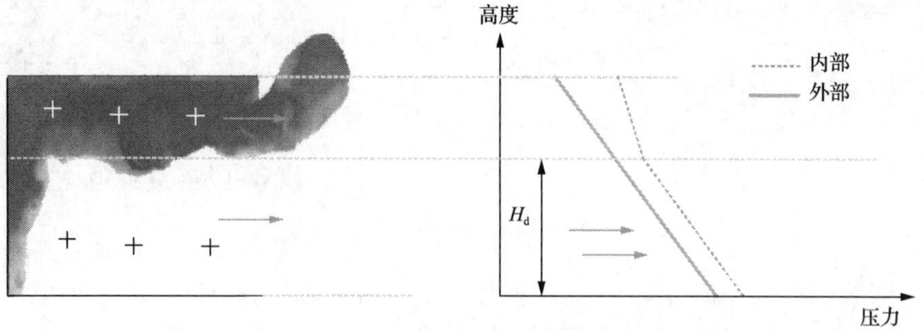

图 1.17　第二阶段(图片来自文献[10])

流出的质量流量非常大，不过这一阶段持续的时间很短，室内质量平衡主要是通过燃料的供给来实现。

第三阶段如图 1.18 所示，根据压力分布图可以看出，上部的热空气从房间开口上部流出，新鲜的空气从开口下部进入到房间，开口处内外压力相等的平面叫做中性面，在这个平面上，既没有气体流入，也没有气体流出，这个高度是由室内外的压力确定的，当高度大于中性面高度时，内部压力大于外部压力，热气体从室内流出，当高度小于中性面高度时，内部压力小于外部压力，外部的新鲜空气从室外进入，因此为了计算流入和流出的空气量，必须确定中性面的高度 z_n 和热烟气层的高度 H_d（冷、热气层的交界面高度），此时室内火灾模型可以看作一个双区域模型（two-zone model，上层是热空气，下层是冷空气）。

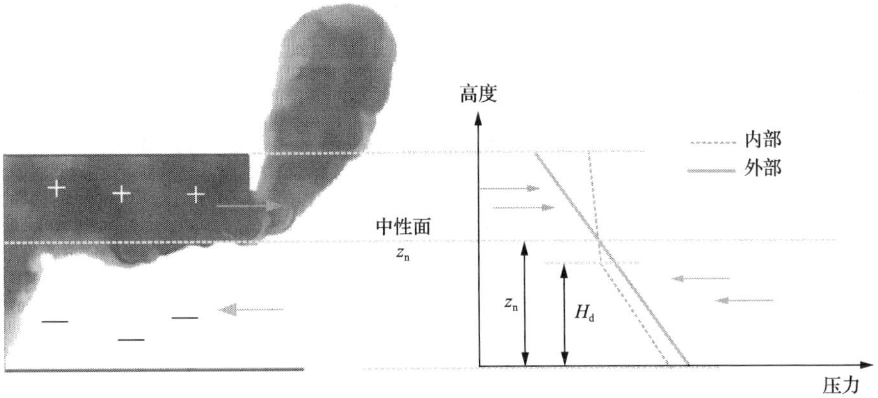

图 1.18　第三阶段（图片来自文献[10]）

第四阶段如图 1.19 所示，是室内火灾充分发展的阶段，此时热气（hot gas）层已经到达地板，因此在垂直高度上压力大小都是线性变化的，唯一不确定的高度是 z_n，根据压力和质量流率容易确定这种类型的压力分布图。这一阶段也被称为

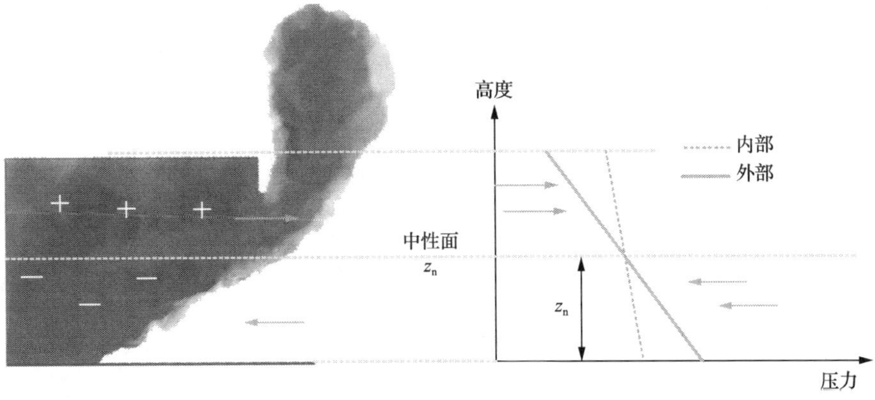

图 1.19　第四阶段（图片来自文献[10]）

火灾充分发展时期(或者是轰燃后的火灾)。此时室内火灾模型可以认为是一个单区域模型，室内温度可以认为是均匀一致的(well-mixed)[11]。

第二节 建筑外立面开口火溢流的特征参数

建筑外立面开口火溢流是建筑大型立体火蔓延的初始阶段。下面将对这一现象的特征参数进行详细介绍，主要包括热释放速率、室内温度、中性面位置、火焰形态参数(火焰高度、火焰宽度、火焰厚度、火焰根部)、外部羽流温度分布、壁面热流。

一、热释放速率(火源强度)

人们对火灾危险性的首先反应通常是问“火灾有多大”，这个问题在本质上就是问“火灾过程中的热释放速率是多大”。大量的火灾案例证明，尽管火灾中的有毒气体是导致人员伤亡的主要原因，但描述火灾最重要的参数是热释放速率，而不是有毒气体。热释放速率(heat release rate，HRR)[9,18]是指在规定的实验条件下，在单位时间内材料燃烧所释放的热量。热释放速率表达了火源释放热量的快慢和大小，也是火源释放热量的能力。

在传统的腔室火灾中存在三种热释放速率，即所有供给燃料总的热释放速率($\dot{Q}_{\text{total}}$)、室内燃烧的热释放速率($\dot{Q}_{\text{inside}}$)和室外燃烧的热释放速率($\dot{Q}_{\text{ex}}$)。当没有发生外立面开口火溢流时，也就是说没有发生外部火焰溢出，此时室内是燃料控制时期，室内的燃料完全燃烧，室内燃烧的热释放速率即为总的热释放速率：

$$\dot{Q}_{\text{inside}}=\dot{Q}_{\text{total}}=\dot{m}\Delta H_{\text{c}} \tag{1.1}$$

式中，$\dot{m}$ 为燃料的热解速率(燃烧速率)；ΔH_{c} 为燃料燃烧产生的热量。

当达到通风控制时期时，发生外部火焰溢出时总的热释放速率为室内和室外燃烧的热释放速率之和，根据能量守恒可以得到外部的热释放速率：

$$\dot{Q}_{\text{ex}}=\dot{Q}_{\text{total}}-\dot{Q}_{\text{inside}} \tag{1.2}$$

经典的腔室火灾通风控制下进入燃烧室内部的空气流量($\dot{m}_{\text{a}}$)为[9-12]

$$\dot{m}_{\text{a}}=0.133\rho_{\infty}A\sqrt{gH}=0.5A\sqrt{H}\ (\text{kg/s}) \tag{1.3}$$

式中，ρ_{∞} 为空气的密度；H 为开口高度；A 为开口面积；g 为重力加速度。这里假定进入燃烧室内的空气全部被燃料燃烧消耗完，考虑氧耗法[9]测定热释放速率原理，每消耗 1kg 的空气释放出的热量大约为 13100kJ。在标准状况下，空气中氧气的质量分数为 23%，因此，燃烧室内部的热释放速率可以用下面的表达式计算：

$$\dot{Q}_{\text{inside}}=\dot{m}_{\text{a}}\Delta H_{\text{air}}=0.5A\sqrt{H}\times 13100\times 23\%\approx 1500A\sqrt{H}\ (\text{kW}) \tag{1.4}$$

式中，ΔH_{air}为燃烧室内消耗每单位质量(1kg)空气释放的热量。因此外部的热释放速率又可写为

$$\dot{Q}_{\text{ex}}=\dot{Q}_{\text{total}}-\dot{Q}_{\text{inside}}=\dot{m}_{\text{f}}\Delta H_{\text{c}}-1500A\sqrt{H} \tag{1.5}$$

前人研究[9]中认为，当火灾的总热释放速率超过了$1500A\sqrt{H}$ kW 时，补入的空气就不足以支持室内燃烧。火灾发展至通风控制阶段，火焰就会溢出开口，形成稳定的外部火焰燃烧。但是，在受限空间火灾发展过程中，我们却发现了从室内燃烧转变为室外燃烧中特殊的过渡现象——火焰间歇性溢出现象。笔者[18]发现了这一现象，并量化了火焰溢出概率(P)，提出了开口火焰溢出的上临界功率($\dot{Q}_{\text{u}}$)、下临界功率($\dot{Q}_{\text{l}}$)，建立了溢出概率开口因子($A\sqrt{H}/A_{\text{T}}$，A_{T}是腔室内表面积)的耦合关系。这种特殊现象，在前人的研究中并没有详细报道。本书将在第二章对建筑外立面开口火焰溢出行为及临界态进行详细介绍。

建筑外立面开口火溢流是一种燃烧火羽流，在溢出的时候通过热对流的形式从腔室携带一部分火焰维持火溢流的蔓延，同时发生的外部燃烧也将产生一部分热量提供给外部的火焰。具体来说，在开口处，以热对流形式携带的火溢流热流率($\dot{Q}_{\text{conv}}$)可以表述为

$$\begin{aligned}\dot{Q}_{\text{conv}}&=C_{\text{d}}\rho_{\text{g}}c_{\text{p}}W\int_{z_{\text{n}}}^{H}(T_{\text{g}}-T_{\text{a}})V_{\text{g}}\text{d}z+\dot{Q}_{\text{ex}}\\&=\frac{2}{3}C_{\text{d}}\rho_{\text{g}}c_{\text{p}}T_{\text{a}}\sqrt{2(T_{\text{g}}-T_{\text{a}})^3g/T_{\text{a}}^3}\,\frac{\rho_{\text{g}}}{\rho_{\text{a}}}W(H-z_{\text{n}})^{3/2}+\left(\dot{m}_{\text{g}}-\frac{\varphi+1}{\varphi}\dot{m}_{\text{a}}\right)\Delta H_{\text{c}}\end{aligned} \tag{1.6}$$

式中，C_{d}为流通系数；c_{p}为定压比热容；当没有多余燃料溢出时，$\dot{Q}_{\text{ex}}=0$；φ为腔室燃料化学当量比；$\dot{Q}_{\text{conv}}$(对流热释放速率)为中性面高度z_{n}、烟气层高度H_{d}和烟气层温度T_{g}三个参数的函数。对于烟气层沉降到腔室底部的单层场景或其他已知烟气层高度的情形，$\dot{Q}_{\text{conv}}$完全由中性面高度及烟气层温度决定。

二、室内温度

燃烧室内气体温度[19-24]的预测对火灾安全很重要，当建筑火灾发生时，通过估算室内燃烧的温度可以预测出火灾对人及建筑本身的伤害程度，因此，有必要对受限空间的平均温升进行分析，在上文中介绍了开口火溢流形成过程中四种典型的压力分布，总体的室内温度分布存在两种情况：一种是室内温度分层(stratified case)(第一到三阶段，图 1.16～图 1.18)，可以认为是双区域模型[9-11]；另一种是

室内温度均匀一致(第四阶段，图 1.19)，是单区域模型。本书主要研究不同边界条件下室内温度的空间分布及其随热释放速率的演变情况。本书涉及的所有温度测量均考虑到了辐射修正[25]。

三、中性面位置

在形成外立面开口火溢流的过程中存在一个理想的平面，称为中性面(z_n)，在这个平面，燃烧室内部与外部环境压差为零[15]。高温气体与火焰在中性面上部由室内冲出室外，接触到室外空气后持续燃烧；而新鲜环境空气在中性面下从室外环境流入到燃烧室内，为燃烧室内的燃烧提供氧气。在前人的研究中，通过建立一些简化系统的假设和基本的物理方程，可以推导开口中性面的位置，一般为 $0.4H$。

四、火焰形态参数

建筑外立面开口火溢流的一个重要特征是产生了外部燃烧火焰，外部火焰形态是重要的特征参数[26-41]，包括外部的火焰高度[26-37,51]、火焰宽度[31,38]、火焰厚度[38]。

1. 火焰高度

火焰高度[26-41]是火灾领域中的重要参数，影响着火焰的热辐射与蔓延，特征涉及平均火焰高度和脉动频率。然而火焰高度是随时间变化的，很多学者提出利用平均火焰高度来表征火焰高度，它反映了火焰高度的统计特性，用于工程和实验研究。如图 1.20 所示，定义 $I(z)$ 为间歇性函数，表征火焰在 z 高度出现的概率，它随着高度的增大而由恒定值 1 逐渐减小，最终变为 0。平均火焰高度是间歇性函数 $I(z)$ 的值降为 0.5 时所对应的火焰高度，即图 1.20 中的 Z_f。

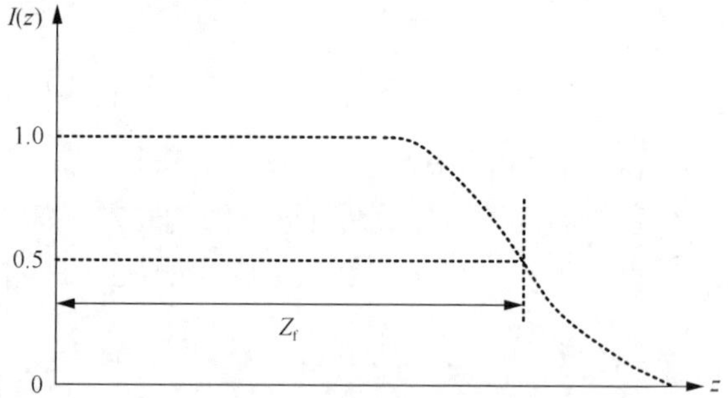

图 1.20　平均火焰高度[11]

上述的方法是基于 Matlab 图像分析软件[42]，通过统计某一图像时间序列中各位置处出现亮点的概率来计算平均火焰高度，统计图像序列火焰中心线上亮点个数的变化来计算火焰的脉动频率，以获得量化、客观的测量结果。

在建筑外立面开口火溢流中，外部火焰高度可以代表火焰燃烧强度，图 1.21 是建筑火灾场景，可以看出，溢出的火焰高度已经漫过上层建筑的窗户顶部，从着火房间窜至邻近的上部楼层。

图 1.21　建筑外立面开口火溢流形成的外部火焰高度(图片来自新华网)

图 1.22 是小尺寸实验中测量到的开口火溢流的外部火焰形态经过 Matlab 算法得到的火焰概率图，实验是理想的情况，溢出的火焰呈现左右对称，可以得到不同阈值情况下火焰的高度数值。

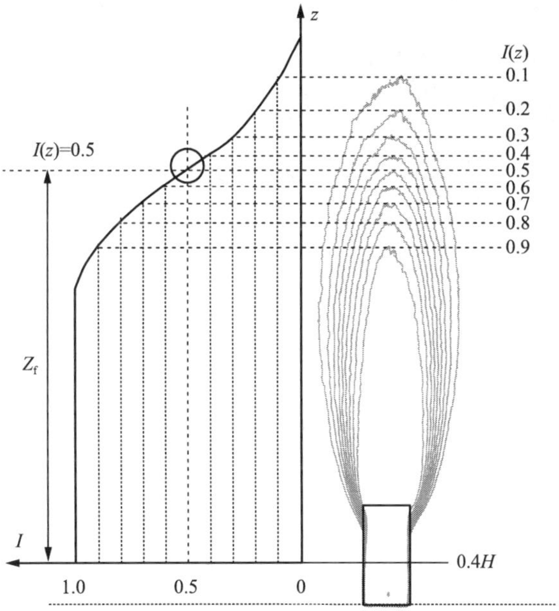

图 1.22　火焰概率图

2. 火焰宽度和厚度

燃烧室内的高温烟气与火焰会导致室内外存在压力差，使得从开口处溢出的烟气和火焰具有一定的原始水平冲量，进入外部环境后，又受到浮力的影响，开始缓慢上升。火溢流带有的原始水平冲量与浮力相互竞争，使得开口火溢流能在离开开口之后，往前扩展一定水平距离，继而转为竖直向上运动，并贴附在竖直的外立面上，再沿着竖直方向蔓延。这也是现实高层建筑火灾中火势向上部楼层蔓延的机理。图 1.23 描绘了开口火溢流从室内开口溢出之后的火焰行为，并定义了溢出火焰的最大宽度（$W_{f,max}$）和最大厚度（$D_{f,max}$）[31, 38]，火焰最大宽度和最大厚度可以用来判断溢流火焰在开口前方及两侧的波及范围。这一概念最早是由 Lee[31] 提出来的，笔者在本书中对其模型进行了补充和总结。

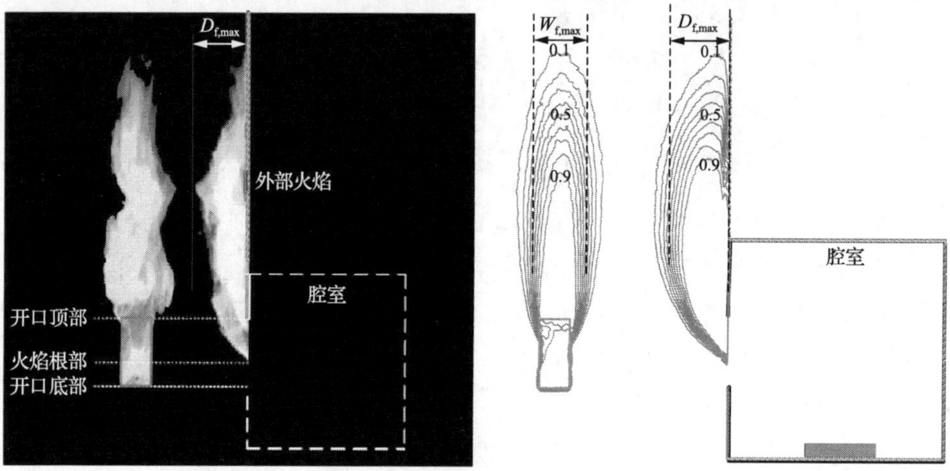

图 1.23　火焰最大宽度、最大厚度在实验中的定义

五、外部羽流温度分布

浮力羽流特性[43-44]是火灾研究基础领域的一个重要方面，已经有几十年的研究历史。火羽流可以看作一个由燃烧火焰产生的竖直上升热烟气流，其中关键的机制是浮力引起的热量和质量输运。温度分布是一重要的特征，对一个轴对称火羽流来说，如图 1.24 所示，经典的高斯分布模型在 Rouse 等[44]的实验数据中得到了很好的应用，并且被认为是一个描述火焰上方火羽流竖直中心面上归一化径向温度分布的合适方法。

$$\frac{T - T_{\infty}}{T_{\max} - T_{\infty}} = \exp\left\{-\beta\left[\frac{r}{b(z)}\right]^2\right\} \tag{1.7}$$

式中，T 为到火羽流中心线径向距离 r 处的温度；T_{max} 为中心线处的最高温度；T_∞ 为环境空气温度；有效火羽流半径 $b(z)$ 为关于高度 z 的函数。由于火羽流对周围新鲜空气的卷吸作用，所以火羽流的横截面积随着高度的增大而变大。

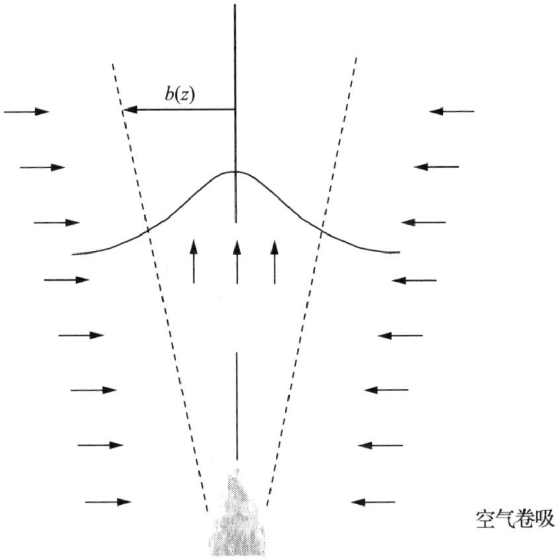

图 1.24　经典的自由火羽流模型(速度和温度分布)[44]

建筑外立面开口火溢流在建筑外立面形成一种特殊的浮力羽流，如图 1.25 所示，该火羽流从通风控制燃烧下受限空间开口溢出而形成，临近建筑外立面。这种浮力羽流是造成楼层与楼层之间火蔓延的主要原因，它会对建筑物造成巨大威胁。对于这样一个建筑外立面开口火溢流，来自外立面侧空气卷吸受到了限制，同时它还具有一个水平方向的初始动量。这些特点使它和不受到任何限制的自由

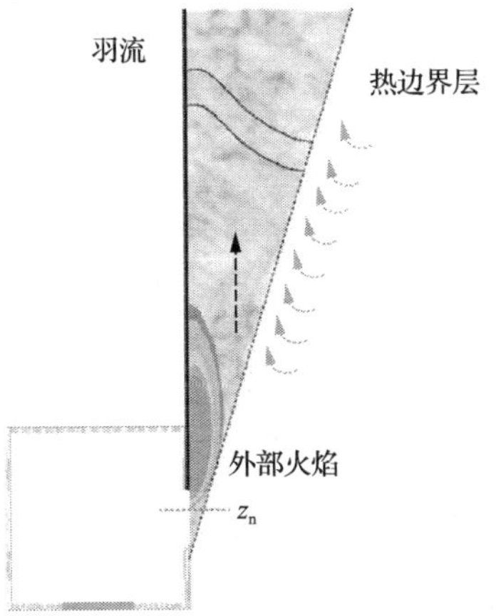

图 1.25　建筑外立面羽流分布模型

火羽流(没有初始水平动量)以及受到外立面的限制但没有水平动量的壁面羽流相比，存在显著区别，本书中研究外部羽流温度分布及建立的模型[45-49]，主要包括径向温度和竖向温度分布，径向温度一般是指在给定高度处垂直于外立面的温度分布，竖向温度分布指的是每一高度处温度的最大数值随高度的分布情况。

六、壁面热流

火溢流在向上层空间蔓延时，将通过辐射及对流方式向外立面传热[9,50-52]，进而对外立面的结构安全构成严重威胁。火灾学中传热模式可以分为热传导、热对流和热辐射三种。当火焰从开口溢出后，沿建筑物外立面向上蔓延，对外立面的作用主要体现在热辐射和热对流。本书将在后续章节介绍自由边界以及侧墙限制条件下外立面的热流变化情况。

第三节　本书的主要内容

结合上面的介绍，本书围绕不同外部边界和环境条件下建筑外立面开口火溢流行为特征，采用小尺寸实验研究、理论分析相结合的方法开展建筑外立面开口火溢流的研究。为了开展相关的研究，建立了 1∶4 和 1∶8 相似模拟尺度[53,54]的建筑外立面开口火溢流模拟实验装置，在实验中设计了不同开口尺寸和火源热释放速率，系统考虑了开口竖向位置、数量、间距，以及不同的外部边界和环境条件，如侧墙、倾斜挡墙、竖直挡墙、环境风、水平挑檐、低压。通过对建筑外立面开口火溢流行为特征参数(火焰高度，溢出火羽流径向、竖向温度，热流)的实验测量，结合火灾动力学知识，揭示了不同外部边界及环境条件下建筑外立面开口火溢流行为特征的演化机制，并建立了相应的无量纲特征参数理论预测模型，将实验研究和理论分析相互印证得出结论。具体的研究工作将分为以下章节进行详细介绍。

第二章主要介绍建筑外立面开口火焰溢出行为及临界态。首先，介绍腔室火灾行为与通风因子等基本概念，进而介绍开口火溢流火焰间歇性溢出的过渡阶段这一特殊现象，用数学方法表征火陷间歇性溢出的过渡阶段行为特征，揭示火焰间歇性溢出的物理机制，并得到火溢流火焰溢出概率因子与火源功率及开口因子的无量纲模型；其次，考虑不同开口竖向位置因素，研究此时火焰溢出临界条件和溢出火焰根部高度的变化规律；最后，介绍上下双层腔室同时发生火灾时上层腔室火灾的变化情况。

第三章介绍自由边界条件下建筑外立面开口火溢流的火焰形态特征参数。主要包括通风控制下外立面火焰高度、火焰宽度、火焰厚度及通风不足情况下的火焰高度。结合火焰卷吸理论及特征长度，建立火焰高度理论模型，引入最大火焰宽度和最大火焰厚度，研究其变化规律并建立各自的理论模型。

第四章介绍建筑外立面双开口火溢流的火焰融合行为，研究典型的平行双开口火溢流行为特性，研究揭示了火焰从双开口溢出后的融合现象，定义了火焰融合概率并进行了数学表征，获得了火焰融合的临界条件，提出了判断火焰是否融合的耦合因子，引入了附加卷吸面积，分析溢出火焰高度变化规律，并提出了考虑开口尺寸、开口间距和火源热释放速率耦合影响的火焰高度表征模型。

第五章介绍建筑外立面开口火溢流的温度与热流分布，揭示自由边界条件下建筑外立面开口火溢流径向温度分布规律。基于高斯分布函数，建立建筑外立面开口火溢流径向温度分布的理论模型，提出的羽流有效厚度的特征长度尺度可以很好地对不同火源功率下不同开口大小的实验数据进行拟合逼近；所建立的建筑外立面开口火溢流径向温度模型可以很好地预测外立面开口溢出火羽流径向温度的测量值。测量了水平挑檐阻隔作用下的建筑外立面开口火溢流温度分布，研究了水平挑檐阻隔对腔室火灾行为的影响，揭示了水平挑檐阻隔作用下开口火溢流二维温度场分布特征，测量了外壁面的热流，建立了耦合特征长度的热流分布理论模型。

第六章介绍竖直挡墙和倾斜挡墙限制边界下的建筑外立面开口火溢流。验证分析竖直挡墙与建筑外立面间距对开口火焰溢出高度的影响，揭示开口溢出火焰高度与无量纲特征距离有着较好的耦合关系，拟合规律呈现出 2 个分段函数特征。同时分析倾斜挡墙角度对受限空间开口火焰溢出行为的影响，建立无量纲角度与溢出火焰高度的耦合关系；进而从卷吸限制角度分析两种情况限制下产生差异的物理特征并进行表征。

第七章介绍侧墙限制边界下的建筑外立面开口火溢流。结合实际建筑中的侧墙结构，研究不同侧墙限制边界条件下开口火溢流行为特性，测量开口火溢流特征参数变化规律，揭示侧墙间距对开口火溢流不同阶段时(即“贴壁火”和“半轴对称火”)空气卷吸的影响效应，提出不同侧墙受限条件下的卷吸模型。并进一步分析侧墙长度对开口火溢流的影响，提出侧墙长度增加时开口火溢流的两个演化阶段，并对卷吸模型进行修正。对比表征自由边界条件和侧墙限制边界条件下火焰高度的差异性，引入耦合侧墙间距、侧墙长度、开口特征长度与火源热释放速率的修正因子，提出侧墙限制边界条件下的溢出火焰高度模型与热流密度竖向分布模型。

第八章介绍高原低压低氧特殊环境下建筑外立面开口火溢流。结合常压和低压环境下火焰高度与卷吸差异建立低压条件下的火焰高度的理论模型，建立低压低氧特殊环境下建筑外立面开口火溢流的竖向和径向温度分布及理论模型。此外还研究高原低压低氧特殊环境下竖直挡墙限制边界对建筑外立面开口火溢流火焰高度的影响，揭示竖直挡墙距离腔室的位置对火焰高度的影响特性，建立火焰高度的理论模型。

第九章介绍环境风作用下的建筑外立面开口火溢流。揭示环境风作用下腔室火灾行为与火焰溢出演化规律，主要涉及室内温度分布及临界溢出功率的影响，进一步研究环境风对火溢流火焰高度的影响，结合环境风作用下的外部火焰的卷吸理论，建立耦合风速的火焰高度理论模型，此外，揭示环境风作用外立面的竖向以及径向温度分布，并建立相应的理论模型。

参 考 文 献

[1] GB 50352-2019. 民用建筑设计统一标准. 北京: 中国建筑工业出版社, 2020.

[2] GB 50016-2014. 建筑设计防火规范. 北京: 中国计划出版社, 2018.

[3] 霍然, 胡源, 李元洲. 建筑火灾安全工程导论. 2 版. 合肥: 中国科学技术大学出版社, 2009: 5-6.

[4] 佚名. 国外近年发生在高层建筑的重大火灾事故. 上海消防, 2000, (10): 32.

[5] Craighead G. High-rise security and fire life safety. 3rd Ed. Los Angeles: Butterworth-Heinemann, 2009: 121-143.

[6] Best R, Demers D. Investigation report on the MGM Grand hotel fire. Las Vegas, Nevada, November 21, 1980. Report Revised January 15, 1982. National Fire Protection Association, 1982.

[7] 王平, 杨迎. 巴西消防安全规范分析. 消防技术与产品信息, 2010, (11): 63-68.

[8] 范维澄, 王清安, 姜冯辉, 等. 火灾学简明教程. 合肥: 中国科学技术大学出版杜, 1995: 216-217.

[9] Quintiere J G. Fundamentals of fire phenomena. Chichester: John Wiley, 2006: 340-342.

[10] Bengtsson L G. Enclosure fires. Swedish Rescue Services Agency, 2001: 85-107.

[11] Karlsson B, Quintiere J G. Enclosure fire dynamics. Florida: CRE Press, 2000: 26-32.

[12] Pagni P J, Joshi A A. Glass breaking in fires. Fire Safety Science, 1991, 3: 791-802.

[13] Kang K. Assessment of a model development for window glass breakage due to fire exposure in a field model. Fire Safety Journal, 2009, 44(3): 415-424.

[14] Joshi A A, Pagni P J. Fire-induced thermal fields in window glass. II—experiments. Fire Safety Journal, 1994, 22(1): 25-43.

[15] Mccaffrey B J, Rockett J A. Static pressure measurements of enclosure fires. Journal of Research of the National Bureau of Standards, 1977, 82(2): 107.

[16] Steckler K D, Baum H R, Quintiere J G. Fire induced flows through room openings-flow coefficients. Symposium on Combustion, 1985, 20(1): 1591-1600.

[17] Quintiere J G. Fundamentals of Enclosure Fire “Zone” Models. Journal of Fire Protection Engineering, 1989, 1(3): 99-119.

[18] Hu L H, Lu K H, Delichatsios M A, et al. An experimental investigation and statistical characterization of intermittent flame ejecting behavior of enclosure fires with an opening. Combustion and Flame, 2012, 159(3): 1178-1184.

[19] Zhang J, Fan M, Li W, et al. Enclosure fire-induced temperature: Review and model modification for horizontal vented space. Journal of Thermal Science, 2015, 24(6): 562-565.

[20] Babrauskas V. A closed-form approximation for post-flashover compartment fire temperatures. Fire Safety Journal, 1981, 4(1): 63-73.

[21] Deal S, Beylert C. Correlating preflashover room fire temperatures. Journal of Fire Protection Engineering, 1990, 2(2): 33-48.

[22] Sharma P, Quintiere J G. Compartment fire temperatures. Journal of Fire Protection Engineering, 2010, 20(4): 253-271.

[23] Byström A. Compartment fire temperature calculations and measurements. Luleå University of Technology, 2017.

[24] Hu L H, Ren F, Hu K Z, et al. An experimental study on temperature evolution inside compartment with fire growth and flame ejection through an opening under external wind. Proceedings of the Combustion Institute, 2017, 36(2): 2955-2962.

[25] Tagawa M, Ohta Y. Two-thermocouple probe for fluctuating temperature measurement in combustion—rational estimation of mean and fluctuating time constants. Combustion and Flame, 1997, 109(4): 549-560.

[26] Seigel L G. The projection of flames from burning buildings. Fire Technology, 1969, 5(1): 43-51.

[27] Law M, O'Brien T. Fire safety of bare external structural stee. Ascot, UK: Steel Construction Institute, 1981.

[28] Klopovic S, Turan Ö F. Flames venting externally during full-scale flashover fires: two sample ventilation cases. Fire Safety Journal, 1998, 31(2): 117-142.

[29] Coutin M, Most J, Delichatsios M A. Flame heights in wall fires: effects of width, confinement and pyrolysis length. Fire Safety Science, 2000, 6: 729-740.

[30] Oka Y, Sugawa O, Imamura T, et al. Effect of cross-winds to apparent flame height and tilt angle from several kinds of fire source. Fire Safety Science, 2003, 7: 915-926.

[31] Lee Y P. Heat fluxes and flame heights on external facades from enclosure fires. University of Ulster, 2006.

[32] Ohmiya Y, Tanaka T, Wakamatsu T. A room fire model for predicting fire spread by external flames. Fire Science and Technology, 1998, 18(1): 11-21.

[33] Hu L H, Tang F, Delichatsios M A, et al. Global behaviors of enclosure fire and facade flame heights in normal and reduced atmospheric pressures at two altitudes. International Journal of Heat and Mass Transfer, 2013, 56(1～2): 119-126.

[34] Lu K H, Hu L H, Tang F, et al. Experimental investigation on window ejected facade flame heights with different constraint side wall lengths and global correlation. International Journal of Heat and Mass Transfer, 2014, 78: 17-24.

[35] Hu L H, Lu K H, Tang F, et al. A global non-dimensional factor characterizing side wall constraint effect on facade flame entrainment and flame height from opening of compartment fires. International Journal of Heat and Mass Transfer, 2014, 75: 122-129.

[36] Tang F, Hu L H, Qiu Z W, et al. Window ejected flame height and heat flux along facade with air entrainment constraint by a sloping facing wall. Fire Safety Journal, 2015, 71: 248-256.

[37] Hu L H, Hu K Z, Ren F, et al. Facade flame height ejected from an opening of fire compartment under external wind. Fire Safety Journal, 2017, 92: 151-158.

[38] Hu L H, Qiu Z W, Lu K H, et al. Window ejected flame width and depth evolution along facade from under-ventilated enclosure fires. Fire Safety Journal, 2015, 76: 44-53.

[39] 陆凯华. 不同开口与侧墙限制边界条件下火焰溢出卷吸行为与火焰高度模型研究. 合肥: 中国科学技术大学, 2015.

[40] Lee Y P, Delichatsios M A, Ohmiya Y, et al. Flame heights and heat fluxes on a building facade and an opposite building wall by flames emerging from an opening. Fire Safety Science, 2007, 7: 153.

[41] Lee Y P, Delichatsios M A, Ohmiya Y, et al. Heat fluxes on opposite building wall by flames emerging from an enclosure. Proceedings of the Combustion Institute, 2009, 32(2): 2551-2558.

[42] 陈志斌, 胡隆华, 霍然, 等. 基于图像亮度统计分析火焰高度特征. 燃烧科学与技术, 2008, 14(6): 557-561.

[43] Quintiere J G, Grove B S. A unified analysis for fire plumes. Proceedings of the Combustion Institute. 1998, 27(2): 2757-2786.

[44] Rouse H, Yih C S, Humphreys H W. Gravitational convection from a boundary source. Tellus, 2010, 4(3): 201-210.

[45] Yamaguchi J, Tanaka T. Temperature profiles of window jet plume. Fire Science and Technology, 2005, 24(1): 17-38.

[46] Yokoi S. Study on the prevention of fire-spread caused by hot upward current. BRI Report, 1960.

[47] Klopovic S, Turan Ö F. A comprehensive study of externally venting flames—Part I: Experimental plume characteristics for through-draft and no-through-draft ventilation conditions and repeatability. Fire Safety Journal, 2001, 36(2): 99-133.

[48] Klopovic S, Turan Ö F. A comprehensive study of externally venting flames—Part II: Plume envelope and centre-line temperature comparisons, secondary fires, wind effects and smoke management system. Fire Safety Journal, 2001, 36(2): 135-172.

[49] Hu L H, Tang F, Delichatsios M A, et al. A mathematical model on lateral temperature profile of buoyant window spill plume from a compartment fire. International Journal of Heat and Mass Transfer, 2013, 56(1～2): 447-453.

[50] Oleszkiewicz I. Heat transfer from a window fire plume to a building facade. AsmeHtd, 1989, 123: 163-170.

[51] Oleszkiewicz I. Fire exposure to exterior walls and flame spread on combustible cladding. Fire Technology, 1990, 26(4): 357-375.

[52] Oleszkiewicz I. Vertical separation of windows using spandrel walls and horizontal projections. Fire Technology, 1991, 27(4): 334-340.

[53] Quintiere J G. Scaling applications in fire research. Fire Safety Journal, 1989, 15(1): 3-29.

[54] 唐飞. 不同外部边界及气压条件下建筑外立面开口火溢流行为特征研究. 合肥: 中国科学技术大学, 2013.

第二章 建筑外立面开口火焰溢出行为及临界态

第一节 腔室火灾行为与通风因子

建筑外立面开口火溢流是建筑火灾由内向外发展的重要转折，而腔室火灾是演化形成建筑外立面开口火溢流的初始阶段。腔室内部的火灾发展规律对建筑外立面开口火溢流行为有着至关重要的影响。因此，在讨论建筑外立面开口火溢流行为之前，有必要首先对腔室火灾行为进行基本描述。

通常，腔室内的火灾发展过程将经历不同阶段，主要包括阴燃、燃烧初期、轰燃、充分燃烧阶段、减弱阶段和熄灭阶段[1-3]。本书重点关注的是火灾的燃烧初期到充分燃烧阶段。

首先，在腔室内部的火灾发展初期，火源对于腔室空间来说相对较小。可燃物的燃烧需要大量的氧气，而腔室内部有足够的氧气支持可燃物燃烧，同时也有充足的氧气从腔室的各种开口(如门、窗户、通风口等)补充进来。因此，此时的可燃物燃烧速率主要与燃料供给量相关，这个阶段通常可以称为燃料控制阶段。

可燃物的燃烧伴随着大量的热量释放，在可燃物上方形成温度较高、不断上升的火羽流。羽流上升至房间顶棚，受其阻挡，将在顶棚下方向四周扩散，即顶棚射流。顶棚射流受房间四周墙壁的阻挡，开始转为向下运动，并逐渐形成较为稳定的烟气层。在整个腔室火灾的发展过程中，烟气层高度是不断下降的，且具有较高的温度，因此也带有强烈的热辐射，当火灾发展到某一时刻时，热辐射的加热效应将引燃腔室许多其他可燃物，引发更为猛烈的燃烧，此时腔室内的火灾进入轰燃阶段。

腔室的火灾轰燃阶段往往是在一瞬间内发生的，它来临的标志一般是整个腔室内几乎所有的可燃物开始发生大面积的燃烧，这也预示着腔室火灾将很快进入充分燃烧阶段。此时可以发现，可燃物和氧气的相对关系发生了逆转。整个腔室内可燃物的剧烈燃烧，需要大量的氧气供给，而仅凭室内原有的氧气及腔室开口的少量氧气补给并不足以支持这样的燃烧。因此，此时可燃物的燃烧速率将与氧气供给量相关，这个阶段通常可以称为通风控制阶段。

对于通风控制阶段的腔室火灾，由于氧气供给量不足，腔室内的可燃蒸气无法得到充分燃烧，将随同燃烧时形成的高温烟气(羽流)一起，经由腔室开口流向腔室外。高温烟气将卷吸外界的空气，从而加剧了其中可燃蒸气与氧气的进一步混合，产生稳定的外部燃烧现象(从某种意义上来说，火焰也溢出了腔室开口)，这也就形成了建筑外立面开口火溢流的现象。

在通风控制条件下，腔室开口的尺寸大小对室内的燃烧情况有重要影响。这里所说的腔室开口指的是在垂直墙壁上的竖向开口，而类似处于腔室天花板上的水平开口则不在本书的讨论范畴。对于通风控制条件下的腔室火灾研究始于 20 世纪 50 年代。川越邦雄(Kawagoe)[4]最早通过燃烧木垛开展了全尺寸和小尺寸实验，对腔室火灾进行了较为系统的研究。实验发现，在室内火灾的充分发展阶段，达到轰燃后，燃烧室内木垛的燃烧速率可以用以下的经验公式来表示：

$$\dot{m} = 5.5A\sqrt{H} \tag{2.1}$$

式中，$\dot{m}$ 为木垛的质量燃烧速率，单位为 kg/min。这个公式能简单地将室内燃烧速率与开口尺寸关联起来，对于腔室内的火灾行为研究有重要的意义。在其他学者进一步的研究中发现，公式中的因子 $A\sqrt{H}$ 可作为分析腔室内火灾行为的重要参数，现在通常把它称为通风因子(ventilation factor)，而对于公式前面的常系数，则随可燃物类型的不同而略有差异。Thomas 等[5]认为燃烧室内的具体燃烧速率和燃料类型相关，指出上式中的常系数应为 6.0 左右，即

$$\dot{m} = 6.0A\sqrt{H}\ (\text{kg/min})\ \text{或}\ \dot{m} = 0.1A\sqrt{H}\ (\text{kg/s}) \tag{2.2}$$

利用流体力学中的伯努利方程，Babrauskas[6]详细推导了通风控制条件下腔室火灾开口溢流的气体流动模型，获得了腔室开口中性面(腔室内外压差为 0 的平面)的表达式及流入腔室的空气质量流率。腔室火灾开口溢流中性面推导模型如图 2.1 所示。

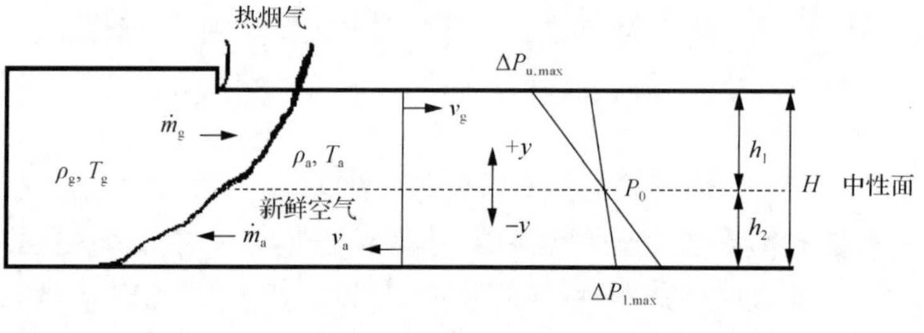

图 2.1 腔室火灾开口溢流中性面的推导模型

如图 2.1 所示的腔室火灾，假设腔室内的气体已经充分混合，不存在纯的定向流动，并定义压力中性面高度为基准高度，其压力设为 P_0。中性面上腔室内外压差为 0，因此该平面上并无气体的相对流动。

腔室内部发生燃烧后，热烟气将从开口上半部分流出腔室，而冷的新鲜空气将从开口下半部分流入腔室供给燃烧。这样在开口的高度方向可以分为 h_1 和 h_2

两个部分。根据伯努利方程，空气流入的速度 v_a 和烟气流出的速度 v_g 是由燃烧室内外压差驱动的，即

$$v_a^2 = \frac{2(\rho_a - \rho_g)gz}{\rho_a} \tag{2.3}$$

$$v_g^2 = \frac{2(\rho_a - \rho_g)gz}{\rho_g} \tag{2.4}$$

式中，ρ_a 和 ρ_g 分别为环境空气密度和腔室内热烟气的密度；z 为参考高度。将空气流入速度和烟气流出速度分别沿高度方向积分，就可以分别得到空气流入与热烟气流出的质量流率：

$$\dot{m}_a = C_d W \rho_a \int_{-h_1}^{0} v_a \mathrm{d}z = \frac{2}{3} C_d W \rho_a h_1^{3/2} \left(2g \frac{\rho_a - \rho_g}{\rho_a} \right)^{1/2} \tag{2.5}$$

$$\dot{m}_g = C_d W \rho_g \int_{0}^{h_2} v_g \mathrm{d}z = \frac{2}{3} C_d W \rho_g h_2^{3/2} \left(2g \frac{\rho_a - \rho_g}{\rho_g} \right)^{1/2} \tag{2.6}$$

式中，C_d 为流通系数，一般取为 0.7。从腔室内部质量守恒的角度来看，每一瞬间新鲜空气流入腔室的质量应与热烟气流出腔室的质量相等，即

$$\dot{m}_a = \dot{m}_g \tag{2.7}$$

将式(2.5)～式(2.7)联立，并将 $H = h_1 + h_2$ 代入，可以推导出腔室开口的中性面相对高度为

$$\frac{h_1}{H} = \frac{1}{1 + (\rho_a / \rho_g)^{1/3}} \tag{2.8}$$

同时也可求解得到进入腔室的新鲜空气质量流率为

$$\dot{m}_a = \frac{2}{3} C_d A \sqrt{H} \cdot \sqrt{2g} \rho_a \sqrt{\frac{(\rho_a - \rho_g)\rho_a}{\left[1 + (\rho_a / \rho_g)^{1/3}\right]^3}} \tag{2.9}$$

根据大量的实验数据，轰燃后的阶段，空气和烟气的密度比 ρ_a/ρ_g 一般处于 1.8～5.0，此时式(2.9)中密度平方根项的取值在 0.2 左右。因此，对于式(2.9)，

仔细观察后可发现，进入腔室的新鲜空气质量流率其实只与通风因子 $A\sqrt{H}$ 成正比。将表达式中的一些常数代入，例如，空气密度为 1.29kg/m^3，重力加速度取 9.81m/s^2，则可以得到进入腔室的新鲜空气质量流率为

$$\dot{m}_{\mathrm{a}} \approx 0.5A\sqrt{H} \tag{2.10}$$

假设腔室内的燃烧处于化学当量比状态，并将木垛与空气的燃烧化学当量比代入(约 1∶5.7)，可以发现 Babrauskas 的结论与川越邦雄的结果是吻合的。此后，Delichatsios 和 Silcock[7]及 Quintiere 等[8]许多学者采用不同尺寸的燃烧腔室和开口获得的实验结果均与上面的结论类似。以上结果表明，通风因子 $A\sqrt{H}$ 对于分析腔室火灾行为具有十分重要的意义。

腔室火灾中，另一个比较重要的参数是 $A\sqrt{H}/A_{\mathrm{T}}$，即通风因子与 A_{T} 的比值，其中 A_{T} 是指腔室各表面除去开口部分的面积之和，又称开口因子(opening factor)。从能量守恒的角度来看，开口因子体现的是腔室壁面的散热量与腔室内部由于燃烧的产热量的比值，这与腔室内的温升有直接关系，将在后面的章节中详细介绍。

第二节　建筑外立面开口火焰溢出行为临界态

上一节重点讨论了腔室火灾行为，通过引入通风因子的概念，得到了流入腔室新鲜空气的质量流率表达式。假定进入腔室内的空气全部被燃料燃烧消耗完，即腔室内处于化学当量比状态，根据锥形量热计中氧耗法[1]测定热释放速率的原理，每消耗 1kg 的氧气大约能释放出 13.1×10^{3}kJ 的热量(精度在 5%以内)，而空气中氧气的质量分数为 23%，因此，腔室内每消耗 1kg 的空气时可放出的热量为

$$\Delta H_{\mathrm{air}} = 23\% \times 13.1 \times 10^3 \ \mathrm{kJ/kg} \approx 3000\,\mathrm{kJ/kg} \tag{2.11}$$

式(2.10)和式(2.11)结合，则腔室内部的热释放速率可以用下面的表达式计算：

$$\dot{Q}_{\mathrm{inside}} = \dot{m}_{\mathrm{a}} \cdot \Delta H_{\mathrm{air}} = 0.5A\sqrt{H} \times 3000\ \mathrm{kW} = 1500A\sqrt{H}\ \mathrm{kW} \tag{2.12}$$

式(2.12)给出了判断腔室火灾处于燃料控制或通风控制状态的临界热释放速率值。理论上来说，腔室火灾发展初期，火源规模较小，可燃物完全燃烧时能提供的热释放速率不足 $1500A\sqrt{H}$ kW，此时腔室火灾处于燃料控制下，空气的补充充足，将不会在腔室外部形成火焰(即完全内部燃烧阶段)；当可燃物完全燃烧时能提供的总热释放速率超过了 $1500A\sqrt{H}$ kW 时，补入的空气就不足以支持室内燃烧，腔室火灾将发展至通风控制阶段，未燃尽的高温燃料将溢出开口，

进一步卷吸新鲜空气，在腔室外部形成稳定火焰(即稳定外部燃烧阶段)。许多学者[9-13]通过研究认为，腔室火灾从完全内部燃烧阶段进入稳定的外部燃烧阶段是在一瞬间内完成的。然而，通过实验发现，实际上在腔室火灾发展从完全内部燃烧阶段转变为稳定外部燃烧阶段的过程中，存在着特殊的过渡阶段——火焰间歇性溢出阶段[14]。在这个过渡阶段中，可以发现，时而在腔室外部形成火焰燃烧现象，其持续时间很短，远小于稳定外部燃烧阶段外部火焰出现的时间；时而腔室外部火焰燃烧现象又消失了，火焰仅出现在腔室内部，呈现一定的周期性。对于这种火焰间歇性溢出腔室的特殊现象，在此前国内外的相关研究中极少有相关报道。Gottuk 等[15]在实验中观测到了间歇火焰现象，但并未开展进一步讨论。中国科学技术大学火灾科学国家重点实验室的胡隆华、陆凯华等[14,16]通过小尺寸实验，揭示了腔室火灾发展过程中火焰间歇性溢出阶段的存在，并指出在实际建筑火灾中，此类燃烧现象的发生也将会是建筑消防时的一种潜在威胁，需引起重点关注。

一、火焰间歇性溢出现象及数学表征

笔者建造了一个 1∶4 的小尺寸实验模型[16]开展建筑外立面开口火溢流的模拟实验。其中，燃烧腔室为正方体，内部尺寸为 0.8m×0.8m×0.8m，并铺设 5cm 厚防火石英板用以隔热，设计了多种腔室开口尺寸，开口位置处于腔室一面侧墙的正中。竖直外墙的尺寸为长 5m、宽 3m，并在表面铺设 3mm 玻镁防火板进行防护。小尺寸实验中，通过腔室正面和侧面的视频采集，捕获了连续 10 帧(每秒 25 帧，共计 0.4s)不同工况下腔室火灾不同阶段的火焰形态与发展情况，如图 2.2 所示。图 2.2(a)表征的是腔室火灾中完全内部燃烧阶段；而图 2.2(c)则表征的是腔室火灾中稳定外部燃烧阶段。火焰间歇性溢出阶段则恰好处于燃料控制和通风控制因素之间，具有一定的周期性，体现了燃料控制和通风控制的竞争机理，是一种不稳定状态，如图 2.2(b)所示。

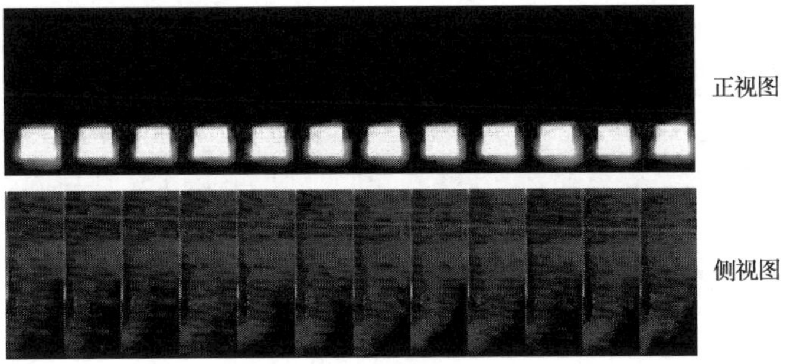

(a) 完全室内燃烧阶段

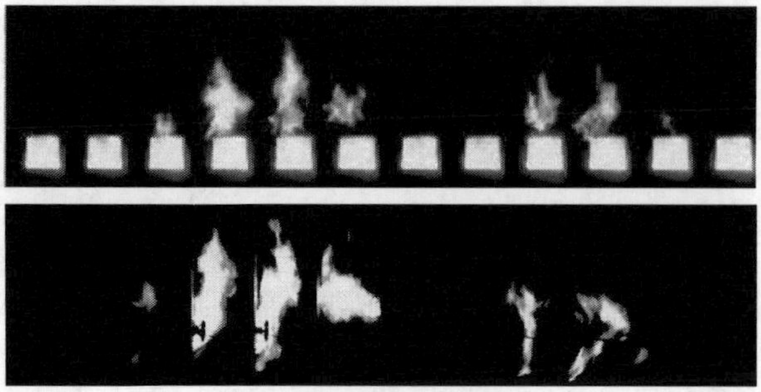

(b) 火焰间歇性溢出阶段

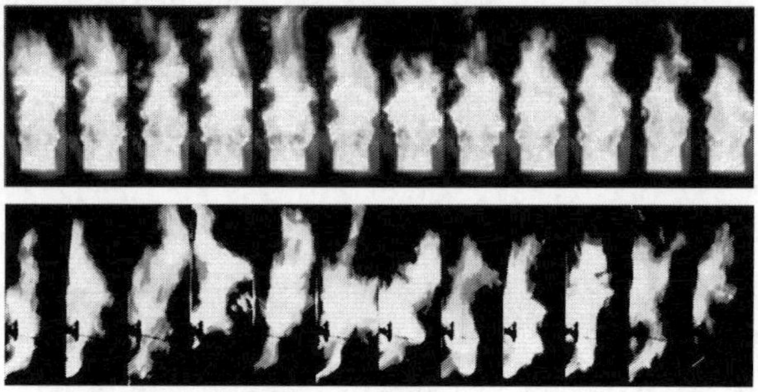

(c) 完全室外燃烧阶段

图 2.2　火焰从开口溢出的不同阶段

实验过程中观察到，随着通入燃烧室气体流量的增加，火焰从开口溢出的频率显著提高，有必要对这种火焰间歇性溢出行为进行数学上的量化表征。基于统计学的思想，这里我们将引入火焰溢出概率这个概念。参照本书的实验测量方法，我们将其定义为在一定时间内，火焰从开口溢出的时间占所有时间的比例，即

$$P = \frac{t^*}{t} \tag{2.13}$$

式中，P 为火焰溢出概率；t 为取样时间；t^*为在每个取样时间内火焰从开口溢出的时间。这样，火焰溢出概率就可以用 0～1 的某一数值来表示。例如，火焰在燃烧室内充分燃烧，并不发生溢出现象时，火焰溢出概率即为 0；当燃烧转为通风控制之后，火焰持续在燃烧室外部燃烧，火焰溢出概率即为 1；如果火焰溢出概率为 50%，则表示在该取样时间内，有一半的时间火焰是从开口溢出的。

考虑到实验中视频摄像机的取样时间是恒定的(预先设置为每秒 25 帧图像)，因此式(2.13)中的时间比例可以进一步转化为图像帧数之比：

$$P = \frac{N^*}{N} \tag{2.14}$$

式中，N^*为火焰溢出的图像数量，可以通过编制计算机程序对视频导出的图像序

列进行判别；N 为拍摄得到的图像总数，通常每组工况拍摄时间均设为 1min，因此 N 可取为 1500。

通过图像处理并统计得到了各组工况过渡阶段火焰溢出概率。图 2.3 给出了不同腔室的火焰溢出概率随燃料供应速率的变化关系，分为正方形开口(图 2.3(a))和长方形开口(图 2.3(b))两组。从图中看出过渡阶段火焰溢出概率的三段式表征。腔室的完全内部燃烧阶段，火焰并不溢出开口，其火焰溢出概率为 0。提高了燃料供应速率之后，火源热释放速率随之提高，火焰逐渐开始溢出开口，呈间歇性现象，火焰溢出概率随着火源功率的增加而上升。最终，在整个采样周期内火焰能在腔室外部稳定燃烧，而达到完全溢出状态，此时火焰溢出概率为 1。同时，对比不同尺

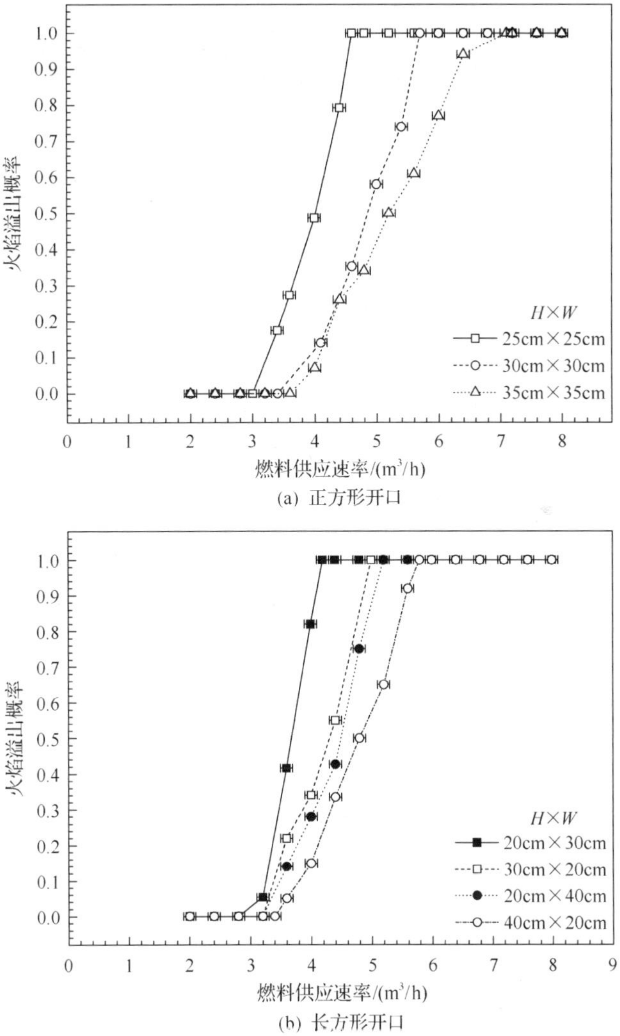

图 2.3　火焰溢出概率随燃料供应速率的变化关系

寸开口火焰溢出概率的变化规律，可以发现，当开口面积和高度越小时，火焰溢出所需要的临界燃气供应量也就越低(即曲线从 P=0 处开始转为向上时对应的横坐标值)，其概率上升趋势越明显；相反，若开口面积和高度越大，火焰溢出所需要的临界燃气供应量也就越高，火焰溢出概率上升趋势也越缓。

二、火焰溢出开口的临界态及过渡阶段

从图 2.3 的曲线中，进一步发现在火焰间歇性溢出的过渡阶段，存在两个临界燃料供应量：下临界燃料供应量和上临界燃料供应量。下临界燃料供应量为曲线从 P=0 处开始转为向上时对应的横坐标值，表征火焰溢出所需要的临界燃气供应量；而上临界燃料供应量在图中则表现为曲线到达 P=1 处时对应的横坐标值，表征当燃料供应量超过此临界值后，可认为其发展为稳定外部燃烧阶段。也就是说，上、下临界燃料供应量分别预示着火焰溢出过渡阶段的开始与结束。

通过实验现象，可以预计，理论上的上临界燃料供应速率和下临界燃料供应速率都应与腔室的通风因子 $A\sqrt{H}$ 相关。进一步来说，由于腔室内部的热释放速率可以用 $1500A\sqrt{H}$ (单位：kW)来表示，所以将腔室内部的热释放速率除以燃料的燃烧热值 ΔH ，就能得到理论上达到通风控制时的燃料供应速率，用 $1500A\sqrt{H}/\Delta H$ (单位：m^3/h)来表示，如图 2.4 所示。

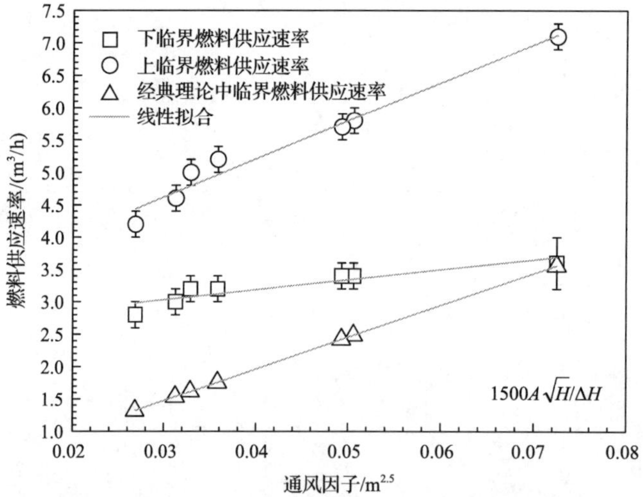

图 2.4 火焰溢出过渡阶段的上、下临界燃料供应速率与理论燃料供应速率的比较

图 2.4 给出了上临界燃料供应速率、下临界燃料供应速率及理论燃料供应速率 $1500A\sqrt{H}/\Delta H$ 随通风因子的变化关系，从图中可以看出以下几点。

(1)下临界燃料供应速率要高于理论上的通风控制燃料速率 $1500A\sqrt{H}/\Delta H$ 。说明当燃烧室内达到通风控制后，虽有富余燃料逐渐开始溢出开口，但由于热量

累积不足或富余燃料浓度较低，不能与空气进行有效混合，未能达到燃烧条件，并不足以在腔室外部形成燃烧现象。此时，继续提高燃料供应量至下临界值后，溢出开口的过余燃料接触新鲜空气，在高温的作用下，达到燃烧条件，发生间歇性的燃烧现象。

(2)随着开口尺寸变大，开口通风因子也变大，此时从图中可以看出，下临界燃料供应速率与理论燃料供应速率$1500A\sqrt{H}/\Delta H$之间的差距逐渐减小。这是因为对于较小的开口，燃烧室的整体散热量较大。腔室的整体散热问题可以通过腔室内部温度的高低来表征，将在后文中继续讨论。

(3)上临界燃料供应速率和下临界燃料供应速率分别与通风因子呈近似的线性关系。随着通风因子的增加，上临界燃料供应速率的上升速度要高于下临界燃料供应速率的上升速度，因此随着通风因子的增加，上临界燃料供应速率和下临界燃料供应速率之间的差距也越来越大。

结合实验结果可以发现，本质上火焰间歇性溢出过渡阶段的物理机制由燃料受限和通风受限综合控制，二者之间存在着明显的竞争关系，同时火焰间歇性溢出行为具有一定的周期性，也体现了腔室的热量产生及热量耗散之间的竞争关系。

从图 2.5 中可以看出，火焰间歇溢出开口过渡阶段的流量宽幅随着通风因子线性增加，这同样也说明，通风因子越小，火焰间歇溢出开口过渡阶段的流量宽幅就越窄。然而，在引入一个无量纲参量$\dot{Q}^*_{\mathrm{ex,range}}$来表征过渡阶段的流量宽幅之后发现，随着通风因子的变化，火焰间歇溢出开口过渡阶段的无量纲流量宽幅几乎保持不变，实验结果均在 1.32 附近。火焰间歇溢出开口过渡阶段的无量纲流量宽幅定义如下

$$\dot{Q}^*_{\mathrm{ex,range}}=\frac{\dot{Q}_{\mathrm{u}}-\dot{Q}_{\mathrm{l}}}{\rho_\infty c_{\mathrm{p}}T_\infty\sqrt{g}\ell_1^{5/2}}\approx 1.32 \tag{2.15}$$

式中，$\dot{Q}_{\mathrm{u}}$和$\dot{Q}_{\mathrm{l}}$分别为上临界燃料供应量和下临界燃料供应量处对应的火源热释放速率。这一点发现有助于我们进一步揭示火焰间歇性溢出开口行为的演化规律。

三、火焰间歇性溢出行为的表征理论

腔室开口火溢流的火焰间歇性溢出现象应归结于腔室火灾中燃料控制与通风控制相互竞争的结果，且腔室热量的产生与耗散将对火焰间歇性溢出行为有着重要影响。因此，在进一步获得火焰间歇性溢出行为的表征模型之前，首先需要从腔室内的温度分布出发，分析腔室热量的产生与耗散关系。

图 2.6 给出了典型工况腔室内部各测点测得的温度随时间的变化曲线，当腔室火灾发展到一定程度后，腔室内部的温度趋于稳定。同时，整个腔室内部的温度是较为均匀的，只随开口尺寸大小的变化而有所改变。从能量守恒角度来看，

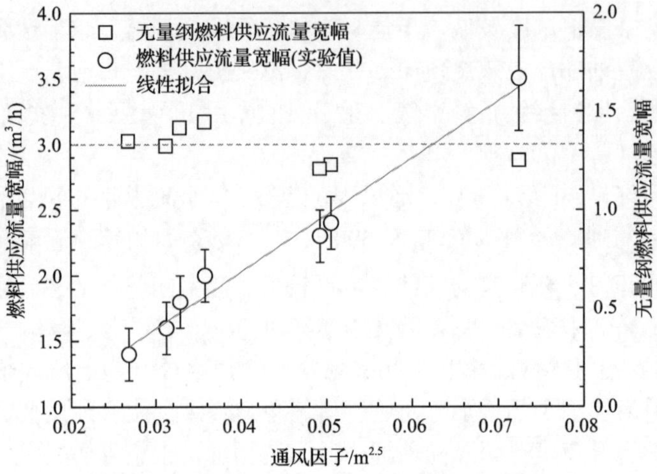

图 2.5　火焰间歇溢出过渡阶段宽幅与无量纲表征

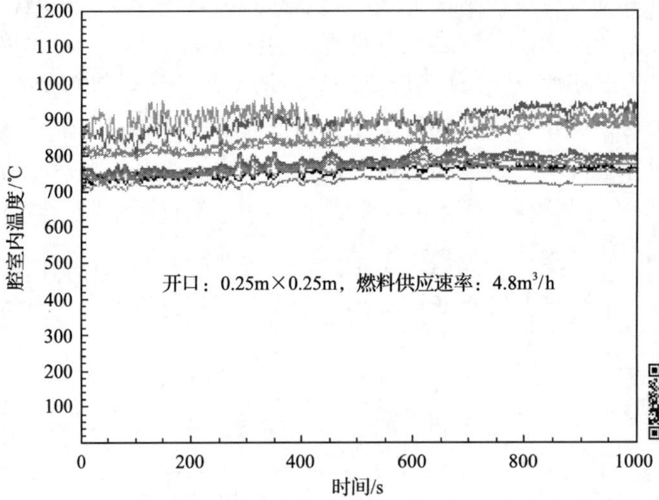

图 2.6　腔室内温度随时间的变化曲线(彩图扫二维码)

燃料燃烧产热应用在两个方面：一方面由溢出的高温气体流出燃烧室，另一方面加热了腔室壁面与外界环境热量交换而消耗，即

$$0.133\frac{\Delta H_{\mathrm{air}}}{c_{\mathrm{p}}T_{\infty}}c_{\mathrm{p}}T_{\infty}\rho_{\infty}A\sqrt{gH}=1500A\sqrt{H}=(\dot{m}_{\mathrm{f}}+\dot{m}_{\mathrm{a}})c_{\mathrm{p}}\Delta T_{\mathrm{g}}+h_{\mathrm{c}}A_{\mathrm{T}}\Delta T_{\mathrm{g}} \quad (2.16)$$

式中，$\dot{m}_{\mathrm{f}}$ 为燃料质量流率；$\dot{m}_{\mathrm{a}}=0.5A\sqrt{H}$（单位：kg/s）为燃烧室的空气流入质量流率；$\Delta T_{\mathrm{g}}$ 为由燃烧引起的腔室内及溢出腔室开口的气体温升。对于稳定的腔室火灾，空气流入腔室的质量流率远大于燃料供应的质量流率，即 $\dot{m}_{\mathrm{a}}\gg\dot{m}_{\mathrm{f}}$，$h_{\mathrm{c}}$ 为

燃烧室壁面的综合换热系数(包括燃烧室墙面热损及开口处的热对流和热辐射作用)；A_T 为燃烧室除去开口部分的表面积。因此通过以上方程的变形，可以得到

$$\frac{\Delta T_g}{T_\infty}=\frac{0.133\dfrac{\Delta H_{air}}{c_p T_\infty}\left[\rho_\infty c_p A\sqrt{gH}/(h_c A_T)\right]}{1+0.133\left[\rho_\infty c_p A\sqrt{gH}/(h_c A_T)\right]} \tag{2.17}$$

式(2.17)说明腔室内部温升的发展规律是由开口因子 $A_T/(A\sqrt{H})$ 决定的(式中为 $A\sqrt{H}/A_T$，即开口因子的倒数)，进一步引入了开口因子的无量纲形式：$\rho_\infty c_p A\sqrt{gH}/(h_c A_T)$。从无量纲开口因子的表达式来看，腔室内部的产热量由分子通风因子 $A\sqrt{H}$ 决定，而腔室向环境的热耗散则由分母 A_T 来控制。可以看到，在腔室火灾发展行为中，开口因子体现了腔室的产热与散热之比。

综合考虑富余燃料溢出及腔室产热与散热两方面因素，这里提出了腔室火溢流火焰溢出概率与热释放速率及无量纲开口因子的耦合关系模型：

$$P=\text{fcn}\left(\dot{Q}_{ex}^*,\ \rho_\infty c_p A\sqrt{gH}/(h_c A_T)\right) \tag{2.18}$$

式中，第一项为无量纲溢出热释放速率，用 $\dot{Q}_{ex}^*$ 表示 $\left(\dot{Q}_{ex}^*=\dfrac{\dot{Q}-1500A\sqrt{H}}{\rho_\infty c_p T_\infty A\sqrt{gH}}\right)$；第二项为腔室产热和散热之比。图 2.7 中，分别就正方形开口和长方形开口两类工况下，将图 2.3 中的横坐标燃料供应速率用无量纲溢出热释放速率进行代换，得到

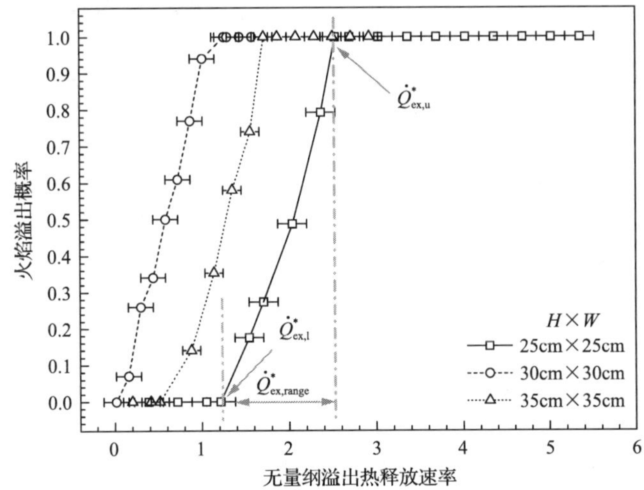

(a) 正方形开口

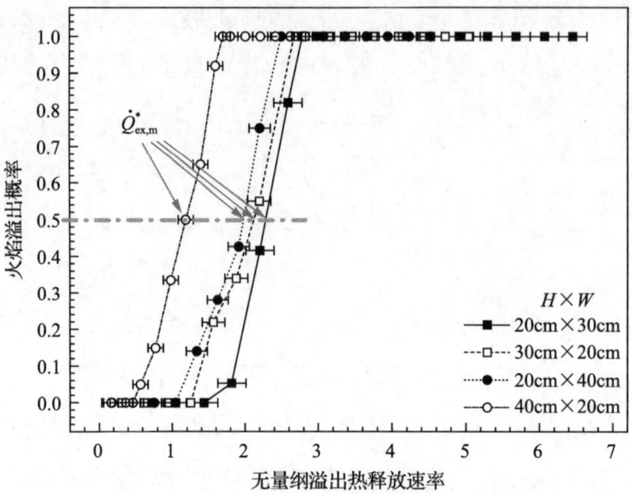

(b) 长方形开口

图 2.7　火焰溢出概率随无量纲溢出热释放速率的变化关系

了火焰溢出概率随无量纲溢出热释放速率的变化关系。由于无量纲过渡阶段宽幅稳定在1.32附近，可以将图2.7中各个开口数据的横坐标进一步变换为$\dot{Q}^*_{ex}-\dot{Q}^*_{ex,l}$，最终可以得到一个较为统一的开口火溢流火焰溢出概率与热释放速率及无量纲开口因子的耦合关系模型，如图2.8所示。

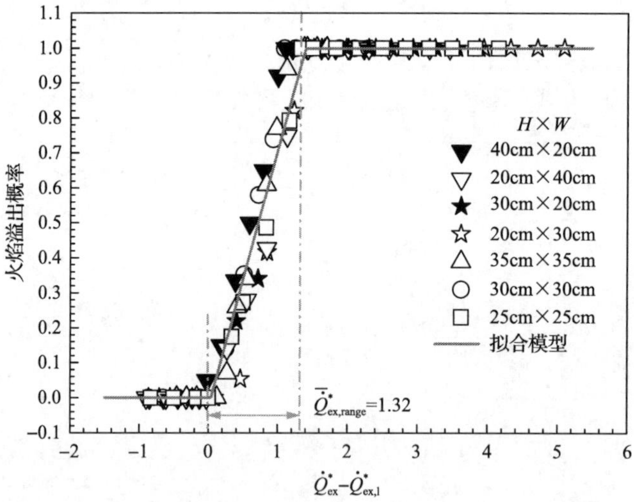

图 2.8　开口火溢流火焰溢出概率与热释放速率及无量纲开口因子的耦合关系模型

图2.8中建立的开口火溢流火焰溢出概率因子模型可以用三段分段函数表示，分别代表开口火溢流火焰从开口溢出的三个阶段，分别对应着完全内部燃烧阶段、火焰间歇性溢出的过渡阶段和稳定外部燃烧阶段。同时可以看出，在火焰间歇性

溢出的过渡阶段，火焰溢出开口概率与宽幅参数 $\dot{Q}_{\text{ex}}^{*}-\dot{Q}_{\text{ex,l}}^{*}$ 呈现出较好的线性关系。建立的开口火溢流火焰溢出概率与热释放速率及无量纲开口因子的耦合关系模型可用式(2.19)表示：

$$P=\begin{cases}0, & \dot{Q}_{\text{ex}}^{*}-\dot{Q}_{\text{ex,l}}^{*}<0\\ 0.758(\dot{Q}_{\text{ex}}^{*}-\dot{Q}_{\text{ex,l}}^{*}), & 0\leqslant\dot{Q}_{\text{ex}}^{*}-\dot{Q}_{\text{ex,l}}^{*}\leqslant 1.32\\ 1, & \dot{Q}_{\text{ex}}^{*}-\dot{Q}_{\text{ex,l}}^{*}>1.32\end{cases}\tag{2.19}$$

在火焰间歇性溢出的过渡阶段，无量纲下临界溢出热释放速率 $\dot{Q}_{\text{ex,l}}^{*}$ 与式(2.18)中的无量纲开口因子呈线性关系，如图 2.9 所示，而式(2.20)可用于表征其线性关系：

$$\dot{Q}_{\text{ex,l}}^{*}=-0.58\rho_{\infty}c_{\text{p}}A\sqrt{gH}/(h_{\text{c}}A_{\text{T}})+2.22\tag{2.20}$$

同时我们也得到了火焰间歇溢出过渡阶段的中间状态，即当火焰溢出开口概率为 50%时对应的无量纲溢出热释放速率：

$$\dot{Q}_{\text{ex,m}}^{*}=-0.58\rho_{\infty}c_{\text{p}}A\sqrt{gH}/(h_{\text{c}}A_{\text{T}})+2.95\tag{2.21}$$

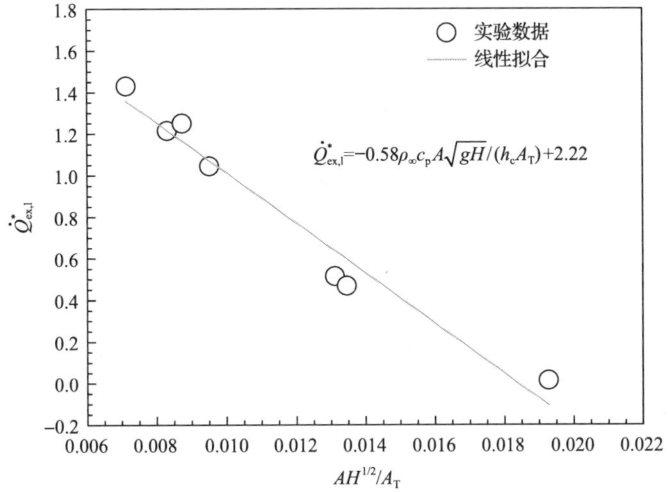

图 2.9　无量纲下临界溢出热释放速率 $\dot{Q}_{\text{ex,l}}^{*}$ 与开口因子的拟合关系

第三节　开口竖向位置对开口火溢流火焰溢出临界行为影响

上一节重点关注了腔室开口火溢流火焰间歇性溢出行为，得出了开口火溢流

火焰溢出概率与热释放速率及无量纲开口因子的耦合关系，模型可适用于当开口处于腔室某侧墙正中时的情况，此时燃料供应量(或总的火源热释放速率)及开口因子将直接影响开口火焰间歇性溢出行为。此外，应该注意到，在现实情况中，建筑外壁面开口并非全安装于侧墙正中的位置，开口在腔室侧墙上的竖向位置同样是影响腔室火灾行为的重要因素，本节将重点阐述开口竖向位置对腔室火灾及开口火溢流的影响。

一、不同开口竖向位置情况下火焰溢出开口的临界态

霍然和范维澄[17]在小尺寸腔室中开展了不同高度位置的通风口对室内液体燃烧影响的实验研究，重点考察了室内燃烧速率随开口位置的变化关系，指出开口处于中间偏上位置室内燃烧速率较大，但此后并没有继续对火焰溢出开口后的燃烧特性进行研究。可以预计，在不同的开口竖向位置条件下，腔室开口火溢流的火焰溢出行为也存在差异。理论上，不同开口竖向位置条件下的腔室空气流动行为存在差异，如图 2.10 所示。当开口在燃烧室上部时，空气从开口流入后，首先要向下流动，混合可燃气体发生燃烧。此后向上流动到达燃烧室顶棚后往两侧扩散，并溢出开口。相反地，当开口在燃烧室下部时，空气可以直接进入燃烧室卷吸可燃气体，而热烟气则需要在顶棚累积，达到一定程度后，逐渐降至开口平面才发生火溢流现象。因此，不同开口竖向位置将对开口火溢流火焰溢出临界行为造成一定的影响。

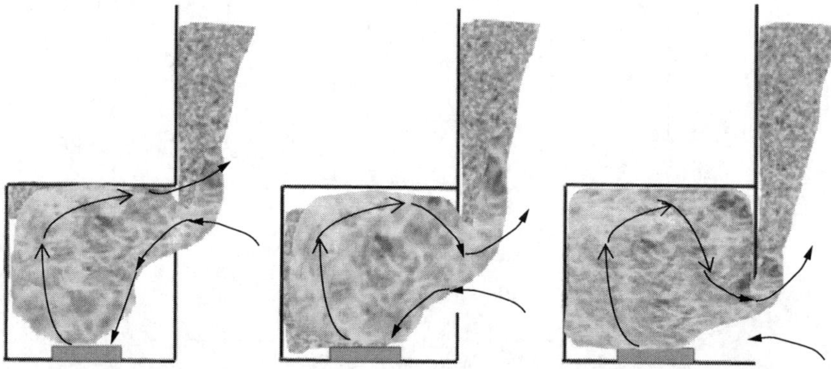

(a) 开口在顶部　　(b) 开口在中部　　(c) 开口在底部

图 2.10　不同开口竖向位置条件下的腔室空气流动行为差异

通过实验，获得了不同开口竖向位置条件下火焰溢出开口的上临界热释放速率和下临界热释放速率，如图 2.11 所示。从图 2.11(a)中可以看出，随着开口相对竖向位置的上升，上临界热释放速率和下临界热释放速率总体上均有所下降。图 2.11(b)给出了当火焰溢出概率为 50%时(即腔室开口火溢流过渡阶段的中点位

置)对应的平均临界热释放速率随开口竖向位置的变化关系，可以看到开口上移过程中，火焰溢出概率为50%时对应的热释放速率也呈现下降趋势。

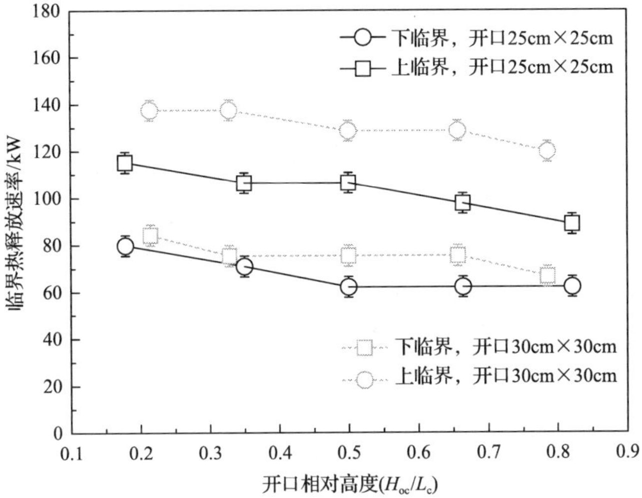

(a) 上临界热释放速率和下临界热释放速率随开口竖向位置的变化关系

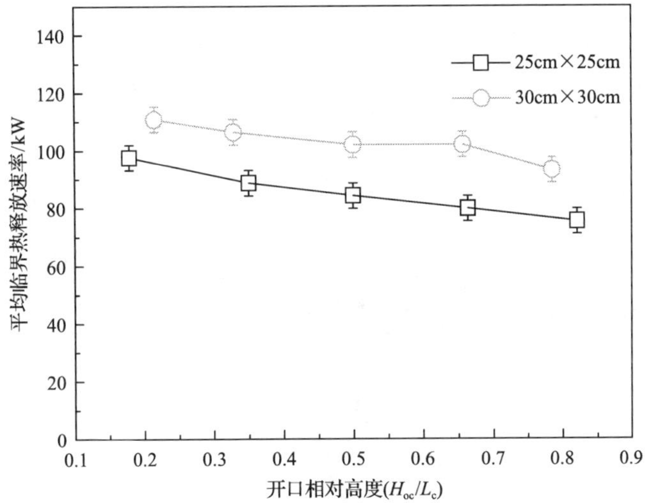

(b) 火焰溢出概率为50%时对应的平均临界热释放速率随开口竖向位置的变化关系

图 2.11 不同开口竖向位置条件下火焰溢出开口的临界热释放速率

以上结果表明，开口竖向位置的变化对开口火溢流的过渡阶段有一定影响，主要原因如下所述。

(1) 当开口位于底部时，过余燃料将随燃烧产生的烟气向上流动，碰到顶棚后水平扩散，并逐渐下降，最终在开口上半部分流出形成溢流；当开口位于顶端时，较容易形成开口火溢流现象，达到临界状态所需的燃料供应量较小。

(2) 当开口位于顶端时，燃料到达顶棚后水平扩散，就可以直接从开口上半部分流出形成溢流。当开口处于腔室底部时，火焰较难溢出，达到临界状态所需的燃料供应量有所增加。

二、不同开口竖向位置情况下火焰根部高度

Lee[12]曾预测，发生开口火溢流时，火焰将从中性面高度附近溢出开口，也就是说，溢出火焰根部高度(即溢出火焰的最低点到开口底部的距离，用 z_0 表示，如图 2.12 所示)与开口中性面高度是一致的。在他们的实验中，开口始终处于腔室侧墙的底部。在腔室开口中性面的推导过程中可以发现，腔室开口的中性面相对高度仅由空气和热烟气的密度比决定(见式(2.8))。将理想气体方程代入，可以得到

$$\frac{h_1}{H}=\frac{1}{1+(T_g/T_a)^{1/3}} \tag{2.22}$$

也就是说，腔室开口的中性面相对高度由热烟气与空气的温度比控制。前人大多数实验中，测得的腔室室内热烟气与空气的温度比(或空气与热烟气的密度比)在 1.8～5.0，而我们通过实验测得的不同开口竖向位置条件下热烟气与空气的温度比仍然能落在上述区间内。将热烟气与空气的温度比值代入式(2.22)中，可以发现不同开口竖向位置条件下，腔室开口中性面高度的变化并不大，都在 0.4H 附近。

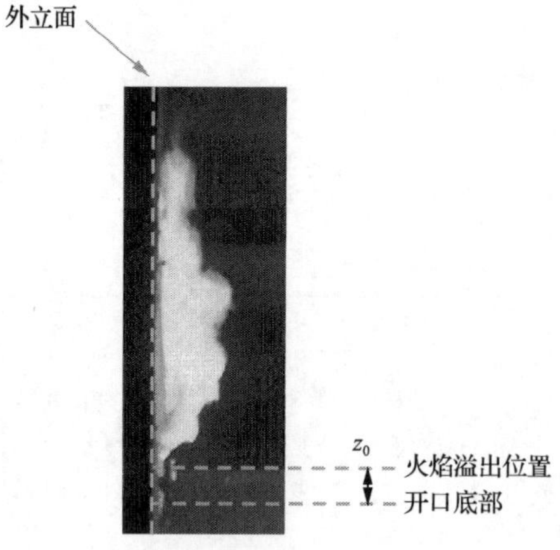

图 2.12　火焰根部示意图

然而，如果把所有不同开口竖向位置条件下的溢出火焰根部高度完全与腔室开口中性面高度画上等号并不合适。虽然经过一系列实验发现，溢出火焰根部高

度应与总热释放速率无关(如图 2.13 所示，分别对应开口尺寸为 25cm×25cm 和 30cm×30cm 的情况)，但不同开口竖向位置条件下的溢出火焰根部高度将有所变化。

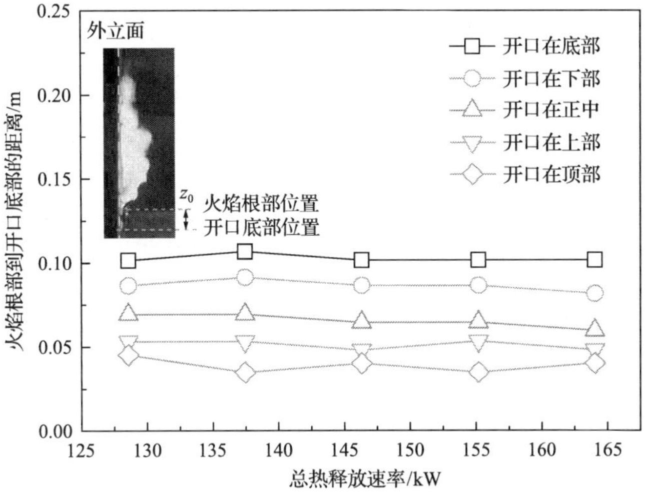

(a) 开口尺寸25cm×25cm

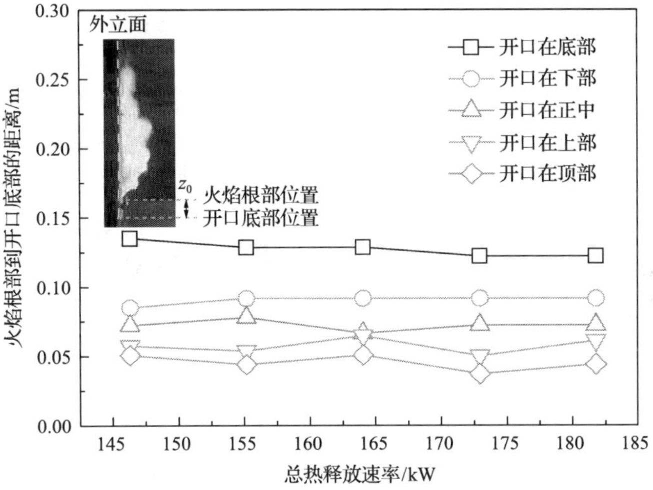

(b) 开口尺寸30cm×30cm

图 2.13　火焰根部高度与总热释放速率关系

图 2.14 给出了归一化火焰根部高度随不同开口竖向位置的变化规律。当开口在底部时，归一化火焰根部高度在 0.4H 附近，与中性面高度差不多，这与前述 Lee 的结论是一致的。随着开口不断上移，归一化火焰根部高度则逐渐下降到了 0.15H 左右。可以看到，随开口竖向位置的上升，归一化火焰根部高度呈现线性下降趋势，火焰根部高度位置逐渐降至中性面之下。开口位置越靠近腔室顶部，

溢出火焰根部越接近于开口下边缘，火焰溢出部分占开口面积的比例也就越大，火焰也就越容易溢出，这与火焰溢出临界状态的结果是一致的。

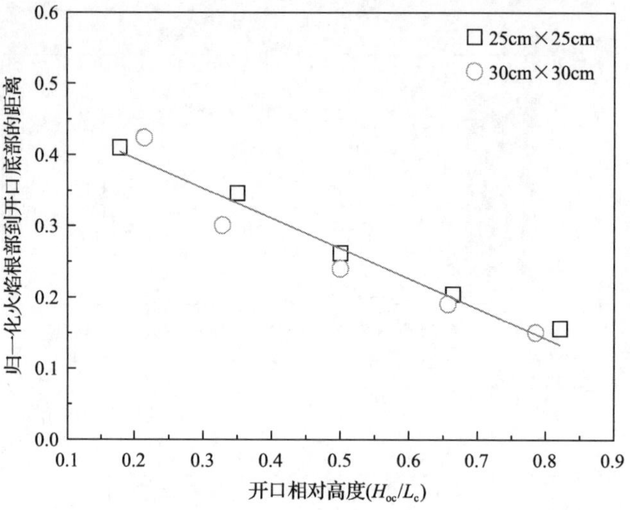

图 2.14 归一化火焰根部高度随不同开口竖向位置的变化规律

第四节 上下双层腔室建筑外立面开口火焰溢出行为

高层建筑室内发生火灾，由于火灾增长导致通风不足并形成开口火溢流，进而引燃外立面保温材料是非常典型的火灾现象，国内外学者已对该种单个腔室着火的情形进行了较为充分的研究[2-7]。然而，在实际高层建筑火灾中，外立面火灾不断扩大会造成上层房间玻璃破裂，形成立体火蔓延。对于上下多个房间同时着火的研究仍然较少，下层腔室火灾增长对上层腔室内部火灾发展及火焰溢出的影响规律仍有待进一步研究，本节将主要介绍上下层腔室同时发生火灾时上层腔室火灾的变化情况。

一、上下双层腔室火灾实验现象

为探究下层腔室着火对上层腔室火灾的影响，建造了上下双层腔室的实验台[18]开展腔室火灾实验。实验中上层腔室火源功率保持不变，逐渐增大下层腔室火源功率，观察下层腔室火灾增长对上层腔室火灾演化的影响。上层腔室火源功率变化范围覆盖室内燃烧到火焰溢出阶段。图 2.15 为上层腔室典型热释放速率情况下随下层腔室功率增大的火焰演变规律，从图中可以看出，根据上层腔室初始热释放速率的不同可分为三种不同的火灾演化现象。

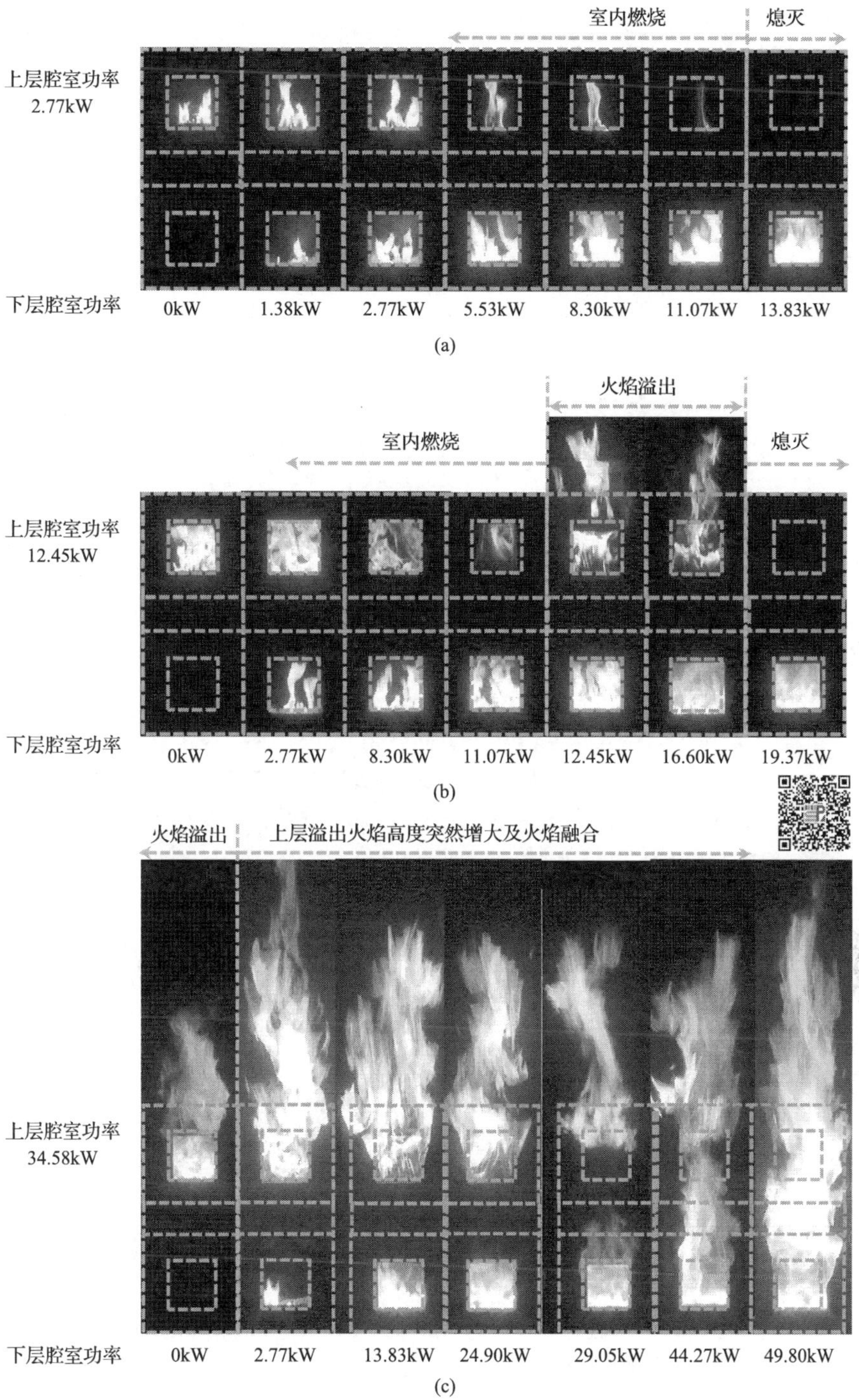

图 2.15　上下双层腔室火灾三种不同火焰行为及溢出规律(彩图扫二维码)

(1)当上层腔室热释放速率较小时(如图 2.15(a)所示为 2.77kW，与 5.53kW 和 8.30kW 实验现象相同)，处于燃料控制阶段即通风良好，火焰无溢出。随着下层腔室的火灾功率逐渐增大，上层腔室内部火焰变得微弱并最终熄灭。当无下层腔室火灾影响时，上层腔室开口处为大气环境，当存在下层腔室火灾影响时，上层开口处空气将被下层溢出烟气(相比于大气环境温度高且氧气浓度低)替代。较高的温度使得上层腔室室内外温差减小，从而降低了空气质量流入速率。随着下层腔室功率的增大，上层腔室开口处温度不断升高且氧气含量不断降低，这两种因素均使得进入上层腔室内部的氧气含量进一步降低，从而使得上层腔室内部火焰逐渐微弱并最终熄灭。

(2)当上层腔室热释放速率处于中等水平时(如图 2.15(b)所示为 12.45kW，与 11.07kW、16.60kW、20.75kW 和 24.90kW 实验现象相同)，虽仍处于燃料控制阶段，火焰无溢出，但温度(开口处浮力流)比图 2.15(a)中要高。随着下层腔室功率不断增大，上层腔室火焰由室内燃烧转变为火焰溢出并最终熄灭。这同样可由下层腔室溢出热烟气羽流引起的上层腔室开口处氧气浓度的减少来解释。随着下层腔室火灾热释放速率的增大，氧气浓度的降低首先使得上层腔室由燃料控制阶段(火焰室内燃烧)转变为通风控制阶段(火焰溢出)，并由于腔室内部氧气浓度过低最终导致火焰熄灭。

(3)当上层腔室热释放速率较大时(如图 2.15(c)所示为 34.58kW，与 29.05kW 实验现象相同)，此时处于通风控制阶段，火焰从开口溢出。实验结果表明，一旦下层腔室着火(即使火灾热释放速率很低，如 2.77kW)火焰高度将突然增大。最终，上下两个腔室的溢出火焰将会融合，且该种情况下上层腔室不再熄灭。

二、室内温度及溢出火焰高度演变规律

上一小节中介绍了下层腔室火灾的增长对上层腔室火灾演化影响的三种不同实验现象。本小节将结合相应的温度和火焰高度的演化规律分析下层腔室火灾增长对上层腔室火灾演化的影响。如图 2.16 所示为随下层腔室热释放速率(内部温度)的增加，上层腔室不同热释放速率情况下(2.77kW、12.45kW、34.58kW)内部温度演变规律，与图 2.16 三种火焰溢出演变规律相同，此处相应地存在三种不同的内部温度演变规律。

(1)第一类，随着下层腔室火灾热释放速率增大，上层腔室内部温度先略微上升后下降到一个比较低的数值，此处温度下降主要是由于火焰熄灭的发生。

(2)第二类，随着下层腔室火灾热释放速率增大，上层腔室内部先略微下降后突然下降(火焰溢出，如图 2.15(b)下层腔室火灾热释放速率为 12.45kW 所示)，最终由于火焰熄灭，室内温度会突然降低到一个比较低的数值(如图 2.15(b)下层腔室火灾热释放速率为 22.13kW 所示)。

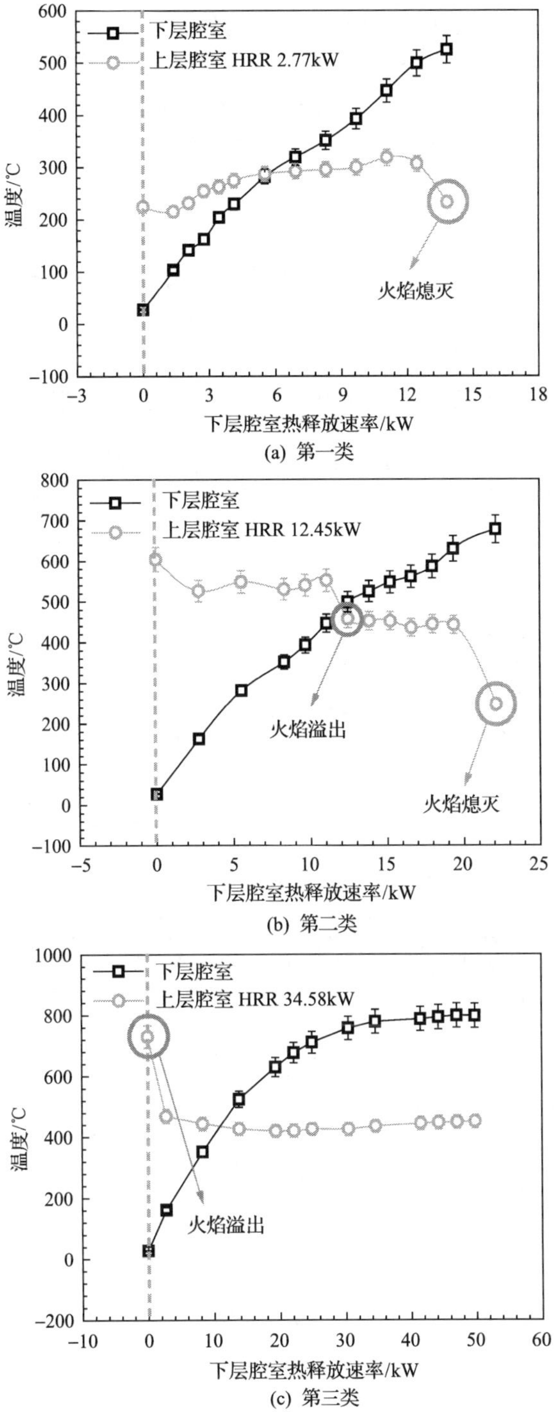

图 2.16 不同火焰行为下腔室内部温度演变规律

(3) 第三类，随着下层腔室火灾热释放速率增大，上层腔室内部温度下降到一个较低的数值(火焰溢出且其根部下降到开口底部边缘，如图 2.15(c)下层腔室火灾热释放速率为 2.77kW 所示)，随后基本保持不变。

图 2.17 所示为随着下层腔室火灾热释放速率增大，上层腔室外立面火焰高度演变规律，正如图 2.15 和图 2.16 所述第一类与第二类实验现象。可以发现：对于第二类实验现象，即上层腔室处于通风良好燃料控制阶段，火焰初始未溢出(图 2.17(a))，当上层腔室热释放速率较大时，溢出外立面火焰高度更高，同时随着下层腔室火灾热释放速率不断增大，溢出外立面高度略微下降直到火焰熄灭。对于第三类实验现象，即上层腔室处于通风控制阶段，火焰初始已溢出(图 2.17(b))，一旦下层腔室着火，上层腔室溢出外立面火焰高度先显著增大(大约是 1.3～1.4

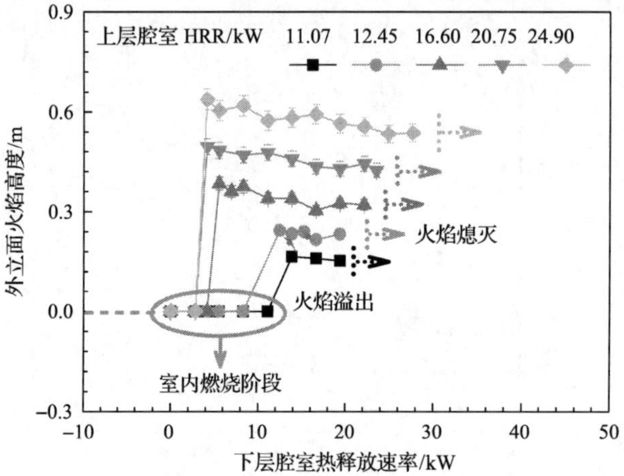

(a) 第二类

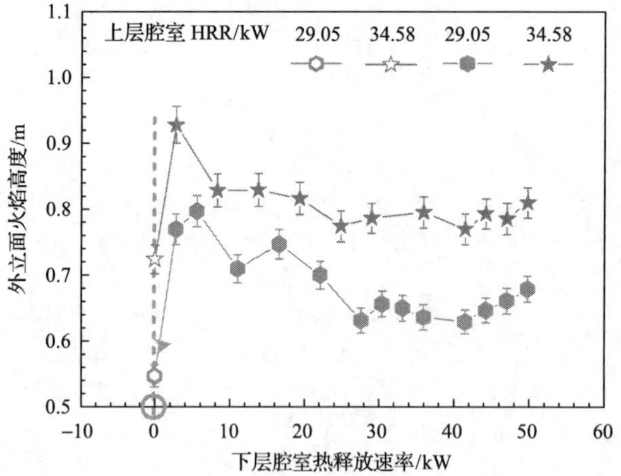

(b) 第三类

图 2.17　上下双层腔室溢出火焰高度演变规律(第二类与第三类)

倍)，然后下降。然而，当下层腔室火灾进一步发展，上层腔室外壁面火焰高度略微上升。

对于第二类实验现象中由火焰室内燃烧(燃料控制)到火焰溢出(通风控制)及第三类实验现象中外壁面火焰高度的显著增大，均是上层腔室空气流入质量流率的降低，导致了更多未燃燃料在腔室外部燃烧，正如上述讨论的那样。然而，在之后随下层腔室热释放速率增加，外立面火焰高度下降的现象是由上层腔室火羽流浮力对流引起的卷吸增强所致，这是下层腔室热烟气羽流的附加效应。当下层腔室热释放速率进一步增大，下层火焰高度接触到上层火焰根部，两个腔室火焰开始融合(即图2.15(c)和图2.17(b)热释放速率分别为44.27kW和49.80kW时)，由于下层腔室额外的未燃燃料造成了上层腔室火焰高度的增加。或者说，在这种情况下两个腔室产生了一个整体的火焰，且其高度应随总的热释放速率增加而增加。

三、下层腔室临界热释放速率研究

从上述实验现象可以看出，该类上下双腔室火灾实验中，下层腔室存在两个临界的热释放速率，一个是使得上层腔室临界溢出热释放速率，一个是使得上层腔室临界熄灭热释放速率。下层腔室的这两类临界热释放速率随上层腔室热释放速率($\dot{Q}_{\text{upper}}$)的变化而变化。图2.18(a)为第二类实验现象，即下层腔室使得上层腔室火焰溢出的临界热释放速率($\dot{Q}_{\text{lower,ej}}$)随上层腔室热释放速率的增大而减小。这是由于当上层腔室热释放速率不断增大时，其更接近通风控制临界功率(也即$1500A\sqrt{H}-\dot{Q}_{\text{upper}}$不断减小)，因此更容易达到通风控制阶段(火焰溢出)，在受到下层腔室火灾热烟气影响导致氧气含量降低的情况下，上层腔室热释放速率越大，下层腔室使其达到通风控制阶段(火焰溢出)所需的临界热释放速率越低。如图2.18(b)

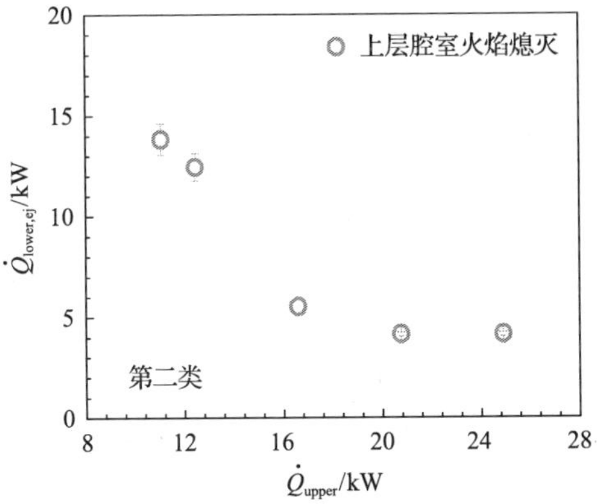

(a)

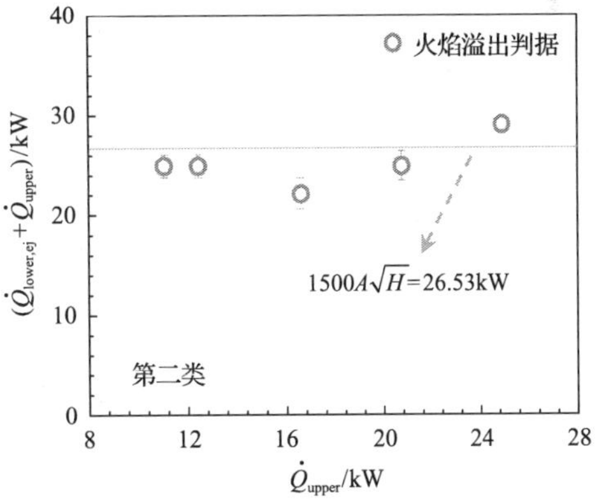

(b)

图2.18 下层腔室导致上层腔室溢出临界热释放速率及相应判据

所示为上层腔室热释放速率与下层临界溢出热释放速率之和随上层腔室热释放速率变化，可以看出，二者之和基本不随上层腔室热释放速率变化而变化，且其值均在单腔室临界溢出功率附近，该关系式可作为上层腔室临界溢出判据。

如图 2.19 所示为下层腔室使得上层腔室火焰熄灭的临界热释放速率（$\dot{Q}_{\mathrm{lower,ex}}$）的变化规律。对于第一类实验现象(无火焰溢出)，上层腔室溢出羽流浮力相对较弱(无火焰溢出)，因此，腔室内部火焰熄灭现象取决于开口处氧气浓度，在本实验中，上下层腔室开口间距是固定的，氧气浓度仅由下层腔室热释放速率决定。上层腔室开口处氧气含量随下层腔室热释放速率增大而减小直到使得腔室内部火焰熄灭，或者可以说是氧气含量主控。该临界热释放速率随上层腔室功率的增大变化不大(平均值为 14.29kW，如图 2.19 中蓝线所示)。

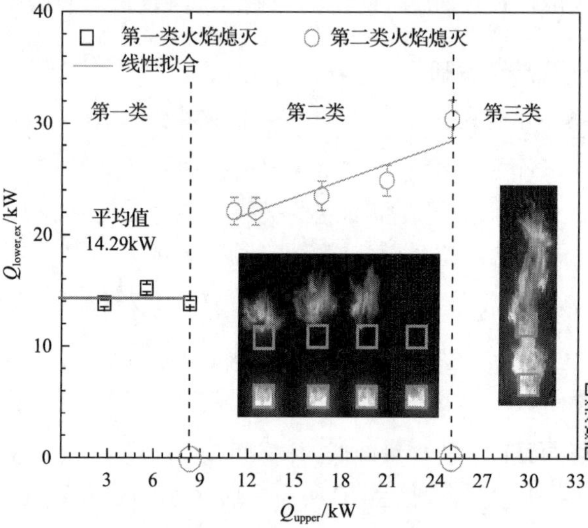

图 2.19　下层腔室使得上层腔室火焰熄灭的临界热释放速率的变化规律(彩图扫二维码)

对于第二类实验现象(有火焰溢出)，该临界热释放速率随上层腔室功率增大而增大；图 2.19 同时展示了一组典型的第二类实验现象火焰熄灭实验照片，可以看到，上层腔室火焰不断被向上吹走直到开口上沿并最终熄灭。对于第二类实验现象，上层腔室溢出羽流浮力相对较强(有火焰溢出)，因此腔室内部火焰熄灭同时取决于开口处氧气含量和空气流入质量流率。上层腔室开口溢出的热烟气浮力(卷吸空气)与下层腔室火羽流浮力(将空气向上推动、推离开口)相互作用，也即浮力竞争主控。当上层腔室热释放速率较大时，下层腔室需要更大的热释放速率才能使得上层熄灭，该浮力竞争关系可很好地通过线性拟合表示(如图 2.19 中红线所示)。

如图 2.19 中竖向虚线所示，对于不同类型火焰现象边界条件有：第一类与第二类边界(8.4kW)为单腔室火焰溢出临界热释放速率（$1500A\sqrt{H}$ =26.83kW)的

31.3%左右；第二类与第三类边界(25kW)接近单腔室火焰溢出临界热释放速率。这些对定量描述不同类型火焰行为具有重要参考价值。

参 考 文 献

[1] 霍然, 胡源, 李元洲. 建筑火灾安全工程导论. 2 版. 合肥: 中国科学技术大学出版社, 2009.

[2] Karlsson B, Quintiere J G. Enclosure Fire Dynamics. Florida: CRE Press, 2000.

[3] Quintiere J G. Fundamentals of fire phenomena. Chichester: John Wiley, 2006.

[4] Kawagoe K. Fire behaviour in rooms. Report of Building Research Institute, Report 27, Japan, 1958.

[5] Thomas I R, Bennetts I D. Fires in enclosures with single ventilation openings – comparison of long and wide enclosures. Fire Safety Science: Proceedings of the 6th International Symposium, 2000: 941-952.

[6] Babrauskas V. Estimating room flashover potential. Fire Technology, 1980, (16): 94-103.

[7] Delichatsios M A, Silcock W H. Fully involved enclosure fires: effects of fuel type, fuel area and geometry. Fire Safety Science, Proceedings of the 6th International Symposium, 2003: 59-73.

[8] Quintiere J G, McCaffrey B J, Braven K D. Experimental and theoretical analysis of quasi-steady small-scale enclosure fires. Symposium (International) on Combustion, 1979, (17): 1125-1137.

[9] Coutin M, Most J M, Delichatsios M A. Flame heights in wall fires: effects of width, confinement and pyrolysis length. Proceedings of the 6th International Symposium on Fire Safety Science, 2000: 729-740.

[10] Lee Y P, Delichatsios M A, Silcock G W H. Heat fluxes and flame heights in facades from fires in enclosures of varying geometry. Proceedings of the Combustion Institute, 2007, (31): 2521-2528.

[11] Lee Y P, Delichatsios M A, Ohmiya Y, et al. Heat fluxes on opposite building wall by flames emerging from an enclosure. Proceedings of the Combustion Institute, 2009, (32): 2551-2558.

[12] Lee Y P. Heat fluxes and flame heights in external facade fires. University of Ulster Ph. D. thesis, 2006.

[13] Lee Y P, Delichatsios M A, Ohmiya Y. The study for the physics of the outflow from the opening of a burning enclosure. Proceedings of the 5th International Seminar on Fire and Explosion Hazards, 2007: 381-392.

[14] Hu L H, Lu K H, Delichatsios M A, et al. An experimental investigation and statistical characterization of intermittent flame ejecting behavior of enclosure fires with an opening. Combustion and Flame, 2012, (159): 1178-1184.

[15] Gottuk D T, Roby R J, Beyler C L. A study of carbon monoxide and smoke yields from compartment fires with external burning. Symposium (International) on Combustion, 1992, (24): 1729-1735.

[16] 胡隆华, 唐飞, 朱伟, 等. 城市建筑外壁面火灾模拟实验装置: CN101696888A. 2010-4-21.

[17] 霍然, 范维澄. 通风口高度对室内火灾发展的影响. 消防科学与技术, 1991, (1): 2-5.

[18] Ren F, Zhang X L, Hu L H, et al. An experimental study on the effect of fire growth in a lower-floor compartment on fire evolution and facade flame ejection from an upper-floor compartment. Proceedings of the Combustion Institute, 2019, (32): 3909-3917.

第三章　建筑外立面开口火溢流的火焰形态特征参数

火灾进入充分燃烧阶段之后，燃烧程度仍在缓慢增加，空气供给逐渐不足，一部分由室内可燃物液化蒸发形成的可燃性气体随着高温烟气一起从开口处溢出，与外界的氧气混合燃烧而产生火焰[1]；同时，火焰对周围空气的卷吸，使火焰贴住建筑外立面向上蔓延[2]，形成建筑外立面开口火溢流现象。在这种火溢流现象中，火焰从开口溢出之后沿着三个不同的方向传播。火焰向外部空间扩展传播，可能将火焰和高温烟气引入到相邻房间和建筑物中，加速火灾的立体蔓延，引起更大的火灾。因此，火焰形态特征(火焰高度、宽度和厚度)是建筑外立面开口火溢流现象的重要特征参数。

第一节　建筑外立面开口火溢流的卷吸行为与火焰高度

火焰高度是指火焰在竖向位置上能够蔓延的最大距离，是建筑外立面开口火溢流的重要特征参数之一。研究建筑外立面开口火溢流火焰高度的演化规律对于防治火灾蔓延、减少灾害损失具有重要意义。本节将阐述建筑外立面火溢流的火焰高度演化规律。

一、火焰高度的定义

本书中火焰高度的测量使用数码摄像机(DV)以记录实验进程中的火焰图像，分析建筑外立面开口火溢流火焰形态特征参数的变化规律。为了更加直观地获取火焰高度，本书应用 Matlab 图像工具箱功能编制图像处理算法，并使用 Tecplot 软件进行图像的后期处理，得到火焰出现的概率分布图。通过量取火焰出现概率 0.5 处至中性面的距离即可获得平均火焰高度。

(一) 火焰图像的二值化处理

火焰图像可以分为火焰区和非火焰区，二者之间的分界线可以通过读取图像上每个像素点的亮度值来确定。实验中拍摄所得的彩色视频，其每一帧图像都需要转化为灰度图像，以提取每一帧图像上各点的亮度值，见图 3.1。

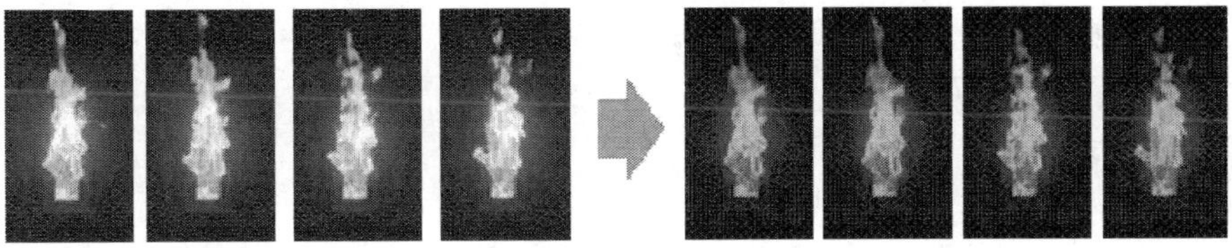

图 3.1　彩色图像转为灰度图像(彩图扫二维码)

为了区分火焰和非火焰，还需要进一步对灰度图像进行二值化处理，即选取一种亮度值为阈值，认为图像上亮度高于该阈值的点为火焰点，亮度低于该阈值的点是背景点，见图 3.2。

$$\begin{cases} I(x,y)=255, & I(x,y)\geqslant \text{level} \quad (3.1) \\ I(x,y)=0, & I(x,y)<\text{level} \quad (3.2) \end{cases}$$

式中，$I(x,y)$为任意一点的亮度值；level 为所选取的阈值。

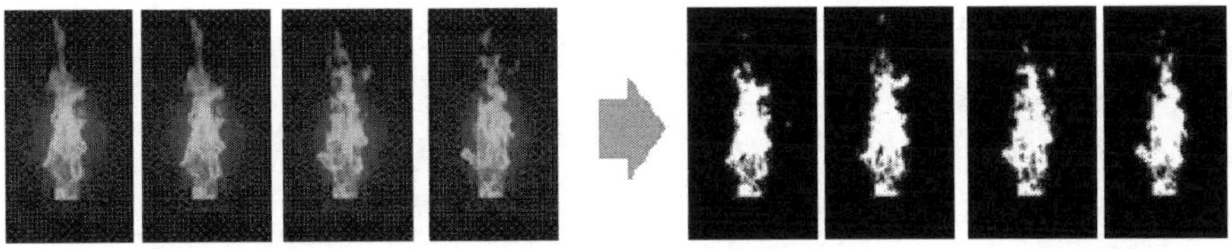

图 3.2　灰度图像二值化

每一组视频拍摄时间为 60s，共得到 1500 帧图像，将这 1500 帧图像进行叠加处理后，再进行平均处理，便可以得到该图像上各点出现火焰的概率分布，见图 3.3。

图 3.3　火焰出现概率分布图

(二)二值化过程的阈值选择

从火焰图像的特性上看，火焰区域的判定很大程度上依赖于阈值大小的选择，进而直接影响图像的转换效果。本书中阈值选择，将采用最大类间方差法(OTSU)[3]进行操作。

OTSU[3]计算简单、稳定有效、处理速度快，是一种常见的阈值选取方法，一直广为使用，至今仍在 Matlab 的图像处理工具箱里作为灰度图像单阈值自动选取的标准算法。设图像像素数为 N，灰度范围为[0, $L-1$]，对应灰度级 i 的像素数为 N_i，则对应灰度出现的概率为

$$P_i = N_i/N, \quad i=0,1,2,\cdots,L-1, \quad \sum_{i=0}^{L-1} P_i = 1 \tag{3.3}$$

把图像中的像素按灰度值用阈值 T 分成 C_0 和 C_1 两类。C_0 由灰度值在[0, T]区间内的像素组成，C_1 由灰度值在[T+1, L–1]区间内的像素组成。对于灰度概率分布，整幅图像的均值为

$$u_T = \sum_{i=0}^{L-1} iP_i \tag{3.4}$$

则 C_0 和 C_1 的均值分别为

$$u_0 = \frac{\sum_{i=0}^{T} iP_i}{\sum_{i=0}^{T} P_i} = \frac{\sum_{i=0}^{T} iP_i}{\omega_0} \tag{3.5}$$

$$u_1 = \frac{\sum_{i=0}^{T} iP_i}{\sum_{i=T+1}^{L-1} iP_i} = \frac{\sum_{i=0}^{T} iP_i}{\omega_1} \tag{3.6}$$

式中，ω_0 为小于阈值的像素点占总像素点的比值；ω_1 为大于阈值的像素点占总像素点的比值。

由式(3.4)～式(3.6)可得

$$u_T = \omega_0 u_0 + \omega_1 u_1 \tag{3.7}$$

根据类间方差定义，可得小于与大于阈值情况下的类间方差为

$$\sigma_{\mathrm{B}}^2 = \omega_0 (u_0 - u_T)^2 + \omega_1 (u_1 - u_T)^2 \tag{3.8}$$

经过化简，可得类间方差为

$$\sigma_{\mathrm{B}}^2 = \omega_0 \omega_1 (u_0 - u_1)^2 \tag{3.9}$$

因此，只需要让 T 在[0, L–1]的范围内取值，σ_{B}^2 达到最大时的 T 值即为 OTSU 选定的最佳阈值。在 Matlab 程序中，采用上述的算法思想，求得图像转换过程中的阈值。选定阈值之后，还需要对阈值进行分析。

(三) 火焰出现概率分布的图像分析

将前面已经得到的图像上各点出现火焰的概率分布图，通过 Matlab 图像处理程序编制的输出火焰概率分布文件，导入 Tecplot 软件，进行概率分布的量化处理。图 3.4 为某一组实验工况下，正面拍摄图像中的火焰出现概率分布图，图中横坐标为图像宽度，纵坐标为图像高度。可以读取实际火焰的相关特征对应在图像中的像素值，经过比例换算得到实际火焰的对应参数。

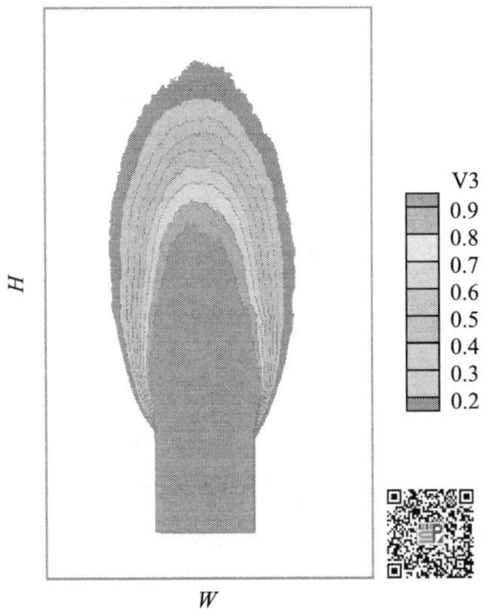

图 3.4　火焰出现概率分布图(彩图扫二维码)

二、火焰卷吸理论及特征长度

(一)建筑外立面开口火溢流火焰卷吸理论

由于建筑外立面的限制，开口火溢流的火焰相比自由羽流缺少了建筑外立面一侧的空气卷吸，因而其火羽流形态相较于自由羽流也表现出较大的不同。从火羽流形态与溢出热释放速率的角度来看，当溢出热释放速率较小时，溢出燃料动量较小，火羽流呈“贴壁火”状态，空气卷吸主要是二维的，即开口火溢流的空气卷吸主要来自建筑外立面的正面；而当溢出热释放速率较大时，溢出燃料动量较大，火羽流形态近似呈“半轴对称火”，空气卷吸是三维的，即开口火溢流的空气卷吸来自建筑外立面的正面和两侧。

(二)特征长度[4-6]

通风控制燃烧情况下，建筑外立面开口火溢流溢出的火焰可以假设由热释放速率为 $\dot{Q}$ 的矩形火源产生，此矩形火源位于开口中性面处，其边长分别为 ℓ_1 (平行于建筑外立面)和 ℓ_2 (垂直于建筑外立面)，见图 3.5。

1)特征长度 ℓ_1

基于质量守恒，将燃烧室作为一个控制体，流入燃烧室内的气体质量应等同于流出开口的量，而燃料的质量流率 $\dot{m}_{\mathrm{f}}$ 远小于通过开口进入燃烧室内部的空气质量流率 $\dot{m}_{\mathrm{a}}$，所以在计算中通常忽略 $\dot{m}_{\mathrm{f}}$。因此，对于通风控制燃烧状况，通过开口的气体质量流率(忽略了燃料的热解速度)如下：

$$\dot{m}_{\mathrm{g}} = \dot{m}_{\mathrm{a}} = 0.5A\sqrt{H} = 0.13\rho_{\infty}A\sqrt{H \cdot g} \tag{3.10}$$

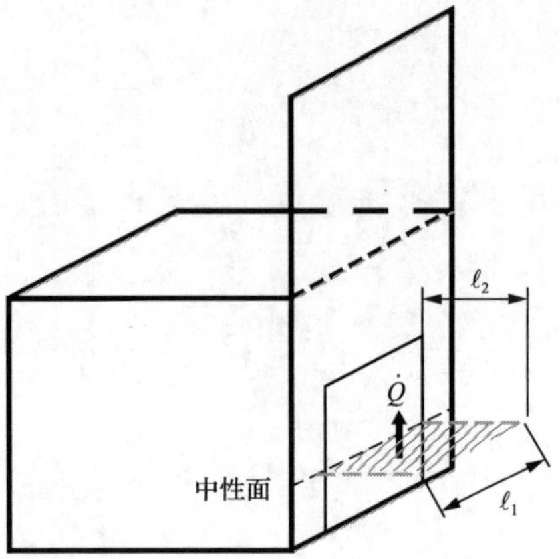

图 3.5　矩形火源近似模型

开口处对流热为

$$\dot{Q}_{\mathrm{conv}} = \dot{m}_{\mathrm{g}} c_{\mathrm{p}} \Delta T_{\mathrm{g}} \tag{3.11}$$

将式(3.10)代入式(3.11)，得

$$\frac{\Delta T_{\mathrm{g}}}{T_{\infty}} = 7.54\frac{\dot{Q}}{\rho_{\infty}c_{\mathrm{p}}T_{\infty}\sqrt{g}\left(A\sqrt{H}\right)} = 7.54\frac{\dot{Q}}{\rho_{\infty}c_{\mathrm{p}}T_{\infty}\sqrt{g}\left(\ell_1^{5/2}\right)} \tag{3.12}$$

上述方程等号右边的项和 Zukoski 等[7, 8]所提出的无量纲热释放速率公式(3.13)类似：

$$\dot{Q}^{*} = \frac{\dot{Q}}{\rho_{\infty}c_{\mathrm{p}}T_{\infty}\sqrt{g}(D^{5/2})} \tag{3.13}$$

这意味着存在一个与通风控制燃烧下通过开口的对流热相关的特征长度：

$$\ell_1 = (A\sqrt{H})^{2/5} \tag{3.14}$$

2)特征长度 ℓ_2

建筑外立面开口火溢流现象中，火溢流从开口水平溢出，然后转变成向上发展、贴壁。溢出火羽流从水平到竖直的过程，存在出口的水平动量和上升的浮力的竞争，而溢出火羽流溢出的水平长度正是由这种竞争的结果决定。动量通量 M_0 为

$$M_0 \approx \dot{m}_{\mathrm{g}} v_{\mathrm{g}} \tag{3.15}$$

式中，热烟气通过开口的流速为

$$v_g \propto \sqrt{\frac{\Delta T_g}{T_\infty}(H - z_n)g} \tag{3.16}$$

式中，H 为开口高度；z_n 为中性面到开口底部的高度。

浮力通量 J_0 为

$$J_0 \approx \dot{m}_g \frac{\Delta T_g}{T_\infty} g \tag{3.17}$$

溢流火羽流从动量控制发展一定距离再转变为浮力控制，这段水平距离可表示为

$$\ell_2 \approx \frac{(M_0/\rho_\infty)^{3/4}}{(J_0/\rho_\infty)^{1/2}} \tag{3.18}$$

将式(3.15)和式(3.17)代入式(3.18)，得

$$\ell_2 \propto \frac{(\dot{m}_g v_g)^{3/4}}{\left(\dot{m}_g \frac{\Delta T_g}{T_\infty} g\right)^{1/2}} (\rho_\infty)^{-1/4} \tag{3.19}$$

重新调整式(3.19)，得

$$\ell_2 \propto \dot{m}_g^{1/4} (H - z_n)^{1/2} v_g^{-1/4} (\rho_\infty)^{-1/4} \tag{3.20}$$

又有

$$\dot{m}_g \propto \rho_\infty v_g (H - z_n) W \tag{3.21}$$

将式(3.21)代入式(3.20)，得

$$\ell_2 \propto \left[\frac{\rho_g}{\rho_\infty}\left(1 - \frac{z_n}{H}\right)^3\right]^{1/4} (AH^2)^{1/4} \tag{3.22}$$

在通风控制燃烧下，中性面位置可表示为

$$\frac{z_n}{H} \propto \frac{1}{1 + \left(\frac{\rho_a}{\rho_g}\right)^{1/3}} \tag{3.23}$$

将式(3.23)代入式(3.22)，得

$$\ell_2 \propto \frac{1}{\left[1+\left(\frac{\rho_\infty}{\rho_g}\right)^{1/3}\right]^{3/4}}(AH^2)^{1/4} \tag{3.24}$$

表 3.1 表明，在通风控制燃烧时，燃烧室内部温升的变化对特征长度 ℓ_2 的影响较小，因此，特征长度 ℓ_2 可表示为

$$\ell_2 \propto (AH^2)^{1/4} \tag{3.25}$$

表 3.1 燃烧室内部温升的变化对特征长度 ℓ_2 的影响

燃烧室内部温度	热烟气密度	ℓ_2
600℃	0.404	$0.51(AH^2)^{1/4}$
1000℃	0.277	$0.48(AH^2)^{1/4}$

3) 特征长度 ℓ_3

对于通风控制燃烧，由于浮力作用，从开口溢出的火焰从水平转变为竖直方向，而溢出火焰水平长度(之后完全转变为竖直方向)主要取决于溢出火焰水平动量和浮力的竞争平衡，见图 3.6。

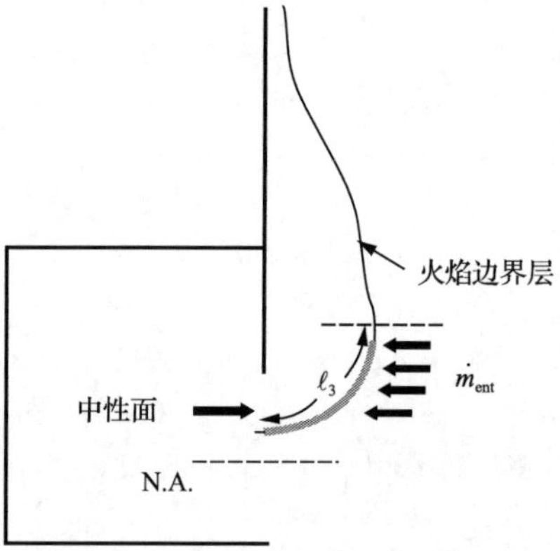

图 3.6 特征长度 ℓ_3 示意图[9]

在溢出火焰从水平转变为竖直方向时，进入羽流区域的空气卷吸质量流率[4, 5, 9]为

$$\dot{m}_{ent} = \rho_a\left(\sqrt{\frac{\Delta T_f}{T_a} g\ell_3}\right)\ell_3\ell_1 \tag{3.26}$$

式中，ΔT_{f} 为火焰温升；ℓ_3 为开口溢出火焰从水平到转变成竖直方向时的距离，见图 3.6。

由于卷吸周围空气，溢出火焰向上的动量可表示为

$$M_{\mathrm{ent}} = \dot{m}_{\mathrm{ent}} u' = \dot{m}_{\mathrm{ent}}(\alpha u) \tag{3.27}$$

式中，u 为空气卷吸速率；u' 为溢出火焰向上的速率；α 为卷吸常数。

将式(3.26)代入式(3.27)中，得到

$$M_{\mathrm{ent}} \propto \rho_{\mathrm{a}}\left(\sqrt{\frac{\Delta T_{\mathrm{f}}}{T_{\mathrm{a}}} g\ell_3}\right)\ell_3\ell_1\left(\sqrt{\frac{\Delta T_{\mathrm{f}}}{T_{\mathrm{a}}} g\ell_3}\right) \tag{3.28}$$

在开口处的火焰水平动量 M_0 可表示为

$$M_0 \approx \rho_{\mathrm{a}} \frac{\Delta T_{\mathrm{g}}}{T_{\mathrm{a}}}(H - z_{\mathrm{n}})^2 gW \tag{3.29}$$

式中，W 为开口宽度；ΔT_{g} 为燃烧室内部温升。

特征距离 ℓ_3 主要取决于溢出火焰水平动量和浮力的竞争平衡，故有

$$M_{\mathrm{ent}} = \rho_{\mathrm{a}} \frac{\Delta T_{\mathrm{f}}}{T_{\mathrm{a}}} g\ell_3^2\ell_1 \approx \rho_{\mathrm{a}} \frac{\Delta T_{\mathrm{g}}}{T_{\mathrm{a}}}(H - z_{\mathrm{n}})^2 gW = M_0 \tag{3.30}$$

将 $\ell_1 = (A\sqrt{H})^{2/5}$ 代入式(3.30)，得到

$$\ell_3 \propto \left(\frac{\Delta T_{\mathrm{g}}}{\Delta T_{\mathrm{f}}}\right)^{1/2}\left(\frac{\rho_{\mathrm{g}}}{\rho_{\mathrm{a}}}\right)^{1/2}\left(1 - \frac{z_{\mathrm{n}}}{H}\right)(AH^{4/3})^{3/10} \tag{3.31}$$

在通风控制燃烧情况下，中性面位置满足[4]

$$\frac{z_{\mathrm{n}}}{H} \propto \frac{1}{1 + \left(\dfrac{\rho_{\mathrm{a}}}{\rho_{\mathrm{g}}}\right)^{1/3}} \tag{3.32}$$

故式(3.31)变为

$$\ell_3 \propto \left(\frac{\Delta T_{\mathrm{g}}}{\Delta T_{\mathrm{f}}}\right)^{1/2}\left(\frac{\rho_{\mathrm{g}}}{\rho_{\mathrm{a}}}\right)^{1/2}\left(1 - \frac{1}{1 + (\rho_{\mathrm{a}}/\rho_{\mathrm{g}})^{1/3}}\right)(AH^{4/3})^{3/10} \tag{3.33}$$

通风控制燃烧时，燃烧室内部温升的变化对特征长度 ℓ_3 的影响较小[9]，故特征长度 ℓ_3 可表示为

$$\ell_3 \propto (AH^{4/3})^{3/10} \tag{3.34}$$

三、火焰高度的理论模型

Lee 等给出了自由边界条件时，通风控制情况下的火焰高度 Z_f 、无量纲溢出热释放速率 $\dot{Q}_\mathrm{ex}^*$ 及开口特征长度 ℓ_1 的表达形式[5]：

$$\frac{Z_\mathrm{f}}{\ell_1} = f\left(\dot{Q}_\mathrm{ex}^*\right) = f\left(\frac{\dot{Q}_\mathrm{ex}}{\rho_\infty c_\mathrm{p} T_\infty \sqrt{g}\,\ell_1^{5/2}}\right) \tag{3.35}$$

$\dot{Q}_\mathrm{ex}^*$ 的大小将决定火焰从开口溢出的形态，Lee 等[4, 5]指出，当 $\dot{Q}_\mathrm{ex}^* < 1.3$ 时，溢出燃料动量较小，火焰呈“贴壁火”状态，空气卷吸主要是二维的；而当 $\dot{Q}_\mathrm{ex}^* > 1.3$ 时，溢出燃料动量较大，火焰呈近似“半轴对称火”的形式燃烧，空气卷吸是三维的。

第二节　建筑外立面开口火溢流的火焰宽度

火焰宽度是指火焰在水平方向上能够蔓延的最大距离，是建筑外立面开口火溢流的重要特征参数之一。研究建筑外立面开口火溢流火焰宽度的演变规律对于防治建筑火灾向相邻建筑房间内蔓延，减少灾害损失具有重要意义。本节将阐述建筑外立面火溢流的火焰宽度演化规律。

一、火焰宽度的定义

建筑外立面火溢流的火焰宽度在不同竖向高度处是不同的，火焰宽度的演变规律受到多种因素的影响。图 3.7 给出了火焰宽度和最大火焰宽度的定义，即摄像机从正面拍摄得到火焰轮廓图，将火焰轮廓内平行于外立面方向的距离定义为火焰宽度，并定义火焰轮廓内平行于外立面方向的最大距离为最大火焰宽度（$W_\mathrm{f,max}$）。

二、火焰宽度的变化规律

为详细描述火焰从燃烧室内溢出之后火焰宽度随竖向高度增加的变化规律，将火焰高度分成十等份，从火焰底部开始，每隔十分之一火焰高度，读取相应高度的火焰宽度数值并作图，见图 3.8。

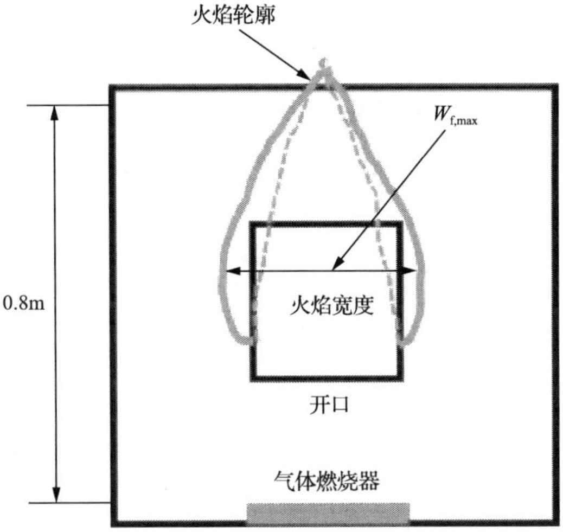

图 3.7　火焰宽度和最大火焰宽度的定义

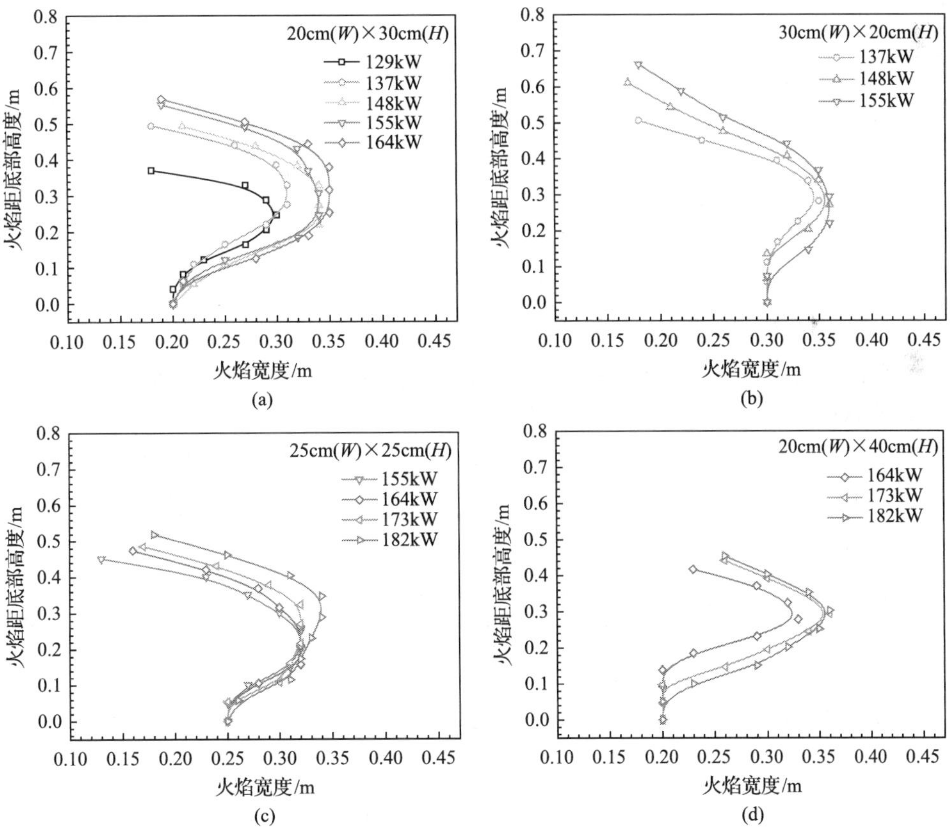

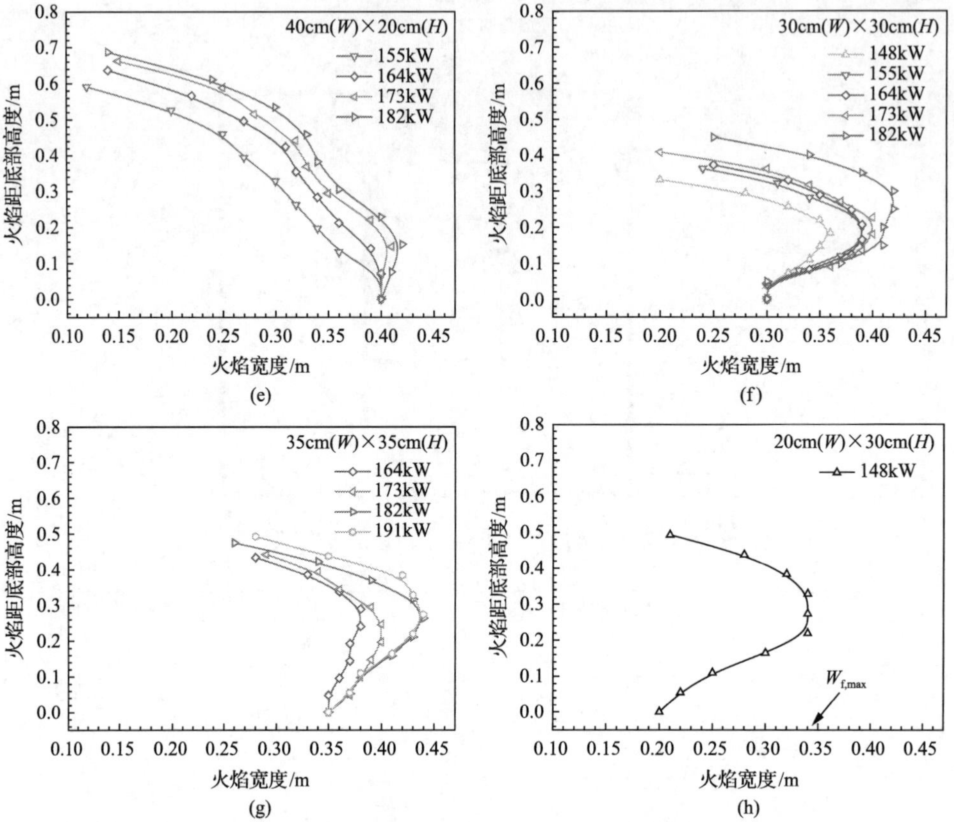

图 3.8　火焰宽度在竖直方向的变化规律

从图 3.8 中可以看出以下情况。

(1) 在开口不变时，建筑外立面开口火溢流的火焰宽度随着总的热释放速率的增加而增加。

(2) 火焰宽度在竖直方向上随着高度的增加表现出两个不同的变化趋势。当开口的横纵比较小时（$0.5 \leqslant W/H \leqslant 1.5$），火焰宽度先随着高度的增加而增加并达到最大值，之后，随着高度的增加逐渐减小。从实验照片中可以较清楚地看到，此种情况下，溢出火焰呈现比较明显的半轴对称羽流特征，见图 3.9。这是因为，空气从火焰正面和侧面同时卷吸进入火焰与羽流中，而背面被正面竖直墙限制住，不能发生卷吸。当开口的横纵比较大时（$W/H = 2$），溢出火焰一旦离开燃烧室开口之后，就贴附在正面墙上，火焰宽度单调地随着竖向高度的增加而减小，这是因为相较于侧面的卷吸，正面的卷吸强度较大，使得火焰呈现较明显的贴壁状态，形成墙面火的火焰形态。

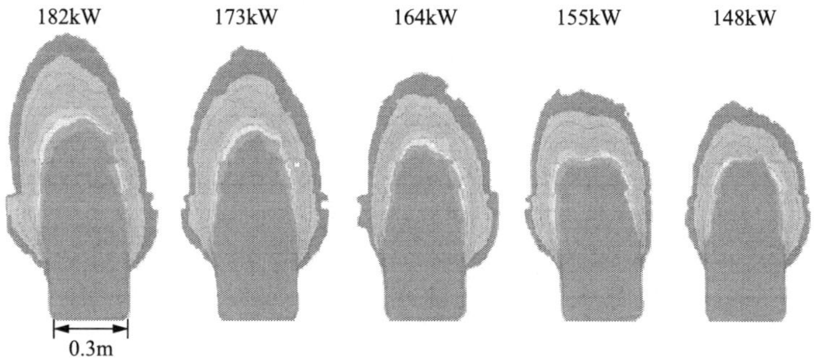

图 3.9　实验照片与火焰概率云图

三、最大火焰宽度的理论模型

最大火焰宽度决定了火焰在平行于外立面方向上的最大水平扩展范围，这里我们将着重阐述最大火焰宽度的演化规律并建立相应的理论模型。图 3.10 描绘了不同的开口尺寸条件下，最大火焰宽度随火源总的热释放速率的变化规律。从图中可以看出，对于方形开口，即尺寸为 25cm×25cm、30cm×30cm、35cm×35cm（*W*×*H*）的开口，最大火焰宽度随开口因子的增大而增大；对于矩形开口，即尺寸为 20cm×30cm、20cm×40cm、30cm×20cm、40cm×20cm（*W*×*H*）的开口，最大火焰宽度随开口宽度的增加有着明显的增加。

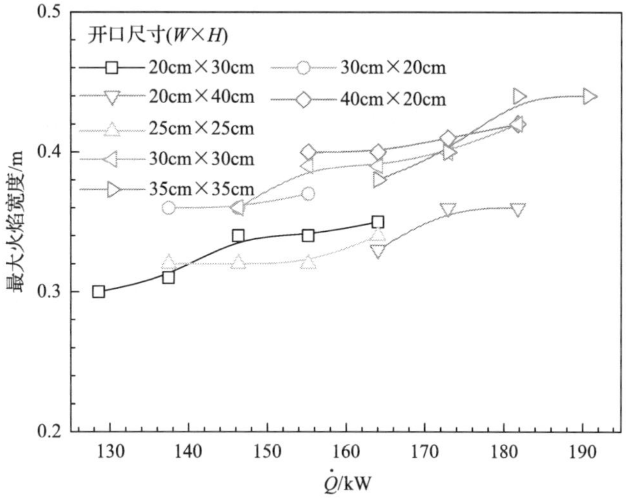

图 3.10　最大火焰宽度随火源总的热释放速率的变化规律

Lee[4]基于小尺寸开口和特征长度 ℓ_1 给出描述火焰宽度的表达式：

$$\frac{W_{\mathrm{f,max}}}{Z_{\mathrm{f}}}=\mathrm{fcn}\left(\frac{\ell_1}{Z_{\mathrm{f}}}\right) \tag{3.36}$$

前面提到的开口尺寸比Lee的实验开口尺寸要大，故将两组数据一起使用式(3.36)作图，见图3.11。图中可以很明显地看出，所有的数据值均较好地被以上公式拟合。由此，基于特征长度 ℓ_1 表征的开口火溢流最大火焰宽度的具体数学表达式为

$$\frac{W_{\mathrm{f,max}}}{Z_{\mathrm{f}}}=\frac{\ell_1}{Z_{\mathrm{f}}}+0.12 \tag{3.37}$$

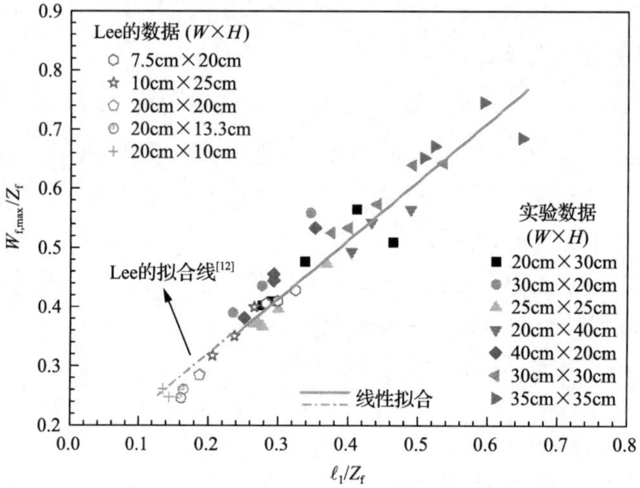

图3.11　无量纲最大火焰宽度与 ℓ_1/Z_{f} 的拟合结果

第三节　建筑外立面开口火溢流的火焰厚度

火焰厚度是指火焰在溢出开口后在垂直外立面方向上能够扩展的最大水平距离，是建筑外立面开口火溢流的重要特征参数之一。研究建筑外立面开口火溢流火焰厚度的演变规律对于防治火灾在相邻建筑间的蔓延具有重要意义。本节将阐述建筑外立面火溢流的火焰厚度演化规律。

一、火焰厚度的定义

由于燃烧室内外存在压力差，室内的高温烟气与火焰具有一定的初始水平动量，从开口进入外部环境后，又受到浮力的作用，开始缓慢上升。火溢流的初始水平动量与浮力相互竞争，使得开口火溢流能在离开开口之后，往前扩展一定水

平距离，继而转为竖直向上运动，并贴附在竖直正面墙上，再沿着竖直方向蔓延；水平冲量的大小与所受浮力的竞争行为决定了开口火溢流最终能够投射的水平距离的大小。这也是现实高层建筑火灾中，火势向上部楼层蔓延的机理，因而溢出火焰具有一定的厚度。

图 3.12 给出了最大火焰厚度（$D_{f,max}$）的定义，即摄像机从侧面拍摄得到火焰轮廓图，将火焰轮廓内垂直于外立面方向的距离定义为火焰厚度，并定义火焰轮廓内垂直于外立面方向的最大距离为最大火焰厚度（$D_{f,max}$）。

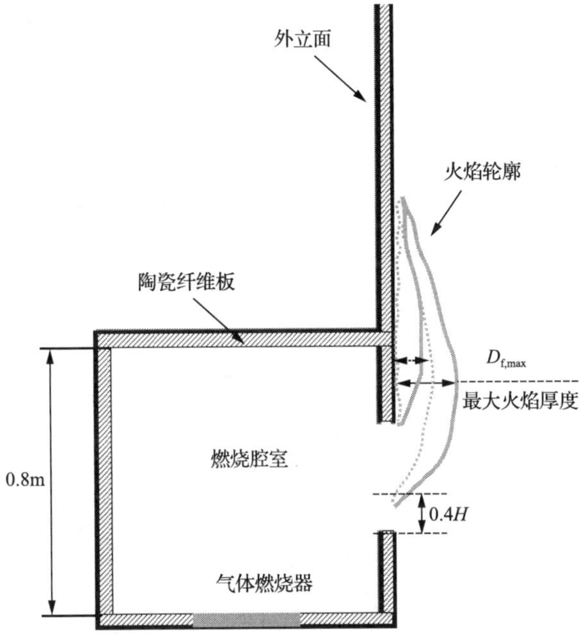

图 3.12　火焰厚度和最大火焰厚度的定义

二、火焰厚度的变化规律

为详细描述火焰从燃烧室内溢出之后，火焰厚度随竖直高度增加的变化规律，将火焰高度分成十等份，从火焰底部开始，每隔十分之一火焰高度，读取相应高度的火焰厚度数值并作图，见图 3.13，从图中可以看出以下情况。

(1) 在开口不变时，建筑外立面开口火溢流的火焰厚度随着总的热释放速率的增加而增加。

(2) 火焰厚度先随着竖直高度的增加而增加并达到厚度的最大值，再随着竖直高度的增加而减小。这种变化规律的统一性可以根据从室内冲出的高温气体与火焰的运动状态来解释：由于燃烧室内部与外部环境存在较大的温差，开口两侧存在压力差，因此，火焰与高温气体从开口上部运动到外部环境中时，带有一定的水平冲量，这使得火焰离开开口后还能往前投射一段水平距离；接着，火焰受到的浮力与自身的水平冲量相互竞争。当竞争达到平衡时，火焰厚度达到最大值；随后，溢出火焰主要受到浮力影响，变成竖直向上运动，受到周围空气卷吸贴附在正面竖直墙上，并随着卷吸的不断发生厚度不断减小。

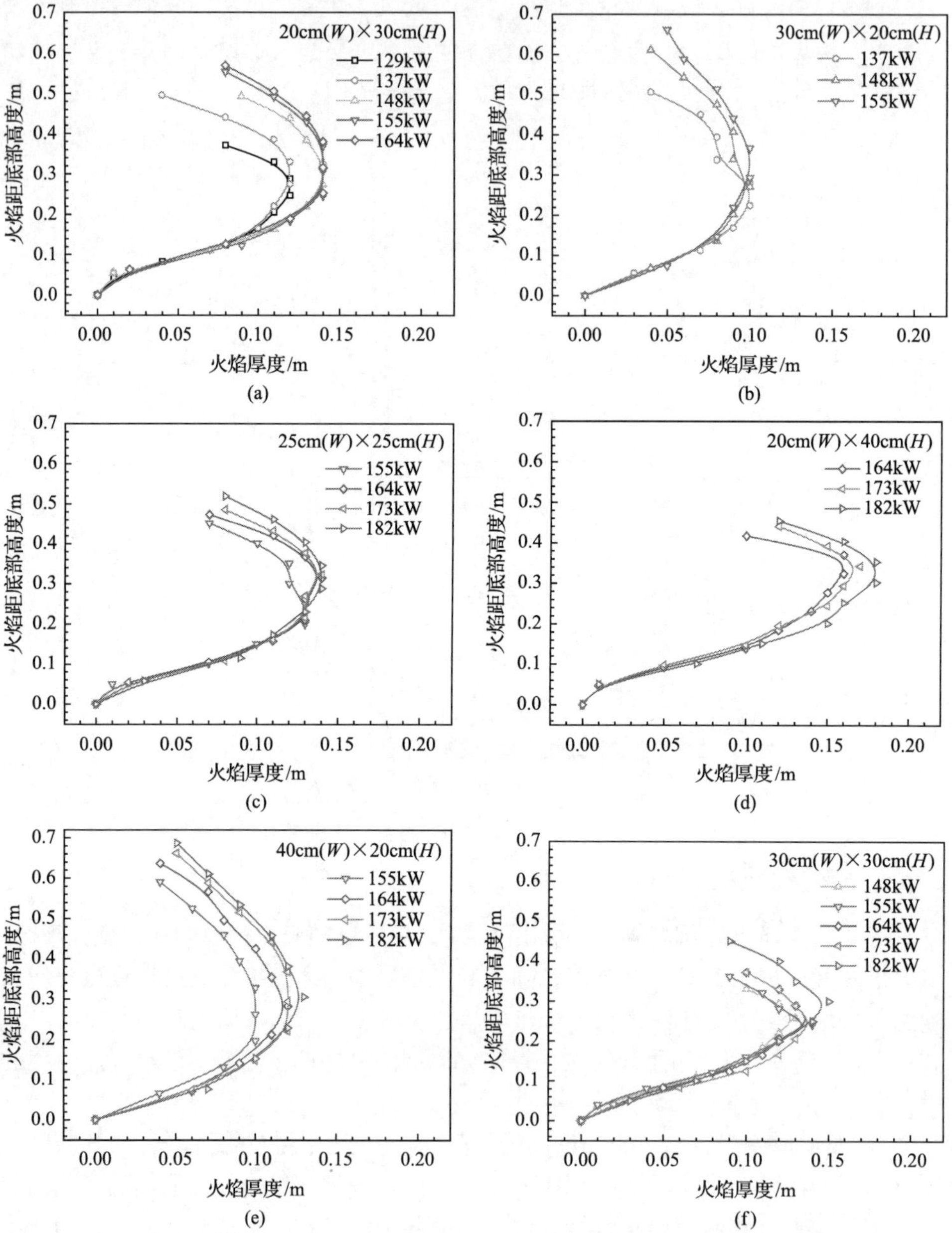

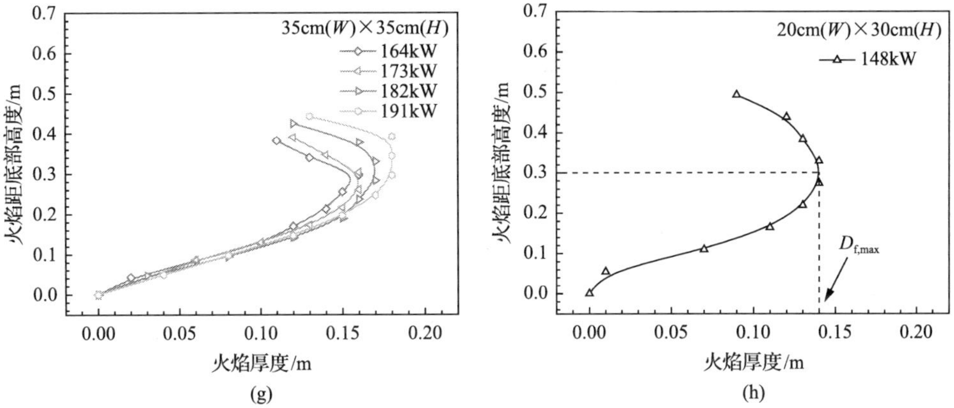

图 3.13　火焰厚度在竖直方向的变化规律

三、最大火焰厚度的理论模型

最大火焰厚度决定了火焰在垂直于外立面方向上最大蔓延距离，本书将着重阐述最大火焰厚度的演化规律并建立相应的理论模型。图 3.14 描绘了不同的开口尺寸条件下，最大火焰厚度随火源热释放速率的变化规律。从图中可以看出，对于开口面积相等的开口(20cm×30cm 与 30cm×20cm、20cm×40cm 与 40cm×20cm (W×H))，当开口宽度较小时，火焰厚度较大；结合图 3.10 可以看出，最大火焰厚度普遍小于最大火焰宽度，这是因为火焰从开口溢出后，贴附于竖直正面墙上，与墙面接触的一面卷吸受到限制，火焰呈现被“压扁”的形态。

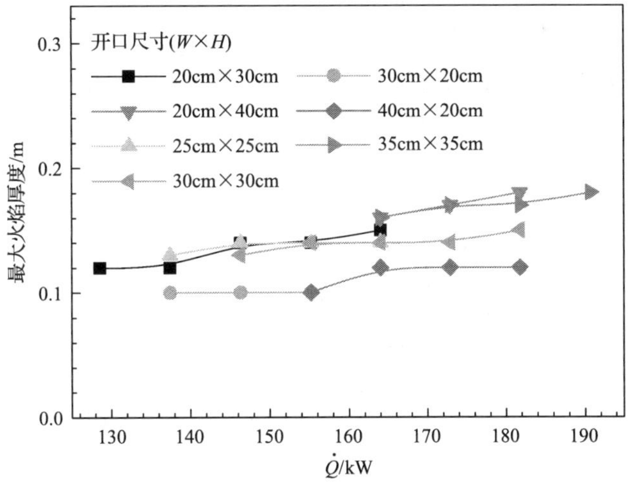

图 3.14　最大火焰厚度随火源热释放速率的变化规律

图 3.15 给出了用式(3.38)对最大火焰厚度数值的拟合结果。

$$\frac{D_{\mathrm{f,max}}}{Z_{\mathrm{f}}} = \mathrm{fcn}\left(\frac{\ell_2}{Z_{\mathrm{f}}}\right) \tag{3.38}$$

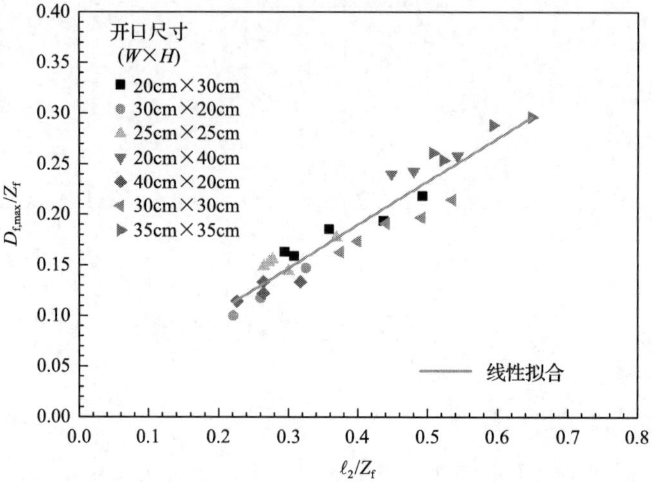

图 3.15 无量纲最大火焰厚度与 ℓ_2 / Z_{f} 的拟合结果

从图 3.15 中可以看出，利用特征长度 ℓ_2 对最大火焰厚度的拟合，能够较好地表征出溢出火焰最大厚度的变化规律。由此基于特征长度 ℓ_2 的开口火溢流最大火焰厚度的具体数学表达式为

$$\frac{D_{\mathrm{f,max}}}{Z_{\mathrm{f}}} = 0.43\frac{\ell_2}{Z_{\mathrm{f}}} + 0.02 \tag{3.39}$$

第四节 燃料富足转折状态下火焰高度模型

对于单开口腔室火灾，前人认为其火灾发展将经历两种状态：燃料控制阶段(氧气足以支持腔室内部燃料燃烧)与通风控制阶段(腔室内部氧气不足，燃料富足)，且当腔室火灾达到通风控制阶段时，多余的燃料将溢出开口在外部燃烧形成开口火溢流。然而，本节中通过实验发现，随着燃料供应的增加，腔室火灾将以两种不同模式达到新的临界转折状态。当腔室火灾处于该转折状态时，腔室内部温度急剧下降，同时外立面火焰高度突然增加，显著增加了建筑外立面火蔓延风险。本节将重点阐述该转折状态下火焰高度演化规律及模型。

一、腔室火灾转折行为及临界条件

如图 3.16 所示为不同开口尺寸条件下随热释放速率增大腔室内部温度演化规律以及相应的火焰演化特性，可以看出，对于不同的开口尺寸(通风因子)共有三类温度演变曲线：①对于相对较大的开口(即 0.25m×0.15m、0.25m×0.125m、0.25m×0.10m)，随着腔室火灾由燃料控制阶段发展到通风控制阶段(热释放速率不断增大)，腔室内部温度先增大(阶段Ⅰ，火焰在腔室内部)然后基本保持不变(阶段Ⅱ，腔室从开口上部溢出)，这与前人的研究结果和理论一致[5, 13]。然而，当腔室内部热释放速率进一步增加时，腔室内部温度突然降低到一个相对较低的值，表明腔室内部没有燃烧现象发生，同时所有燃料均在外部燃烧，腔室火灾将发展到转折状态(阶段Ⅲ)，达到该状态时，溢出火焰将布满整个开口同时开口火溢流火焰高度将显著增大。②对于中等尺寸开口(即 0.25m×0.075m；0.25m×0.05m；0.25m×0.025m)，腔室内部温度先增大(阶段Ⅰ，火焰在腔室内部)，然后突然降低到一个相对较低的值，同时火焰在溢出的同时布满开口(阶段Ⅲ，转折状态)，该种开口尺寸条件下未出现经典的通风控制火灾。③对于最小的开口(0.25m×0.0125m)，可以看出，腔室内部最大温度出现在腔室火灾最低的热释放速率的工况下。腔室内部不同位置处温度基本一致，表明腔室内部处于充分混合状态。随着热释放速率的增加，腔室内部温度不断降低，同时最大温度低于 200℃，说明燃料不能在腔室内部燃烧，溢出火焰布满整个开口(阶段Ⅲ，与上述转折状态相似)。

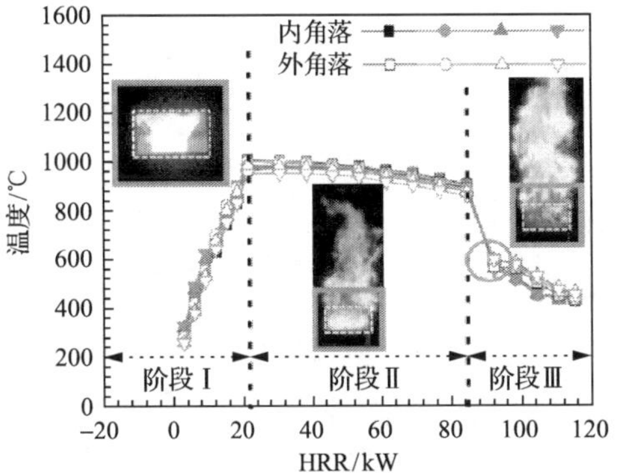

(a) 0.25m(*W*)×0.15m(*H*)

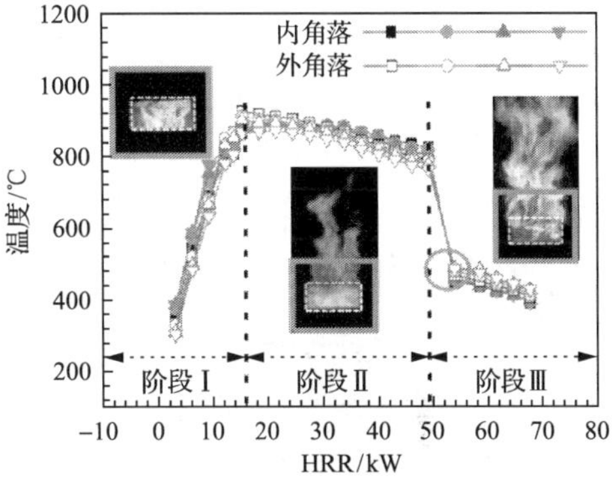

(b) 0.25m(*W*)×0.125m(*H*)

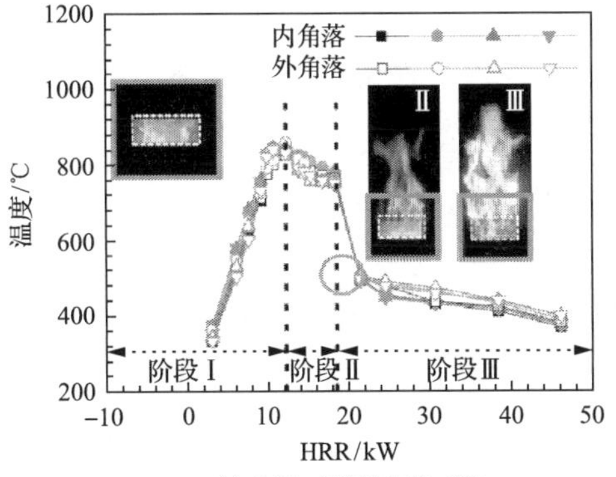

(c) 0.25m(*W*)×0.10m(*H*)

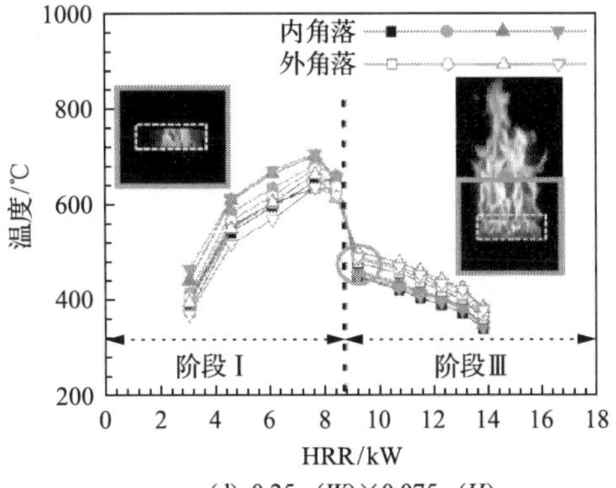

(d) 0.25m(*W*)×0.075m(*H*)

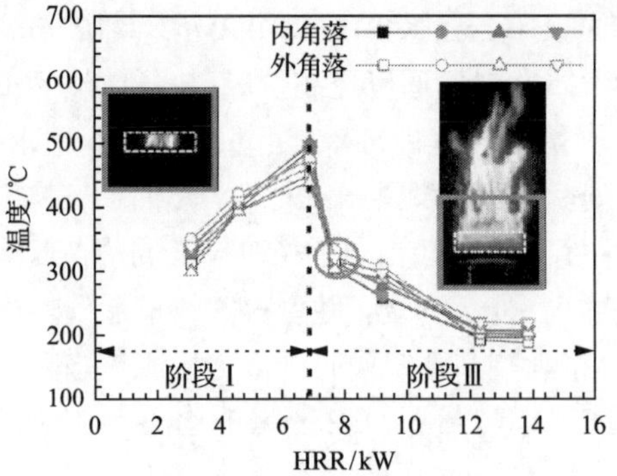

(e) 0.25m(W)×0.05m(H)

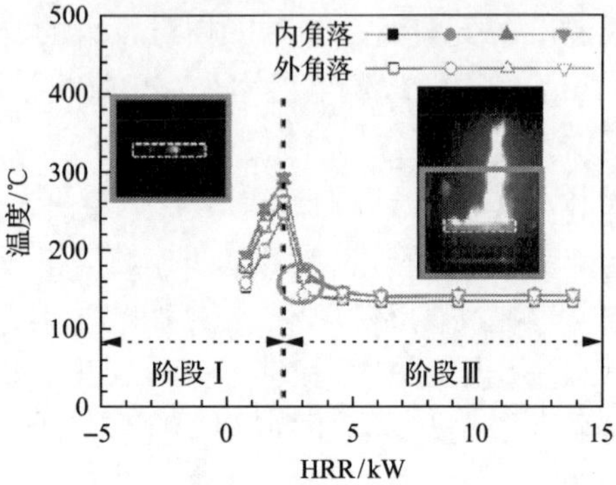

(f) 0.25m(W)×0.025m(H)

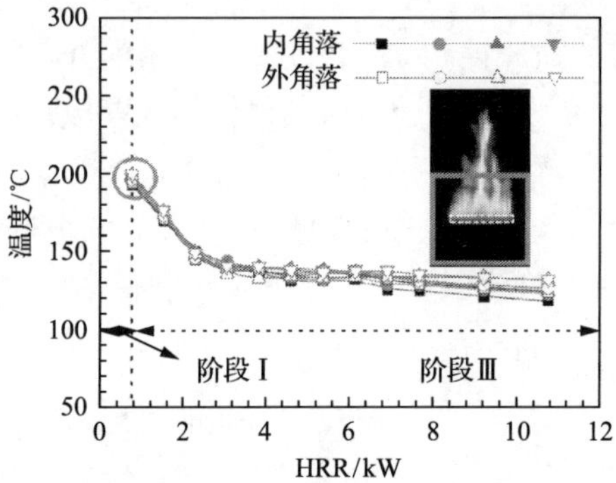

(g) 0.25m(W)×0.0125m(H)

图 3.16　不同开口尺寸条件下随热释放速率增大腔室内部温度演变规律以及相应的火焰演化特性(阶段Ⅰ：燃料控制阶段；阶段Ⅱ：通风控制阶段；阶段Ⅲ：转折状态)

从以上温度演变规律可以看出，当热释放速率不断增大达到临界值时，腔室火灾存在一个基本的临界转折状态(如图 3.16 中圆圈中所示)，达到临界转折状态时，将不会再有空气流入腔室，造成腔室内部火焰熄灭，同时外立面火溢流火焰高度将突然增大。上述临界转折状态与 Thomas 和 Heselden[14]所设想的实验现象是一致的，虽然 Thomas 和 Heselden 的实验中并未涉及该现象，而是主要研究了开口面积对燃料热解与腔室内部热释放速率的影响，发现随着燃料流量增大，腔室中对底部热传递先增大后突然降低，同时热量传递的最大值随开口面积降低而降低，这与图 3.16 所示不同开口尺寸温度演变规律一致。

上述腔室火灾转折行为可由质量守恒及腔室内部火焰熄灭理论分析解释，当考虑腔室内部燃料质量流率时，依据质量守恒，可以得出溢出腔室的热烟气质量流率等于空气流入速率与腔室内部燃料供应流率之和：

$$\dot{m}_{\mathrm{a}} + \dot{m}_{\mathrm{f}} = \dot{m}_{\mathrm{g}} \tag{3.40}$$

依据开口处中性面上的质量守恒，前人[15]已经建立了通过开口的空气流入速率与燃料质量流率的关系：

$$\dot{m}_a = \frac{\frac{2}{3}C_d\sqrt{2\rho_a(\rho_a-\rho_g)g}A\sqrt{H}}{\left(\left(\frac{1+\dot{m}_f/\dot{m}_a}{\sqrt{\rho_g/\rho_a}}\right)^{2/3}+1\right)^{3/2}} \tag{3.41}$$

同时，前人[15]还发现当腔室内部温度范围为600～1200℃时，式(3.41)中密度项$1/(\sqrt{\rho_g/\rho_a})^{2/3}$与$\sqrt{\rho_a(\rho_a-\rho_g)}$取值范围分别为1.44～1.71和0.97～1.07，如果密度项$1/(\sqrt{\rho_g/\rho_a})^{2/3}$取其平均值为1.6，$\sqrt{\rho_a(\rho_a-\rho_g)}$取值为1.0，式(3.41)可以进一步简化为

$$\dot{m}_a = \frac{2.1A\sqrt{H}}{\left[1.6(1+\dot{m}_f/\dot{m}_a)^{2/3}+1\right]^{3/2}} \tag{3.42}$$

从上述公式中可以看出，空气流入速率随燃料质量流率增加而降低，Delichatsios等[12]同样发展了空气流入速率与燃料质量流率的更为简化的关系式，当温度满足假设$T_a/T_g \approx 0.25$时，公式为

$$\dot{m}_a = 0.5A\sqrt{H} - 0.53\dot{m}_f \tag{3.43}$$

如图 3.17 所示为基于质量守恒理论分析的空气流入速率与燃料质量流率关系，可见式(3.42)与式(3.43)符合较好。从图3.17中可以看出：①当燃料质量流

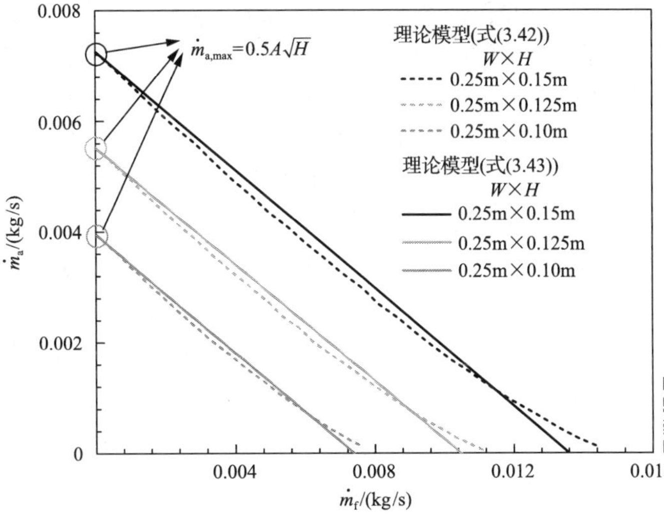

图3.17　基于质量守恒理论分析的空气流入速率与燃料质量流率关系(彩图扫二维码)

率可以忽略(即 $\dot{m}_{\mathrm{f}} \approx 0$)时，式(3.42)与式(3.43)可以写为 $\dot{m}_{\mathrm{a,max}} \approx 0.5A\sqrt{H}$ ，该值表征经典通风控制下空气质量流率，与前人研究一致[15, 16]；②随燃料质量流率的增加，空气质量流率不断减小，且当燃料质量流率达到一定值时，空气质量流率最终将降为 0(即 $\dot{m}_{\mathrm{a}} = 0$)。

可以预见，当空气流入速率较低时(或者相应的燃料质量流率达到一定值时)，腔室内部氧气浓度不足以支持火焰在腔室内部燃烧，这将导致火焰熄灭现象发生。因此，当燃料质量流率达到临界值($\dot{m}_{\mathrm{f,c}}$)时，腔室火灾将会发展到转折状态(阶段Ⅲ，如图 3.16 所示)，该临界值应与开口尺寸(即通风因子)相关。

前人研究表明腔室内部氧气含量过少将导致其内部火焰熄灭[17, 18]，本书认为当空气与燃料质量流率比值与其化学计量比的比值达到临界值时($\chi < 1$)，腔室火灾将发生上述转折行为(腔室内部火焰熄灭现象)，此处 χ ($(\dot{m}_{\mathrm{a}}/\dot{m}_{\mathrm{f}})/S$)表示空气与燃料质量流率当量比(简称空燃当量比)。

$$\dot{m}_{\mathrm{a}} = \chi S \dot{m}_{\mathrm{f}} \tag{3.44}$$

式中，S 为空气质量流率与燃料质量流率的化学计量比(对于本书中所用燃料丙烷：S=16)。将式(3.44)代入式(3.43)，可以得出上述腔室火灾转折状态临界燃料质量流率：

$$\dot{m}_{\mathrm{f,c}} = \frac{0.5A\sqrt{H}}{\chi S + 0.53} \tag{3.45}$$

基于以上理论分析，得出了腔室火灾转折状态临界燃料质量的理论模型，模型中临界转折状态发生时空燃当量比 χ 需要进一步量化。从实验结果中(图 3.16)可以看出，不同通风因子情况下具有两种转折机制。对于相对较小的开口尺寸(0.25m(W)×0.075m(H)、0.25m(W)×0.05m(H)、0.25m(W)×0.025m(H)、0.25m(W)×0.0125m(H))，腔室火灾由燃料控制阶段直接发展到转折状态(两阶段转折机制)，然而，对于相对较大的开口尺寸(0.25m(W)×0.15m(H)、0.25m(W)×0.125m(H)、0.25m(W)×0.1m(H))，腔室火灾首先发展到通风控制阶段后发展到转折状态(三阶段转折机制)。上述现象表明空燃当量比 χ 在不同转折机制情况下应具有不同的演变规律。因此，目前对于式(3.45)中空燃当量比 χ 仍有两个重要问题需要解决：①两种转折行为的临界开口尺寸或者是通风因子；②每种转折行为情况下 χ 与通风因子之间的相关关系。

如图 3.18 所示为利用式(3.45)计算的空气质量流率(相对较大开口尺寸：0.25m(W)×0.15m(H)、0.25m(W)×0.125m(H)、0.25m(W)×0.10m(H))与燃料质量流率的关系，以上较大开口尺寸在通风控制阶段的腔室温度处于式(3.45)的适用范围。图中圆圈所代表的是不同开口尺寸情况下临界燃料质量流率，此处临界空气/燃料质量流率是指达到转折状态的最小流率。由图 3.18 可以看出，临界燃料质量流率与空气流入速率之间具有良好的线性关系：

$$\dot{m}_{\mathrm{a,c}} = 1.315\dot{m}_{\mathrm{f,c}} + 0.0033 \tag{3.46}$$

式(3.46)与纵轴截距(如图 3.18 中绿色圆圈所示)为区分两阶段转折与三阶段转折的临界空气流入速率或者说是开口通风因子($[0.5A\sqrt{H}]_{\mathrm{critical}} = 0.0033\,\mathrm{kg/s}$)，该临界开口尺寸与图 3.15 中实验现象是一致的。

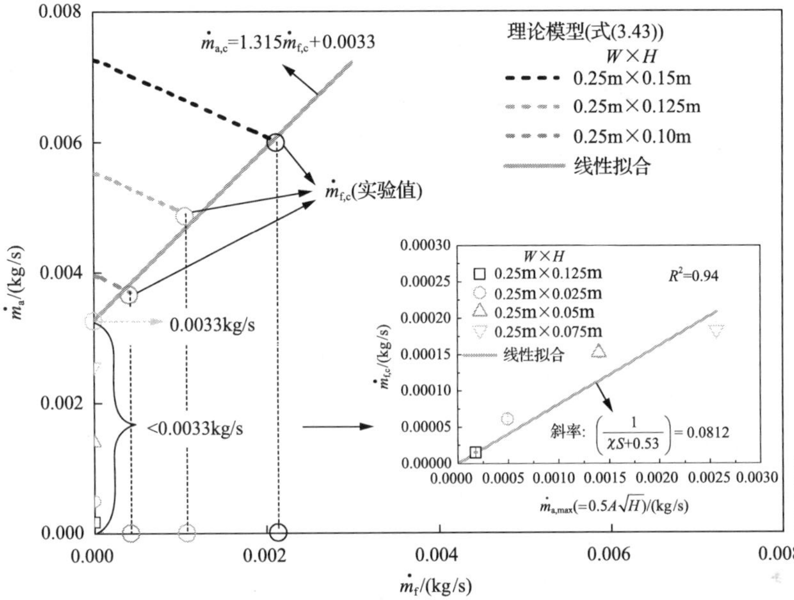

图 3.18　两种转折机制临界开口尺寸以及较小开口尺寸条件下临界燃料质量流率拟合图(彩图扫二维码)

对于相对较小的开口尺寸($[0.5A\sqrt{H}] < 0.0033$)，腔室火灾由燃料控制阶段(阶段Ⅰ)直接发展到转折状态(阶段Ⅲ)，因此，此类转折机制情况下，临界燃料质量流率应与给定开口通风控制阶段能够提供的最大空气流入速率($\dot{m}_{\mathrm{a,max}} = 0.5A\sqrt{H}$)成正比。上文提出的转折状态临界燃料质量流率理论模型(式(3.45))中比率 $\dfrac{1}{\chi S + 0.53}$ 取值应为常数。本书中实验数据也很好地验证了这一结论(图 3.18 子图)，通过将空燃当量比 χ 取值为常数 0.74，相对较小开口尺寸的转折状态临界燃料质量流率实验数据可很好地由式(3.45)拟合。这也表明对于两阶段转折机制情况下达到转折状态时的空燃当量比与开口尺寸(通风因子)无关。

对于相对较大的开口尺寸($[0.5A\sqrt{H}] > 0.0033$)，腔室火灾由燃料控制阶段

(阶段Ⅰ)发展到通风控制阶段(阶段Ⅱ)后达到转折状态(阶段Ⅲ)，需要注意的是，三阶段转折机制与两阶段转折机制显著不同的是腔室内部最大温度(图 3.16)。三阶段转折机制情况下最大温度高于两阶段转折机制，温度对腔室内部火焰熄灭现象具有重要影响，即温度越高火焰越难以熄灭。因此，相比两阶段转折机制，三阶段转折机制中由开口因子决定的温度影响需要进一步加以考虑，相对较大开口尺寸的空燃当量比 χ 可由式(3.44)计算得到，发现空燃当量比 χ 随通风因子的增大而减小，考虑到较大开口尺寸情况下通风控制时期腔室内部较高的温度，空燃当量比 χ 应与温度有关，因此，空燃当量比 χ 应为开口因子($A\sqrt{H}/A_T$)的函数，或开口因子无量纲形式($\rho_a c_p A\sqrt{gH}/(h_c A_T)$)。如图 3.19 所示为空燃当量比 χ 随开口因子无量纲形式演变规律，其中由实验数据获得的大开口尺寸空燃当量比 χ 为开口因子的函数：

$$\chi = 1.69(\rho_a c_p A\sqrt{gH}/(h_c A_T))^{-1.78} \tag{3.47}$$

大开口尺寸情况下空燃当量比 χ 拟合式(3.47)与小开口尺寸情况下空燃当量比 χ 常数交点横坐标值为 1.59，当腔室总表面积取值范围在 0.935(0.25m(W)×0.10m(H))与 0.94125(0.25m(W)×0.075m(H))之间时，临界开口通风因子($A\sqrt{H}$)取值范围为 0.00658～0.00663，这与图 3.18 中观测到的临界开口通风因子(区分两阶段转折与三阶段转折两种机制)是一致的。

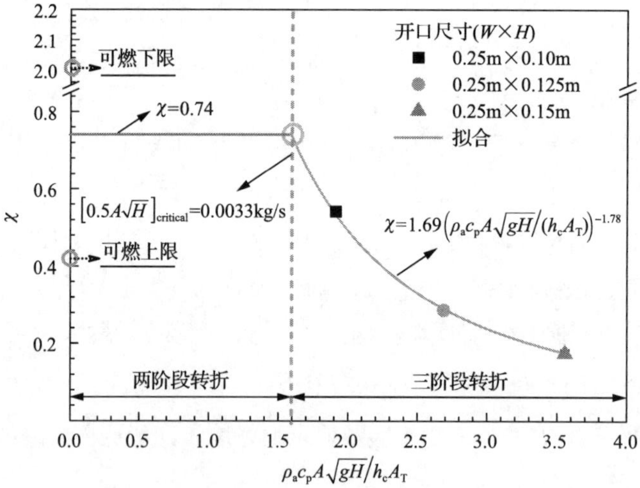

图 3.19　空燃当量比随开口因子无量纲形式演变规律

图 3.19 中将空燃当量比临界值与燃料可燃极限进行了对比，丙烷空气混合物上、下限体积分数分别为 9.5%与 2.1%，空燃当量比可计算为 0.42 与 2.05。可以

看出，在两阶段转折模式下，由于大量燃烧产物和热烟气对燃料与空气混合行为的作用(vitiation effect)[19]，获得的可燃上限(扩散燃烧)比混合物的要高。对于三阶段转折模式，腔室内部温度具有显著的影响，前人研究表明燃烧极限范围(空燃当量比)随温度升高而增大[20]，而开口尺寸的增大将造成腔室内部温度的升高，这与图 3.19 中三阶段转折模式临界空燃当量比随开口因子增大而减小的趋势是一致的。

通过以上分析，可以得到临界空燃当量比 χ 的完整分段函数：

$$\chi=\begin{cases}0.74, & 0.5A\sqrt{H}\leqslant 0.0033\\ 1.69(\rho_a c_p A\sqrt{gH}/(h_c A_T))^{-1.78}, & 0.5A\sqrt{H}>0.0033\end{cases}\tag{3.48}$$

将式(3.48)代入式(3.45)，可以得到适用于任意开口尺寸腔室火灾转折状态临界燃料质量流率的预测模型：

$$m_{f,c}=\begin{cases}\dfrac{0.5A\sqrt{H}}{0.74S+0.53}, & 0.5A\sqrt{H}\leqslant 0.0033\\ \dfrac{0.5A\sqrt{H}}{1.69(\rho_a c_p A\sqrt{gH}/(h_c A_T))^{-1.78}S+0.53}, & 0.5A\sqrt{H}>0.0033\end{cases}\tag{3.49}$$

利用提出的模型计算了临界燃料质量流率预测值并与实验数据进行了对比，如图 3.20 所示，二者显示出了良好的一致性。为了更好地对比实验数据与预测模型(式(3.49)中分段函数)，图 3.21 给出了临界燃料质量流率随通风控制火灾情况

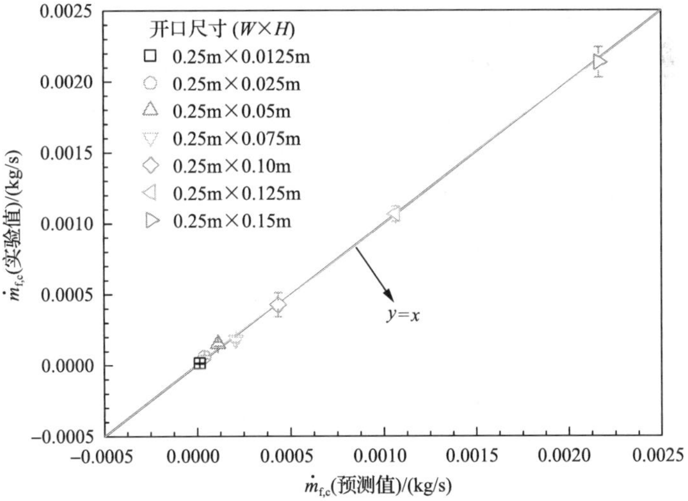

图 3.20　临界燃料质量流率实验值与模型计算值对比

下最大空气流入速率（$\dot{m}_{a,max}=0.5A\sqrt{H}$，也即开口通风因子）的演变规律。这里，对于大开口尺寸（$[0.5A\sqrt{H}]_{critical}>0.0033$），式(3.49)中开口因子项采用其平均值（取值范围 0.9225～0.935，平均值 0.929），利用这种方法，两种转折机制情况下均可以将临界燃料质量流率表示为最大空气流入速率的函数，以便在同一图中进行对比。如图 3.20 与图 3.21 所示，对于不同开口尺寸的两种转折机制情况下的实验数据均与提出的分段函数符合较好。

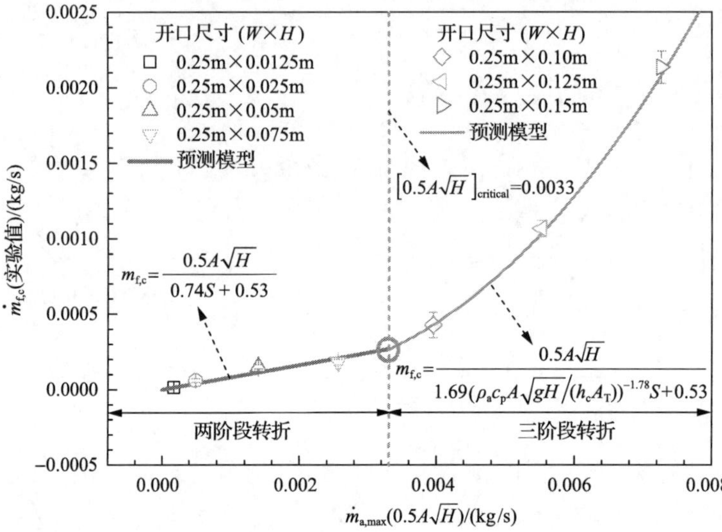

图 3.21 两种转折机制情况下临界燃料质量流率实验数据与分段函数模型对比

二、腔室火灾转折状态下火溢流火焰高度模型

如图 3.22 所示，为两种开口尺寸(0.25m×0.0125m 与 0.25m×0.15m)条件下火焰高度随燃料热释放速率演化规律，代表不同开口通风因子情况下两类火焰溢出行为，图中不同热释放速率情况下火焰根部位置为平均结果：

(1)对于较小的开口 0.25m×0.0125m(与 0.25m×0.025m、0.25m×0.05m、0.25m×0.075m 三种开口尺寸实验现象相同)，一旦火焰溢出腔室开口，火焰根部即处于开口底部且布满整个开口；

(2)对于较大的开口 0.25m×0.15m(与 0.25m×0.10m、0.25m×0.125m 两种开口尺寸实验现象相同)，当热释放速率较小时，火焰在溢出后最初仅停留在开口上部，火焰根部处于开口中部，这与前人研究现象一致[4, 5]。然而，火焰根部随燃料供应增加不断下降并最终在达到临界转折状态情况下降至开口底部。

如图 3.22 所示，火焰布满整个开口，阻止了新鲜空气通过开口流入腔室，导致腔室内部没有充足的氧气支持燃烧，图 3.16 中腔室内部温度突然降低到一个相对较低值及相应的图 3.22(b)外立面火焰高度突然增大均可证明这一点。

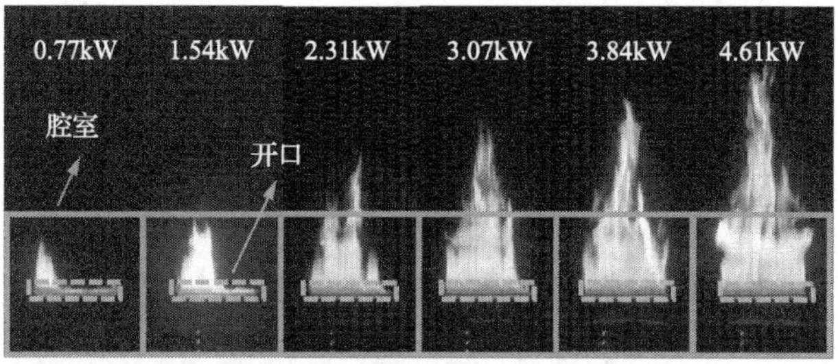

(a) 开口尺寸：0.25m(*W*)×0.0125m(*H*)

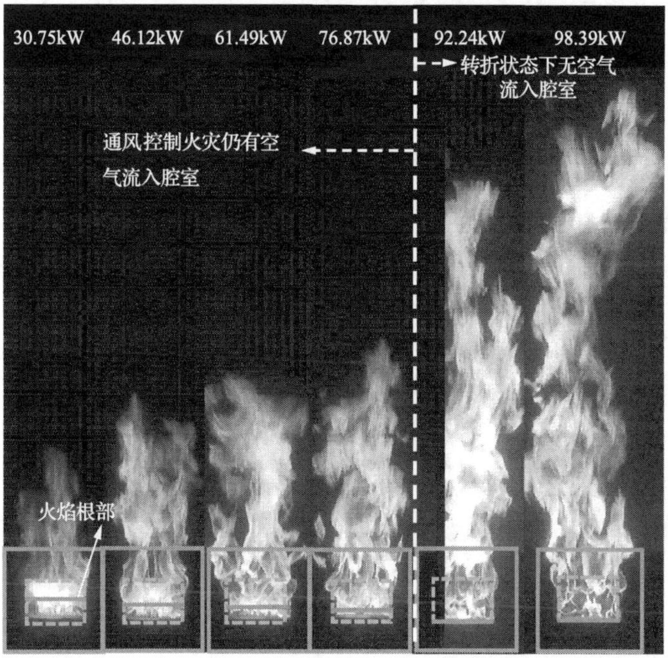

(b) 开口尺寸：0.25m(*W*)×0.15m(*H*)

图 3.22　通风控制火灾两种不同类型火焰高度随燃料热释放速率演化规律

图 3.23 更加清楚地展示了由通风控制阶段到转折状态时外立面火焰高度突然增大的现象，定量地给出了不同开口尺寸情况下外立面火焰高度随热释放速率的演变规律。对于相对较小的开口(开口高度小于等于 0.075m)，火焰高度随热释放速率增大而增大(腔室火灾直接由燃料控制阶段到转折状态)；对于相对较大的开口(开口高度大于等于 0.1m)，火焰高度随燃料热释放速率增大逐渐增大(常见的通风控制火灾，实心)，随后突然增大(转折状态，空心)。

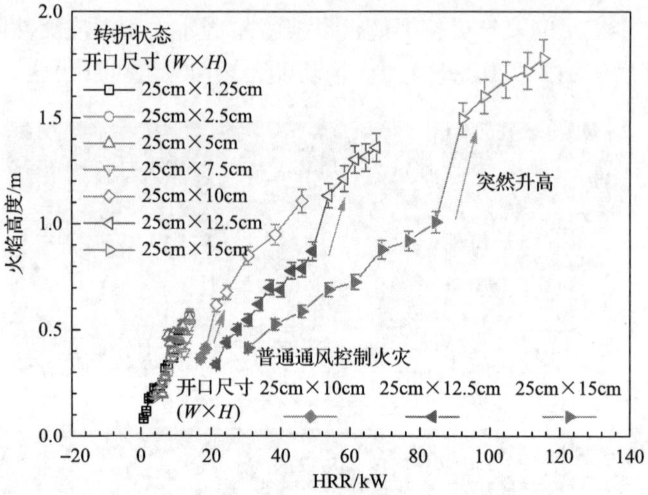

图 3.23　达到转折状态情况时外立面火焰高度随热释放速率的演变规律

基于前人研究的高度模型(式(3.35))，图 3.24 所示为归一化的外立面火焰高度(Z_f/ℓ_1)与无量纲溢出热释放速率($\dot{Q}_{ex}^* = \dfrac{\dot{Q}_{total} - 1500A\sqrt{H}}{T_\infty \rho_\infty c_p \sqrt{g}\ell_1^{5/2}}$)的拟合图，由图 3.24 可以看出，对于普通的通风控制火灾(实心点)可以与经典理论(式(3.35))很好地拟合，与前人研究结论一致，本节中的高度拟合同样分为两个阶段[7](如图 3.24 中子图所示)，当 $\dot{Q}_{ex}^* < 1.3$ 时，与无量纲溢出热释放速率成 2/3 次方关系；当 $\dot{Q}_{ex}^* > 1.3$ 时，

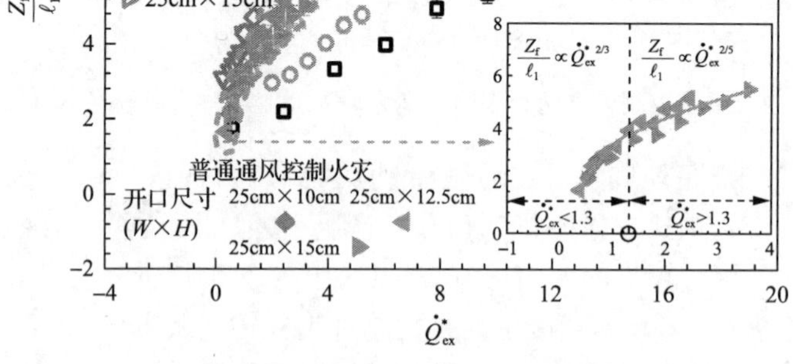

图 3.24　基于式(3.35)的不同开口尺寸归一化外立面火焰高度
与无量纲溢出热释放速率的拟合图

与无量纲溢出热释放速率成 2/5 次方关系。然而，图 3.24 中也清楚地显示出转折状态下的火焰高度数据(空心点)不能由经典的高度模型(式(3.35))表征。

图 3.25 为普通通风控制阶段火灾(图 3.25(a))与转折状态(图 3.25(b))情况下火焰溢出物理机制对比图，对于普通通风控制阶段火灾(图 3.25(a))，只有部分燃料($\dot{Q}_{ex}$)在外部燃烧，Delichatsios 等[5]提出了中性面处矩形火源理论。然而，当达到转折状态时(图 3.25(b))，所有燃料均在外部燃烧，整个开口布满火焰。转折状态下外立面火溢流与普通通风控制火灾(图 3.25(a))有本质不同，其性质更接近壁面火灾(wall fire)。

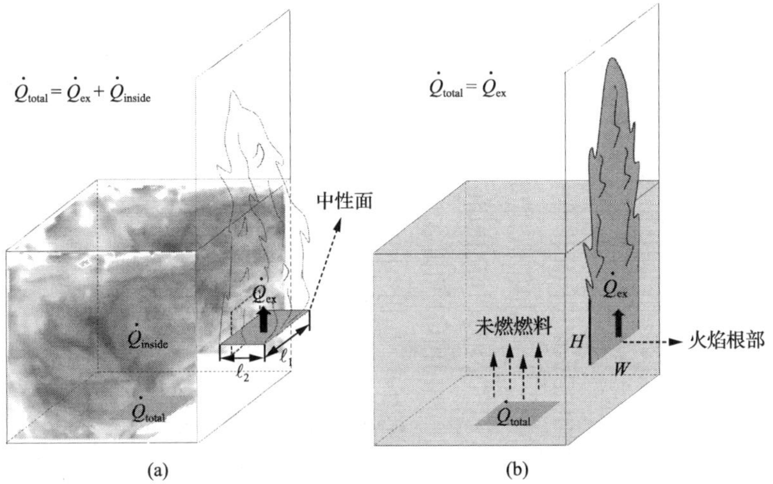

图 3.25　普通通风控制阶段火灾与转折状态情况下火焰溢出物理机制对比

Coutin 等[21]研究发现当火焰高度为热解长度 1.5 倍以上时，壁面火灾(由嵌入墙壁的气体燃烧器产生)火焰高度与热解长度无关(燃烧器竖直高度)。图 3.26 进一步对不同开口尺寸条件下腔室火灾转折状态外立面火焰高度与本节中新定义的无量纲总热释放速率进行了拟合，拟合以开口宽度作为特征长度尺度，可以看出，不同开口尺寸转折状态下所有外立面高度的实验数据均与无量纲热释放速率成 2/3 次方关系，这与经典的壁面火灾理论一致。然而，同时可以看出，Coutin 等[21]壁面火灾火焰高度比本书研究外立面火焰高度略高，这是由二者之间在水平动量上的固有差异导致。该结论与我们之前观测到的转折状态的实验现象是一致的，即达到转折状态时，没有空气流入腔室且所有燃料均在腔室外部燃烧。

$$\frac{Z_f}{W}=3.55\left(\frac{\dot{Q}_{total}}{\rho_\infty c_p T_\infty \sqrt{g}W^{5/2}}\right)^{2/3} \tag{3.50}$$

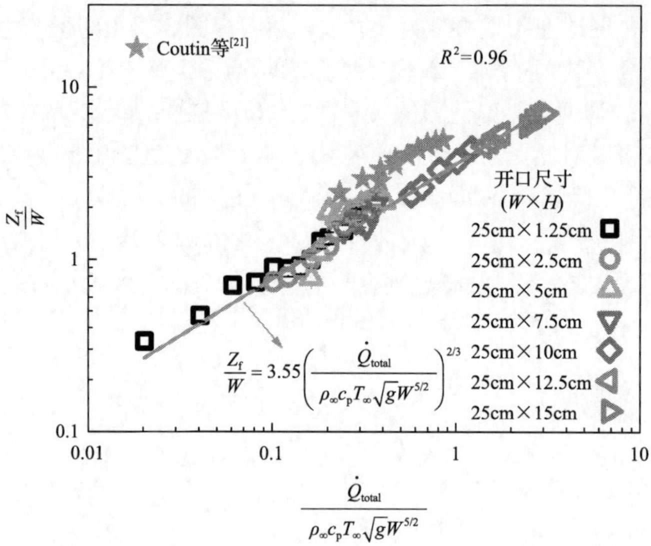

图 3.26　不同开口尺寸条件下外立面火焰高度与总热释放速率的拟合

参 考 文 献

[1] 唐飞. 不同外部边界及气压条件下建筑外立面开口火溢流行为特征研究. 合肥: 中国科学技术大学出版社, 2013.

[2] 邱曾维. 开口火溢流的火焰宽度与厚度演化规律与模型研究. 合肥: 中国科学技术大学出版社, 2015.

[3] Otsu N. A threshold selection method from gray-level histograms. IEEE Transactions on Systems, Man, and Cybernetics, 1979, 9(1): 62-66.

[4] Lee Y P. Heat fluxes and flame heights on external facades from enclosure fires. Newtownabbey: University of Ulster, 2006.

[5] Lee Y P, Delichatsios M A, Silcock G W H. Heat fluxes and flame heights in facades from fires in enclosures of varying geometry. Proceedings of the Combustion Institute, 2007, 31(2): 2521-2528.

[6] Lee Y P, Delichatsios M A, Ohmiya Y. The physics of the outflow from the opening of an enclosure fire and re-examination of Yokoi's correlation. Fire Safety Journal, 2012, 49: 82-88.

[7] Zukoski E E, Kubota T, Cetegen B. Entrainment in fire plumes. Fire Safety Journal, 1981, 3(3): 107-121.

[8] Zukoski E E. Properties of fire plumes//Cox G. Combustion Fundamentals of Fire. Academic Press, 1995: 101-219.

[9] Lee Y P, Delichatsios M A, Ohmiya Y, et al. Heat fluxes on opposite building wall by flames emerging from an enclosure. Proceedings of the Combustion Institute, 2009, 32(2): 2551-2558.

[10] Yanagisawa A, Goto D, Ohmiya Y, et al. Effect of a facing wall on facade flames. Fire Safety Science, 2008, 9: 801-811.

[11] Oleszkiewicz I. Fire exposure to exterior walls and flame spread on combustible cladding. Fire Technology, 1990, 26(4): 357-375.

[12] Delichatsios M A, Silcock G W H, Liu X, et al.Mass pyrolysis rates and excess pyrolysate in fully developed enclosure fires.Fire Safety Journal, 2004, 39 (1): 1-21.

[13] Delichatsios M A, Lee Y P, Tofilo P. A new correlation for gas temperature inside a burning enclosure. Fire Safety Journal, 2009, 44 (8): 1003-1009.

[14] Thomas P H, Heselden A J M. Behaviour of fully developed fire in an enclosure. Combustion and Flame,1962,6: 133-135.

[15] Karlsson B, Quintiere J G. Enclosure fire dynamics. Florida: CRC Press, 1999: 113-114.

[16] Babrauskas V. Estimating room flashover potential. Fire Technology, 1980, 16 (2): 94-103.

[17] Utiskul Y, Quintiere J G, Rangwala A S, et al. Compartment fire phenomena under limited ventilation. Fire Safety Journal, 2005, 40(4): 367-390.

[18] Loo A S X, Coppalle A, Aîné P. Flame extinction in a ventilation-controlled compartment. Procedia Engineering, 2013, 62: 301-308.

[19] Vilfayeau S, Ren N, Wang Y, et al. Numerical simulation of under-ventilated liquid-fueled compartment fires with flame extinction and thermally-driven fuel evaporation. Proceedings of the Combustion Institute, 2015, 35(3): 2563-2571.

[20] Kondo S, Takizawa K, Takahashi A, et al. On the temperature dependence of flammability limits of gases. Journal of Hazardous Materials, 2011, 187(1-3): 585-590.

[21] Coutin M, Most J M, Delichatsios M A, et al.Flame heights in wall fires: effects of width, confinement and pyrolysis length. Fire Safety Science, 2000, 6: 729-740.

第四章　建筑外立面双开口火溢流的火焰融合行为

通风控制下的腔室火灾，随着火灾发展过程中热释放速率不断上升，最终都会形成建筑外立面开口火溢流现象。目前国内外相关研究中，主要将建筑外立面开口火溢流简化为一个基本模型，即火灾从一个单开口的腔室中产生。在大量开口火溢流的理论、模拟和实验研究中[1-13]，获得了开口火溢流典型关键参数的变化规律，而其中最经典是 Delichatsios 等提出的矩形火源简化模型[14, 15]。这一模型将通风控制下的开口火溢流视为由一个在开口中性面平面上的矩形火源产生的火羽流，矩形的宽度和长度分别为 ℓ_1 和 ℓ_2，而热释放速率为 $\dot{Q}_{ex}$。对于这些单开口情形，Delichatsios 的简化模型都能够较好的适用。然而，在实际建筑中，一个房间往往含有多个开口，从这个角度来看，前人建立的表征模型就相对简单。陈海翔等[16]研究了有外界环境风条件下的双开口室内火灾燃烧行为，其双开口分别位于燃烧室相对的表面上，竖向高度也有所不同。研究发现，较单开口腔室而言，多开口腔室条件下的开口火溢流行为将发生显著变化，这是由于开口模式的不同将对外界的空气卷吸和腔室内的烟气、燃料流动特性造成影响。根据房间开口组成形式的不同又可以分为串联式开口、并联式开口和混联式开口。本章节将主要针对平行双开口的腔室开口火溢流行为进行讨论，即该腔室具有两个平行开口（窗口），开口上下边缘处于同一水平面，而开口之间的间距不定。这是一种典型的并联式开口[17]，在实际建筑中也十分典型。

第一节　建筑外立面双开口火溢流火焰融合行为

对于实际情况下存在建筑多开口的现象，当腔室火灾在达到通风控制条件时，其火焰将从多个开口同时溢出，火焰在一定情况下将发生融合行为。火焰融合行为是火灾动力学中一个重要学术问题，本节将着重阐述建筑外立面开口火溢流问题中火焰融合现象发生临界条件及其数学表征。

一、火焰融合现象及数学表征

我们选取了较为典型的平行双开口情形，开展了 1∶4 小尺寸实验研究，重点关注不同开口尺寸、开口间距及热释放速率条件下的腔室平行双开口火溢流行为特性。比较容易预期的是，双开口之间的间距是影响平行双开口火溢流行为特性的一个重要参数。根据 Delichatsios 提出的矩形火源理论[14, 15]，从两个开口溢出的火焰又可以简单的视为双火源的燃烧行为问题。

前人曾经对多火源的燃烧行为开展过理论分析和实验研究[18-26]，指出当火源尺寸、火源间距和火焰高度满足一定条件，就可能发生火焰的融合现象，并提出了油池火多火源燃烧火焰融合的临界距离[21-23, 26]。多火源燃烧中火焰的融合体现了不同火源火焰间的相互作用机制，这与单火源燃烧行为完全不同，具体可以体现在，火焰融合会使火焰高度显著增加，并有可能形成火旋风，有可能造成更大的危害。因此，类比多火源的火焰融合现象，实验过程中也发现，在当平行双开口间距较大时，火焰将分别从两个开口溢出，形成相互平行的开口溢流，它们之间相对独立，并不会相互作用。随着平行双开口间距的不断缩小，从两个开口溢出的火焰逐渐开始相互作用，并产生火焰融合现象，最终开口间距为 0 时，将退化为简单的单开口火溢流情形(其实也可等价为火焰完全融合的现象)。可以预期，当平行双开口火溢流发生火焰融合现象后，在一定条件下火焰高度将有所上升，对上层建筑具有一定的潜在威胁，也更加需要引起重视。

实验中记录了溢出燃烧室开口的火焰形态。图 4.1 中展示了开口尺寸为 0.30m (H) ×0.15m (W)，开口间距 D_{op} 分别为 0.05m、0.15m 和 0.3m 时，10 个连续帧(对应 0.4s 内)的典型火焰形态。图中可以清晰地看到，随着开口之间距离的增加，

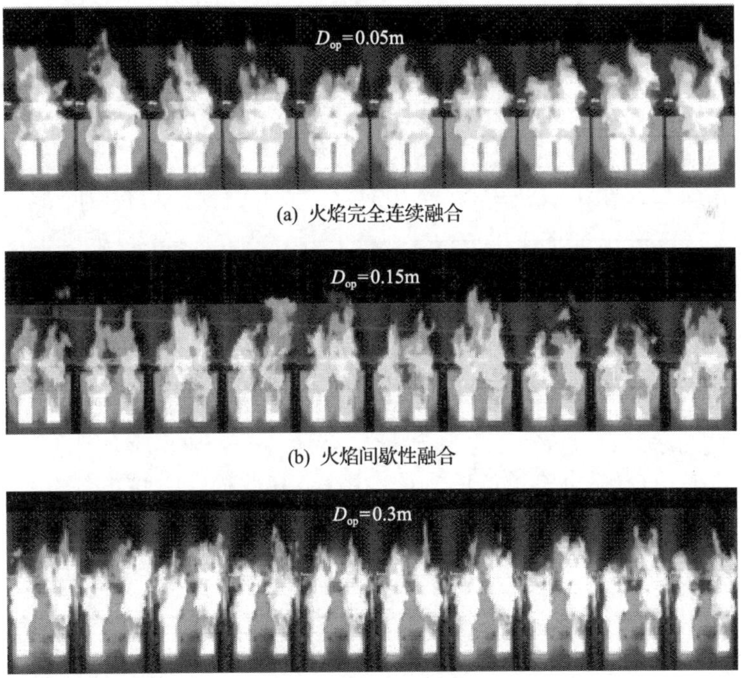

(a) 火焰完全连续融合

(b) 火焰间歇性融合

(c) 火焰完全不融合

图 4.1 双开口火溢流的火焰融合行为

火焰从完全融合状态逐渐变为相对独立状态。可以把溢出火焰的融合过程归结为三个不同阶段：完全连续融合、间歇性融合和完全不融合阶段[27]。当开口之间距离较小时($D_{op}=0.05$m)，火焰呈完全连续融合状态(图 4.1(a))；当开口之间距离逐渐增大($D_{op}=0.15$m)，火焰时而能发生融合，时而又分离开来，呈现间歇性融合状态(图 4.1(b))；当开口之间距离继续增大后($D_{op}=0.3$m)，火焰最终呈现出两个完全分离的火焰形态(图 4.1(c))，即完全不融合状态。此外，在相同开口间距条件下，燃气供应量越多，热释放速率也就越高，发生开口溢流后的火焰高度、火焰面积也相应提高，这在一定程度上也会增加溢出火焰融合的频率。

为了量化平行双开口溢出火焰的融合现象，可以采用如前文的概率因子方式来表征火焰融合概率。火焰融合概率因子定义为火焰融合时间与选取的样本时间之比，其取值范围为 0～1，如式(4.1)所示：

$$P_{\mathrm{m}} = t_{\mathrm{m}} / t \tag{4.1}$$

摄像机拍摄速率一定的条件下，火焰融合概率因子可以进一步表示为火焰融合图像数量占样本总图像数量的比率：

$$P_{\mathrm{m}} = N_{\mathrm{m}} / N \tag{4.2}$$

因此，P_{m}=0 和 P_{m}=1 分别对应完全不融合和完全连续融合两个状态。实验中选取的样本时间都在 20～30s(摄像机拍摄速率为 25 帧每秒，即样本总数在 500～750 帧)，通过火焰图像处理和算法识别，获得火焰融合概率因子。

图 4.2 给出了不同开口尺寸和开口间距条件下火焰融合概率随火源热释放速率的变化关系。从图中可以看到，总体而言，当开口尺寸和开口间距一定时，随

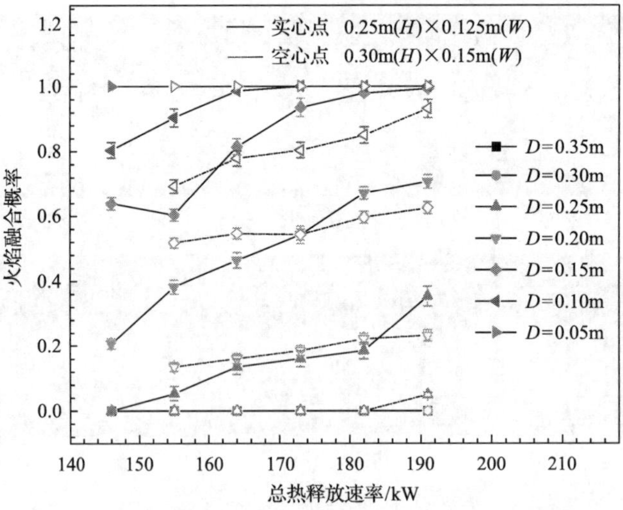

图 4.2 火焰融合概率随火源热释放速率的变化关系(彩图扫二维码)

着火源热释放速率的上升，火焰融合概率是逐渐增加的，而当开口尺寸和火源热释放速率一定时，随着开口间距的增加，火焰融合概率逐渐下降。

二、火焰融合的临界条件

在火焰融合行为与相互作用的过程中，应重点关注火焰融合的临界条件。国内外学者[18-20]对多火源燃烧时发生火焰融合时的临界条件开展了相关研究，这对平行双开口火溢流的火焰融合有着重要的借鉴意义。刘琼等[21-23]进行了矩形多火源阵列的正庚烷燃烧实验，发现矩形多火源燃烧时，火焰发生融合的临界条件可以用式(4.3)来表示：

$$S_f/W_d = a(L_f/W_d)^{0.96} \tag{4.3}$$

式中，系数 a=0.33～0.39；L_f为多火源燃烧时的火焰高度；W_d为火源直径；S_f为火源边缘之间的距离。注意到公式右边的指数为 0.96，十分接近于 1，此后，这一公式得到了 Delichatsios 等的验证，Fukuda 等进一步简化[25]：

$$L_f/S_f = 3-3.3 \tag{4.4}$$

$$\text{或}\quad S_f/L_f \approx 0.3 \tag{4.5}$$

这说明，火焰是否融合与火焰高度及火源间距相关。基于 Lee 和 Delichatsios 的开口火溢流矩形火源简化模型[14, 15]，平行双开口火溢流火焰融合临界条件应由溢出火焰高度和开口间距(对应矩形火源之间的间距)决定。

要获得其火焰融合临界条件，首先应建立起火焰融合概率与火源热释放速率、开口尺寸和开口间距的耦合函数关系。结合实验结果，火焰融合概率可以通过以下的函数关系来表示：

$$P_m = \text{fcn}(\dot{Q}_{ex}^*, D_{op}, \ell_1, \ell_2, \cdots) \tag{4.6}$$

式中，$\dot{Q}_{ex}^*$ 为无量纲溢出热释放速率。

在讨论火焰融合概率之前，有必要对平行双开口火溢流的无量纲溢出热释放速率 $\dot{Q}_{ex}^*$ 进行说明。

实验中可以发现，通风受限条件下，当开口尺寸一定时，腔室内部的温度分布较为均匀，并且几乎不随开口间距变化，如图 4.3 所示。

同时，腔室内的温度与前述单开口的情形并无太大区别，可以满足能量守恒方程。前面提到，平行双开口是一种典型的并联式开口，对于这种开口，有效的气体流动面积为各出口面积之和，即两个开口的有效气体流动面积与它们合并起来形成的正方形单开口是一样的。那么，燃烧室内部燃料燃烧产生的热释放速率 $\dot{Q}_{inside}$ 可以表示为

$$\dot{Q}_{\text{inside}} = 2 \times 1500 A\sqrt{H}\ (\text{kW}) \tag{4.7}$$

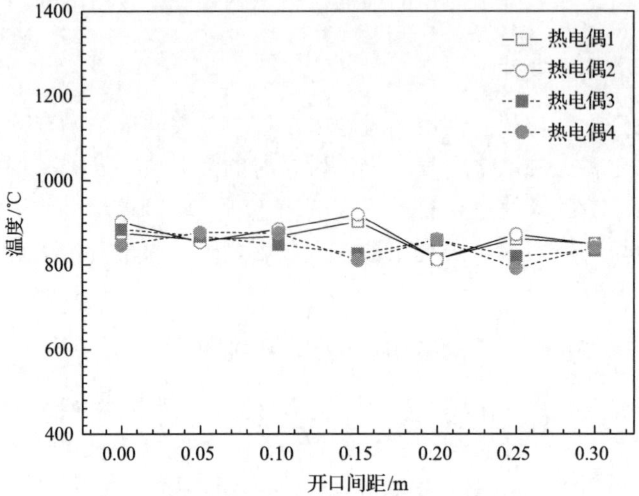

图 4.3 不同开口间距条件下的腔室内部温度分布

这里在原来$1500A\sqrt{H}$之前乘以系数“2”，用以表示两个开口。因此，从两个开口溢出的燃料燃烧产生的热释放速率$\dot{Q}_{\text{ex}}$为

$$\dot{Q}_{\text{ex}} = \dot{Q}_{\text{total}} - \dot{Q}_{\text{inside}} = \dot{Q} - 2 \times 1500 A\sqrt{H}\ (\text{kW}) \tag{4.8}$$

由于两个开口的对称性，其所处的环境边界条件(如压差、温度、流体密度和速度)几乎一致，所以可以认为从两个开口溢出的燃料量是基本一致的，这说明从每个开口溢出燃料燃烧产生的热释放速率为$\dot{Q}_{\text{ex}}/2$。对于开口是否合并的两种情况，分别有：

(1)开口间距不为 0 时，应视为两个独立的开口，特征长度为$\ell_{1,0} = (A\sqrt{H})^{2/5}$。

(2)开口间距为 0 时，两个开口合并为一个开口，火焰也融合为一个火焰，其特征长度为$\ell_{1,\text{c}} = (2A\sqrt{H})^{2/5}$。

根据无量纲溢出热释放速率$\dot{Q}_{\text{ex}}^*$的表达式

$$\dot{Q}_{\text{ex}}^* = \frac{\dot{Q}_{\text{ex}}}{\rho_\infty C_{\text{p}} T_\infty \sqrt{g}\,\ell_1^{5/2}} \tag{4.9}$$

可以发现，其实无量纲溢出热释放速率$\dot{Q}_{\text{ex}}^*$并不随开口是否合并而产生变化。

接下来，已知通风控制条件下的火焰高度(这里用$Z_{\text{f},0}$表示，特指双开口火溢流中两个开口相互独立，即火焰完全不融合阶段的火焰高度)可以用无量纲溢出热

释放速率 $\dot{Q}_{ex}^*$ 和开口特征长度 ℓ_1 的函数来表示：

$$\frac{Z_{f,0}}{\ell_1}=\mathrm{fcn}(\dot{Q}_{ex}^*)=fcn\left(\frac{\dot{Q}_{ex}}{\rho_\infty C_p T_\infty \sqrt{g}\ell_1^{5/2}}\right) \tag{4.10}$$

亦即

$$Z_{f,0}=\mathrm{fcn}(\dot{Q}_{ex}^*,\ell_1) \tag{4.11}$$

考虑到开口的两个特征长度相差不大，即 $\ell_1 \approx \ell_2$，并将式(4.6)按照多火源火焰融合判定标准的模式重新组合，可以得到

$$P_m=\mathrm{fcn}(D_{op}/Z_{f,0},\cdots) \tag{4.12}$$

以 P_m 为纵坐标，火焰高度归一化处理后的距离参数 $D_{op}/Z_{f,0}$ 为横坐标作图，如图 4.4 所示。从图中可以看到，当 $D_{op}/Z_{f,0}$ 小于 0.1 时，两种开口尺寸条件下的溢出火焰都是完全连续融合的。当开口间距逐渐增加，$D_{op}/Z_{f,0}$ 超过 0.1 后，火焰融合概率开始逐渐下降，火焰从两个开口溢出后进入到了间歇性融合的过渡阶段。继续增加开口间距，火焰融合概率逐渐降低到 0，说明此时的火焰从两个开口溢出后就相对独立，不再发生融合现象。图中得到的临界距离参数 $D_{op}/Z_{f,0}$ 在 0.3 附近，这与多火源燃烧时火焰发生融合的临界条件[21-23, 26]相符。

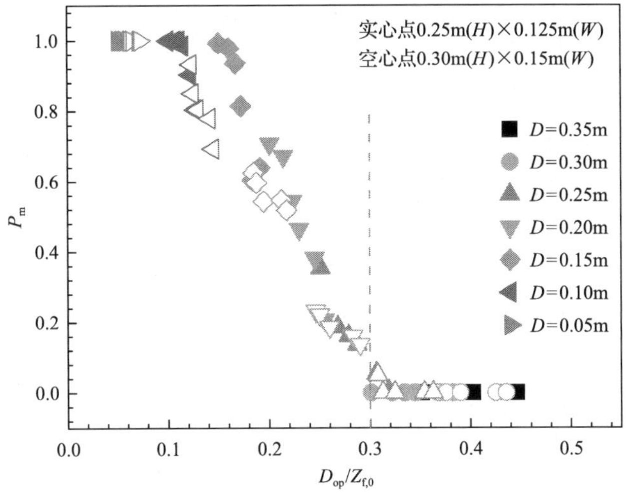

图 4.4　火焰融合的临界条件(彩图扫二维码)

三、火焰融合概率的理论模型

判定火焰融合条件的同时，从图 4.4 中可以发现，当归一化距离参数 $D_{op}/Z_{f,0}$

大于 0.2 时，不同开口间距条件下的火焰融合概率与归一化距离参数呈现较好的线性关系，然而，当归一化距离参数 $D_{op}/Z_{f,0}$ 在 0.1～0.2 时，也就是开口间距较小时(相当于双开口的两个等效矩形火源的间距较小情况)，开口特征长度 ℓ_1 会对火焰融合产生一定的影响，尤其在当开口间距 $D_{op}=0.10\text{m}$ 时，不同开口尺寸的火焰融合概率较其他开口间距条件不同。因此，基于式(4.12)，可以认为，当 $D_{op}/Z_{f,0}$ 在 0.1～0.2 时，仍需考虑双开口间距 D_{op} 对双开口等效火源的长边 ℓ_1 影响效应。对整个火焰融合的过渡区间引入修正因子 D_{op}/ℓ_1，可以建立双开口火溢流火焰融合概率的无量纲模型：

$$P_m = \text{fcn}(D_{op}/Z_{f,0}, D_{op}/\ell_1) \tag{4.13}$$

综合考虑以上分析结果，引入的修正参数形式为 $1+\alpha_1\ell_1/D_{op}$，并取系数 $\alpha_1=0.3$ 作图，如图 4.5 所示，可以清楚地看到双开口火溢流火焰融合的三个不同阶段，这与图 4.1 描述的实验现象分别对应。当 $(1+\alpha_1\ell_1/D_{op})\cdot D_{op}/Z_{f,0}$ 小于 0.19 时，双开口火溢流处于完全连续融合阶段($P_m=1$)。当参数 $(1+\alpha_1\ell_1/D_{op})\cdot D_{op}/Z_{f,0}$ 大于等于 0.39 时，双开口火溢流处于完全不融合阶段($P_m=0$)。当 $(1+\alpha_1\ell_1/D_{op})\cdot D_{op}/Z_{f,0}$ 参数落在0.19与0.39区间内时，可以看到火焰融合概率 P_m 随 $(1+\alpha_1\ell_1/D_{op})\cdot D_{op}/Z_{f,0}$ 增加而呈线性下降趋势。

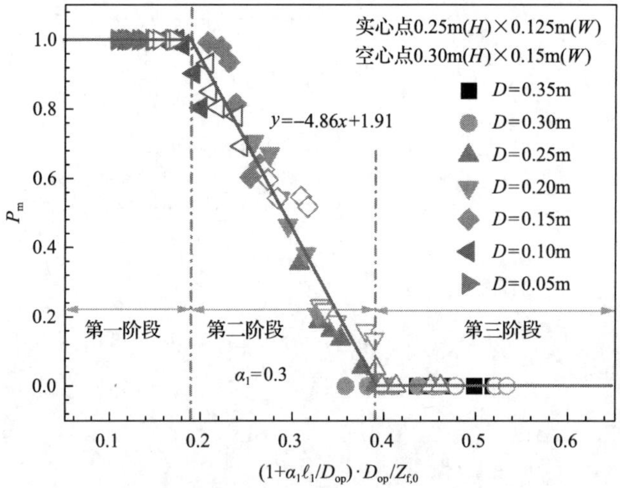

图 4.5 火焰融合概率的分段拟合函数模型(彩图扫二维码)

综上所述，建立了与参数 $(1+\alpha_1\ell_1/D_{op})\cdot D_{op}/Z_{f,0}$ 相关的双开口火溢流火焰融合概率 P_m 无量纲分段函数模型：

$$P_m = \begin{cases} 1, & (1+\alpha_1\ell_1/D_{op})\cdot D_{op}/Z_{f,0} < 0.19 \\ -4.86(1+\alpha_1\ell_1/D_{op})\cdot D_{op}/Z_{f,0} + 1.91, & 0.19 \leqslant (1+\alpha_1\ell_1/D_{op})\cdot D_{op}/Z_{f,0} < 0.39 \\ 0, & (1+\alpha_1\ell_1/D_{op})\cdot D_{op}/Z_{f,0} \geqslant 0.39 \end{cases} \tag{4.14}$$

第二节　建筑外立面双开口火溢流的火焰融合点高度

对于平行双开口腔室火溢流的火焰溢出行为，在关注火焰融合现象之外，有必要对溢出的火焰高度进行一番研究。从前面的论述中可以知道，腔室外的火焰高度由富余燃料与空气卷吸行为控制，而双开口的腔室火溢流发展行为较单开口腔室火溢流又有显著不同，主要在于开口间距对火焰之间相互作用效应起着重要的影响，进而影响到火焰高度发展规律。因此，在开始阐述平行双开口腔室火溢流的火焰高度之前，需要对火焰融合点高度进行一定的说明，这是决定火焰之间相互作用形成的附加卷吸面积的重要因素。

一、火焰融合点高度的定义

实验视频中，可以清楚地看到火焰从两个开口溢出后，相互作用并产生融合的区域。把双开口火溢流的火焰融合点高度定义为当火焰发生融合时，融合部分的最低点到火焰根部的距离，用 $Z_{f,m}$ 表示。显然，当两个开口之间较大时，火焰将从两个开口分别溢出，不发生融合现象，此时并不存在火焰融合点(可以理解为火焰融合点在火焰尖处，火焰融合点高度趋近于火焰高度)；随着两个开口之间距离逐渐缩小，两个开口溢出的火焰逐渐开始相互作用并倾斜，在燃烧室开口中性面上方的某个区域产生了融合现象；当两个开口之间距离缩短为 0 时(即双开口合并为一个开口时)，溢出的火焰也合并为从一个开口溢出的火焰，也就是说火焰在根部位置就已经融合了。因此，此时的火焰融合点高度 $Z_{f,m} \approx 0$。

二、火焰融合点高度的理论模型

由于火焰完全不融合时(或火焰融合概率较低时)，在图像中并不能有效地获取火焰融合点高度这一物理参数，因此只讨论火焰融合概率 $P_m > 0.05$ 时火焰融合点高度随热释放速率、开口尺寸(特征长度)及开口间距的变化关系，如图 4.6 所示，从图中可以看出以下情况。

(1) 在给定的热释放速率条件下，随着双开口间距的增加，火焰逐渐分开，火焰相对越来越难融合，因此火焰融合点也随之提高，即 $Z_{f,m}$ 有所上升，此外，随双开口间距的增加，平均火焰融合点高度 $Z_{f,m}$ 的上升速度也有所提高。

(2) 在同一个开口间距条件下，增加热释放速率(或无量纲溢出热释放速率)会使火焰更加容易融合，因此火焰融合点随之降低，即 $Z_{f,m}$ 有所下降。

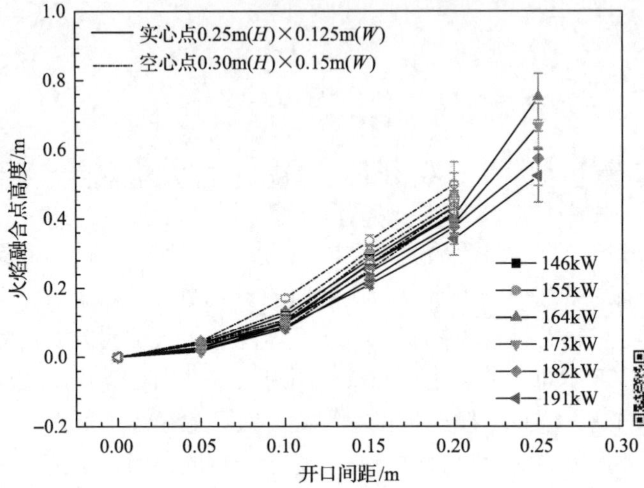

图 4.6　火焰融合点高度随开口间距的变化关系(彩图扫二维码)

以上结果表明，火焰融合点高度同样与双开口间距、无量纲溢出热释放速率和特征长度相关，可以用以下的函数关系来表示：

$$Z_{f,m} = \text{fcn}(\dot{Q}_{ex}^{*}, D_{op}, \ell_1, \ell_2) \tag{4.15}$$

如前文所述，$Z_{f,0} = \text{fcn}(\dot{Q}_{ex}^{*}, \ell_1)$，且特征长度 $\ell_1 \approx \ell_2$，火焰融合点高度表达式可以简化为

$$Z_{f,m} \sim \text{fcn}(D_{op}, Z_{f,0}) \tag{4.16}$$

将火焰融合点高度 $Z_{f,m}$ 及双开口间距 D_{op} 用通风控制条件下的火焰高度 $Z_{f,0}$ 归一化处理后，得到无量纲火焰融合点高度 $Z_{f,m}/Z_{f,0}$ 与无量纲距离因子 $D_{op}/Z_{f,0}$ 的关系，如图 4.7 所示。采用指数函数拟合，可以得到无量纲火焰融合点高度的无量纲表达式，其拟合程度较好：

$$\frac{Z_{f,m}}{Z_{f,0}} = \text{fcn}\left(\frac{D_{op}}{Z_{f,0}}\right) = \exp\left[10.1 \cdot \left(\frac{D_{op}}{Z_{f,0}} - 0.3\right)\right] \tag{4.17}$$

考虑到火焰融合的临界条件为 $D_{op}/Z_{f,0}$=0.3，当 $D_{op}/Z_{f,0}$ 趋近于 0.3 时，即火焰发生临界融合时，无量纲火焰融合点高度趋近于 1，这说明此时火焰融合点接近于在火焰尖处；而当 $D_{op}/Z_{f,0}$ 趋近于 0 时，无量纲火焰融合点高度也与 0 较为接近，即火焰融合点在火焰根部处。因此，当 $D_{op}/Z_{f,0}$ 在 0～0.3 范围内时，此无量纲表

达式可以较好地适用。

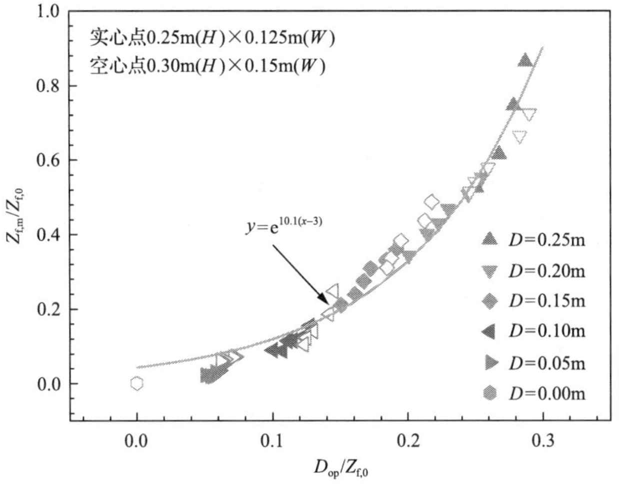

图 4.7　火焰融合点高度的无量纲指数拟合(彩图扫二维码)

第三节　建筑外立面双开口火溢流的火焰高度

火焰高度是指火焰在竖向位置上能够蔓延的最大距离，是建筑外立面开口火溢流的重要特征参数之一。建筑外立面开口火溢流火焰发生融合行为后，其火焰高度演化将不同于单开口火溢流，本节将分析建筑外立面双开口火溢流的火焰高度并建立相应理论模型。

一、火焰高度随开口间距的变化规律

湍流状态下的火焰是不断脉动的，其火焰高度并不稳定，一般情况下，开口火溢流中平均火焰高度定义为火焰间歇率为 50%时对应的位置与火焰根部之间的距离。火焰间歇率是指一段时间内在某个位置处出现火焰的概率，其取值范围为 0～1，从火焰根部到火焰尖端方向递减。实验拍摄得到了一段时间内(通常为 40～60s，图像帧数为 1000～1500 帧)的溢出火焰形态，进行图像处理后取平均值，即可得到不同开口间距条件下的火焰间歇率等值轮廓图，如图 4.8 所示。图中红色的部分为火焰间歇率大于 0.95 的部分，即该处在取样时间内有超过 95%的时间段中存在火焰，而蓝色部分为火焰间歇率小于 0.05 的部分，此区域内在整个区域时间内几乎不存在火焰。随着高度上升，火焰间歇率不断下降，在图中用不同过渡颜色区块表示。同时，由于两个开口完全对称，且边界条件也无差异，从两个开口溢出的富余燃料量相当，因此两个开口的平均火焰间歇率轮廓也相差不大，也就是说，从两个开口溢出的平均火焰高度并无显著差异。在获取平均火焰高度时，不考虑火焰融合概率的因素，在一定的时间区段内，无论火焰是否融合，都只通过平均火焰间歇率等值轮廓图计算其整体火焰高度。对于图像中火焰明显分开，从两个开口分别溢出的工况，平均火焰高度取为两个开口火焰高度的平均值。

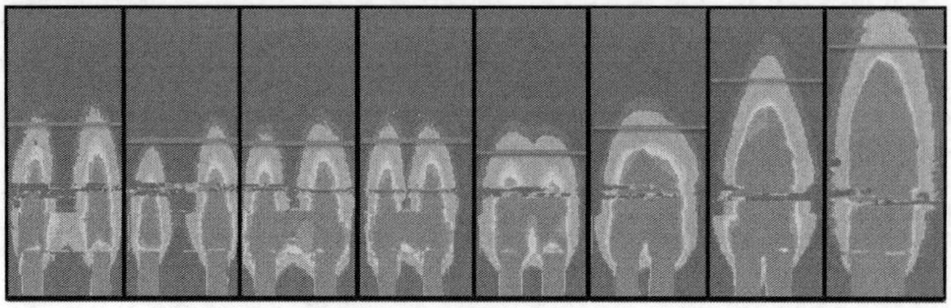

图 4.8　火焰高度的图像处理结果图(彩图扫二维码)

图4.8为火焰高度的图像处理结果图，图中的红线标出了火焰间歇率恰好为0.5时所对应的平面，即获取平均火焰高度的位置。从图中可以看到，在给定的热释放速率条件下，随着开口间距的缩小，平均火焰高度首先缓慢下降，之后又有所上升，呈现出“下凹”的变化规律。

图 4.9 给出了不同工况下双开口火溢流外立面平均火焰高度随开口间距的变化规律。从图中可以看出：

(1)在给定火源热释放速率条件下，随着开口间距的增加，火焰高度首先快速下降，之后又缓慢上升，上述“下凹”的现象十分明显；

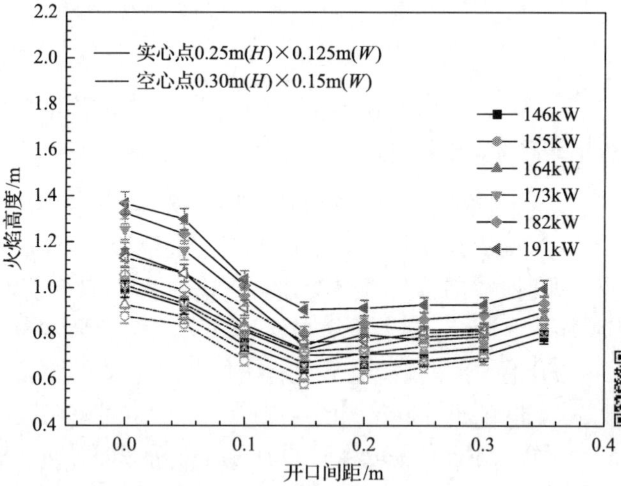

图 4.9　外立面平均火焰高度随开口间距的变化规律(彩图扫二维码)

(2)在给定开口间距条件下，随着火源热释放速率的增加，平均火焰高度也有所上升；

(3)当开口间距为 0(即双开口合并为一个开口，火焰融合概率 $P_m=1$)时，其平均火焰高度要比开口间距较大(例如，当 $D_{op}>0.3m$ 时，两个开口溢出的火焰相互独立，不发生融合，即火焰融合概率 $P_m=0$)时的平均火焰高度要高。

进一步分析两个极端情况(火焰融合概率 P_m 分别为 0 和 1)下的平均火焰高度。根据 Delichatsios 和 Lee 等[14, 15]的平均火焰高度理论模型，通风控制条件下的火焰高度 Z_f 可以用无量纲溢出热释放速率 $\dot{Q}_{ex}^*$ 和开口特征长度 ℓ_1 的函数来表示：

$$\frac{Z_f}{\ell_1}=\text{fcn}(\dot{Q}_{ex}^*)=\text{fcn}\left(\frac{\dot{Q}_{ex}}{\rho_\infty C_p T_\infty \sqrt{g}\ell_1^{5/2}}\right) \tag{4.18}$$

需要注意的是，当 $\dot{Q}_{ex}^*>1.3$ 时，由于溢出的火焰动量较大，火焰不会贴着燃烧室外壁面向上燃烧，而是形成近似“半轴对称”的形式燃烧，来自环境的空气卷吸是三维的，此时 Z_f/ℓ_1 与 $\dot{Q}_{ex}^*$ 呈 2/5 指数关系。反之，当 $\dot{Q}_{ex}^*<1.3$ 时，由于溢出的火焰动量较小，火焰将较为靠近燃烧室外壁面，形成“近壁面”火，来自环境的空气卷吸是二维的，此时 Z_f/ℓ_1 与 $\dot{Q}_{ex}^*$ 呈 2/3 指数关系。前文分析过，无量纲溢出热释放速率 $\dot{Q}_{ex}^*$ 与开口是否合并无关。因此，特征长度就成为影响两种极端情况外立面平均火焰高度的唯一因素。对于两种极端情况下的平均火焰高度，应有

$$Z_{f,c}/Z_{f,0}=(\ell_{1,c}/\ell_{1,0})^{2/5}=2^{2/5}=1.32 \tag{4.19}$$

式中，$Z_{f,c}$ 为两个开口合并为一个开口时的外立面平均火焰高度，在图 4.9 中可以看到，两种极端情况下的溢出平均火焰高度和能够与式(4.19)吻合。

本节中采用的实验工况中，无量纲溢出热释放速率 $\dot{Q}_{ex}^*$ 都超过了 1.3，即开口火溢流都将呈现“半轴对称”形式。分别取不同热释放速率条件下的合并开口(开口间距为 0)与独立开口(开口间距较大，火焰融合概率 $P_m=0$)情况下的外立面火焰高度，可以发现，它们分别都能满足无量纲溢出热释放速率 $\dot{Q}_{ex}^*$ 的 2/5 指数关系：

$$Z_{f,0}/\ell_{1,0}=2.91\dot{Q}_{ex}^{*2/5} \tag{4.20}$$

$$Z_{f,c}/\ell_{1,c}=2.96\dot{Q}_{ex}^{*2/5} \tag{4.21}$$

二、溢出火焰的相互作用机制

对于上述两种情形之间的过渡区间，即火焰间歇性融合阶段，平均火焰高度的变化规律存在复杂性，尤其是将受到火焰之间相互作用机制所控制，从而呈现不一样的变化趋势。因此，有必要从火溢流卷吸的角度，揭示火焰从两个开口溢出后的相互作用机制，分析火焰相互作用机制对卷吸的影响效应，建立平行双开

口火溢流的卷吸模型，进而解释平行双开口溢出火焰高度产生变化的原因。

从物理本质上来看，高温燃料随烟气溢出腔室开口后，将卷吸腔室外部的新鲜空气，与氧气相互混合后产生燃烧现象。对于单开口火溢流情况，在空气卷吸速率一定的条件下，其空气卷吸模型如图 4.10 所示。从燃烧室中性面处溢出的未燃尽燃料在燃烧室外卷吸空气继续燃烧，在高度 Z_f 处恰好把溢出的未燃尽燃料消耗完，形成火焰，因此溢出的富余燃料应存在以下的正比关系，有

$$\sqrt{gZ_f}\,(\alpha_2\ell_1\cdot Z_f+Z_f^2)\propto \dot{Q}_{ex} \tag{4.22}$$

式中，$\sqrt{gZ_f}$ 为火焰尖的火焰特征速度；$\alpha_2\ell_1\cdot Z_f+Z_f^2$ 表征空气的卷吸面积。

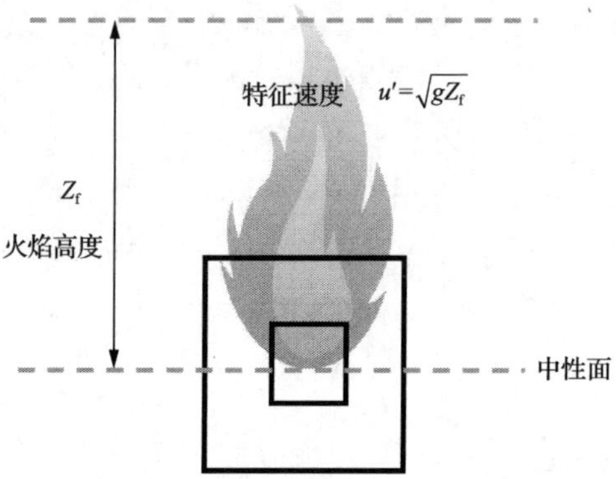

图 4.10　空气卷吸速率一定的条件下，空气卷吸模型

对于开口火溢流的空气卷吸，主要又分为二维和三维两个部分。二维卷吸主要来自腔室开口正面，卷吸面近似为一个长为 ℓ_1、高为 Z_f 的矩形，其面积可以用 $\ell_1\cdot Z_f$ 表示；而三维卷吸贯穿整个火焰高度面上，卷吸面积可以用 Z_f^2 来定性表示。二维和三维的卷吸特性的差异用系数 α_2 表示。

Delichatsios 等又指出[14]，当无量纲溢出热释放速率 $\dot{Q}_{ex}^*$ 较小时，火焰是贴壁的，因此空气卷吸以二维为主，公式中 $\ell_1\cdot Z_f\gg Z_f^2$，可以忽略三维卷吸项的作用，此时式(4.22)可以写为

$$\sqrt{gZ_f}\cdot Z_f\cdot\ell_1\propto \dot{Q}_{ex} \tag{4.23}$$

这说明“近壁面火”的平均火焰高度与无量纲溢出热释放速率 $\dot{Q}_{ex}^*$ 呈 2/3 次方的指数关系。逐渐增大无量纲溢出热释放速率 $\dot{Q}_{ex}^*$，火焰由“近壁面”状态转变为“半轴对称”状态，此时空气卷吸以三维为主，公式中 $\ell_1\cdot Z_f\ll Z_f^2$，此时二维卷吸项的作用就相对较弱，可以忽略，式(4.22)变为

$$\sqrt{gZ_{\mathrm{f}}} \cdot Z_{\mathrm{f}}^{2} \propto \dot{Q}_{\mathrm{ex}} \tag{4.24}$$

这说明“半轴对称火”的火焰高度与无量纲溢出热释放速率 $\dot{Q}_{\mathrm{ex}}^{*}$ 呈 2/5 次方的指数关系，这也是上述平均火焰高度理论模型的由来。从这个角度来看，单开口条件下的有效卷吸面积可以用以下的公式表示：

$$A_0 = \alpha_2 \ell_1 Z_{\mathrm{f,0}} + Z_{\mathrm{f,0}}^{2} \tag{4.25}$$

当开口间距不为 0 时，双开口火溢流行为较单开口相比显著不同。如图 4.11 所示，由于距离较近，从两个开口溢出的火焰产生间歇性融合的同时，还有一定的相互作用效应，在两个火焰之间形成了附加的卷吸面积，由开口间距和火焰融合点高度位置围成，在图中用点划线框表示。采用类似于式(4.25)的表征模式，引入了附加卷吸面积 A_{int}：

$$A_{\mathrm{int}} = \alpha_2 \ell_1 Z_{\mathrm{f,m}} + Z_{\mathrm{f,m}}^{2} \tag{4.26}$$

式中，$Z_{\mathrm{f,m}}$ 即为火焰融合点高度。

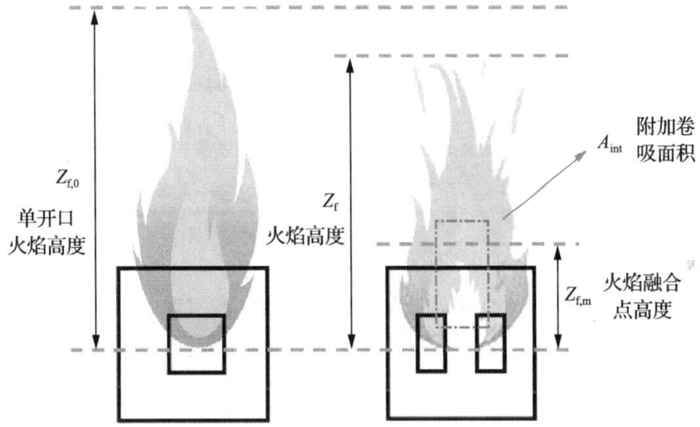

图 4.11　单开口与双开口情况下空气卷吸模型的比较

这个附加卷吸面积的存在，对平行双开口火溢流平均火焰高度的演化规律有着重要意义，随着开口间距的减小，又分为几个不同阶段。首先，开口间距较大，溢出火焰相互独立时，附加卷吸面积并不存在，平均火焰高度与式(4.20)的模型相符合；当开口间距减小到一定程度后，火焰融合而产生的相互作用，产生了附加卷吸面积，火溢流卷吸面积上升，因此在无量纲溢出热释放速率 $\dot{Q}_{\mathrm{ex}}^{*}$ 不变的前提下，平均火焰高度是逐渐变小的；此后，继续减小开口间距，火焰融合点高度 $Z_{\mathrm{f,m}}$ 也将逐渐下降，导致附加卷吸面积也有所下降，火溢流卷吸面积随之下降，此时在无量纲溢出热释放速率 $\dot{Q}_{\mathrm{ex}}^{*}$ 不变的情况下，平均火焰高度又开始逐渐上升，最终达到两个开口合并时的火焰高度值，即如式(4.21)的模型所示。

通过上面分析，可以认为不同开口间距条件下，平均火焰高度由卷吸面积控制，可以用以下关系来表示：

$$\frac{Z_f}{Z_{f,0}}=\text{fcn}\left(\frac{A_{int}}{A_0}\right) \tag{4.27}$$

三、火焰高度的理论模型

式(4.27)很好地揭示了附加卷吸面积平行双开口溢出平均火焰高度的控制机制。可以进一步将卷吸面积 A_0 和附加卷吸面积 A_{int} 分别代入。考虑到无量纲溢出热释放速率 $\dot{Q}_{ex}^*$ 大于 1.3、火焰呈“半轴对称”形式的因素，火溢流卷吸中三维的卷吸较强，近似可忽略二维卷吸项，因此，双开口火溢流火焰高度可以简化为

$$\frac{Z_f}{Z_{f,0}}=\text{fcn}\left(\frac{\alpha_2\ell_1 Z_{f,m}+Z_{f,m}^2}{\alpha_2\ell_1 Z_{f,0}+Z_{f,0}^2}\right)\approx \text{fcn}\left(\frac{Z_{f,m}^2}{Z_{f,0}^2}\right)=\text{fcn}\left(\frac{Z_{f,m}}{Z_{f,0}}\right) \tag{4.28}$$

以归一化火焰高度 $Z_f/Z_{f,0}$ 与归一化火焰融合点高度 $Z_{f,m}/Z_{f,0}$ 分别为横纵坐标作图，如图 4.12 所示。从图中可以拟合出双开口火溢流火焰高度的无量纲表征模型：

$$\frac{Z_f}{Z_{f,0}}=1+0.75\cdot\left(1-\frac{Z_{f,m}}{Z_{f,0}}\right)\cdot\left[\left(\frac{0.2}{Z_{f,m}/Z_{f,0}+0.12}\right)^{1.26}-\left(\frac{0.2}{Z_{f,m}/Z_{f,0}+0.12}\right)^{0.63}\right] \tag{4.29}$$

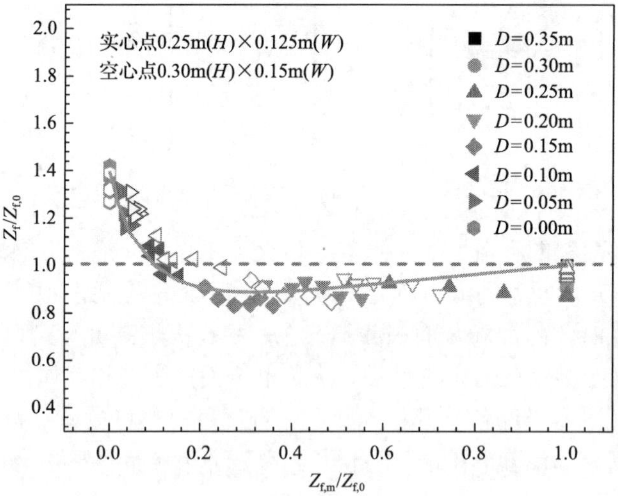

图 4.12　双开口火溢流火焰高度的无量纲表征模型(彩图扫二维码)

对于两种极端情况，即 $Z_{f,m}/Z_{f,0}=0$ 和 1 时，此无量纲模型都能较好地拟合。当 $Z_{f,m}/Z_{f,0}=0$ 时，也就是双开口合并为单开口时，归一化火焰高度 $Z_f/Z_{f,0}$ 也恰好在 1.32 附近。这与前面的分析结果也是互相吻合的。

参 考 文 献

[1] Yokoi S. Study on the prevention of fire spread caused by hot upward current. Report of the Building Research Institute, Report 34, Japan, 1960.

[2] Thomas P H, Law M. The projection of flames from buildings on fire. Fire Prevention Science and Technology, 1972, (10): 19-26.

[3] Seigel L G. The projection of flames from burning buildings. Fire Technology, 1969, 5(1): 43-51.

[4] Himoto K, Tsuchihashi T, Tanaka Y, et al. Modeling the trajectory of window flames with regard to flow attachment to the adjacent wall. Fire Safety Journal, 2009, (44): 250-258.

[5] Ohmiya Y, Tanaka T, Wakamatsu T. A room fire model for predicting fire spread by external flames. Fire Science and Technology, 1998, (18): 11-21.

[6] Ohmiya Y, Hori Y, Sagimori K, et al. Predictive method for properties of flame ejected from an opening incorporating excess fuel. 4th Asia-Oceania Symposium on Fire Science and Technology, 2000: 375-386.

[7] Tang F, Hu L H, Delichatsios M A, et al. Experimental study on flame height and temperature profile of window spill thermal plume for compartment fires. International Journal of Heat and Mass Transfer, 2012, (55): 93-101.

[8] Hu L H, Tang F, Delichatsios M A, et al. Global behaviors of enclosure fire and facade flame heights in normal and reduced atmospheric pressures at two altitudes. International Journal of Heat and Mass Transfer, 2013, (56): 119-126.

[9] Tang F, Hu L H, Wang Q, et al. An experimental investigation on temperature profile of buoyant spill plume from under-ventilated compartment fires in a reduced pressure atmosphere at high altitude. International Journal of Heat and Mass Transfer, 2012, (55): 5642-5649.

[10] Hu L H, Tang F, Delichatsios M A, et al. A mathematical model on lateral temperature profile of buoyant window spill plume from a compartment fire. International Journal of Heat and Mass Transfer, 2013, (56): 447-453.

[11] Tang F, Hu L H, Lu K H, et al. Heat flux profile upon building facade due to ejected thermal plume from window in a sub atmospheric pressure at high altitude. Energy and Buildings, 2015, (92): 331-337.

[12] Yamaguchi J I, Tanaka T. Temperature profiles of window jet plume. Fire Science and Technology, 2005, (24): 17-38.

[13] Oleszkiewicz I. Fire exposure to exterior walls and flame spread on combustible cladding. Fire Technology, 1990, (11): 357-375.

[14] Lee Y P, Delichatsios M A, Silcock G W H. Heat fluxes and flame heights in facades from fires in enclosures of varying geometry. Proceedings of the Combustion Institute, 2007, (31): 2521-2528.

[15] Lee Y P. Heat fluxes and flame heights in external facade fires. University of Ulster Ph.D. thesis, 2006.

[16] Chen H X, Liu N A, Chow W K. Wind effects on smoke motion and temperature of ventilation-controlled fire in a two-vent compartment. Building and Environment, 2009, (44): 2521-2526.

[17] 霍然, 胡源, 李元洲. 建筑火灾安全工程导论. 合肥: 中国科学技术大学出版社, 2009.

[18] Baldwin R. Flame merging in multiple fires. Combustion and Flame, 1968, (12): 318-324.

[19] Putnam A A, Speich C F. A model study of the interaction of multiple turbulent diffusion flames. Proceedings of the Combustion Institute, 1963, (9): 867-877.

[20] Weng W, Kamikawa D, Fukuda Y, et al. Study on flame height of merged flame from multiple fire sources. Combustion Science and Technology, 2004, (176): 2105-2123.

[21] 刘琼. 多火源燃烧动力学机制与规律研究. 合肥: 中国科学技术大学博士学位论文, 2010.

[22] Thomas P H, Baldwin R, Heselden J M. Buoyant diffusion flames: some measurements of air entrainment, heat transfer, and flame merging. Proceedings of the Combustion Institute, 1965, (10): 983-996.

[23] Liu N A, Liu Q, Deng Z H, et al. Burn-out time data analysis on interaction effects among multiple fires in fire arrays. Proceedings of the Combustion Institute, 2007, (31): 2589-2597.

[24] Satoh K, Liu N A, Liu Q, et al. Numerical and experimental study of merging fires in square arrays. Proceedings of the ASME International Mechanical Engineering Congress and Exposition, 2008, (8): 461-472.

[25] Fukuda Y, Kamikawa D, Hasemi Y, et al. Flame characteristics of group fires. Fire Science and Technology, 2004, (23): 164-169.

[26] Delichatsios M A. A correlation for the flame height in "group" fires. Fire Science and Technology, 2007, (26): 1-8.

[27] Lu K H, Hu L H, Delichatsios M A, et al. Merging behavior of facade flames ejected from two windows of an under-ventilated compartment fire. Proceedings of the Combustion Institute, 2015, (35): 2615-2622.

第五章　建筑外立面开口火溢流的温度与热流分布

随着城市化进程不断加快，各地(超)高层建筑数量越来越多，突出的高层建筑火灾问题随之而来，由于火势蔓延迅速(室内火灾通过窗户、玻璃幕墙等途径溢出，引燃上层和周围建筑)，以及易燃的外墙保温材料，极易向上形成立体蔓延，造成几(多)层同时燃烧，而且热烟毒气危害严重，容易酿成群死群伤严重后果和财产损失。本章主要介绍建筑外立面开口火溢流的温度和热流分布，其中温度包括竖向温度分布、径向温度分布，分析火源功率、开口尺寸及水平挑檐阻隔作用对温度分布的影响，热流研究还包括火源在燃烧腔室内位置的影响作用和高海拔低气压环境中建筑外立面开口火溢流行为特征的差异性介绍。

第一节　建筑外立面开口火溢流的竖向温度分布

开口火溢流的竖向温度分布是建筑外立面火灾的重要特征参数之一，其对外立面保温材料的引燃起到了重要作用。本节将着重阐述外立面火溢流羽流区竖向温度的分布规律。

一、竖向温度分布

建筑外立面开口火溢流从下往上蔓延主要是由强烈热辐射和热对流造成的，而火焰的辐射强度和对流取决于壁面溢出火焰高度和火焰温度分布，这些参数受窗户开口尺寸和燃烧室内火源热释放速率的影响。

图 5.1 为羽流区两个不同高度处径向温度分布曲线，表明靠近竖直壁面位置处(d_w=0.5cm)的温度略低于温度最大处(d_w=4cm)的温度。

图 5.2 为不同的开口和总热释放速率下近壁面最高温度处(即热电偶伸出壁面的距离为 4cm，d_w=4cm)羽流的竖向温度分布。通过图 5.2 可以看出：

(1)温度随高度的降低逐渐降低。

(2)开口通风因子越小，溢出羽流温度越高。

(3)不同开口温度随高度降低的速度不同。

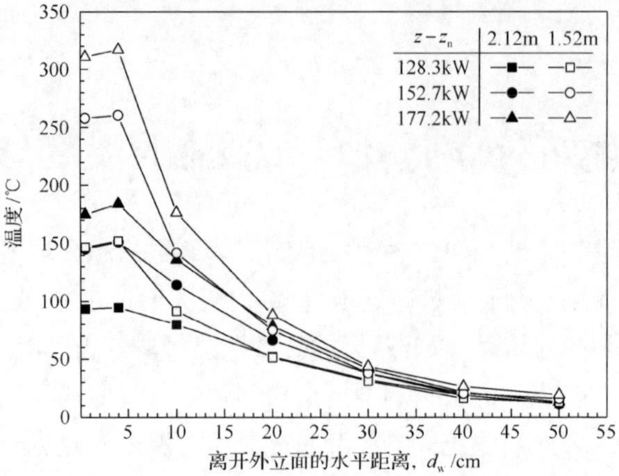

(a) 20cm(H)×30cm(W)

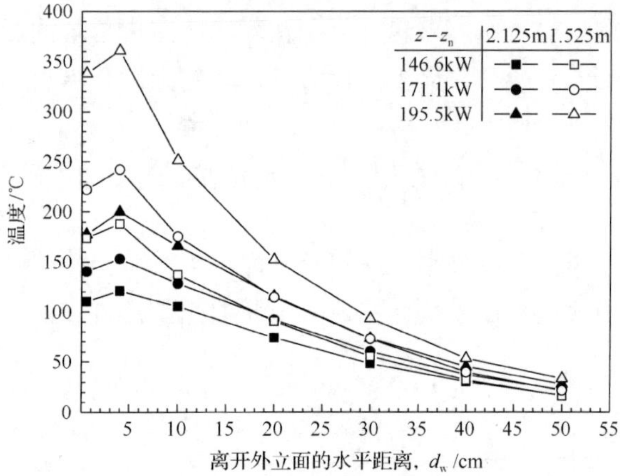

(b) 25cm(H)×25cm(W)

图 5.1 开口外部羽流区不同高度处径向温度分布曲线

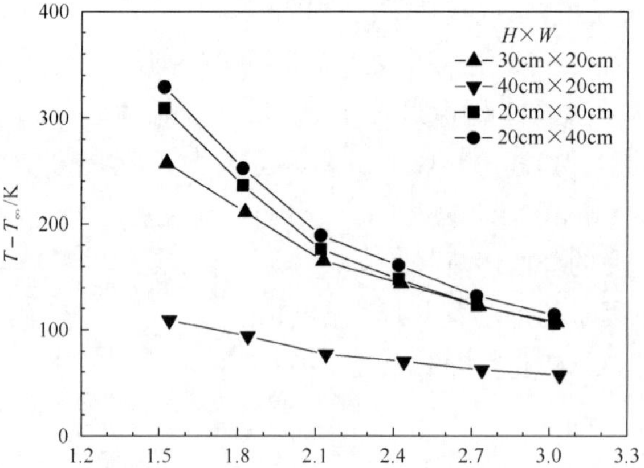

(a) 177.2kW

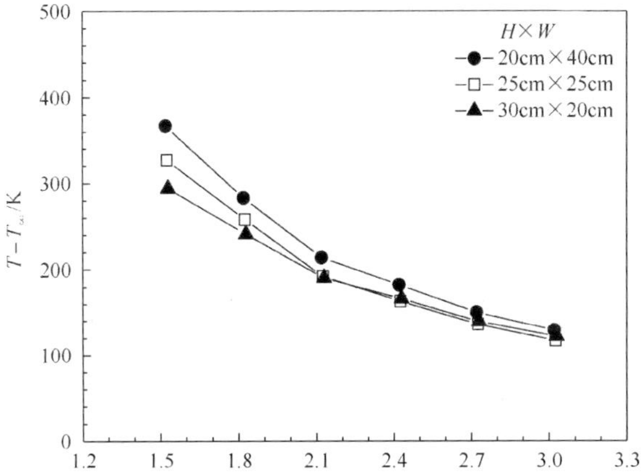

(b) 195.5kW

图 5.2　开口溢出羽流最大温度和高度的变化关系(d_w=4cm)

在国内外文献中，大多数研究主要针对无外界限制下受限空间开口火溢流。最初 Yokoi[1]通过一个尺寸为 0.4m×0.4m×0.2m 的小燃烧腔室模型研究了不同开口尺寸溢出火羽流温度分布，并且提出了开口溢出火羽流中心无量纲温度分布模型。Yokoi 定义了一个特征尺度 r_0 来表征溢出火羽流流动特性，在开口中间位置处存在一个热源，热源面积为开口面积的一半，具体如式(5.1)所示：

$$W\frac{H}{2}=\pi r_0^2,\quad r_0=\sqrt{\frac{HW}{2\pi}} \tag{5.1}$$

基于定义的特征半径尺度，Yokoi 证明了开口溢出热羽流无量纲温度 Θ 沿着羽流中心线分布关系式如下：

$$\Theta=\frac{\Delta T_z r_0^{5/3} {c_p}^{2/3} \rho_z^{2/3} g^{1/3}}{{Q_{cov}}^{2/3} {T_\infty}^{1/3}} \tag{5.2}$$

式中，ΔT_z 为在位置 z 处的最大温升，z 为从开口中间位置计算的竖直距离；ρ_z 为热羽流密度。

近年来，Delichatsios 和 Lee 等[2-4]重点从热辐射、火焰高度等角度研究了高层建筑的溢流火灾行为特性。他们通过引入无量纲高度、无量纲溢出火源功率，并考虑了几种和开口尺寸相关的长度特征参数，对溢出羽流中心线温度分布重新建立了模型[5]，并用 Yokoi 实验数据加以验证，效果较 Yokoi 模型好。

二、开口火溢流的虚点源理论

建筑外立面开口火溢流在热浮力的作用下不断上升，在上升过程中不断卷吸空气，竖向温度的降低是由正向和侧向卷吸空气导致的。图 5.3 为开口火溢流物理模型侧视图。其中，Lee 等[2,3]对受限空间开口火溢流两个特征长度参量(一个平行于开口，另一个垂直于开口)给出了具体表征意义和推导过程，长度特征参量 $\ell_1=(A\sqrt{H})^{2/5}$ 也被用于拟合近壁面羽流温度结果(图 5.3)。由于开口溢出火源功率较大，贴近壁面的火羽流可以假设成半轴对称羽流，假设来自前面的卷吸和两侧面的卷吸同样重要，根据无量纲关系推导，引入特征长度 ℓ_1[4]，那么火焰上方浮力羽流区最大温度可用以下的无量纲关系式[2-4,7,8]表示为

$$\Theta=\frac{\Delta T_{z,\max}/T_\infty}{\left(\dfrac{\dot{Q}_{\mathrm{conv}}}{\rho_\infty c_{\mathrm{p}}T_\infty\sqrt{g}\,\ell_1^{5/2}}\right)^{2/3}}=\frac{\Delta T_{z,\max}/T_\infty}{(\dot{Q}^*_{\mathrm{conv}})^{2/3}}=fcn\left(\frac{z-z_{\mathrm{n}}-z_0}{\ell_1}\right) \tag{5.3}$$

式中，z_0 为羽流虚点源高度。另外，溢出火焰上部对流热等于溢出气体能量与溢出燃料的热释放速率之和：

$$\dot{Q}_{\mathrm{conv}}=(m_{\mathrm{f}}+m_{\mathrm{a}})c_{\mathrm{p}}(T_{\mathrm{g}}-T_\infty)+\dot{Q}_{\mathrm{ex}} \tag{5.4}$$

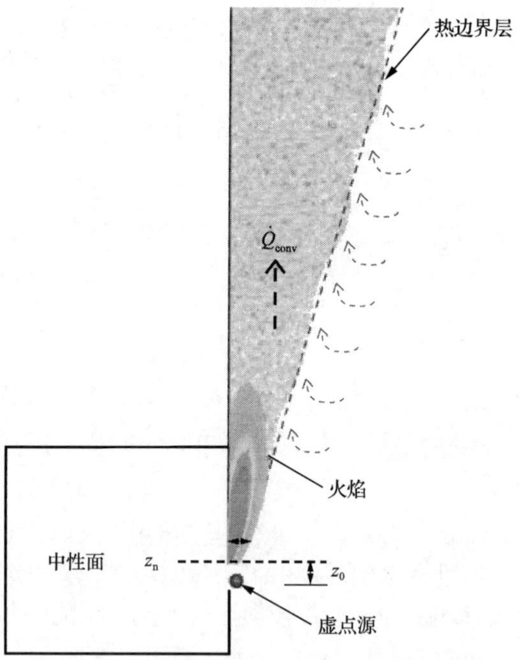

图 5.3 考虑虚点源的开口火溢流物理模型

式(5.3)右边根据溢出火焰呈现出线型和半轴对称型有两种不同的形式：

对于线型羽流有

$$\Theta = \frac{(\Delta T_{z,\max} / T_\infty)}{(\dot{Q}^*_{\mathrm{conv}})^{2/3}} \propto \left(\frac{z - z_{\mathrm{n}} - z_0}{\ell_1} \right)^{-1} \tag{5.5a}$$

对于半轴对称羽流有

$$\Theta = \frac{(\Delta T_{z,\max} / T_\infty)}{(\dot{Q}^*_{\mathrm{conv}})^{2/3}} \propto \left(\frac{z - z_{\mathrm{n}} - z_0}{\ell_1} \right)^{-5/3} \tag{5.5b}$$

三、考虑虚点源的竖向温度分布模型

对应于轴对称羽流，其关系式如式(5.5b)所示。根据这个关系式可推导求得关系式(5.6)，且该关系式每个工况与横坐标的截距即为虚点源的位置：

$$\Theta^{-3/5} = \left(\frac{\dot{Q}_{\mathrm{conv}}{}^{2/3}}{\Delta T_{z,\max} / T_\infty} \right)^{3/5} \propto z - z_{\mathrm{n}} \tag{5.6}$$

通过引入以下概念：

虚点源的获得是假设羽流关系式计算得到的火焰尖部温度等于火焰温度，式(5.5b)为羽流温度计算式，火焰高度 Z_{f} 由式(5.7)计算所得

$$\frac{Z_{\mathrm{f}} - z_{\mathrm{n}}}{\ell_1} = 2\dot{Q}^*_{\mathrm{ex}}{}^{0.44} = 2\left(\frac{\dot{Q}_{\mathrm{ex}}}{\rho_\infty c_{\mathrm{p}} T_\infty \sqrt{g} \ell_1{}^{5/2}} \right)^{0.44} \tag{5.7}$$

虚点源取决于总体对流热和开口溢出热释放速率，且满足

$$\frac{z_0}{\ell_1} = \mathrm{fcn}(\dot{Q}^*_{\mathrm{conv}}, \dot{Q}^*_{\mathrm{ex}}) \tag{5.8a}$$

现有实验结果表明，溢出燃料热释放速率与对流热之比几乎为恒定值，$\dot{Q}^*_{\mathrm{conv}} / \dot{Q}^*_{\mathrm{ex}} \approx 1.1$，因此只用对流热来拟合所有开口和火源功率的实验结果，如图 5.4 所示。由于羽流近似于半轴对称形态，无量纲参数 z_0 / ℓ_1 和无量纲对流热呈现 2/5 次方关系。拟合结果如下

$$\frac{z_0}{\ell_1} = 2.2(\dot{Q}^*_{\mathrm{conv}})^{2/5} - 4.14 \tag{5.8b}$$

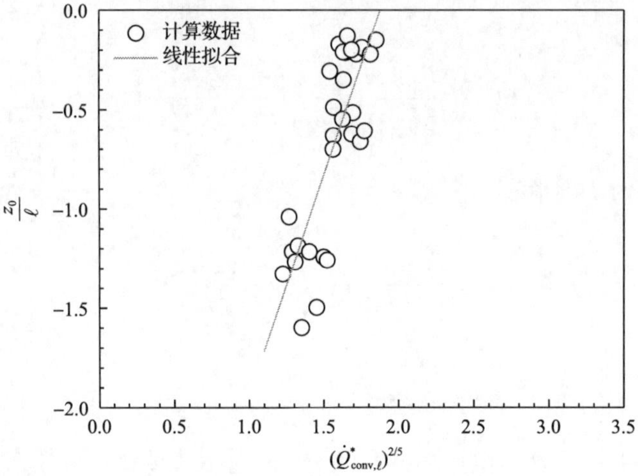

图 5.4　归一化虚点源高度与无量纲功率的关系(基于式(5.8))

通过这个拟合结果式(5.8b)来计算虚点源，用式(5.3)中推导的无量纲关系作为坐标以拟合所有开口实验数据。正如式(5.5b)中所推测的一样，羽流呈现出半轴对称羽流的特点，实验结果曲线的斜率大致为–3/5=–0.6，图 5.5 是拟合的羽流竖向最高温度分布整体模型，即

$$\Theta=\frac{(\Delta T_{z,\max}/T_\infty)}{\left(\dfrac{\dot{Q}_{\text{conv}}}{\rho_\infty c_p T_\infty\sqrt{g}\ell_1^{5/2}}\right)^{2/3}}=\frac{(\Delta T_{z,\max}/T_\infty)\ell_1^{5/3}}{\left(\dfrac{\dot{Q}_{\text{conv}}}{\rho_\infty c_p T_\infty\sqrt{g}}\right)^{2/3}}=8.66\left(\frac{z-z_{\text{n}}-z_0}{\ell_1}\right)^{-5/3} \tag{5.9}$$

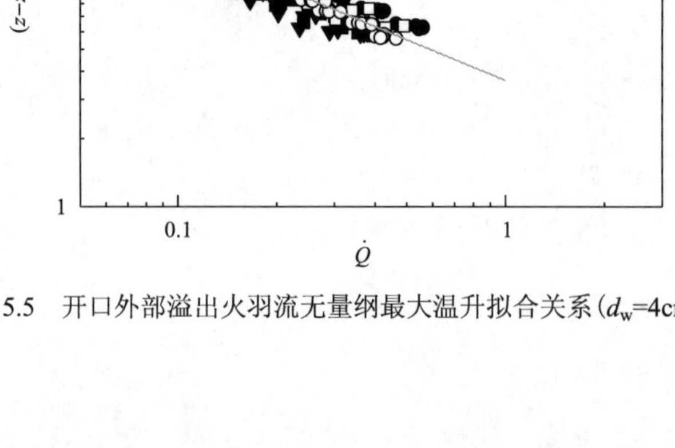

图 5.5　开口外部溢出火羽流无量纲最大温升拟合关系(d_w=4cm)

根据羽流不同高度处最大温度的拟合关系式，可以采用以下两个参量作为坐标画出距壁面 0.5cm 处的温度分布，如图 5.6 所示。

$$Y = \frac{(\Delta T / T_\infty)(z - z_n - z_0)^{5/3}}{\left(\dfrac{\dot{Q}_{conv}}{\rho_\infty c_p T_\infty \sqrt{g}}\right)^{2/3}} \approx \frac{\Delta T}{\Delta T_{z,max}} \quad 与 \quad \frac{d_w}{z - z_n - z_0}$$

所有的实验结果都较好地符合下面的关系式：

$$Y = \frac{(\Delta T / T_\infty)(z - z_n - z_0)}{\dot{Q}_{conv}{}^{2/3} / \left(\rho_\infty c_p T_\infty \sqrt{g}\right)^{2/3}} \approx 7.8 \tag{5.10}$$

几乎与 $d_w / (z - z_n - z_0)$ 无关。

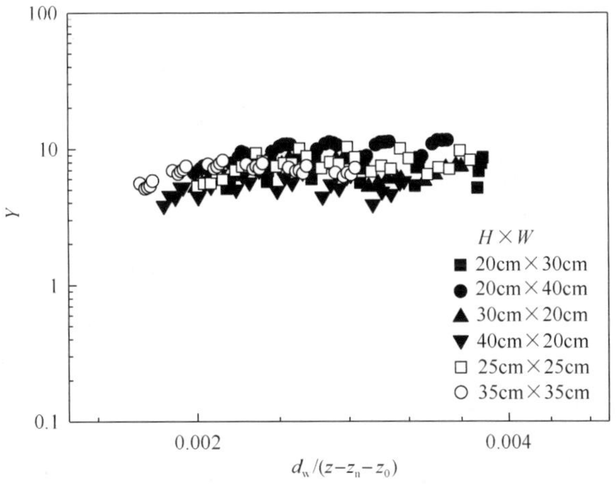

图 5.6　d_w=0.5cm 时开口外部溢出火羽流无量纲温升与无量纲径向距离变化关系

第二节　建筑外立面开口火溢流的径向温度分布

开口火溢流的径向温度分布是建筑外立面火灾的重要特征参数之一，它主要影响火灾在垂直于建筑外立面方向上的蔓延。本节将着重阐述外立面火溢流羽流区径向温度分布规律。

一、径向温度分布特性

浮力羽流特性是火灾研究基础领域的一个重要方面，已经有几十年的研究历史[1,2,6-13]。火羽流可以看作一个由燃烧火焰产生的竖直上升热烟气柱，其中关键的机制是浮力引起的热量和质量输运。这些火羽流特征包括空气卷吸和质量流率、火焰高度、竖向温度变化及上升羽流速度，同时也包括径向的温度和速度分布。对一个轴对称火羽流来说，经典的高斯分布模型在 Rouse、Yih 和 Humphries[8,9]的实验数据中得到了很好的应用，并且被认为是一个描述火焰上方火羽流竖直中心面上归一化径向温度分布的合适方法。

$$\frac{T-T_\infty}{T_{\max}-T_\infty}=\exp\left\{-\beta\left[\frac{r}{b(z)}\right]^2\right\} \tag{5.11}$$

式中，T 为距离火羽流中心线径向距离 r 处的温度；$T_{\max}$ 为中心线处的最高温度；有效火羽流半径 $b(z)$ 为一个关于 z 的函数。火羽流对周围新鲜空气的卷吸作用，导致火羽流的横截面积随着高度升高而变大。Morton 等[10]和 Steward[11]对一个理想的对称点源和一个二维的带状火羽流也已经得到了类似的结果。Yokoi[1]对点火源和线火源产生的自由浮力羽流垂直和径向温度分布进行了测量研究。

火羽流从通风控制燃烧下受限空间开口溢出而形成的临近于建筑外立面[12]的一个特殊浮力羽流，是楼层与楼层之间火蔓延的主要原因，它会对建筑物产生巨大威胁。对这样一个建筑外立面开口火溢流来说，来自外立面侧空气卷吸受到了限制，同时它还具有一个水平方向的初始动量。这些特点使得它和不受到任何限制的自由火羽流(没有初始水平动量)及受到外立面的限制但没有水平动量的壁面羽流相比，存在很大不同。和自由火羽流相比，由于受限空间开口火溢流在空气卷吸和火羽流形态上的不同，式(5.11)中的函数 $b(z)$ 和 β 的值都需要重新确定。

图 5.7 是研究建筑外立面开口火溢流径向温度分布的某实验测点布置图，实验装置包含一个边长为 0.8m 的立方体和一个外立面，起火房间内部紧贴一个 0.05m 厚的石英板，开口尺寸涉及 6 种宽高比，包括方形的和矩形的。在高出房间上沿 1.15m 和 1.75m 处设置两列热电偶串，其离外壁面的距离分别为 0.5cm、4cm、10cm、20cm、30cm、40cm 和 50cm。

图 5.8 给出了 20cm(H)×40cm(W)和 35cm(H)×35cm(W)两种开口尺寸的不同热释放速率下典型的开口溢出火羽流径向温度分布。从图中可以看出，距离外壁面 0.5cm 处的温度比距离外壁面 4cm 处的温度要低，这是由外壁面的热边界层效应引起的(外立面不是绝热的)。在所有的热电偶测点中，4cm 处的测点温度最高，由此位置向外，测点温度呈衰减趋势。

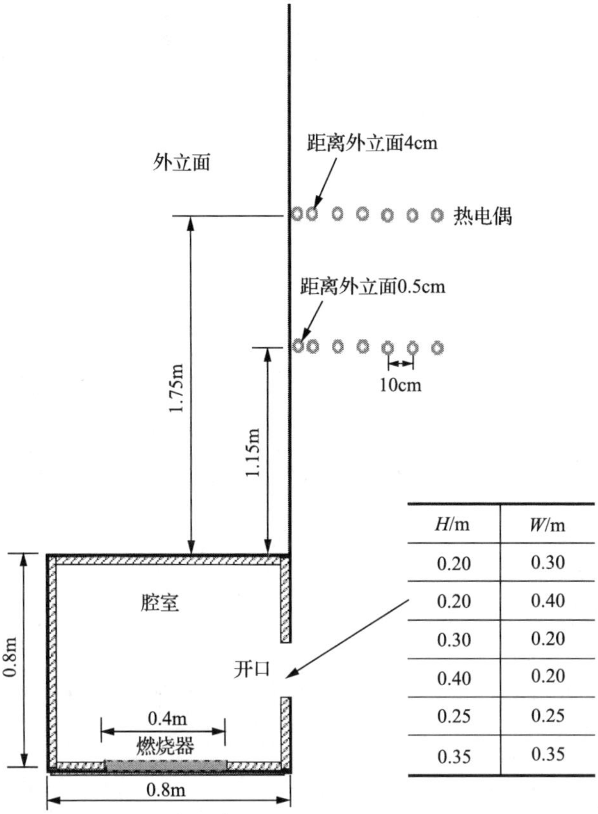

H/m	W/m
0.20	0.30
0.20	0.40
0.30	0.20
0.40	0.20
0.25	0.25
0.35	0.35

图 5.7 实验测点布置图

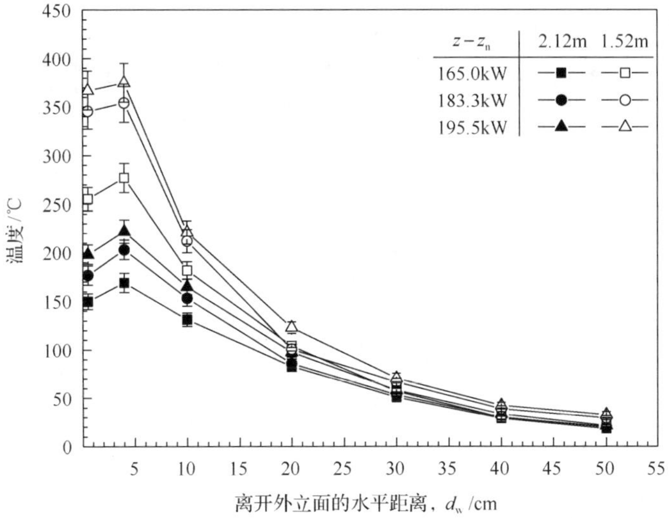

(a) 20cm(H)×40cm(W)

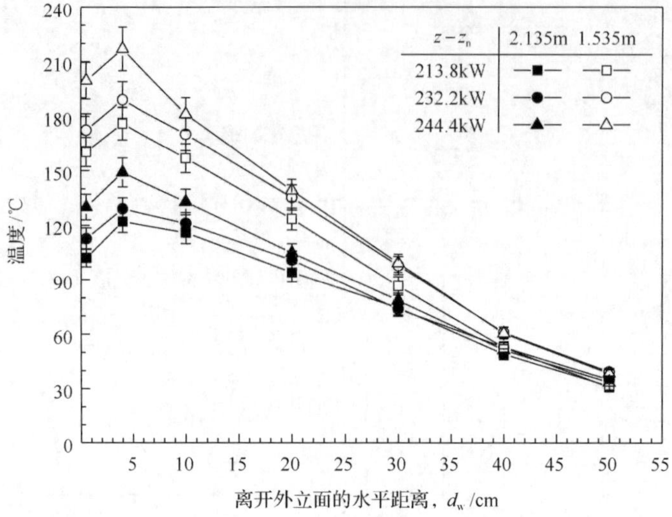

(b) 35cm(H)×35cm(W)

图 5.8　开口溢出火羽流径向分布

图 5.9 给出了所有开口尺寸下归一化的羽流径向温度分布。如果假设墙面是绝热的，那么在 4cm 处测得的最大温度可以认为是墙面温度，进而可以通过 4cm 处的温度值对温度上升进行归一化。与绝热墙体情况下线火源产生的火羽流相比，可以看到：在这个受限空间开口火焰溢出情况下，随着距离建筑外立面水平距离的增加，温度的衰减速度比绝热墙体情况下的要慢。可以推测，在高宽比非常小的情况下温度衰减应与线火源壁面火接近。

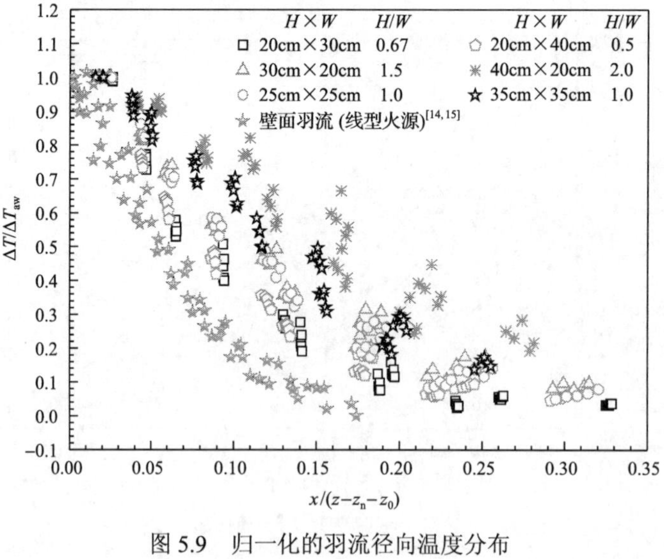

图 5.9　归一化的羽流径向温度分布

开口的高宽比在羽流径向温度分布中有着重要作用。不同尺寸的开口下，温度的衰减速度也是不一样的。在高宽比小于 1 的时候，温度衰减速度比高宽比大于 1 时要快，高宽比为 1 的衰减速度在两者之间。总的来说，不同的开口尺寸有着不同的变化。

二、基于高斯函数的径向温度分布理论

从图 5.10 可以看出，受限空间开口溢出羽流可以认为是由一个位于绝热壁面处开口中性面上的矩形火源产生的[20]。矩形火源的特征边长 ℓ_1 平行于外立面，长度和火溢流的影响范围有关，矩形火焰另一个特征边长 ℓ_2 垂直于外立面，表示当火溢流在浮力作用下由水平方向变为垂直方向时到建筑外立面的距离，并且浮力对流 J_0 为恒定值。这里假定位于实际火源和火焰上方的羽流（羽流贴附在外立面或者溢出一段距离后再贴附）横截面积可以被近似为一个矩形，并且这个矩形的高宽比是固定的。然而矩形火源的宽度（平行于外立面）是由特征长度 ℓ_1 决定的，而火源长度（垂直于外立面）由特征长度 ℓ_2 决定：

$$\ell_1 = (AH^{1/2})^{2/5},\quad \ell_2 = (AH^2)^{1/4} \tag{5.12}$$

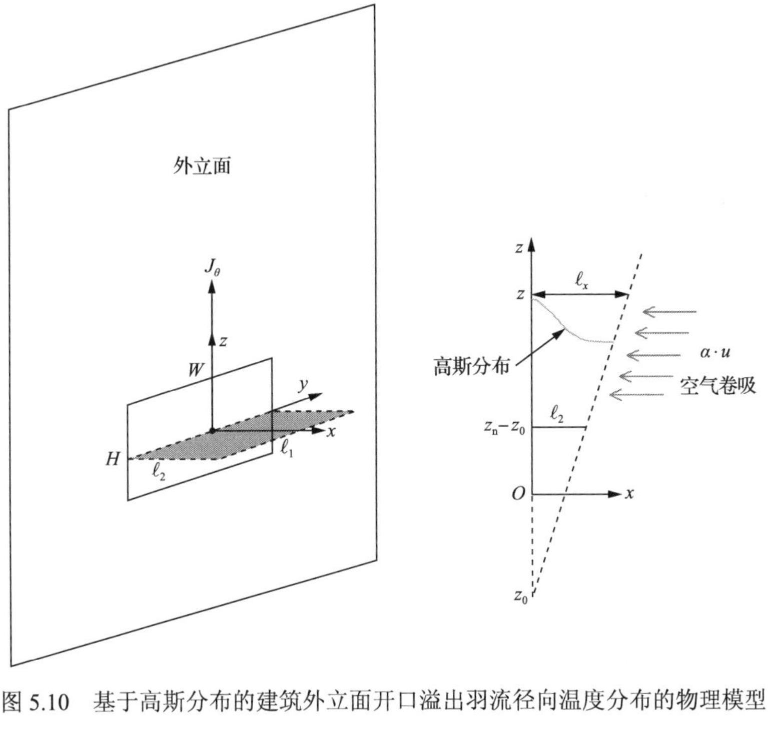

图 5.10　基于高斯分布的建筑外立面开口溢出羽流径向温度分布的物理模型

随着火羽流的上升，空气卷吸速率使火羽流的水平尺寸随着高度的增加而扩大。因此，为了确定垂直于建筑外立面方向火羽流厚度参数（ℓ_x），ℓ_x和z的关系需要确定。浮力驱动的空气卷吸使得ℓ_x的值随着 z 增大而增大。这种卷吸的物理机制可以假设为和自由羽流类似。这种卷吸来自受到建筑外立面以外的所有方向：

$$\mathrm{d}(\dot{m}_\mathrm{e}) = \alpha u(2\ell_x + \ell_y)\mathrm{d}z\rho_\mathrm{a} \tag{5.13}$$

式中，u 为一般火羽流的上升速度；α 为卷吸系数；ρ_a 为周围环境空气密度。在高度为 z 处，空气卷吸对于横截面积尺寸的影响如下

$$\mathrm{d}(\dot{m}_\mathrm{e}) = \alpha u(2\ell_x + \ell_y)\mathrm{d}z\rho_\mathrm{a} = \rho u\cdot \mathrm{d}(\ell_x\cdot\ell_y) + \ell_x\ell_y(\rho\mathrm{d}u + u\mathrm{d}\rho) \tag{5.14}$$

对于式(5.14)中的$(\rho\mathrm{d}u + u\mathrm{d}\rho)$部分，随着 z 的增加，火羽流上升速度减小，由于温度降低，火羽流密度增加，假定$(\rho\mathrm{d}u + u\mathrm{d}\rho)$约为 0。这和一般情况下弱羽流（$\rho\approx\rho_\mathrm{a}$）和线火源（$u$ 是常数，不随高度的变化而变化）时火羽流动力学分析时采用的假定一致。因此，方程(5.14)可以简化为

$$\alpha(2\ell_x + \ell_y)\mathrm{d}z = \mathrm{d}(\ell_x\cdot\ell_y) \tag{5.15}$$

其中

$$\frac{\ell_x}{\ell_y} \approx \frac{\ell_2}{\ell_1} = \left(\frac{H}{W}\right)^{3/20} = K_1 \tag{5.16}$$

所以，式(5.13)可以写为

$$\alpha\left(2 + \frac{1}{K_1}\right)\mathrm{d}z = \frac{2}{K_1}\mathrm{d}\ell_x \tag{5.17}$$

令

$$z' = z - z_\mathrm{n} \tag{5.18}$$

其中，z_n为中性面高度：

$$z_\mathrm{n} = \frac{H}{1 + (\rho_0/\rho_\mathrm{F})^{1/3}} \tag{5.19}$$

式中，ρ_F为开口溢出羽流的密度，代入初始条件$z' = 0$，$\ell_x = \ell_2$，积分方程式(5.17)，得到

$$\ell_x=\ell_2+\alpha\left(\frac{2K_1+1}{2}\right)z' \tag{5.20}$$

从而，式(5.11)中的高斯分布可以写为(假设边界条件为绝热墙，温度达到最高是$x=0$（$\Delta T_{\max}=\Delta T_{\mathrm{aw}}$））：

$$\frac{\Delta T_x}{\Delta T_{\mathrm{aw}}}=\exp\left[-\beta\left(\frac{x}{\ell_x}\right)^2\right]=\exp\left\{-\beta\left[\frac{x}{\ell_2+\alpha\left(\frac{2K_1+1}{2}\right)(z-z_{\mathrm{n}})}\right]^2\right\} \tag{5.21}$$

考虑到长度尺度ℓ_1和ℓ_2对受限空间开口溢出火焰浮力通量的强度不造成较大影响，对不同浮力通量条件下，有必要合理地将中性面z_{n}的位置修正到一个虚拟的中性面。

通过引入虚点源，根据虚点源概念的物理本质，本章第一节对无量纲虚点源高度z_0/ℓ_1的介绍，可知z_0/ℓ_1与开口外部总对流热释放速率的2/5次方有关：

$$\frac{z_0}{\ell_1}=2.2(\dot{Q}^*_{\mathrm{conv}})^{2/5}-4.14 \tag{5.22}$$

式中，$\dot{Q}_{\mathrm{conv}}$为开口外部总的对流热释放速率，包括燃烧室内未燃燃料在开口外部的燃烧所释放的热量。对一个通风控制燃烧下的受限空间开口火溢流有

$$\dot{Q}_{\mathrm{conv}}=c_{\mathrm{p}}\dot{m}_{\mathrm{a}}\Delta T_{\mathrm{g}}+\dot{Q}_{\mathrm{ex}}=c_{\mathrm{p}}(0.5A\sqrt{H})\Delta T_{\mathrm{g}}+(\dot{m}_{\mathrm{f}}\Delta H-1500A\sqrt{H}) \tag{5.23}$$

考虑到对于不同开口大小，应用无量纲形式：

$$\dot{Q}^*_{\mathrm{conv}}=\frac{\dot{Q}_{\mathrm{conv}}}{\rho_\infty c_{\mathrm{p}}T_\infty\sqrt{g}\,\ell_1^{5/2}} \tag{5.24}$$

注意到z_0是一个负数，这意味着虚点源的位置在中性面以下。所以方程(5.21)中的开口溢出火羽流径向温度分布可以表示为

$$\frac{\Delta T_x}{\Delta T_{\mathrm{aw}}}=\exp\left[-\beta\left(\frac{x}{\ell_x}\right)^2\right]=\exp\left\{-\beta\left[\frac{x}{\ell_2+\alpha\left(\frac{2K_1+1}{2}\right)(z-z_{\mathrm{n}}-z_0)}\right]^2\right\} \tag{5.25}$$

溢出火羽流厚度的特征长度可以被定义为

$$L_0 = \ell_2 + \alpha\left(\frac{2K_1+1}{2}\right)(z - z_n - z_0) \tag{5.26}$$

$$z_0 = 2.2[c_p(0.5A\sqrt{H})\Delta T_g + (\dot{m}_f \Delta H - 1500A\sqrt{H})]^{2/5} - 4.14\ell_1 \tag{5.27}$$

式中，空气卷吸系数α一般选取 0.11（虽然它的值在早期的不同研究中有一个小的范围）[17]，和浮力驱动的流动卷吸物理机制不变的自由火羽流是一样的，然而，注意到在相关实验结果中，z_0对L_0的值的影响相对较小（考虑z_0变化情况下L_0的变化范围仅为 6%）。β值和火羽流在垂直于建筑外立面方向上的羽流尺度特征有关。由于建筑外立面的限制，它应该和一个轴对称的自由火羽流有所不同，在之后的实验中将会发现这一点。

三、高斯模型常数β与开口高宽比的无量纲关系

图 5.11 给出了通过式（5.25）中模型得到的所有开口的所有工况下溢出羽流径向温度分布。可以看出，提出的溢出火羽流厚度特征长度L_0可以很好地拟合不同开口下的径向温升实验结果，数据汇集了不同工况。此外，图 5.12 给出了不同开口下所有相关实验结果，比图 5.9 中的数据收敛效果更好。然而，可以观察到β的值随着开口高宽比的增加而增加。

在受限空间开口火溢流情况下β值在 2.9～6.3 波动。对自由火羽流来说，β值在 0.64～1.5。所以，受限空间开口火溢流情况下β值远大于自由火羽流。这种现象可以解释为，在这种单侧为墙壁的卷吸情况下，浮力羽流被垂直于建筑外立面方向的空气压缩，从而更加扁平地贴附在外立面上。因此径向的温度降低会更加迅速，从而导致β值比轴对称火羽流大很多。

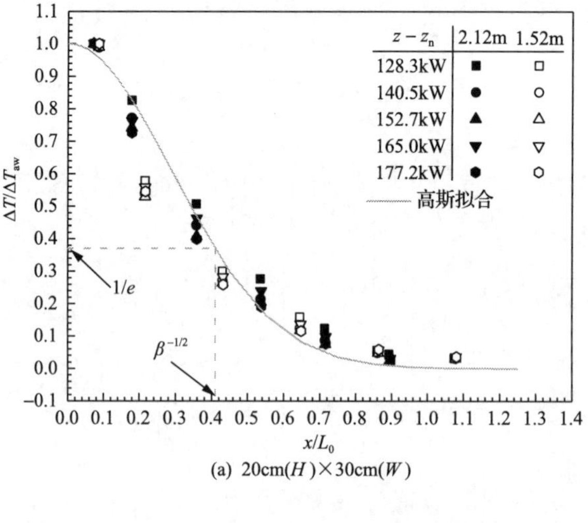

(a) 20cm(H)×30cm(W)

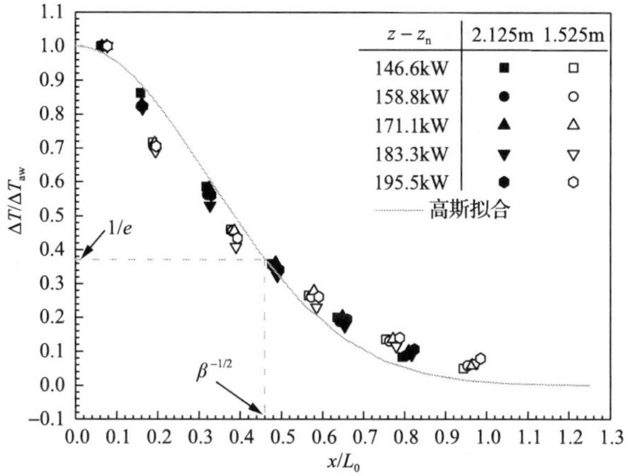

(b) 25cm(H)×25cm(W)

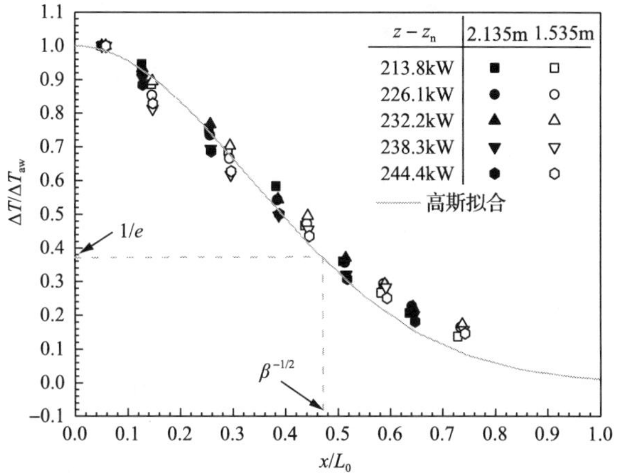

(c) 35cm(H)×35cm(W)

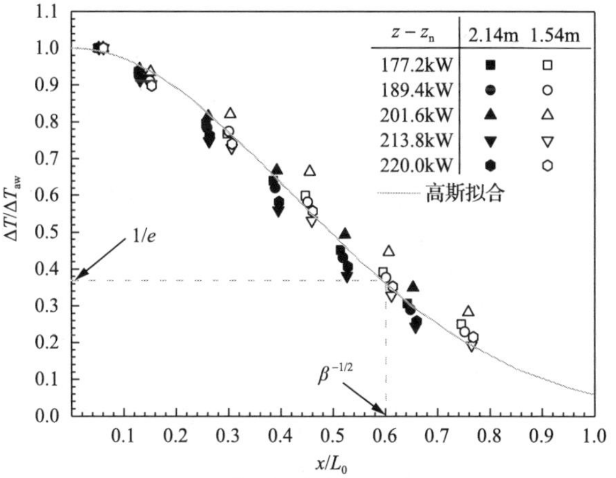

(d) 40cm(H)×20cm(W)

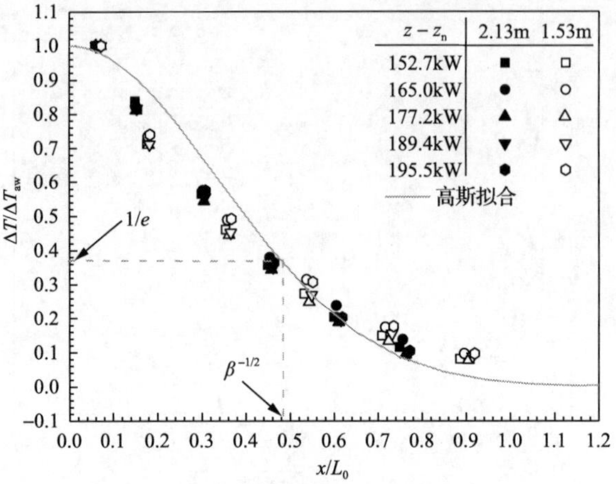

(e) 30cm(H)×20cm(W)

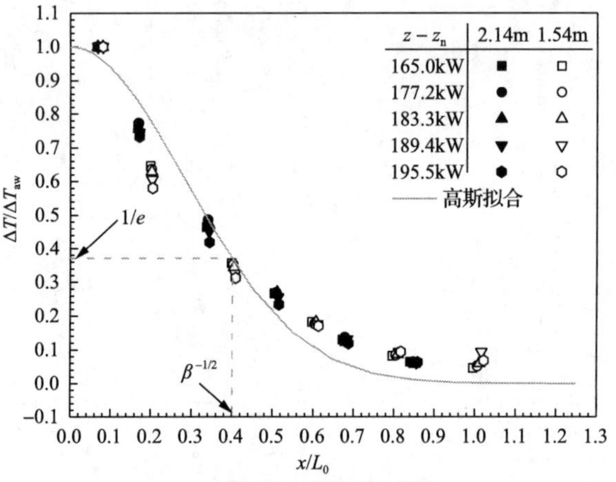

(f) 20cm(H)×40cm(W)

图 5.11　基于 L_0 的径向温度分布高斯拟合

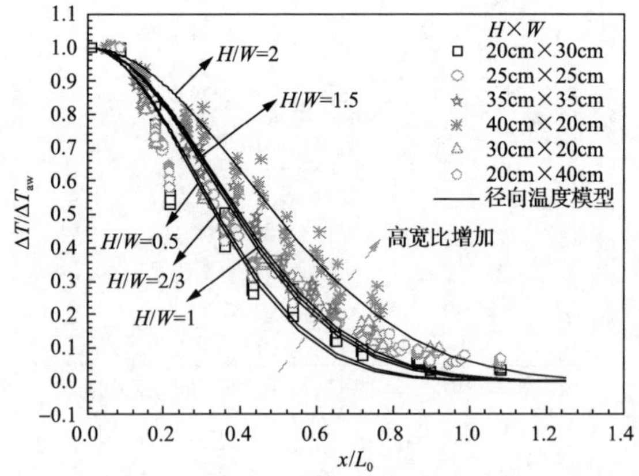

图 5.12　不同开口高宽比的火羽流径向温度分布拟合对比

图 5.13 给出了 $\beta^{-1/2}$ 值与开口高宽比之间的关系。在 H/W 非常小的情况下 $\beta^{-1/2}$ 的值和线火源壁面火相同，H/W 较大时与对称火羽流相同，所以它的值在线火源壁面羽流和轴对称火范围内。例如，在 40cm(H)×20cm(W)情况下，无量纲温度值比其他开口要高，同时径向温度降低更慢(图 5.9)。因为这些开口的高度比宽度大，此时从开口溢出的火焰形态并非像假设的一样是一个矩形，而是趋向于和轴对称火羽流相似，所以它的 $\beta^{-1/2}$ 的值要比其他开口高，和轴对称羽流相近。下面的函数基于图 5.10 中的关系式，用来描述高宽比对 $\beta^{-1/2}$ 值的影响：

$$\beta^{-1/2}=1-0.7\mathrm{e}^{-0.25(H/W)} \tag{5.28}$$

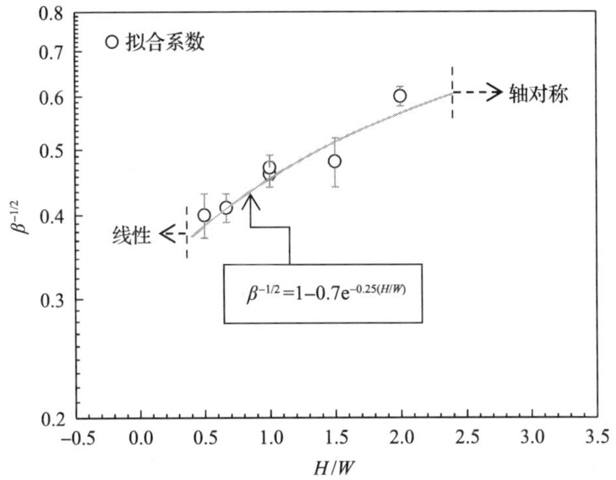

图 5.13 $\beta^{-1/2}$ 与开口高宽比的变化关系，显示着从线性火源到半轴对称火羽流的转变

四、考虑开口高宽比的径向温度分布模型

图 5.14 给出了所有实验工况下，考虑开口高宽比在内，预测值和实验值之间的对比。从图中可以看出所有的实验数据聚集在一条线上，最终得到下面的表达式：

$$\frac{\Delta T_x}{\Delta T_{\mathrm{aw}}}=\exp\left\{-\left[\frac{x/\left[1-0.7\mathrm{e}^{-0.25(H/W)}\right]}{\ell_2+\alpha\left(\dfrac{2K_1+1}{2}\right)(z-z_{\mathrm{n}}-z_0)}\right]^2\right\} \tag{5.29}$$

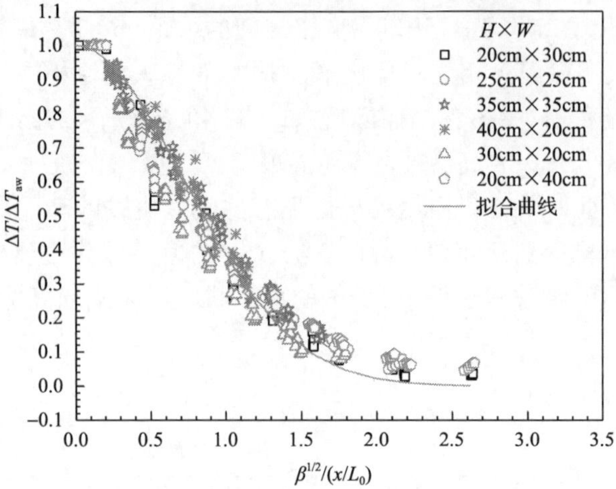

图 5.14 考虑开口高宽比修正后的径向温度分布

第三节 水平挑檐阻隔作用下的建筑外立面开口火溢流

受限空间开口火溢流是室内火灾中的火焰随着烟气从窗户等开口溢出，并在外部进行燃烧的火灾现象[1]。国内外众多学者对开口溢流进行了一定的研究，Yokoi[1]研究了开口外部火羽流的温度和速度，Lee 等[2-5]从火焰高度、热辐射等角度研究了开口火溢流的行为特性，Yamaguchi 和 Tanaka[13]通过小尺寸实验，对燃烧室外不同长度，相同宽度的水平挡板情况下火羽流特性进行了一定的研究，发展了受限条件下溢流火焰描述方法，Seigel[23]及 Thomas 和 Law[24]重点研究了开口火焰喷射的火焰形状特征。在国内，陈爱平[25]分析了窗口喷出火焰的传热行为，姜玉曦等[26]对燃烧室开口火溢流现象进行了数值模拟。

综上，目前对不同宽度，相同长度水平挡板限制下的燃烧室内及开口溢出行为的研究较少，本书设计了小尺寸建筑火溢流模拟燃烧室，研究了不同宽度水平挡板受限下火焰扩展形态表征及燃烧室内与开口外部溢流温度场分布特性。

一、水平挑檐作用下开口火溢流火焰扩展形态表征

火焰在挑檐下方的扩展形态应与溢出开口的燃料质量流率直接相关。基于此开展了不同挑檐高度条件下的小尺寸模型实验。实验燃料为液化石油气，采用一个尺寸为 0.4m 的立方体燃烧室(1∶8 模型)，垂直外立面为 2.2m(H)×1m(W)，同时设置一个可变尺寸的开口，位于燃烧室外侧墙的中心，如图 5.15 所示。实验采用两个电荷耦合器件(charge coupled device，CCD)摄像头从正面和侧面记录溢出火焰的形态。

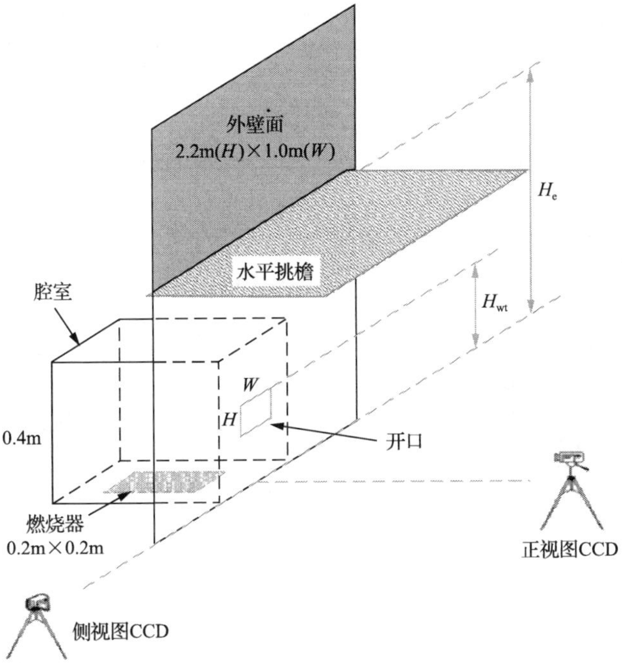

图 5.15　水平挑檐作用下火焰延展长度实验装置图

具体的实验工况如表 5.1 所示。实验中保持挑檐长度不变(垂直于外立面方向)，而挑檐宽度要足够大，防止火焰从挑檐侧面溢出，继续向上蔓延。挑檐距离开口顶端位置可调，分为 0m、0.1m、0.2m、0.3m 和 0.4m 五种，并加入无挑檐情形进行对比(即挑檐距离开口顶端无穷远)。

表 5.1　水平挑檐限制条件实验工况表

工况	开口尺寸		总的热释放速率	水平挑檐距离窗户顶部的垂直距离/m
	W/cm	H/cm		
1	20	20	39.2, 44.1, 49.0, 53.9, 58.8	0, 0.1, 0.2, 0.3, 0.4, ∞
2	15	15		
3	20	10		
4	10	20		

通过实验提取了无水平挑檐工况下不同热释放速率条件下的溢出火焰视频，经图像处理获得不同工况下的火焰高度。为了方便对临界挑檐长度的后续分析，这里选取的火焰间歇率标准为 5%，即间歇率大于等于 5%处均视为火焰区(对应可见火焰高度)，这与之前的研究选取 50%的火焰间歇率标准并不相同(对应平均火焰高度)。实验表明，中性面上方以 5%间歇率为参考基准的归一化，可见火焰

高度与无量纲溢出热释放速率 $\dot{Q}_{ex}^*$ 仍能保持较好的函数关系。对于“近壁面火”阶段($\dot{Q}_{ex}^* < 1.3$)，呈 2/3 的幂指数关系，而“半轴对称火”阶段($\dot{Q}_{ex}^* \geqslant 1.3$)则呈现 2/5 的幂指数关系，如图 5.16 所示。

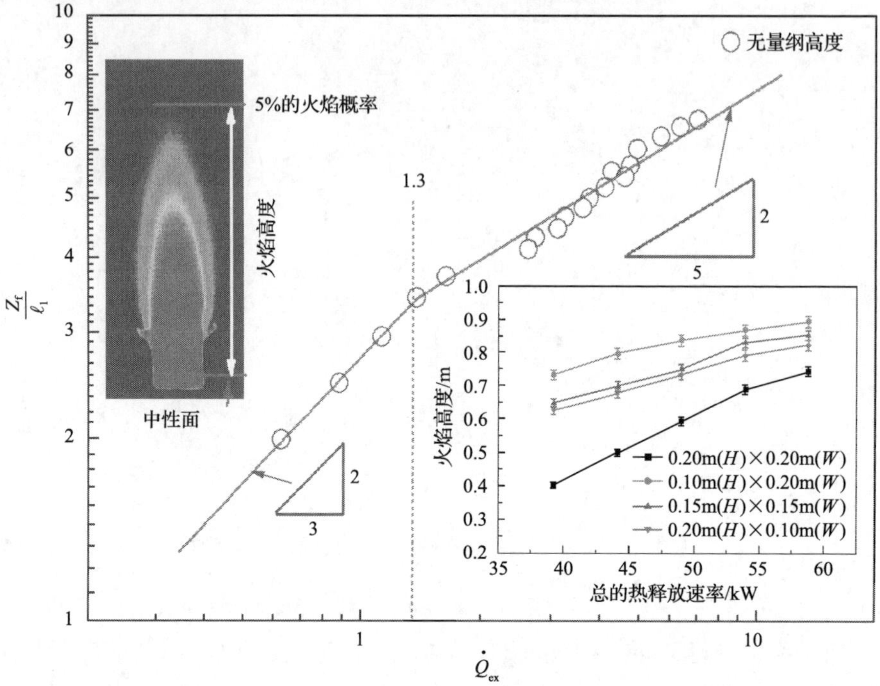

图 5.16　自由条件下火焰高度(间歇率 5%)与无量纲溢出热释放速率 $\dot{Q}_{ex}^*$ 的关系

通过正面和侧面的两台 CCD 拍摄视频，经图像处理得到水平挑檐下的火焰延展长度(间歇率 5%)，如图 5.17 所示，可以看到火焰在正面和侧面两个方向上差别不大。

Delichatsios 和 Lee 等[2,3]的矩形火源近似模型表明，由溢出火焰引起的火羽流在物理上可以看作是一个边长分别为 ℓ_1 和 ℓ_2 的矩形火源产生，对应的热释放速率为 $\dot{Q}_{ex}$。特征长度则由下式给出：

$$\ell_1 = (A\sqrt{H})^{2/5} \tag{5.30}$$

$$\ell_2 = (AH^2)^{1/4} \tag{5.31}$$

且在实验工况的开口尺寸下，$\ell_1 \approx \ell_2$。

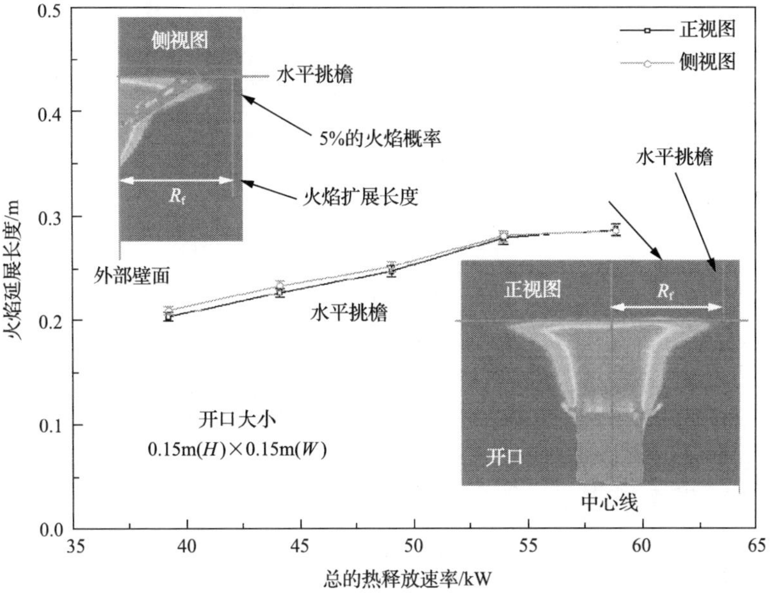

图 5.17　水平挑檐下的火焰延展长度在正、侧两个方向上的对比图

基于 Delichatsios 提出的上述理论模型，考虑用等效半圆火源(与原矩形火源的面积相等、半径为 R_0 的半圆火源)来代替矩形火源。因此，等效半径 R_0 可以表示为

$$\frac{1}{2}\pi R_0^2 = \ell_1 \ell_2 \tag{5.32}$$

即

$$R_0 = \sqrt{\frac{2}{\pi}\ell_1 \ell_2} \tag{5.33}$$

根据实验现象可以发现，水平挑檐下方的火焰蔓延近似于各向同性，火焰延伸面积可表示为 $A_f = \frac{1}{2}\pi R_f^2$。式中，$R_f$ 为水平挑檐下的火焰延展长度(图 5.18)。

图 5.19 与图 5.20 给出了各种水平挑檐下的火焰延展长度。可以看到：①水平挑檐不变时，火焰延展长度随着总热释放速率的增加而增加；②从相对较小的窗口溢出的火焰因具有更大的溢出总热释放速率而延伸得更长。另外，当热释放速率一定时，增加水平挑檐到开口顶部的垂直距离，火焰延展长度会逐渐减小。最后，当水平挑檐高度超出自由条件下的可见火焰高度时，溢出火焰不再接触水平挑檐，火焰延展行为消失。

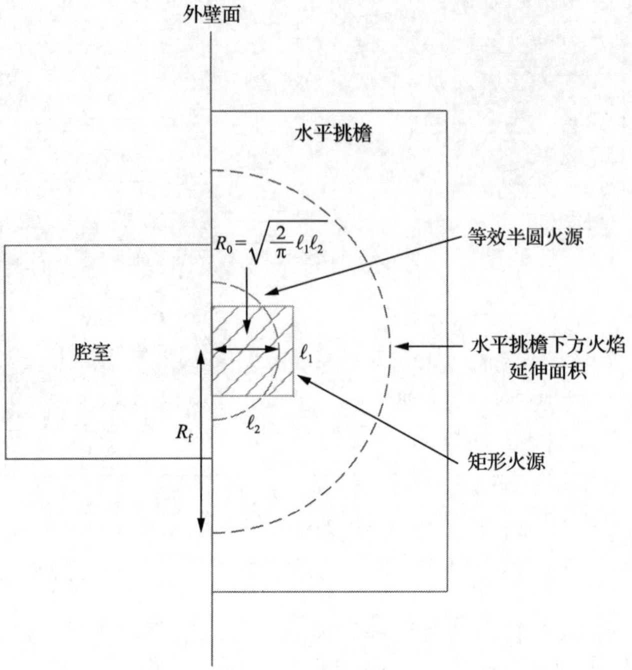

图 5.18　水平挑檐下的火焰延展行为的半圆模型

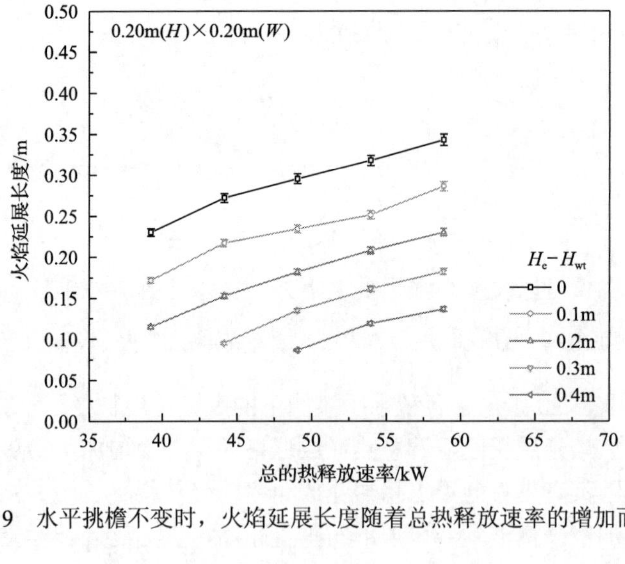

图 5.19　水平挑檐不变时，火焰延展长度随着总热释放速率的增加而增加

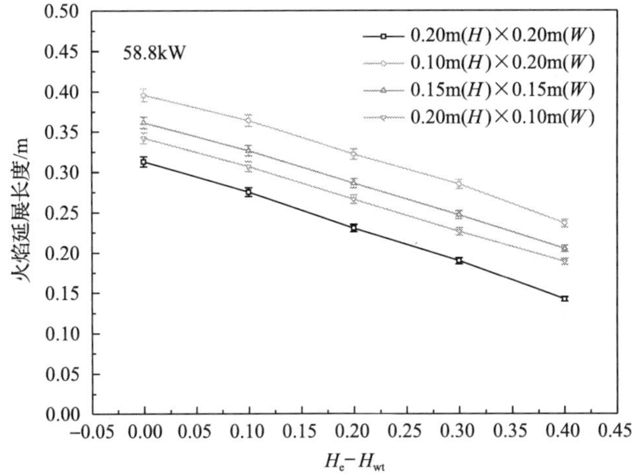

(a)

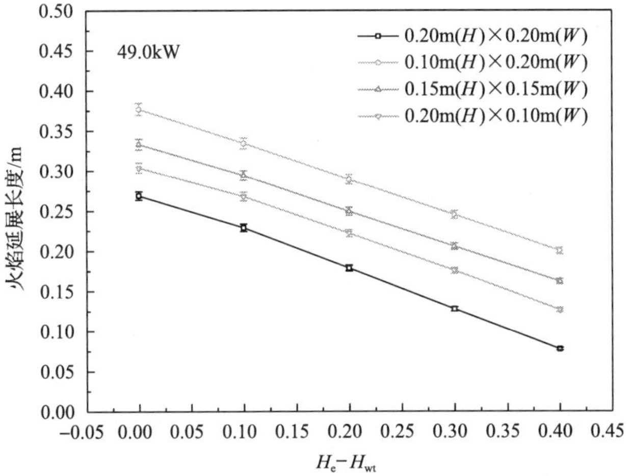

(b)

图 5.20　在给定的总热释放速率下，水平挑檐向上移动时，火焰延展长度减小

通过对有、无水平挑檐情况下的溢流火焰行为进行比较，引入了一种简单的近似方法来分析火焰延展长度的无量纲关联关系。如图 5.21 所示，左图为无挑檐情况，而右图为有挑檐情况，挑檐阻碍了羽流进一步向上蔓延。火焰撞击挑檐底部，将改为水平蔓延，在挑檐下方形成火焰延展区域。可以认为，此区域的体积应与挑檐截得的原来应处于挑檐上方火羽流区的体积成正比。即

$$A_f v_f \propto \dot{V}_{int} \tag{5.34}$$

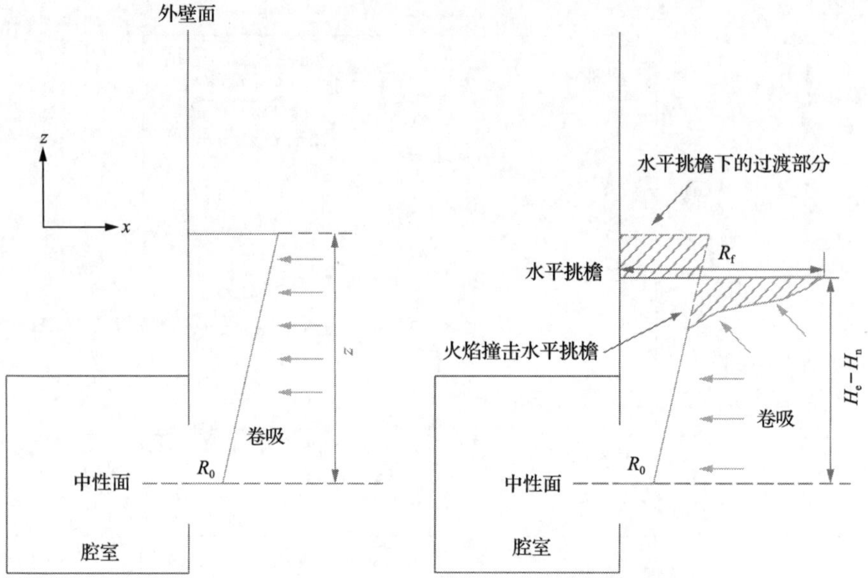

图 5.21　有无水平挑檐条件下的羽流发展简化模型
(其中火焰扩展区域应与水平挑檐口截取的火焰区体积相关)

这其中特征速度可以用 $v_f = \sqrt{g(H_e - H_n)}$ 来表示，其中 $(H_e - H_n)$ 是从水平挑檐到开口中性面的相对垂直高度，这样式(5.34)可以写成

$$\frac{1}{2}\pi R_f^2 \cdot \sqrt{g(H_e - H_n)} \propto \frac{\dot{V}_{int}}{\dot{V}_{ex}}\dot{V}_{ex} = \varphi\frac{\dot{Q}_{ex}}{\rho_f \Delta H_c} \tag{5.35}$$

那么只需要计算出 $\varphi = \dfrac{\dot{V}_{int}}{\dot{V}_{ex}}$ 的值，就可以进一步推进关于火焰延展半径的讨论。为简化计算：

(1)假设火焰冲击水平檐前，火焰包络线在竖直方向线性发展，所以在一定高度 z 处的火焰包络半径为

$$R_z = R_0 + C_1 z \quad (C_1\text{ 是 Quintiere 给出的系数 }0.199) \tag{5.36}$$

(2)由水平挑檐高度 H_e 截得的火焰区体积比可以用下面的积分式表示

$$\varphi = \frac{\int_{H_e - H_n}^{H_f - H_n} \frac{1}{2}\pi\left(R_0 + C_1 z\right)^2 \mathrm{d}z}{\int_0^{H_f - H_n} \frac{1}{2}\pi\left(R_0 + C_1 z\right)^2 \mathrm{d}z} \tag{5.37}$$

(3)将式(5.37)代入式(5.35)，则

$$R_{\mathrm{f}} \propto \left[\frac{2\varphi\dot{Q}_{\mathrm{ex}}}{\pi\rho_{\mathrm{f}}\Delta H_{\mathrm{c}}\sqrt{g(H_{\mathrm{e}}-H_{\mathrm{n}})}}\right]^{1/2} \tag{5.38}$$

我们忽略一些常系数，并将式(5.38)以无量纲的形式表示，得到

$$\frac{R_{\mathrm{f}}}{\sqrt{\ell_1\ell_2}} \propto \left(\frac{\varphi\dot{Q}_{\mathrm{ex}}}{\ell_1\ell_2\sqrt{H_{\mathrm{e}}-H_{\mathrm{n}}}}\right)^{1/2} \tag{5.39}$$

这里 φ 可以从式(5.35)得到其具体表达式：

$$\varphi=\frac{R_0^2(H_{\mathrm{f}}-H_{\mathrm{e}})+R_0C_1\left[(H_{\mathrm{f}}-H_{\mathrm{n}})^2-(H_{\mathrm{e}}-H_{\mathrm{n}})^2\right]+\frac{1}{3}C_1^2\left[(H_{\mathrm{f}}-H_{\mathrm{n}})^3-(H_{\mathrm{e}}-H_{\mathrm{n}})^3\right]}{R_0^2(H_{\mathrm{f}}-H_{\mathrm{n}})+R_0C_1(H_{\mathrm{f}}-H_{\mathrm{n}})^2+\frac{1}{3}C_1^2(H_{\mathrm{f}}-H_{\mathrm{n}})^3} \tag{5.40}$$

图 5.22 给出了式(5.39)左右两侧的关联关系，可以看到，其正比例关系符合得较好。所有的实验数据基本都在斜率为 0.0283 的直线上。

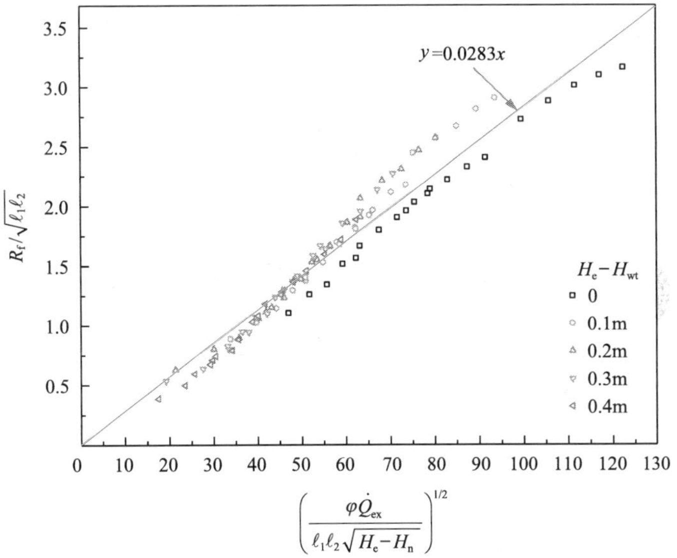

图 5.22　式(5.39)给出的不同挑檐条件下火焰延展长度的无量纲表征

因此，获得水平挑檐下的火焰延展长度的无量纲形式为

$$\frac{R_{\mathrm{f}}}{\sqrt{\ell_1\ell_2}}=0.0283\left(\frac{\varphi\dot{Q}_{\mathrm{ex}}}{\ell_1\ell_2\sqrt{H_{\mathrm{e}}-H_{\mathrm{n}}}}\right)^{1/2} \tag{5.41}$$

二、水平挑檐阻隔作用下的温度分布

温度分布是研究建筑外立面开口火溢流的重要参数，研究水平挑檐作用下温度分布规律，对于衡量水平挑檐对火溢流防火阻隔作用具有重要意义。如图 5.23 所示为实验设计图，燃烧室内部净尺寸为 74cm×74cm×74cm，外部热电偶有 4 竖列，水平间距分别为 5cm、5cm、10cm，每竖列上有热电偶 12 个，最下面的热电偶距离燃烧室底部 27.5cm，由下往上前 10 根热电偶间距为 7.5cm，后 3 根间距为 15cm。燃烧小室内设置了 3 竖列热电偶，最高的热电偶距顶棚 2cm，其余热电偶竖直间距为 5cm 和 10cm，具体位置如图 5.24 所示。实验中采用丙烷气体作为火源，流量通过玻璃转子流量计控制，每种工况下气体燃烧器均位于燃烧室的正中央，水平挡板为开口正上方 10cm 处，实验工况如表 5.2 所示，环境温度 33℃。

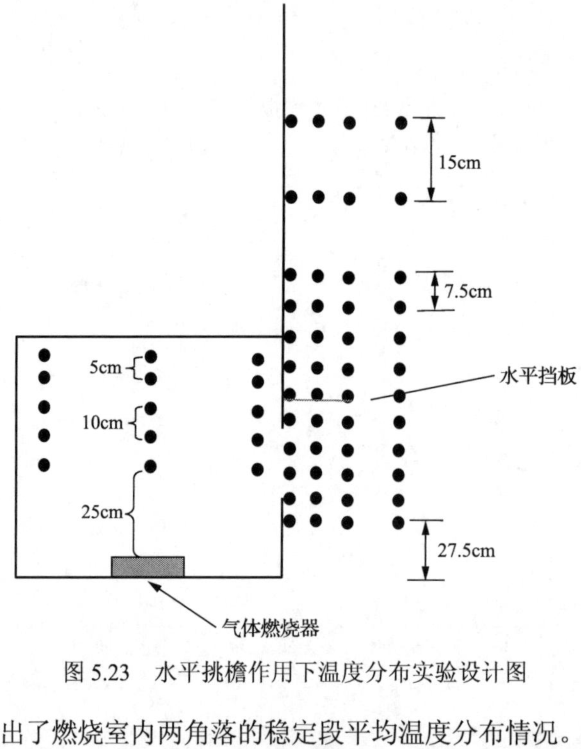

图 5.23　水平挑檐作用下温度分布实验设计图

图 5.25 给出了燃烧室内两角落的稳定段平均温度分布情况。选择了两个功率(189kW 和 214kW)情况下的不同工况进行对比，这两个工况均是通风控制下的燃烧状况。无水平挡板限制条件下，通风控制阶段燃烧室内的热释放速率仅仅取决于流进燃烧室内的空气流量，而此时的空气质量流率为 $\dot{m}_{\mathrm{a}} = 0.5A\sqrt{H}$ ，热释放速率为 $\dot{Q}_{\mathrm{ex}} = 3000 \times \dot{m}_{\mathrm{a}} = 1500A\sqrt{H}$ kW 。对于本实验采用的 30cm×30cm 门板，临界热释放速率为 73.9kW。从图 5.25 可以看出，燃烧室内的两角落竖向温度分布总体

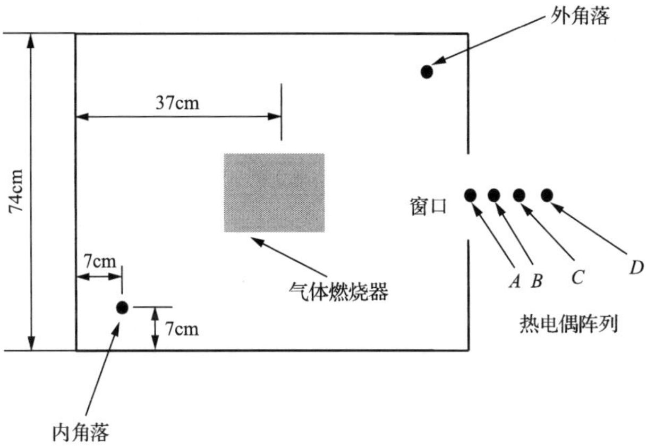

图 5.24　燃烧室内热电偶分布俯视图

表 5.2　实验工况表

工况	开口大小		水平挡板		火源功率/kW
	高度/m	宽度/m	长度/m	宽度/m	
1	0.3	0.3	无	无	189
2			无	无	202
3			无	无	214
4			无	无	226
5			0.5	0.1	189
6			0.5	0.1	202
7			0.5	0.1	214
8			0.5	0.1	226
9			0.5	0.2	189
10			0.5	0.2	202
11			0.5	0.2	214
12			0.5	0.2	226

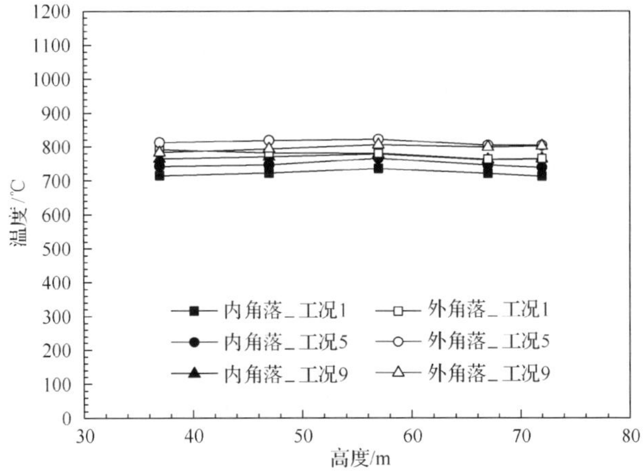

(a) 189kW

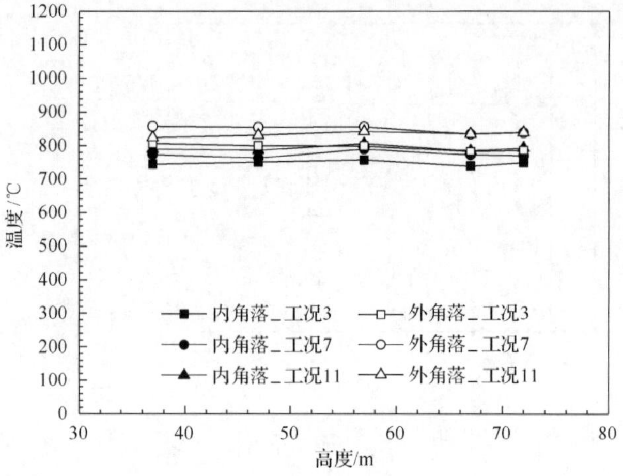

(b) 214kW

图 5.25 燃烧室内平均温度分布情况

较为一致，外角落处温度略高，主要由于大量未燃可燃蒸气从开口处流出，与开口处空气混合，剧烈的燃烧增加了外角落处的热反馈。另外，不同工况下的燃烧室温度分布也较为类似，可见，本实验的水平挡板的宽度对燃烧室内温度分布影响不大。

图 5.26 给出了燃烧室内两角落稳定段工况 9～12 的不同火源功率下的平均温度分布情况。结合图 5.25 和图 5.26，可以看出，在不同火源功率下，燃烧室内两角落处的温度分布较为类似，可见在通风控制下的室内燃烧仅与开口大小有关。

图 5.27 给出了火源功率为 214kW 时三种工况下燃烧室外的温度分布情况，其中的横坐标和纵坐标基准点分别从燃烧室外热电偶阵列起始点开始。从图中可以看出，在无水平挡板情况下，燃烧室开口溢流火焰自由向上发展，在水平挡板为

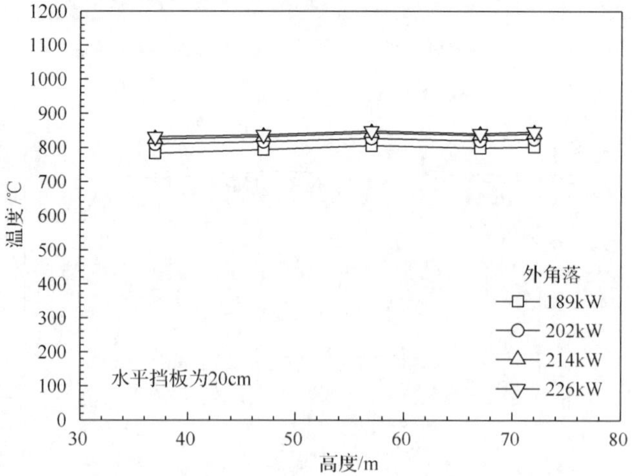

(a)

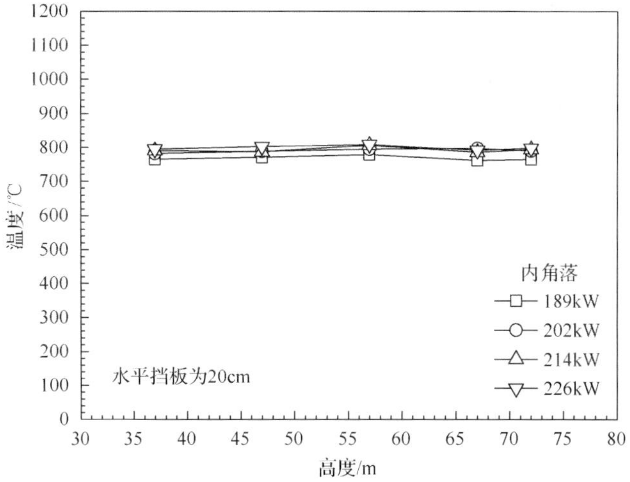

(b)

图 5.26　不同火源功率下燃烧室内平均温度分布

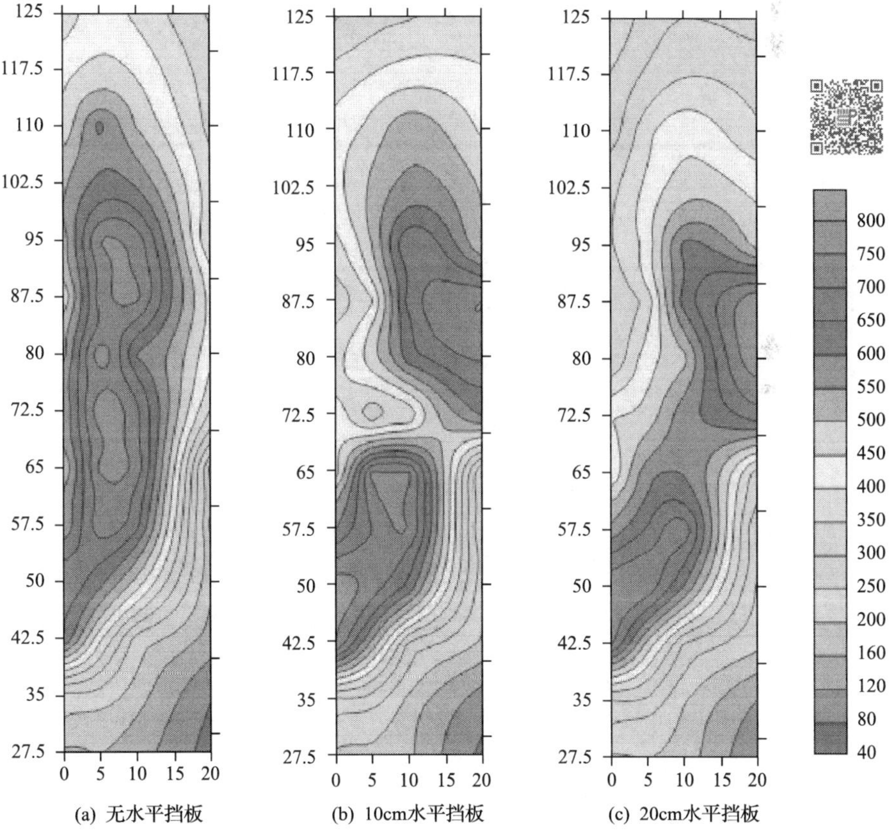

图 5.27　火源功率为 214kW 时三种工况下的燃烧室外温度分布(彩图扫二维码)

10cm 时，开口溢流火焰在水平挡板处受到阻碍，偏离燃烧室外立面，之后由于壁面卷吸受限的影响，溢流火焰向壁面倾斜，高温区域在热电偶阵列的中部偏右处。在水平挡板为 20cm 时，溢出火焰在经过水平挡板后开口溢流火焰更加偏离燃烧室，高温区域靠近热电偶阵列的右边，同时也由于壁面存在，卷吸受限的影响，火焰往燃烧室外立面倾斜。

图 5.28 给出了火源功率为 202kW 时三种工况下燃烧室外 4 竖列(*A*、*B*、*C*、*D*)热电偶测得的竖向平均温度分布情况，竖向温度分布均随着高度的增加呈现先增加后降低的趋势，这是因为开始随着高度的增加，热电偶测点逐渐进入开口附近高温产物溢出区域，温度迅速上升，之后随着高度的增加，溢流场不断卷吸

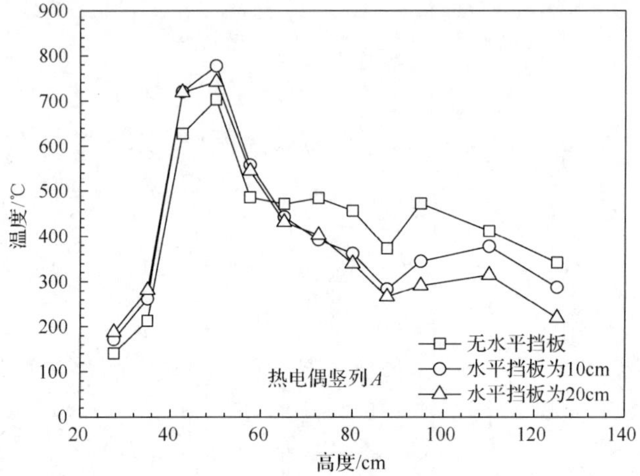

(a)

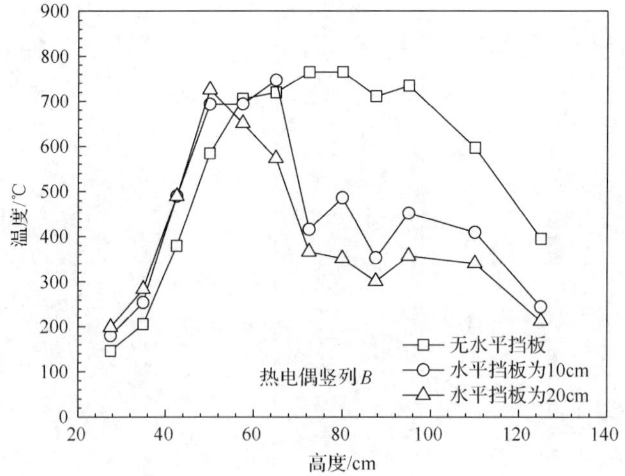

(b)

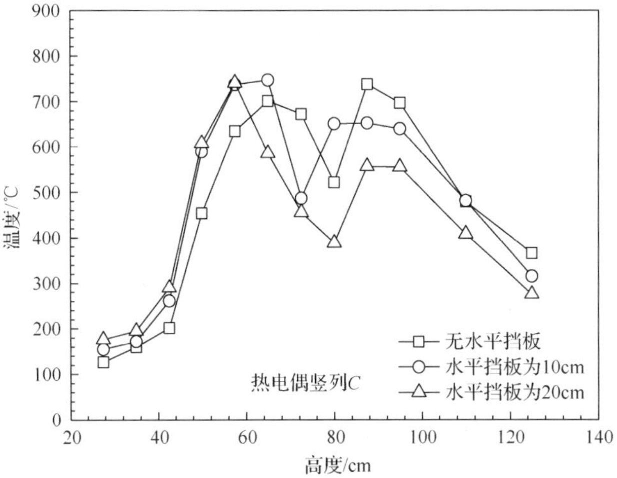

(c)

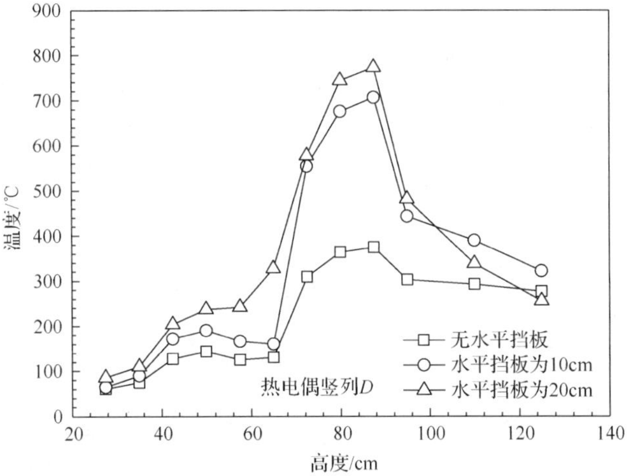

(d)

图 5.28　火源功率为 202kW 时三种工况下燃烧室外 4 竖列热电偶测得的竖向平均温度对比

周围的新鲜空气，导致温度不断降低。在水平挡板之上，无水平挡板情况下 *A*、*B*、*C* 竖列温度要高于 10cm 水平挡板和 20cm 水平挡板，随着水平挡板宽度的增加，高温区域逐渐右移；对于贴近侧壁的 *A* 竖列热电偶，在无水平挡板时，在 80～90cm 高度区域，存在一个明显的由火焰卷吸所导致的局部缺氧而形成的低温区域。

图 5.29 给出了工况 2、工况 6 和工况 10 时 87.5cm 高度处热电偶测点的径向温度分布情况。结合图 5.29 和图 5.28 可以看出，贴近壁面处，无水平挡板处的温度最高，随着水平挡板距离的增大，径向温度的高温部分右移。

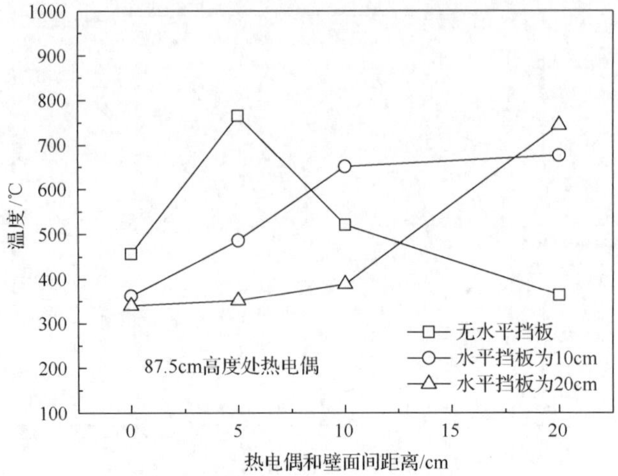

图 5.29　87.5cm 高度处径向温度分布

以上研究结果表明，本实验中水平挡板的存在对室内的温度分布影响较小，对开口外部溢出火焰卷吸行为及其温度场产生较显著影响。对于本实验的通风控制燃烧状况，不同工况下燃烧室内温度变化较小，且不随火源功率变化而产生较大变化，外角落温度略大于内角落温度；随着水平挡板宽度的增加，高温区域逐渐右移；开口外部溢出火焰温度场中在贴近壁面处存在一个明显的由火焰卷吸所导致的局部缺氧而形成的低温区域。

第四节　建筑外立面开口火溢流的热流分布

热流(heat flux)是单位面积的传热率，常用热流计测定，用符号 $\dot{q}''$ 表示，国际标准单位是 kW/m^2。建筑外立面开口火溢流是在通风控制燃烧下室内火灾中的火焰伴随着烟气从窗户、破碎的玻璃幕墙等侧向开口溢出，并在建筑外立面发生持续燃烧的特殊火灾现象。由开口喷射出的热羽流而引起的建筑立面上的热流分布是该传热过程中的重要参数之一，本节将阐述建筑外立面开口火溢流的热流分布规律。

一、外立面热流分布

为研究外立面热流分布，开展了相关外立面火灾实验，通过在开口正上方建筑外立面的中心线上竖向布置一系列热流计，获得了热流竖向分布演化规律。图 5.30 是不同开口尺寸和火源功率下热流随纵向距离的变化情况(100kPa 大气压下)，可以发现：热流随纵向距离的增加而呈现衰减趋势，并且随火源功率的增大而增大；开口面积相对较大的热流更小。图 5.31 是在火源功率相近、不同气压下、不同开口尺寸外立面上的热流曲线，可以观察到，在较低气压下开口附近的外立面上的热流大得多，这是因为较小的空气密度会导致进入羽流的卷吸质量流速降低，所以羽流中较高的温度将会引起更严重的热流，并且还表明其对较高层具有更大的威胁。

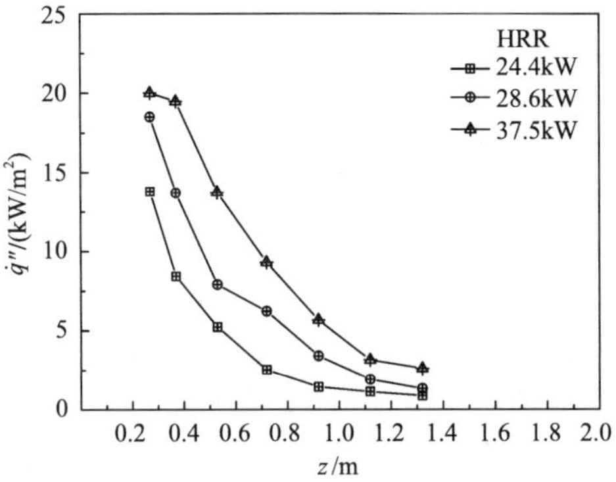

(a) 15cm(H)×15cm(W)

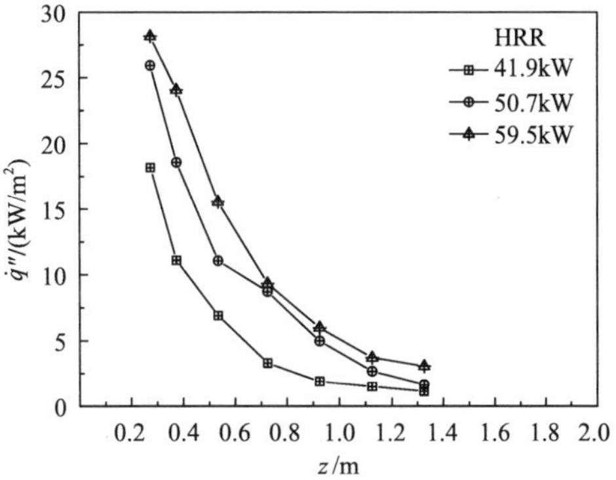

(b) 20cm(H)×20cm(W)

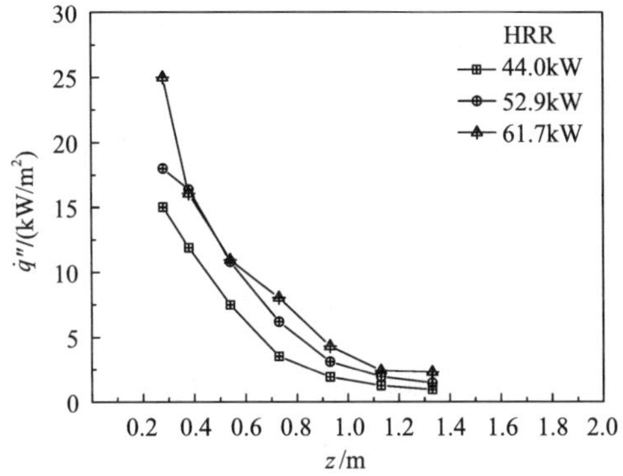

(c) 25cm(H)×15cm(W)

图 5.30 正常大气压下(100kPa)不同开口尺寸和火源功率下热流随纵向距离的变化曲线图

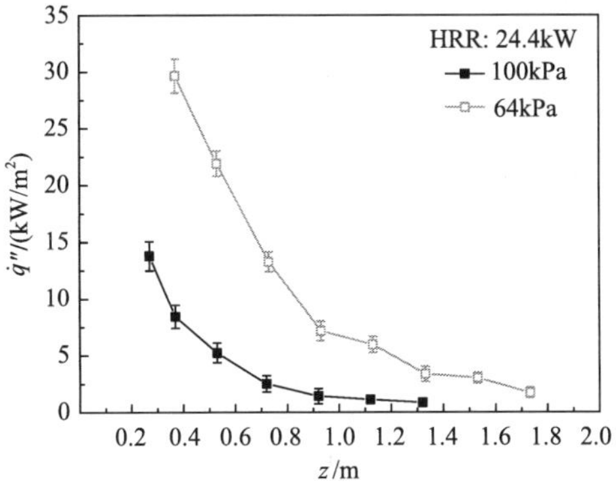

(a) 15cm(H)×15cm(W)

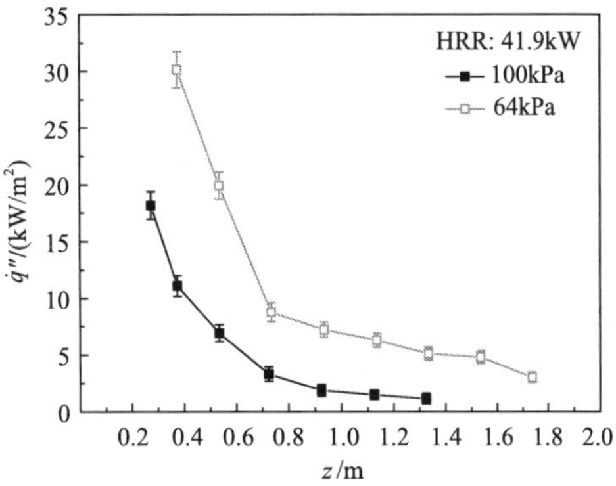

(b) 20cm(H)×20cm(W)

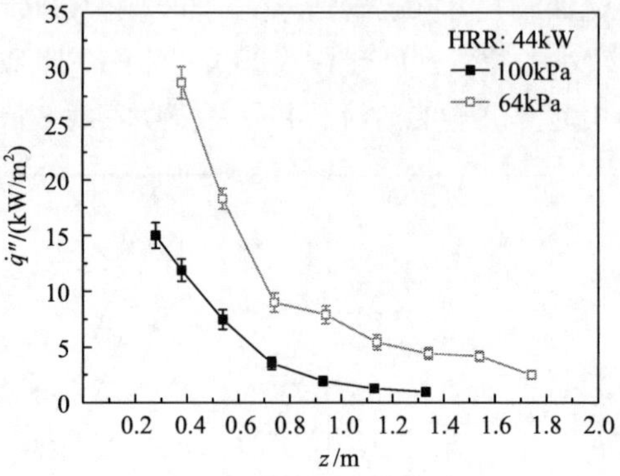

(c) 25cm(H)×15cm(W)

图 5.31　在正常大气压和低压下不同开口尺寸外立面上热流变化曲线图

二、耦合特征长度的热流分布理论模型

Lee 等[3]分别在三种深度的燃烧腔室内进行不同开口尺寸的实验，燃烧腔室前面的尺寸是 0.5m×0.5m，深度分别是 0.5m、1m 和 1.5m。在燃烧腔室开口附近火焰燃烧的一开始，对于以甲烷(较少烟灰)和丙烷(较多烟灰)为燃料的建筑外立面开口火溢流实验，测量得到的热流主要是以热辐射为热流的主导模式，因为燃料在离开燃烧腔室之前已经被预加热到很高的温度(600～1000℃)，产生更多的烟灰，加强了火焰辐射。

基于尺寸分析，应用以下一般相关性[18,19]来量化分析热流：

$$\frac{\dot{q}''Z_{\mathrm{f}}}{\dot{Q}_{\mathrm{ex}}/\ell_1}=\mathrm{fcn}\left[\frac{z}{Z_{\mathrm{f}}},\frac{Z_{\mathrm{f}}}{\ell_1},\frac{\ell_1}{\ell_2}\right] \tag{5.42}$$

其中，$\dfrac{Z_{\mathrm{f}}}{\ell_1}$ 可通过简化的下式计算：

$$\frac{Z_{\mathrm{f}}}{\ell_1}=\mathrm{fcn}\left[\frac{\dot{Q}_{\mathrm{ex}}}{\rho_\infty C_{\mathrm{p}}T_\infty\sqrt{g}\,\ell_1^{5/2}}\right] \tag{5.43}$$

则式(5.42)即为

$$\frac{\dot{q}''Z_{\mathrm{f}}}{\dot{Q}_{\mathrm{ex}}/\ell_1}=\mathrm{fcn}\left[\frac{z}{Z_{\mathrm{f}}},\frac{\dot{Q}_{\mathrm{ex}}}{\rho_\infty C_{\mathrm{p}}T_\infty\sqrt{g}\,\ell_1^{5/2}},\frac{\ell_1}{\ell_2}\right] \tag{5.44}$$

式中，ℓ_1、ℓ_2 为用来描述开口尺度影响的特征长度(m)(与之前所述相同)；$\dot{Q}_{ex}$ 为外部的热释放速率(kW)，可通过下式计算：

$$\dot{Q}_{ex} = \dot{Q}_{total} - \dot{Q}_{inside} \tag{5.45}$$

在正常大气压(100kPa)和低压(64kPa)下，燃烧腔室内部火源热释放速率 $\dot{Q}_{inside}$ (kW)分别按式(5.46)和式(5.47)计算得到：

$$\dot{Q}_{inside} = 1500AH^{1/2} \tag{5.46}$$

$$\dot{Q}_{inside} = 1000AH^{1/2} \tag{5.47}$$

分别在三种深度的燃烧腔室内进行不同开口尺寸的实验，燃烧腔室前面的尺寸是 0.5m×0.5m，深度分别是 0.5m、1m 和 1.5m。基于式(5.43)拟合所有火焰高度的实验数据得到图 5.32。在燃烧腔室 1 中得到的热流数据用式(5.44)中右边第一个参数的拟合得到图 5.33(a)；并通过观察图 5.33(a)和图 5.32 可以发现式(5.44)中的第二个参数的不同取值不会影响关系式，可能是由于热流只部分取决于火焰高度的变化；燃烧腔室开口的纵横比，即 ℓ_1/ℓ_2，所引起的剩余误差可以按照经验取因数 $\exp[0.6H/\ell_1] = \exp[0.6(\ell_2/\ell_1)^{8/3}]$ 计算，拟合结果如图 5.33(b)所示。最后，三个不同尺寸燃烧腔室的所有实验数据显示在图 5.33(c)中，可以发现相关性较好，并且可以分为三个区域：区域Ⅰ对应于持续火焰区，区域Ⅱ对应于间歇火焰区，区域Ⅲ为纯对流区。

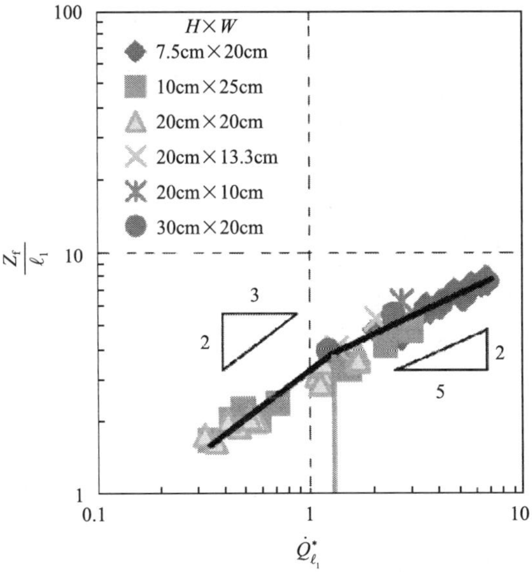

图 5.32　基于式(5.43)所有实验的火焰高度数据拟合情况[3](彩图扫二维码)

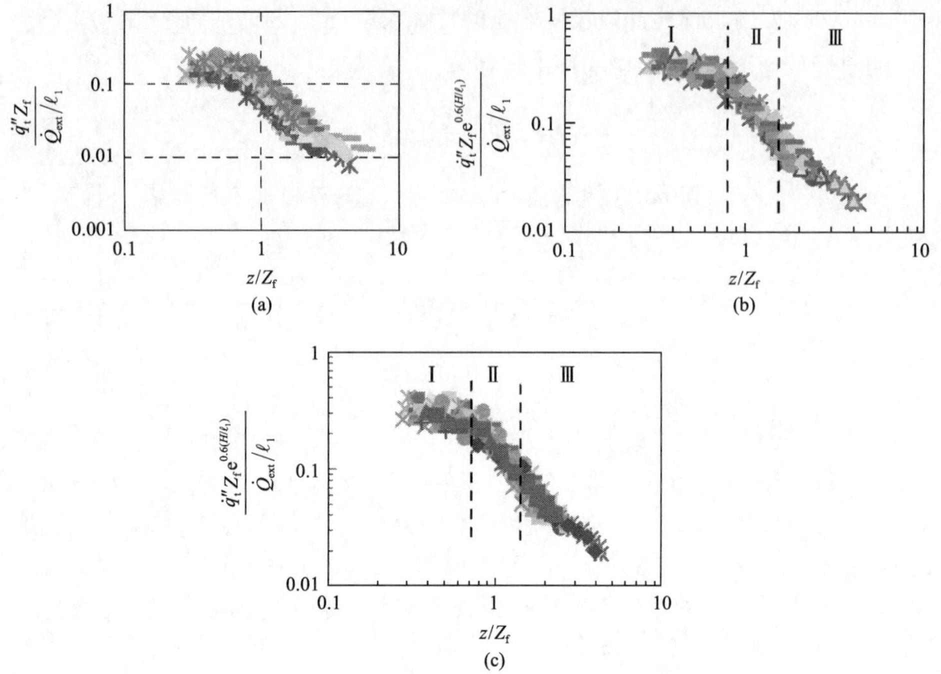

图 5.33　外立面中心线上的热流拟合关系式[3]

因此无量纲热流与无量纲火焰高度的关系可用下述关系式描述：

$$\frac{\dot{q}''Z_{\mathrm{f}}}{\dot{Q}_{\mathrm{ex}}/\ell_1}\cdot \mathrm{e}^{0.6(H/\ell_1)}=\mathrm{fcn}\left(\frac{z}{Z_{\mathrm{f}}}\right) \tag{5.48}$$

对于不同气压下建筑外立面开口火溢流的热流分布，使用唐飞等[20]分别在合肥(100kPa)和拉萨(64kPa)两种气压下进行的实验数据，基于无量纲热流与无量纲火焰高度的关系式(5.48)，拟合得到图 5.34，发现较低气压下的热流更高，二者可分别用式(5.48)描述且三个区域内相关性都较好，但是式(5.48)不能对不同气压下的热流数据进行一致描述。

对于火焰尖端以上外立面壁面的热流分布，传递到外立面的热量主要由位于纯浮力羽流区域内的对流支配。因此，可以通过下面的对流热表达式来计算在火焰尖端之上的外立面上的热流分布：

$$\dot{q}''\sim h_{\mathrm{conv}}(\Delta T) \tag{5.49}$$

式中，h_{conv} 为对流系数，浮力湍流羽流区域的对流系数约为温升的 1/3 次方。则

$$\dot{q}''\sim (\Delta T)^{4/3} \tag{5.50}$$

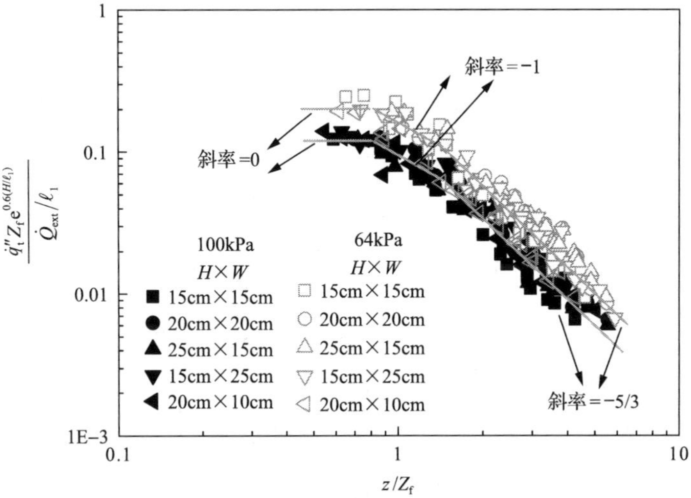

图 5.34　在正常大气压和低压下建筑外立面基于式(5.48)拟合得到的热流拟合曲线

基于质量和能量守恒定律[21]，半轴对称喷射立面热羽流的垂直温度分布可用下式表示：

$$\frac{\Delta T_z \ell_1^{5/3}}{(\dot{Q}_{conv})^{2/3}} \propto \mathrm{fcn}\left(\frac{z}{\ell_1}\right) \tag{5.51}$$

将式(5.50)代入式(5.51)即可得到

$$\frac{(\dot{q}'')^{3/4} \ell_1^{5/3}}{(\dot{Q}_{conv})^{2/3}} \propto \mathrm{fcn}\left(\frac{z}{\ell_1}\right) \tag{5.52}$$

式中，$\dot{Q}_{conv}$ 为燃烧腔室外的总对流热释放速率，包括从开口流出的对流热量及由开口外部多余燃料的外部燃烧释放的对流热量。

图 5.35 是基于式(5.52)拟合得到的不同气压下外立面上的热流曲线，可以发现实验数据根据开口不同纵横比的变化而出现分离，因此运用经验修正因子 $\exp[0.6H/\ell_1]$ 修正式(5.52)得到

$$\frac{(\dot{q}'')^{3/4} \ell_1^{5/3}}{(\dot{Q}_{conv})^{2/3}} e^{0.6(H/l_1)} \propto \mathrm{fcn}\left(\frac{z}{\ell_1}\right) \tag{5.53}$$

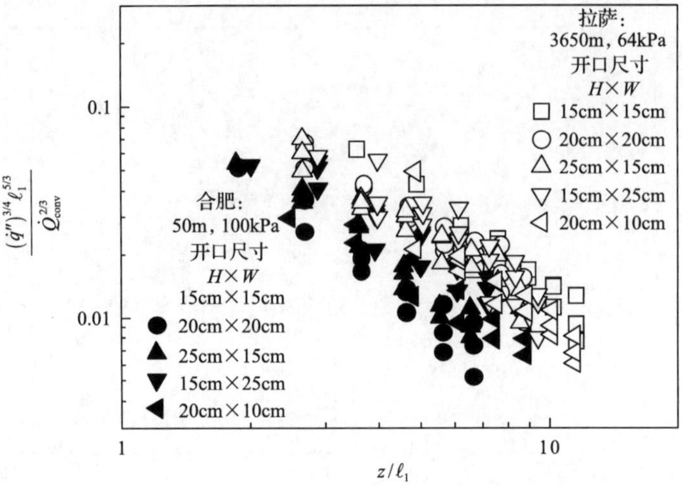

图 5.35 基于式(5.52)拟合得到的不同气压下外立面上的热流曲线

图 5.36(a)是基于修正的不同开口不同纵横比的式(5.53)得到的热流曲线拟合结果，可以发现，在两种气压下不同开口的热流数据都聚集在一起，同时较低气压下的热流更高。基于低压下的关于空气卷吸关系式的分析[22]，证实了低压(64kPa)中的卷吸系数较弱，仅为常压(100kPa)中的卷吸系数的约 0.8 倍，图 5.36(b)的横坐标在标准化高度 z/ℓ_1 的基础上乘上无量纲因子 $(\alpha/\alpha_{\text{normal}})^{4/5}$，以此来说明卷吸系数的相对变化，$\alpha_{\text{normal}}$ 是常压下的卷吸系数，α_{reduced} 是低压下的卷吸系数。图 5.36(b)的拟合结果表明，考虑卷吸系数的相对变化之后，火焰上方的热流分布可以汇总在一起，进行归一化描述，且几乎遵循理论高度

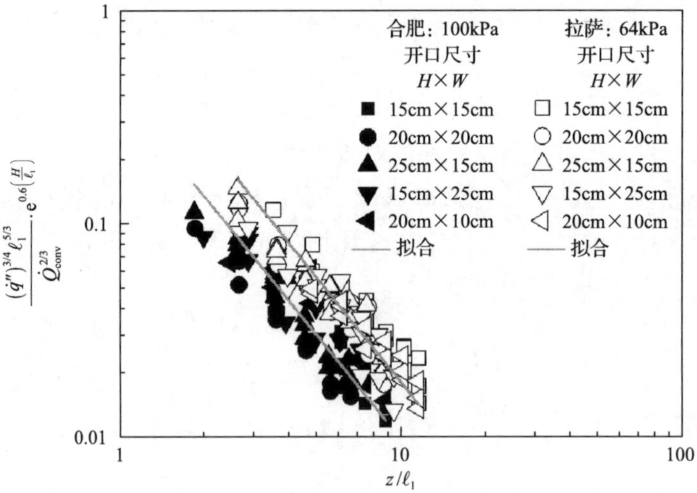

(a)

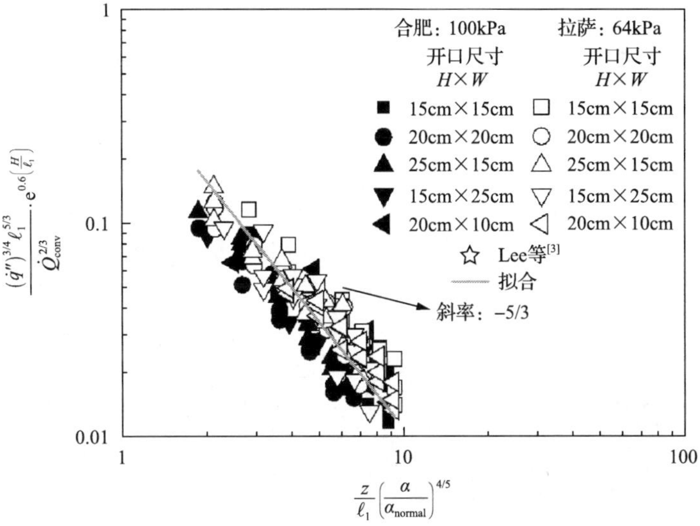

(b)

图 5.36　常压和低压下考虑卷吸系数后热流拟合情况

的−5/3 次方，拟合得到的关系式即为

$$\frac{(\dot{q}'')^{3/4}\ell_1^{-5/3}}{(\dot{Q}_{\text{conv}})^{2/3}}\mathrm{e}^{0.6(H/\ell_1)}=4.89\left[\frac{z}{\ell_1}\cdot\left(\frac{\alpha}{\alpha_{\text{normal}}}\right)^{4/5}\right]^{-5/3} \tag{5.54}$$

同时在图 5.36(b)也可以发现式(5.54)与 Lee 等[3]的模型也具有一致性。

第五节　建筑顶层无外立面限制条件下开口火溢流温度分布

室内火灾达到通风控制燃烧后，会形成从窗户开口处溢出的热羽流，即形成开口火溢流行为。开口火溢流的相关参数，如火焰高度，温度分布等，在有外立面存在时，会对外部环境产生不利的影响，这方面的研究已经受到了很多的关注。

对于前人的研究工作[1-5,13,16,20-24]，腔室火灾引发的开口火溢流主要是考虑到存在外立面的情况下，即把火灾场景设置在高层建筑的中下部，外立面的存在会影响到壁面一侧的卷吸及热特性，然而在实际的高层建筑火灾中，火灾同样会发生在顶部楼层，在这种情况下，顶部楼层并不存在外立面的限制，从窗户开口处溢出的羽流(火焰)就不会受到壁面(墙面)卷吸的影响，现在建筑顶部常常设置有“屋顶绿化”(草坪、花草)，如图 5.37 所示，顶层楼层发生开口火溢流时，火焰从窗户开口处溢出，会引燃建筑顶层的可燃物，造成火灾在顶层楼水平方向的蔓延。

图 5.37 屋顶绿化示意图(图片来自裕丰集团)

即使外立面对火焰卷吸存在很明显的影响，至今仍然没有相关的文献研究无外立面作用下的温度分布规律。所以本次开展了无外立面作用下的开口火溢流实验，测量外部羽流温度分布，把实验结果与前人有外立面的实验结果进行比较，研究其差异性，把有立面作用下的开口火溢流拟合扩展到外立面作用的情况下。

图 5.38 是研究无外立面作用下外部温度分布的实验装置图，实验中径向温度测量采用热电偶(k 型铠甲热电偶，直径 0.5mm)阵列，阵列包括 49 根(7 列，7 行)热电偶用来测量，每行热电偶之间的水平距离是 5cm，每列热电偶竖直方向的距离是 15cm，最低一排的热电偶与腔室顶部平齐。

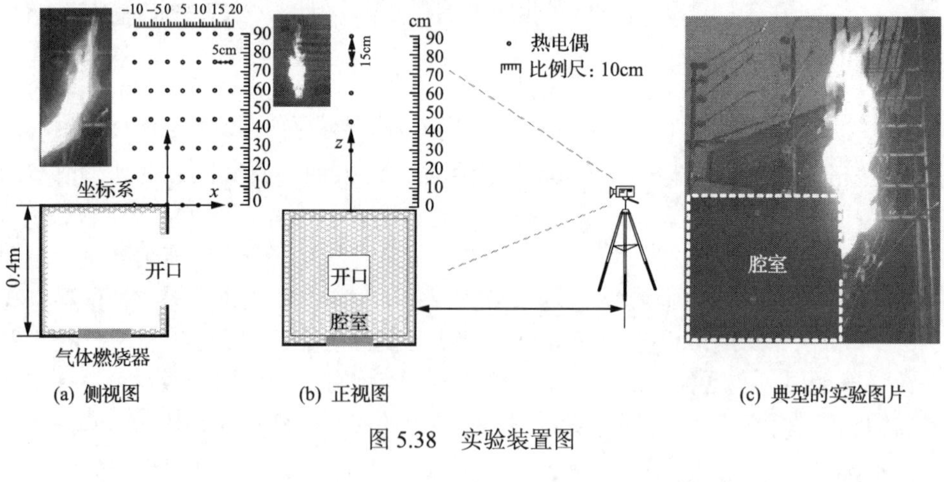

图 5.38 实验装置图

图 5.39 展示了开口 15cm(W)×25cm(H)不同的室内热释放速率的情况下外

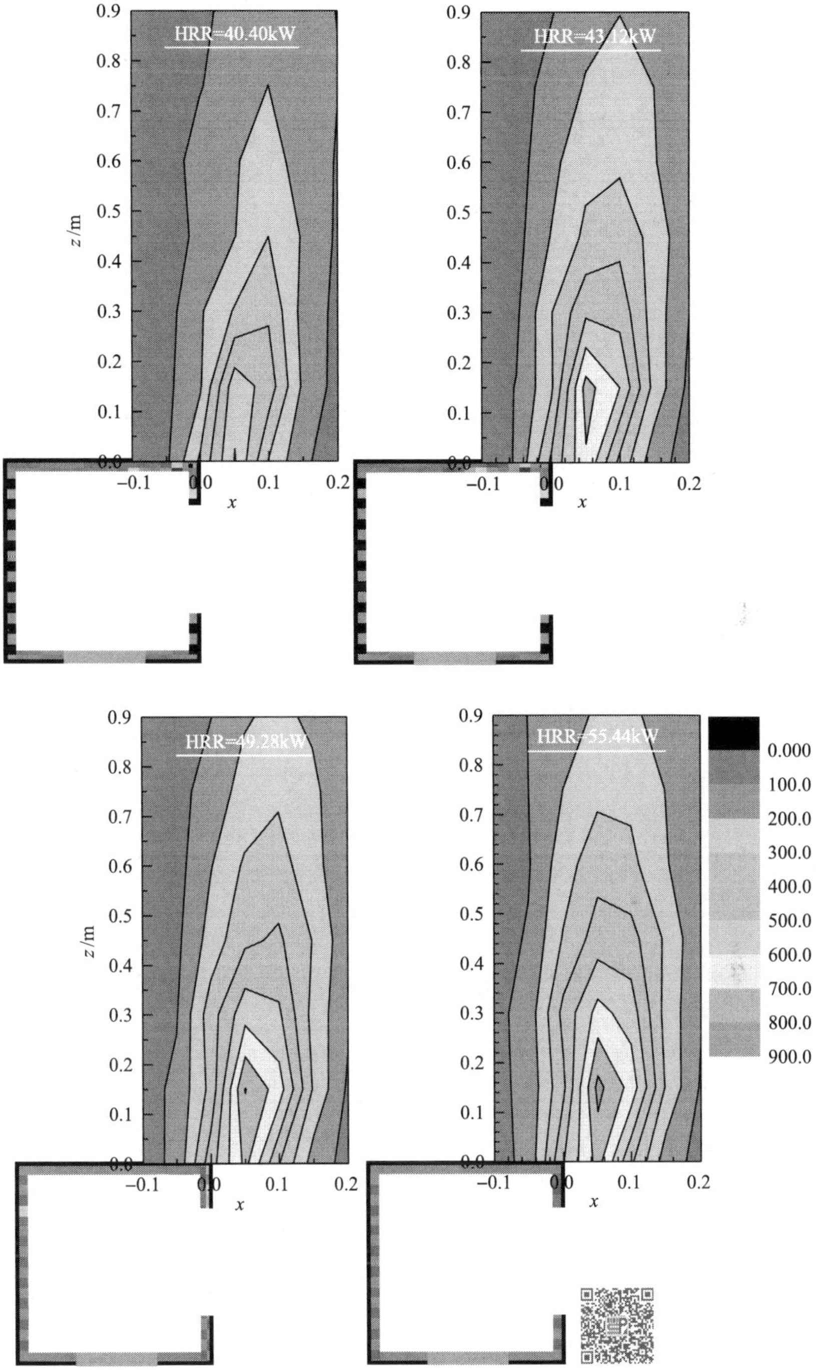

图 5.39　测量得到的窗户开口外部的等温线分布(彩图扫二维码)
(开口大小：15cm(*W*)×25cm(*H*)，HRR=40.40kW，43.12kW，49.28kW，55.44kW)

部的等温线示意图，可以发现，在任意高度处的温度，在轴向上的温度随着热释放速率的增加而增加，且随水平距离增大，温度不断减小。图 5.40 很好地反映了这种情况，图 5.40 展示开口 10cm(*W*)×15cm(*H*)3 个不同的火焰区域(连续火焰区、间歇性火焰区、浮力羽流区)，径向温度随着给定的坐标轴 *x* 呈现先增加后减小的趋势，整体的变化过程符合高斯拟合的形式，下面将会做详细讨论。

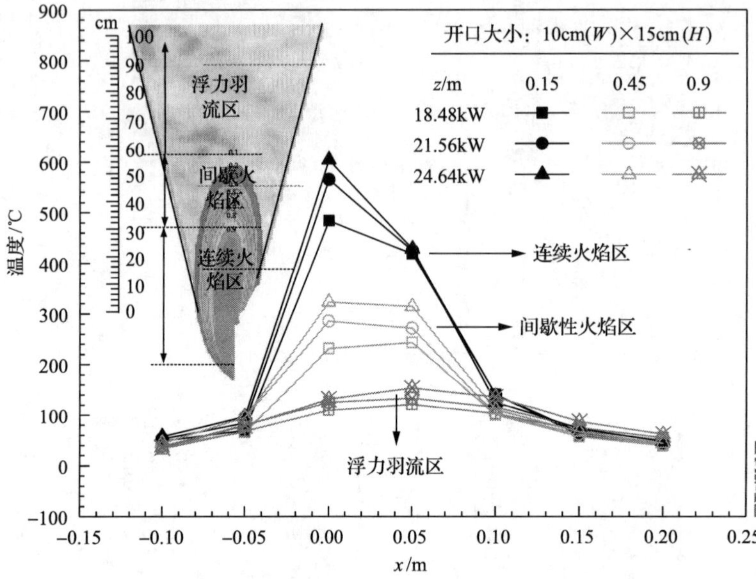

图 5.40　不同高度处的径向温度分布(彩图扫二维码)

对于一个自由燃烧的轴对称火焰，高斯分布[8]可以用来描述归一化的径向温度分布，图 5.41 展示了本次实验依据的高斯函数方程(5.55)，其中半峰宽(FWHM)给出了详细的定义(*w* 与方程给出的最大温度变宽成正比)：

$$T_{x,z} = T_{0,z} + \frac{a}{w\sqrt{\pi/2}} \cdot \mathrm{e}^{-2\frac{(x-x_{\mathrm{m}})^2}{w^2}} \tag{5.55}$$

式中，$T_{x,z}$ 为在定义的坐标系中，水平方向距离原点为 x，高度为 z 的温度数据；x_{m} 为在某一高度处的峰值温度；w 用来描述热扩散的影响，定义为最大温度的半峰宽，与后文中的 FWHM[8]成比例。

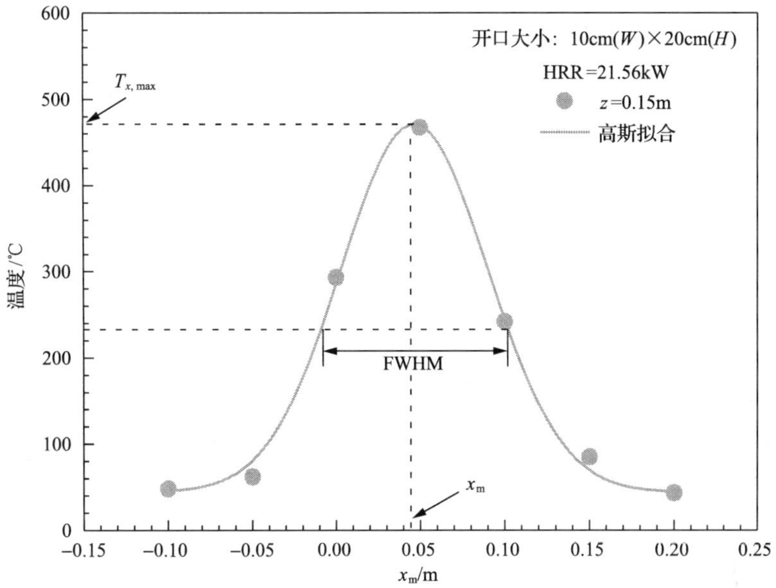

图 5.41　高斯拟合实例

结合图 5.41 和式(5.55)，可以进一步改写为如下形式用来描述不同高度处的径向温度分布：

$$\frac{T_{z,x}-T_\infty}{T_{z,\max}-T_\infty}=e^{\left[-\beta\left(\frac{x-x_m}{\text{FWHM}}\right)^2\right]} \tag{5.56}$$

图 5.42 展示了根据式(5.56)不同开口及不同高度处的径向温度分布，可以发现，每个开口都展现了很好的拟合形式，图 5.43 展示了本次外立面作用下的径向温度分布的实验数据以及把前人(Himoto)[16]的实验数据放在一起，可以发现所有的实验数据都可以很好地符合高斯方程的形式，其中 β 拟合得到 2ln2，所以方程(5.56)可以很好地描述有外立面和无外立面作用下的羽流温度分布。

以上研究结果表明，无外立面作用下的羽流温度分布，径向温度分布符合分布的形式，类比情况下的羽流分布，提出了 $\frac{T_{z,x}-T_\infty}{T_{z,\max}-T_\infty}=e^{\left[-\beta\left(\frac{x-x_m}{\text{FWHM}}\right)^2\right]}$ 径向温度分布模型，并且与前人的数据进行对比，此模型很好地适用于有、无外立面径向温度分布。

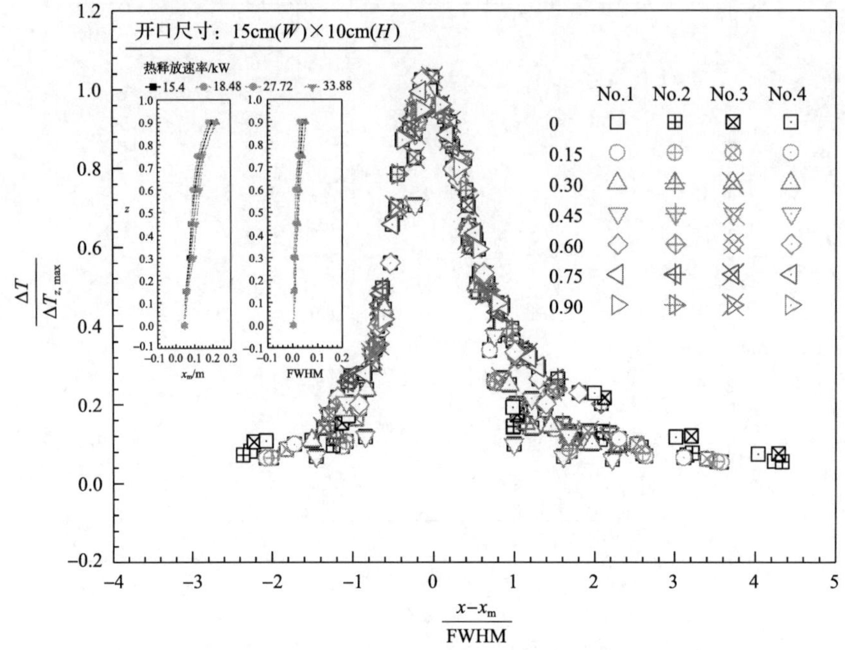
开口尺寸：15cm(W)×10cm(H)
热释放速率/kW
15.4
18.48
27.72
33.88
No.1 No.2 No.3 No.4
0
0.15
0.30
0.45
0.60
0.75
0.90
z
x_m/m
FWHM
ΔT/ΔT_z,max
(x−x_m)/FWHM

(a)

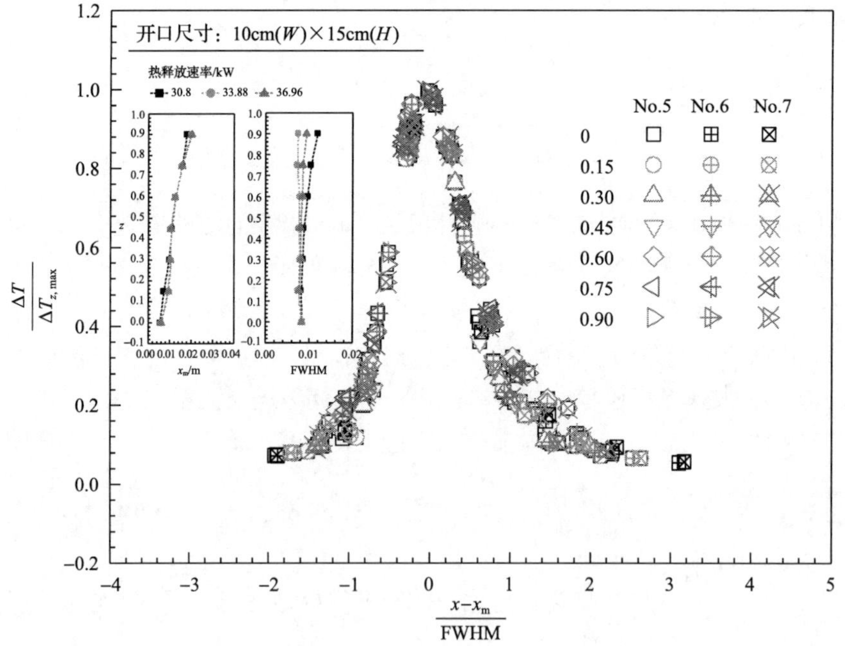
开口尺寸：10cm(W)×15cm(H)
热释放速率/kW
30.8
33.88
36.96
No.5 No.6 No.7
0
0.15
0.30
0.45
0.60
0.75
0.90
z
x_m/m
FWHM
ΔT/ΔT_z,max
(x−x_m)/FWHM

(b)

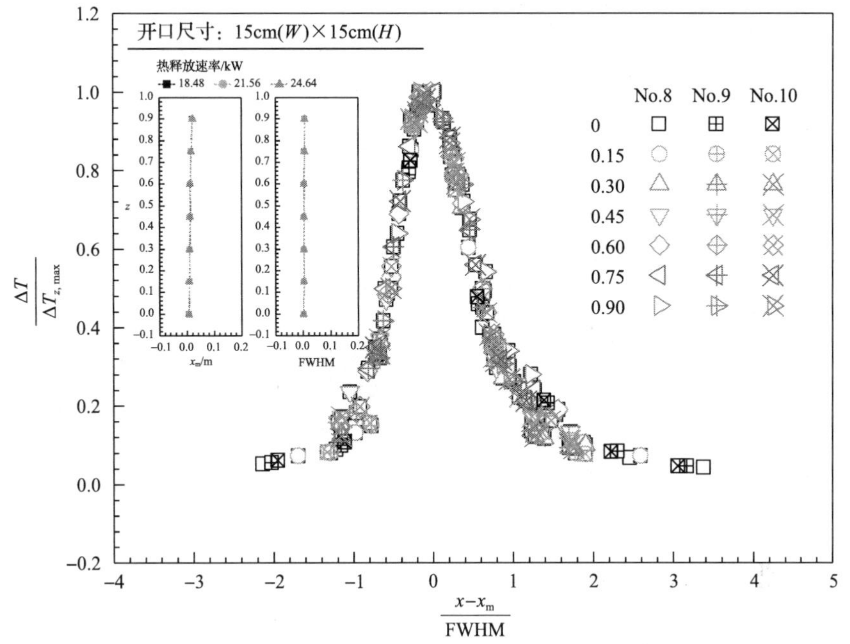
开口尺寸：15cm(W)×15cm(H)
热释放速率/kW
18.48
21.56
24.64
z
x_m/m
FWHM
No.8
No.9
No.10
0
0.15
0.30
0.45
0.60
0.75
0.90
$\frac{\Delta T}{\Delta T_{z,\max}}$
$\frac{x-x_m}{\text{FWHM}}$

(c)

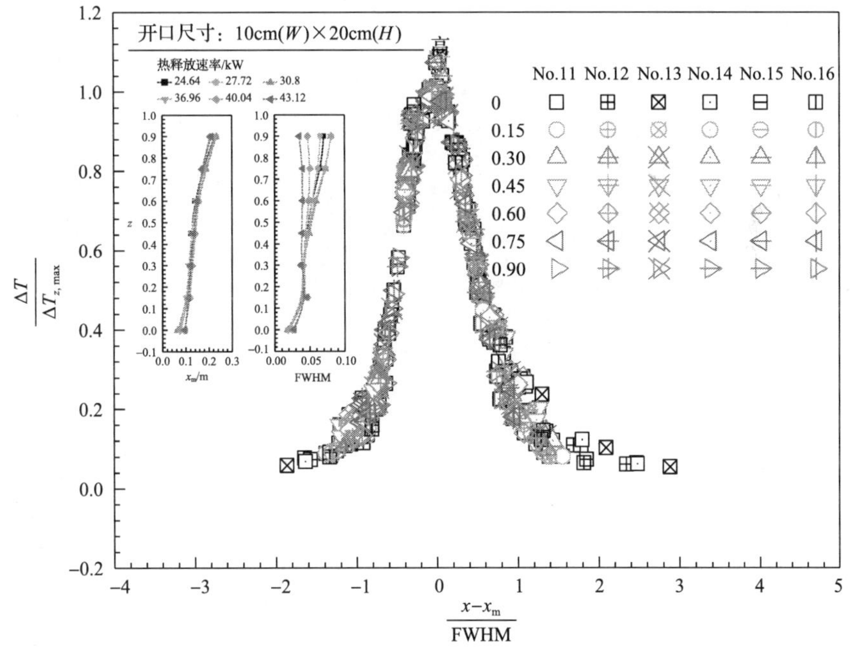
开口尺寸：10cm(W)×20cm(H)
热释放速率/kW
24.64
27.72
30.8
36.96
40.04
43.12
z
x_m/m
FWHM
No.11
No.12
No.13
No.14
No.15
No.16
0
0.15
0.30
0.45
0.60
0.75
0.90
$\frac{\Delta T}{\Delta T_{z,\max}}$
$\frac{x-x_m}{\text{FWHM}}$

(d)

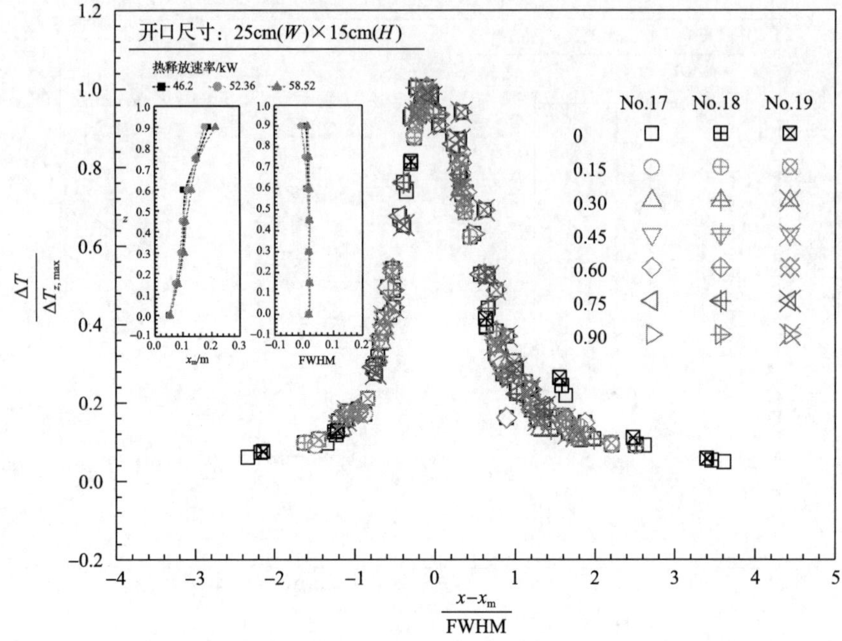

(e)

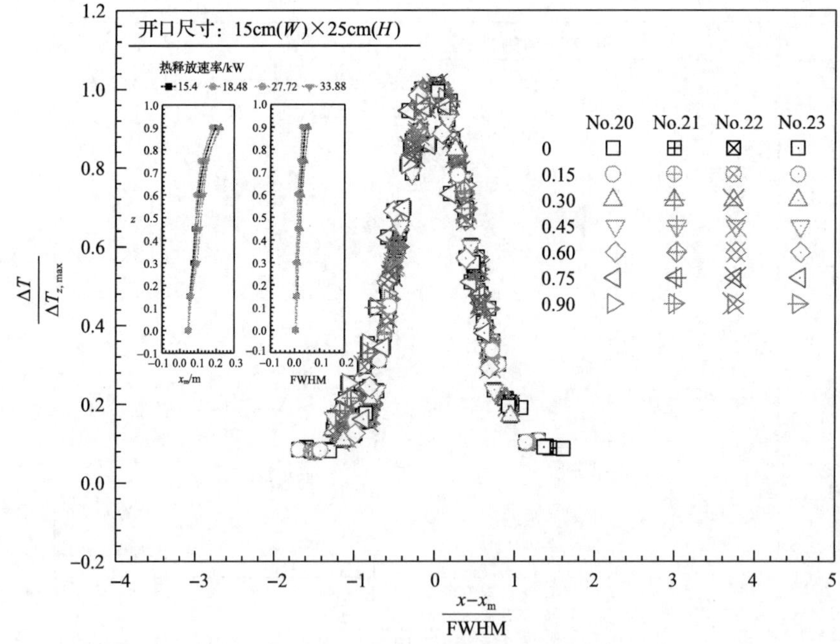

(f)

图 5.42　基于式(5.56)的温度分布模型(彩图扫二维码)

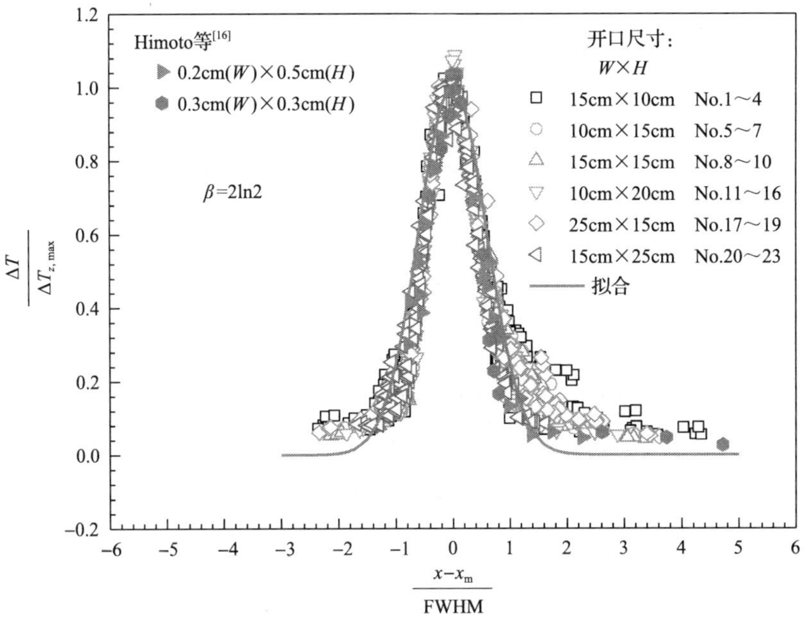

图 5.43　基于高斯分布拟合得到的温度分布模型

参 考 文 献

[1] Yokoi S. Study on the prevention of fire spread caused by hot upward current. Report of the Building Research Institute, Report 34, Japan, 1960.

[2] Lee Y P. Heat fluxes and flame heights in external facade fires. University of Ulster, FireSERT, 2006.

[3] Lee Y P, Delichatsios M A, Silcock G W H. Heat fluxes and flame heights in facades from fires in enclosures of varying geometry. Proceedings of the Combustion Institute, 2007, 31(2): 2521-2528.

[4] Lee Y P, Delichatsios M A, Ohmiya Y. The study for the physics of the outflow from the opening of a burning enclosure. Proceedings of the 5th International Seminar on Fire and Explosion Hazards, Edinburgh, UK, 23-27 April 2007, 381-392.

[5] Lee Y P, Delichatsios M A, Ohmiya Y. The physics of the outflow from the opening of an enclosure fire and re-examination of Yokoi's correlation. Fire Safety Journal, 2012, 49(49): 82-88.

[6] Quintere J G. Fundermentals of fire phenomenon. Chapter 10: Fire plumes, John Wiley & Sons Ltd, The Atrium, Southern Gate, Chichester, West Sussex PO19 8SQ, England, 2006.

[7] Karlsson B, Quintiere J G. Fire Plumes and Flame Heights. Chapter 4, Enclosure Fire Dynamics. CRC Press LLC, 2000 N.W. Corporate Blvd., Boca Raton, Florida 33431.

[8] Quintiere J G, Grove B S. A unified analysis for fire plumes. Symposium (International) on Combustion. Elsevier, 1998, 27(2): 2757-2766.

[9] Rouse H, Yih C S, Humphries H W. Gravitational convection from a boundary source. Tellus, 1952, 4(3): 202-210.

[10] Morton B R, Taylor G I, turner J S. Turbulent gravitational convection from maintained and instaneous sources. Proceedings of the Royal Society. London, Ser. A, 1956, 234(1196): 1-23.

[11] Steward F R. Linear flame height for various fuels. Combustion and Flame, 1964, 8(3): 171-178.

[12] Ohmiya Y, Hori Y, Sagimori K, et al. Predictive method for properties of flame ejected from an opening incorporating excess fuel. 4th Asia-Oceania Symposium on Fire Science and Technology, 2000, 4: 375-386.

[13] Yamaguchi J I, Tanaka T. Temperature profiles of window jet plume. Fire Science and Technology, 2005, 24(1): 17-38.

[14] Delichatsios M A, Brescianini C P, Paterson D, et al. Application of the k-ε turbulent model to buoyant adiabatic wall plumes, Journal of fluids engineering, 2010, 132: 061202.

[15] Sangras R, Dai Z, Faeth G. Mixture fraction statistics of plane self-preserving buoyant turbulent adiabatic wall plumes, Journal of heat transfer, 1999, 121: 837-843.

[16] Himoto K, Tsuchihashi T, Tanaka Y, et al. Modeling the trajectory of window flames with regard to flow attachment to the adjacent wall. Fire Safety Journal, 2009, 44(2): 250-258.

[17] Delichatsios M A, Lee Y P, Tofilo P. A new correlation for gas temperature inside a burning enclosure. Fire Safety Journal, 2009, 44(8): 1003-1009.

[18] Ohmiya Y, Yusa S, Suzuki J I, et al. Aerothermodynamics of fully involved enclosure fires having external flames. Fourth International Seminar Fire and Explosion Hazards, 2003: 121-129.

[19] Coutin M, Most J M, Delichatsios M A, et al. Flame Heights in wall fires: effects of width, confinement and pyrolysis length. Proceedings of the 6th International Symposium, 2000, 6: 729-740.

[20] Tang F, Hu L H, Lu K H, et al. Heat flux profile upon building facade due to ejected thermal plume from window in a subatmospheric pressure at high altitude. Energy and Buildings, 2015, 92: 331-337.

[21] Tang F, Hu L H, Delichatsios M A, et al. Experimental study on flame height and temperature profile of buoyant window spill plume from an underventilated compartment fire. International Journal of Heat and Mass Transfer, 2012, 55(1-3): 93-101.

[22] Tang F, Hu L H, Wang Q, et al. An experimental investigation on temperature profile of buoyant spill plume from under-ventilated compartment fires in a reduced pressure atmosphere at high altitude. International Journal of Heat and Mass Transfer, 2012, 55(21-22): 5642-5649.

[23] Seigel L G. The projection of flames from burning buildings. Fire Technology, 1969, 5(1): 43-51.

[24] Thomas P H, Law M. The projection of flames from buildings on fire. Fire Prevention Science and Technology, 1972, 10: 19-26.

[25] 陈爱平. 通过外墙窗口喷出火焰问题的研究. 火灾科学, 1998, 7(3): 53-60.

[26] 姜玉曦, 任玉新, 刘秋生. 室内火灾中外部燃烧现象的数值模拟. 火灾科学, 2006, 15(2): 92-101.

第六章　竖直挡墙和倾斜挡墙限制边界下的建筑外立面开口火溢流

在我国很多城市中，许多(高层)建筑间的间距狭窄(如城中村内“一线天”“亲嘴楼”建筑)，这类建筑火灾危险性更大，更易造成火烧连营、群死群伤的结果。

我国的香港和重庆等城市，因为所具有的自然地形原因，坡地建筑的发展尤为突出，对坡地的开发日趋受到重视。根据重庆市制定颁发的《重庆市坡地高层民用建筑设计防火规范》[1]中介绍：坡地建筑是指建筑底层坐落于坡底，而其上某层与坡顶相连接的建筑。

在国内外文献中，大多数研究都是针对无外界限制下的受限空间开口火溢流[2-6]。因此本章将重点研究开口外部存在限制条件对外立面开口火焰溢出的影响，尤其是倾斜挡墙对建筑外立面开口火焰溢出的影响。

第一节　竖直挡墙和倾斜挡墙限制边界下建筑外立面开口火溢流的火焰高度

火焰高度作为建筑外立面开口火溢流的重要特征参数之一，极易受到空气卷吸的影响。当建筑开口火溢流附近存在竖直或倾斜挡墙时，火焰的空气卷吸行为将受到明显影响，从而影响该种情况下火焰高度演化[7-9]。本节将阐述竖直挡墙和倾斜挡墙限制边界下火焰高度演化规律与理论模型。

一、竖直挡墙限制边界下火焰高度演化规律与理论模型

对于上文提到的“亲嘴楼”等建筑，如图 6.1 所示，这类建筑外立面开口火溢流受狭窄的建筑间距限制，开口溢出火焰及烟气卷吸周围新鲜空气的行为将受到制约，其建筑外立面开口火溢流行为特征也不同于开阔空间(无外界限制)的建筑，如图 6.2 所示。竖直挡墙限制边界下外立面与限制边界之间的流场结构、对火溢流行为的影响机制主要为：在竖直挡墙限制边界下，补入新鲜空气竖直向下流动，与竖直向上的近壁高温火溢流主要发生竖向平行的相互剪切作用，竖直挡墙与外立面之间的水平横截面积不发生改变。随着燃烧室和竖直挡墙距离变近，开口溢出火焰及烟羽流卷吸受限较大，开口溢出火焰高度将会产生一定变化。

(a) 密集的建筑群(图片来自凤凰网)

(b)“一线天”“亲嘴楼”建筑(图片来自凤凰网)

图 6.1　密集的城中村建筑群

(a) 毗邻建筑火灾图(图片来自爱福清网)

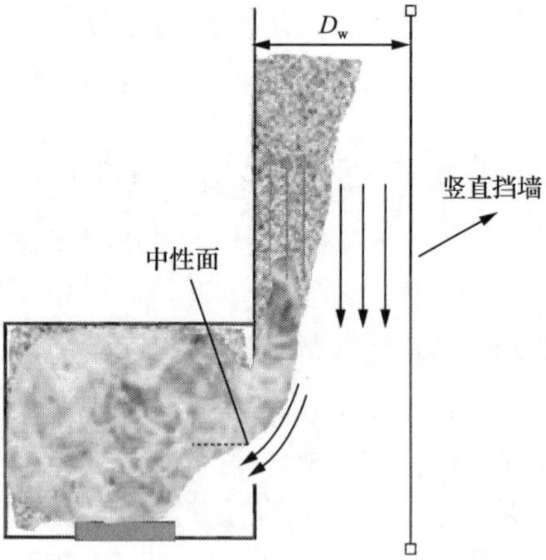

(b) 实验示意图

图 6.2　竖直挡墙限制边界下建筑外立面开口火焰溢出

图 6.3 给出了不同开口情况下竖直挡墙与建筑外立面距离 D_{W} 对受限空间开口火焰高度的影响。整体来说，当 $D_{\mathrm{W}} < \ell_3$ 时，在竖直挡墙限制下受限空间开口溢出火焰高度随距离 D_{W} 的减小而略微增加；当 $D_{\mathrm{W}} < \ell_3$ 时，平均火焰高度随距离 D_{W} 的减小而剧增。这里主要由于随着竖直挡墙间距 D_{W} 的减小，对开口溢出火焰卷吸周围空气产生了很大影响。

这里 $\ell_3 = (AH^{4/3})^{3/10}$ 是由 Lee 和 Delichatsios[7]提出的特征长度，用于表征临界距离(竖直挡墙到竖直墙体之间的距离)，ℓ_3 代表了溢流火由于浮力作用从水平变为竖直的长度。

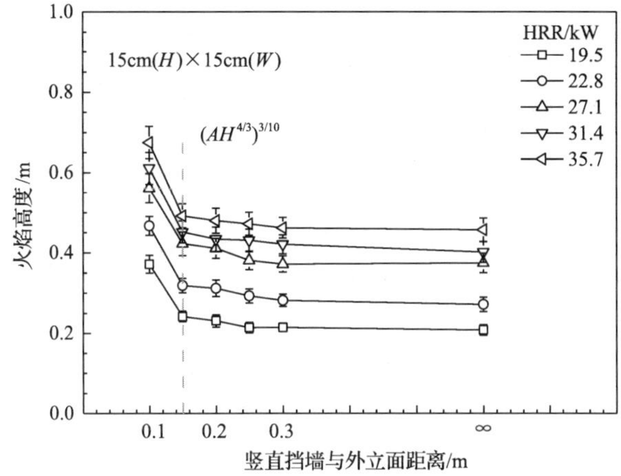

(a)

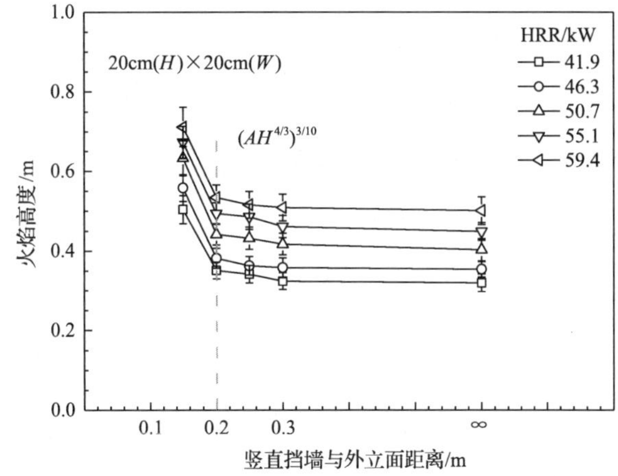

(b)

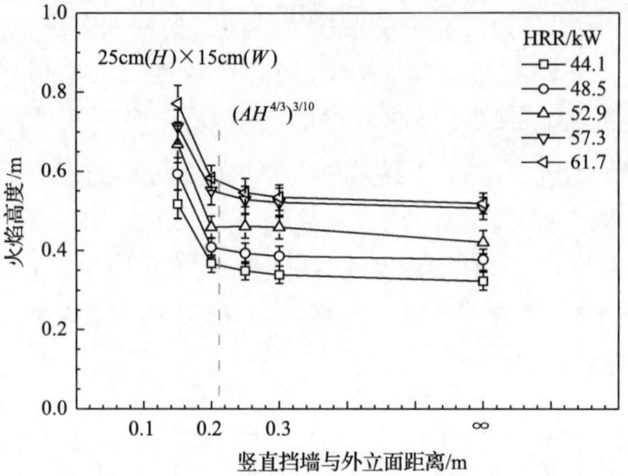

(c)

图 6.3　不同开口情况下竖直挡墙与建筑外立面距离对受限空间开口火焰高度的影响

图 6.4 给出了间距 D_w 和特征长度 $\ell_3=(AH^{4/3})^{3/10}$ 的比值作为无量纲横坐标，平均火焰高度和无量纲距离变化关系可划分为两个特定的分区，即

$$\frac{Z_f D_w^{2/3}}{\left(\dfrac{\dot{Q}_{ext}}{\rho_\infty c_p T_\infty g^{1/2}}\right)^{2/3}}=2.3\left(\frac{D_w}{\ell_3}\right)^0 \tag{6.1}$$

$$\frac{Z_f D_w^{2/3}}{\left(\dfrac{\dot{Q}_{ext}}{\rho_\infty c_p T_\infty g^{1/2}}\right)^{2/3}}=2.3\left(\frac{D_w}{\ell_3}\right)^{2/3} \tag{6.2}$$

二、倾斜挡墙限制边界下火焰高度演化规律与理论模型

坡地建筑因所处的地形环境差异，主要有两种典型形式：一是建筑坐落于坡底，并以坡底场地为底层室外地面，挖坡后，吊层镶嵌在坡地内，称为“A”类坡地建筑；二是建筑坐落于坡底，建筑与坡地挡土墙相对，并有一定距离，平顶层通过天桥等形式与坡顶相通，称为“B”类坡地建筑。本节研究的毗邻坡地建筑主要仿照“B”类坡地建筑。

在毗邻坡地建筑或坡地建筑的吊层发生火灾时，这类建筑外墙开口火焰溢出在坡地的影响下，开口溢出火焰和烟气卷吸行为将受到坡地限制，其火灾发展特征必然不同于常规修建在平地上的(高层)建筑。如图 6.5 所示，这种毗邻斜坡限制特殊边界条件也给建筑外立面开口火溢流行为的研究提出了新的科学问题，该条件与开口外部无限制边界和竖直挡墙限制边界条件均存在本质差异。相比于竖直挡墙的限制形式，毗邻斜坡限制边界的数学描述更为复杂，并与竖直挡墙限制

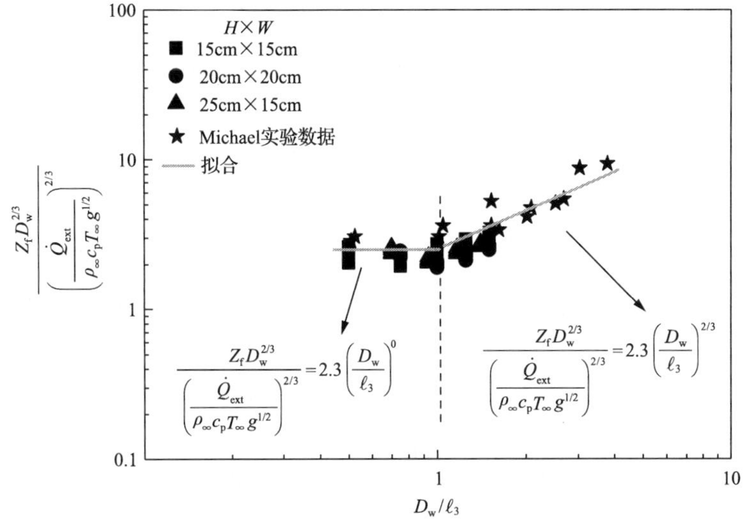

图 6.4　无量纲竖直挡墙间距和无量纲受限空间开口溢出火焰高度变化关系

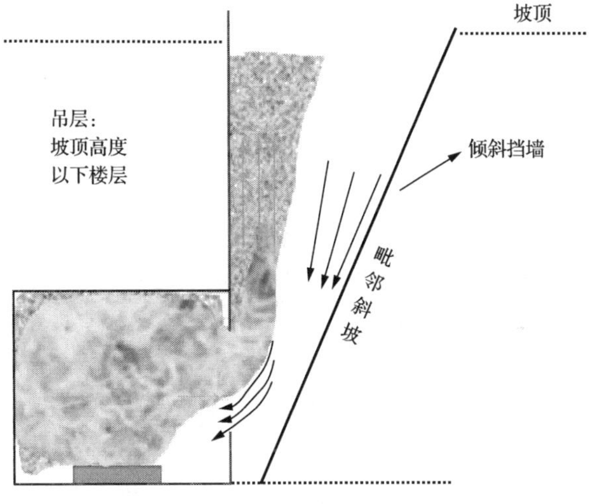

图 6.5　毗邻斜坡特殊限制边界条件下建筑外立面开口火焰溢出

形式存在本质差异，这主要体现在外立面与限制边界之间的流场结构、进而对火溢流行为的影响机制方面：在毗邻斜坡限制边界下，新鲜空气在从坡顶向下补入外立面与斜坡夹角空间的过程中，水平横截面积将不断减小，且补气流场不再完全与外立面平行，具有一定角度的补气流场除了与近壁火溢流在竖直方向存在“剪切作用”之外，其水平分量还将与近壁火溢流发生水平方向的相互“挤压作用”。在毗邻斜坡限制边界条件下，沿斜坡补气流场的角度性及其横截流通面积在高度方向上的非定常性，必将对受限空间外立面开口火焰溢出特征参数演化与分布产生新的特殊影响，并且随着竖直挡墙和建筑外立面距离的拉近，会存在一个临界特征距离，小于这个临界特征距离，火焰及高温烟羽流卷吸新鲜空气受限较大，建筑外立面开口火焰溢出行为特征将会产生一定变化。

图 6.6 给出了不同倾角倾斜挡墙限制情况下开口火溢流火焰高度变化趋势。整体来说，当倾角 $\theta \leqslant 60°$时，平均火焰高度随着倾斜挡墙角度的增大而略微增加，当倾角 $\theta \geqslant 80°$时，火焰高度随着倾斜挡墙角度增加而大幅度增大。和竖直挡墙限制开口火焰溢出的机理一样，大角度的倾斜挡墙对受限空间开口溢出火焰卷吸影响较大。另外，将倾角余切值与特征长度 ℓ_3 的比值作为无量纲参量。火焰高度和角度 θ 及特征长度 ℓ_3 呈现很好的耦合变化关系，如式(6.13)和图 6.7 所示。通过指数对比可以发现，火焰高度随倾斜挡墙角度的增加影响较竖直挡墙间距 D_{w} 的减小变化快。

$$\frac{Z_{\mathrm{f}}(\cot\theta)^{2/3}}{\left(\dfrac{\dot{Q}_{\mathrm{ext}}}{\rho_\infty c_{\mathrm{p}} T_\infty g^{1/2}}\right)^{2/3}} = 2.98\left(\frac{\cot\theta}{\ell_3}\right)^{0.376} \tag{6.13}$$

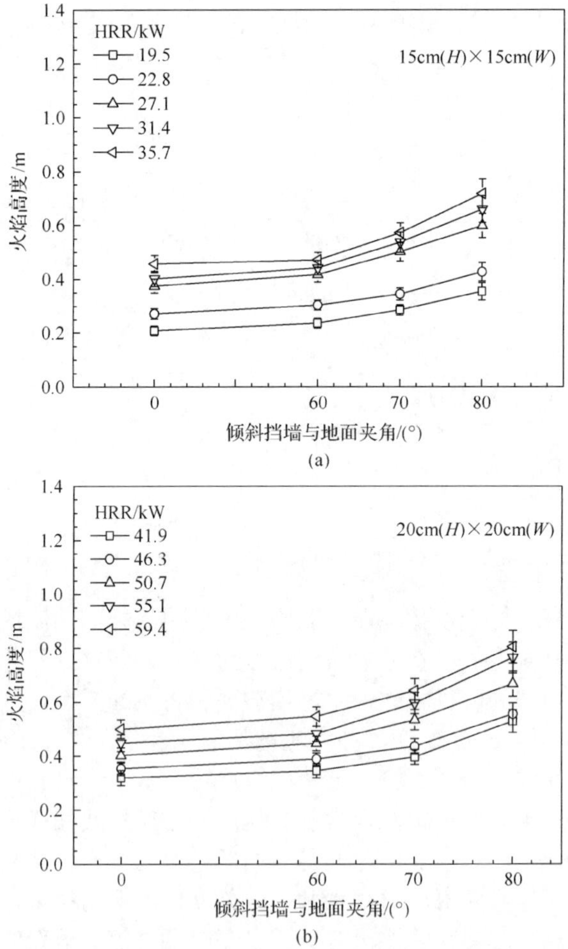

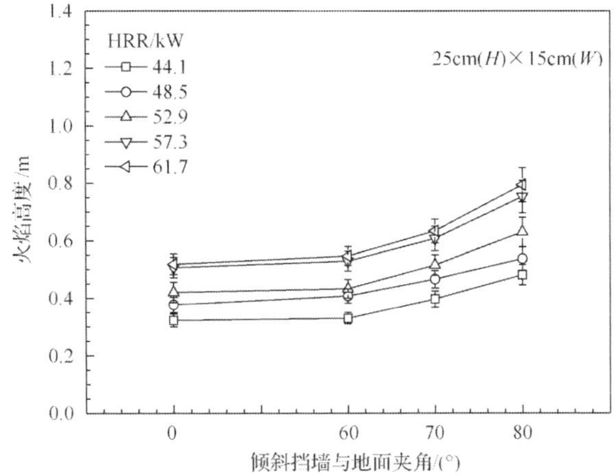

(c)

图 6.6　不同倾角倾斜挡墙限制情况下开口火溢流火焰高度变化趋势

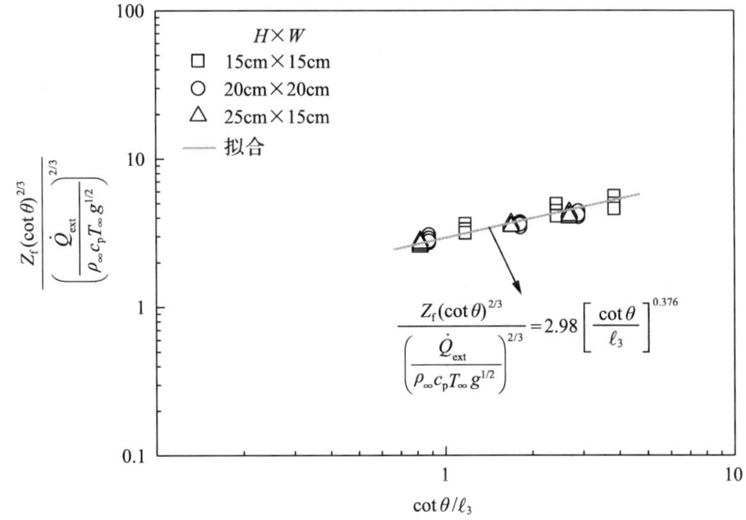

图 6.7　无量纲倾斜挡墙角度和无量纲开口火焰高度变化关系

第二节　竖直挡墙和倾斜挡墙限制边界下建筑外立面开口火溢流的竖向温度分布

当建筑开口火溢流受到竖直或倾斜挡墙限制时，将显著影响火焰的空气卷吸行为，从而影响建筑外立面开口火溢流的竖向温度分布。本节将阐述竖直挡墙和倾斜挡墙限制边界条件下建筑外立面开口火溢流竖向温度分布。

一、竖直挡墙限制边界下竖向温度分布规律

前人对竖直挡墙条件下建筑开口火溢流竖向温度分布规律已有研究，Yanagisawa 等[10]通过实验研究了不同竖直挡墙距外立面距离对于火溢流各个特征参数的影响，实验所有工况展示于表 6.1 中。

表 6.1　Yanagisawa 等实验工况

工况数	开口尺寸 宽/cm	开口尺寸 高/cm	通风因子[11] $AH^{1/2}$/$m^{5/2}$	火源功率 $1800AH^{1/2}$/kW	外立面与挡墙间距 D_w/m
1	20	20	1.8×10^{-2}	32.2	—
2					0.3
3					0.2
4					0.1
5	20	10	6.3×10^{-3}	11.4	—
6					0.3
7					0.2
8					0.1
9	10	20	8.9×10^{-3}	16.1	—
10					0.3
11					0.2
12					0.1

Yanagisawa 等实验中记录了不同腔室开口以及竖直挡墙与外立面间距情况下，火溢流竖向温度分布的情况，如图 6.8 所示。

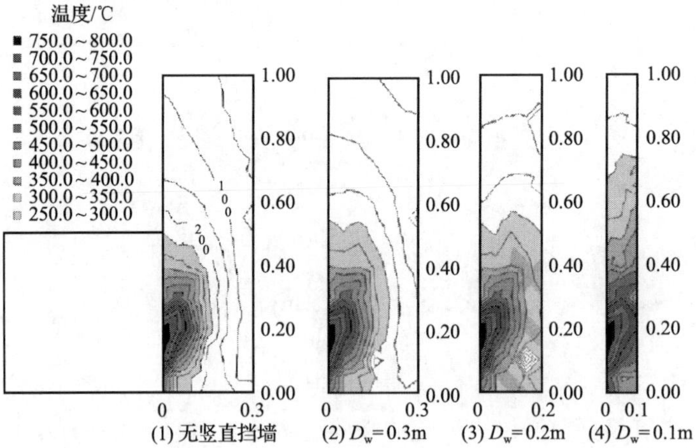

(a) $W\times H$=20cm×20cm

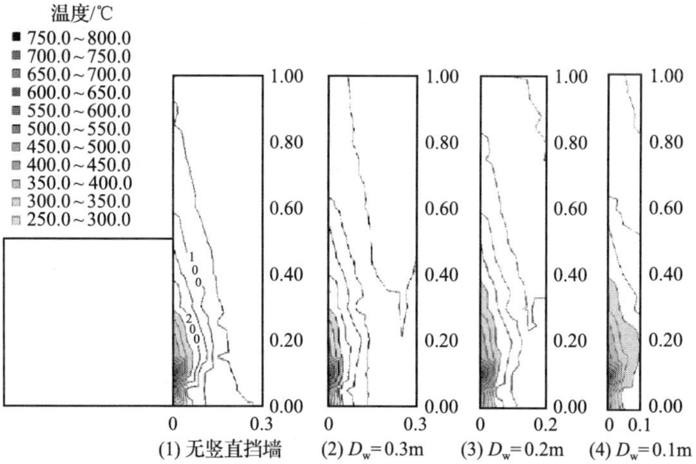

(b) $W\times H$=20cm×10cm

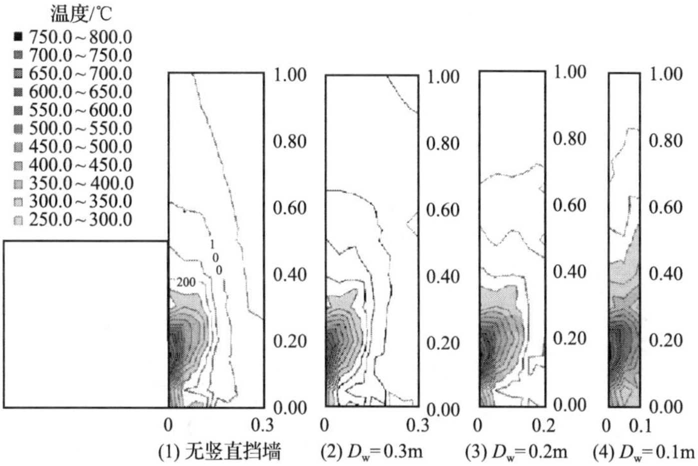

(c) $W\times H$=10cm×20cm

图 6.8　不同开口的火溢流竖向温度分布图[10]（彩图扫二维码）

三个开口的 ℓ_3 计算出来分别为：0.2m（20cm×20cm）、0.12m（20cm×10cm）和 0.16m（10cm×20cm）。由图 6.8 可以发现，当 $D_w \geqslant \ell_3$ 时，腔室外火溢流竖向温度分布基本无变化，在 $D_w < \ell_3$ 情况下，温升普遍高于 $D_w \geqslant \ell_3$（包括无侧墙限制）时的情况。这主要由于在这时，随着竖直挡墙间距 D_w 的继续减小，对开口溢出火焰卷吸周围空气产生了很大影响。

二、倾斜挡墙限制边界下竖向温度分布规律与理论模型

为了研究竖直挡墙和倾斜挡墙限制边界下竖向温度分布规律，进行了小尺寸实验，实验在 1∶8 尺寸建筑外立面火溢流火灾实验台中开展，如图 6.9 所示，前

面章节已经对 1∶8 尺寸建筑外立面火溢流实验台的结构和尺寸做了介绍，气体燃烧器的燃料为丙烷，火源边长为 0.2m。

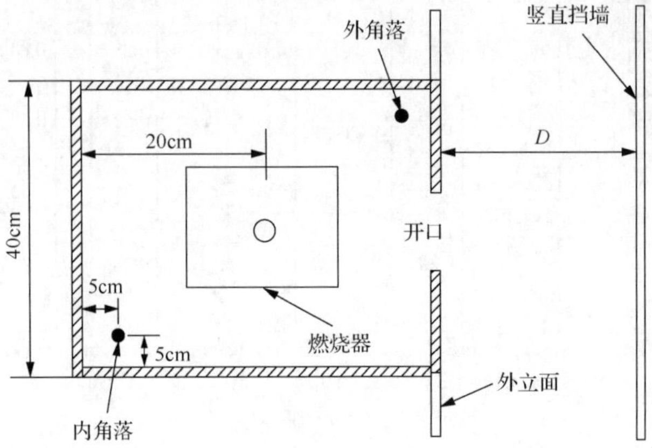

(a) 竖直挡墙实验布置图

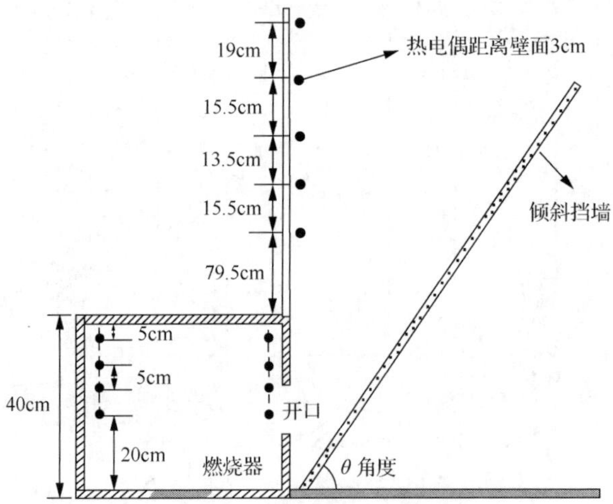

(b) 倾斜挡墙实验布置图

图 6.9　测量不同限制边界条件下竖向温度分布规律的实验布置图

所有工况如表 6.2 和表 6.3 所示。

利用特征长度 ℓ_3，图 6.10 显示了两种不同情况限制下溢出火羽流无量纲温升与无量纲高度的变化关系，可以看出：①竖直挡墙限制和倾斜挡墙限制情况下，溢出羽流温升皆高于自由边界情况；②在竖直挡墙限制情况下，随着挡墙与外立面距离减小，同一高度的温升增大；在倾斜挡墙限制情况下，随着挡墙与地面角度增加，同一高度的温升增大；③倾角为 60°～80°，竖向温度与竖直挡墙限制时，挡墙与外立面距离为 0.15～0.3m 时的温升相似。

表 6.2　竖直挡墙限制下受限空间开口火焰溢出行为特性研究实验工况

开口大小			竖直挡墙和建筑外立面之间的距离 *D*/m					
高度/cm	宽度/cm		∞	0.3	0.25	0.2	0.15	0.1
15	15	火源功率/kW	19.5	19.5	19.5	19.5	19.5	19.5
			22.8	22.8	22.8	22.8	22.8	22.8
			27.1	27.1	27.1	27.1	27.1	27.1
			31.4	31.4	31.4	31.4	31.4	31.4
			35.7	35.7	35.7	35.7	35.7	35.7
20	20		41.9	41.9	41.9	41.9	41.9	—
			46.3	46.3	46.3	46.3	46.3	—
			50.7	50.7	50.7	50.7	50.7	—
			55.1	55.1	55.1	55.1	55.1	—
			59.4	59.4	59.4	59.4	59.4	—
25	15		44.1	44.1	44.1	44.1	44.1	—
			48.5	48.5	48.5	48.5	48.5	—
			52.9	52.9	52.9	52.9	52.9	—
			57.3	57.3	57.3	57.3	57.3	—
			61.7	61.7	61.7	61.7	61.7	—

表 6.3　倾斜挡墙限制下受限空间开口火焰溢出行为特性研究实验工况

开口大小			倾斜挡墙和地面角度/(°)			
高度/cm	宽度/cm		0	60	70	80
15	15	火源功率/kW	19.5	19.5	19.5	19.5
			22.8	22.8	22.8	22.8
			27.1	27.1	27.1	27.1
			31.4	31.4	31.4	31.4
			35.7	35.7	35.7	35.7
20	20		41.9	41.9	41.9	41.9
			46.3	46.3	46.3	46.3
			50.7	50.7	50.7	50.7
			55.1	55.1	55.1	55.1
			59.4	59.4	59.4	59.4
25	15		44.1	44.1	44.1	44.1
			48.5	48.5	48.5	48.5
			52.9	52.9	52.9	52.9
			57.3	57.3	57.3	57.3
			61.7	61.7	61.7	61.7

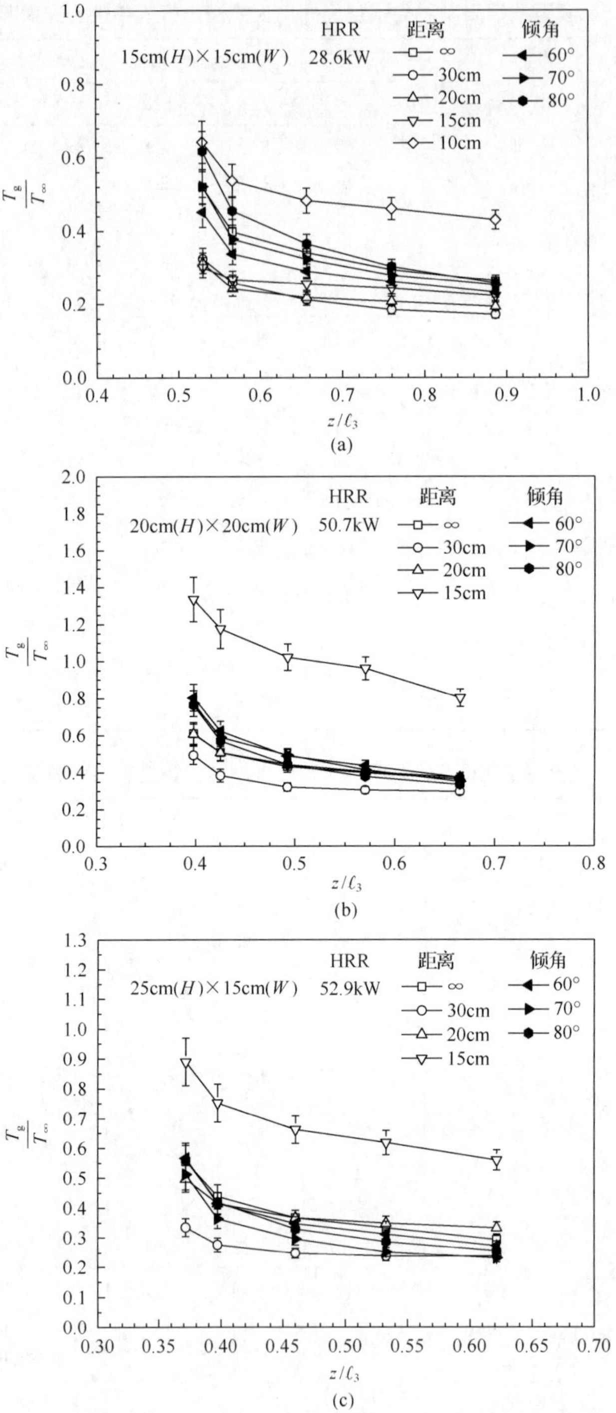

图 6.10　壁面溢出火羽流无量纲温升随无量纲高度的变化关系

同时图 6.11 给出了归一化的开口溢出羽流温升与无量纲高度的变化关系，无量纲羽流温升表示为某一点的温升与该工况下的最高温升的比值。可以发现：①在竖直挡墙情况下，对于 15cm×15cm 和 20cm×20cm 的开口均是 D = 0.15m 时温度衰减最慢，D = 0.30m 时衰减最快，而对于 25cm×15cm 开口，不同挡墙距离衰减速度相当；②在有倾斜挡墙限制下的总体受限空间火溢流温度衰减较竖直挡墙快，这主要说明倾斜挡墙限制下在羽流上方对火羽流卷吸影响相对较大。

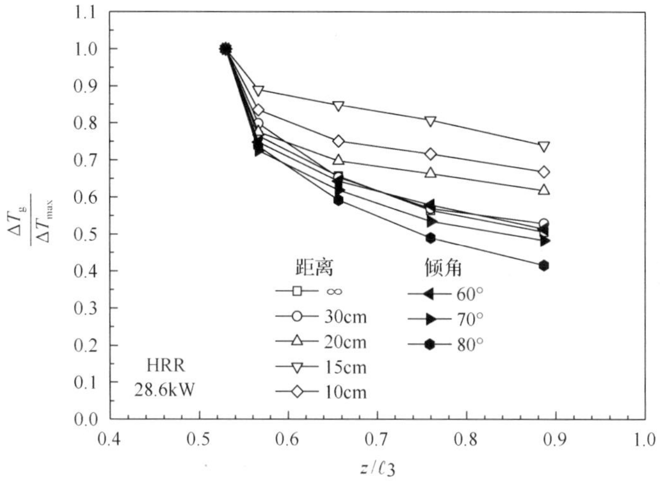

(a) 开口尺寸15cm(H)×15cm(W)

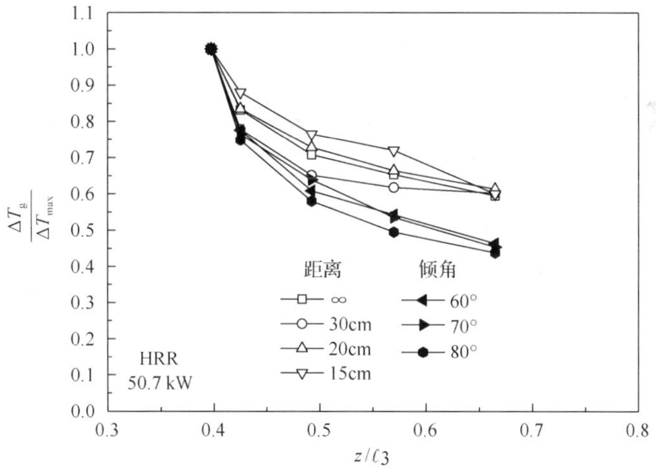

(b) 开口尺寸20cm(H)×20cm(W)

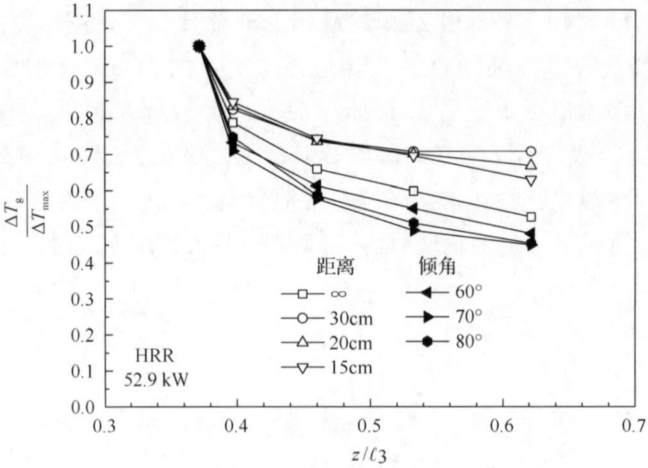

(c) 开口尺寸25cm(H)×15cm(W)

图 6.11 归一化的开口溢出羽流温升随无量纲高度的变化关系

参 考 文 献

[1] 重庆市地方标准. 重庆市坡地高层民用建筑设计防火规范. 重庆: 重庆市建设委员会, 2004.

[2] Yokoi S. Study on the prevention of fire spread caused by hot upward current. Report 34, Report of the Building Research Institute, Japan, 1960.

[3] Webster C T, Rafrery M M. The burning of fires in rooms: Part 2, Test with cribs and high ventilation on various scales. Joint Fire Research Organisation, Borehamwood, 1959.

[4] Seigel L G. The projection of flames from burning buildings. Fire Technology, 1969, 5(1): 43-51.

[5] Thomas P H, Law M. The projection of flames from buildings on fire. Fire Prevention Science and Technology, 1972, (10):19-26.

[6] Gottuk D T, Roby R J, Beyler C L. A Study of carbon monoxide and smoke yields from compartment fires with external burning. Twenty-Fourth Symposium on Combustion, 1992, 24(1): 1729-1735.

[7] Lee Y P, Delichatsios M A, Ohmiya Y, et al. Heat fluxes on opposite building wall by flames emerging from an enclosure. Proceedings of Combustion Institute, 2009, 32: 2551-2558.

[8] Lee Y P, Delichatsios M A, Silcock G W H. Heat fluxes and flame heights in facades from fires in enclosures of varying geometry. Proceedings of Combustion Institute, 2007, 31 (2): 2521-2528.

[9] Lee Y P. Heat fluxes and flame heights in external facade fires. University of Ulster, FireSERT, 2006.

[10] Yanagisawa A, Goto D, Ohmiya Y, et al. An Effect of a facing wall on facade flames. Fire Safety Science, 2008, (9): 801-811.

[11] Kawagoe K. Fire behavior in rooms. Building Research Institute Report 27. Tokyo: Ministry of Construction, 1958.

第七章 侧墙限制边界下的建筑外立面开口火溢流

前面的章节分别对自由边界条件及竖直、倾斜挡墙边界条件下的建筑外立面开口火溢流行为特性进行了阐述，揭示了不同条件下开口火溢流特征参数的演化发展规律并建立了相关理论模型。通过对自由边界条件和竖直挡墙、倾斜挡墙边界条件下的结果对比可以看到，一定的限制边界条件将直接影响建筑外立面开口火溢流行为特性，具体体现在开口火溢流典型特征参数(如火焰高度、温度分布和热流密度等)随着限制边界条件的改变而产生了一定的差异，因此也改变了后续火灾在建筑外立面上的蔓延行为。与竖直挡墙、倾斜挡墙相对应的，侧墙也是一种典型的限制边界条件，在实际生活中也有许多开口火溢流场景可以归结为侧墙限制边界下的建筑外立面开口火溢流。例如，2010 年的韩国釜山某高层建筑火灾[1]造成了大量的人员伤亡和财产损失。从火灾的事故调查可以得知，侧墙结构的存在改变了火焰溢出后周边的卷吸性质，形成了类似烟囱效应的现象，导致火焰和烟气上升速度加快，因此加速了火焰溢出后的向上蔓延(图 7.1)。图 7.2 给出了这种侧墙结构在建筑的实际应用及其简化物理模型示意图，这种侧墙凹型结构在实际建筑中十分常见。

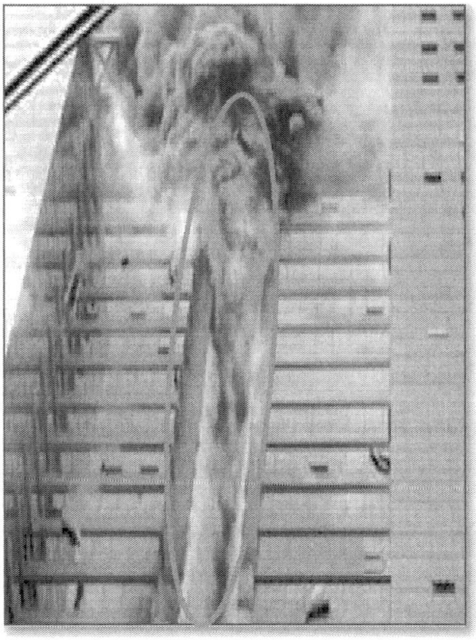

图 7.1 2010 年韩国釜山某高层建筑火灾——有侧墙结构的高层建筑火灾(图片来自 Yonhap 新闻)

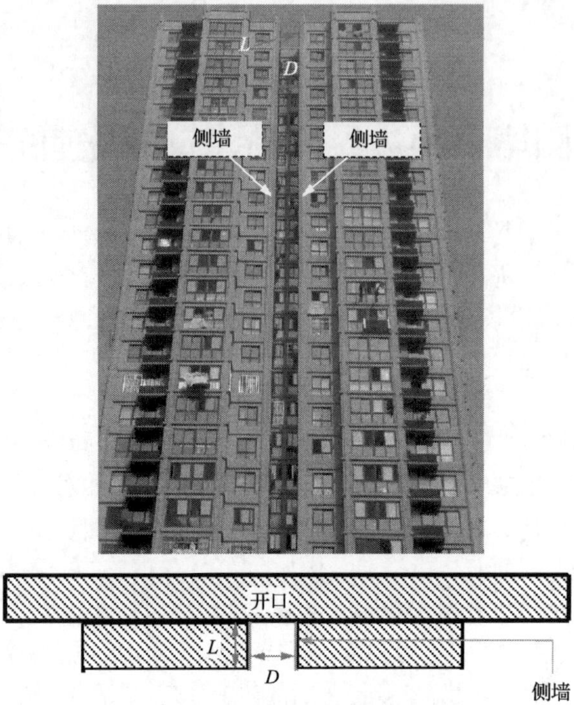

图 7.2　侧墙结构的简化物理模型

从图 7.2 的侧墙结构的简化物理模型和作用机制来看，侧墙限制边界条件对建筑外立面开口火溢流行为特性的影响将与前述竖直挡墙、倾斜挡墙限制边界条件的影响效应显著不同，竖直挡墙、倾斜挡墙限制边界条件主要影响了腔室正面从环境到溢出燃料的空气卷吸，而侧墙限制边界条件影响的则是来自腔室侧面的空气卷吸。因此，前面建立的竖直挡墙[2]、倾斜挡墙[3, 4]限制边界条件的物理模型对于侧墙限制边界条件也就不再适用了。本章将通过展示不同侧墙条件下的实验结果，揭示侧墙限制边界条件下建筑外立面开口火溢流行为特性及相关典型特征参数的演化规律，发展其理论模型。

第一节　侧墙限制边界下建筑外立面开口火溢流的火焰高度

从第三章关于火焰高度的基本理论模型中可以看到，决定建筑外立面开口火溢流火焰高度的因素是无量纲溢出热释放速率 $\dot{Q}_{ex}^{*}$，而无量纲溢出热释放速率与溢出热释放速率 $\dot{Q}_{ex}$ 及开口尺寸相关的特征长度 ℓ_1 相关。因此，在研究侧墙限制边界下建筑外立面开口火溢流火焰高度之前，必须先弄清楚开口火溢流溢出热释放速率是否会随着不同的侧墙限制边界条件而发生变化。这里，我们可以从不同侧墙限制边界条件下的腔室内部温度分布情况来分析。

选取 1∶8 小尺寸实验结果，给出了无侧墙条件下(即自由边界条件，此时可以视为侧墙间距无穷大或者侧墙长度为 0)及侧墙间距和长度均为 0.6m 时的条件下，开口尺寸为 15cm×15cm、热释放速率为 44.3kW 时测得的腔室内部不同测点温度随时间的变化规律，如图 7.3 所示[5]。从图中可以看出，相同开口尺寸及热释放速率条件下，腔室内部温度基本保持一致(在 650～750℃)，并不随侧墙间距的变化而改变。

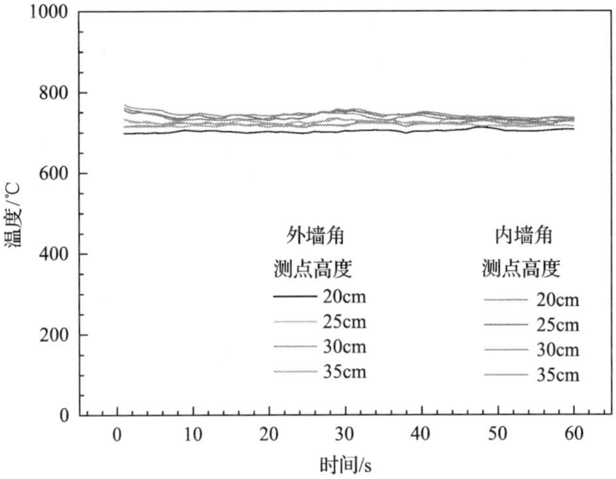

(a) 无侧墙情况，开口尺寸为15cm×15cm，热释放速率为44.3kW

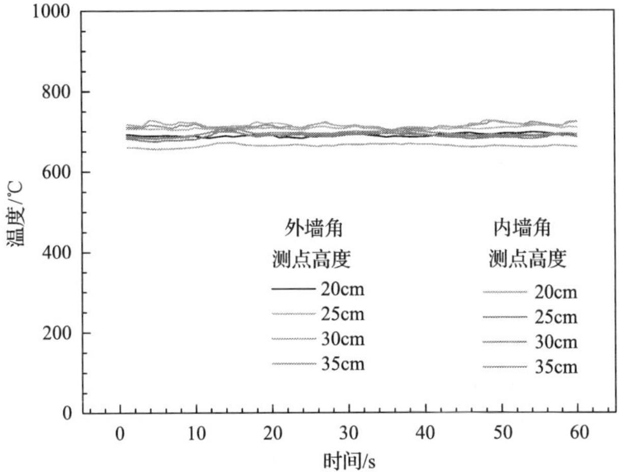

(b) 侧墙间距0.6m，开口尺寸为15cm×15cm，热释放速率为44.3kW

图 7.3 不同侧墙条件下腔室内部温度分布与变化规律(彩图扫二维码)

由第二章的能量守恒公式(2.16)，化简得到腔室内部温升可以表示为[6]

$$\Delta T_{\mathrm{g}}=\frac{1500A\sqrt{H}\ /\ A_{\mathrm{T}}}{h_{\mathrm{c}}+0.5c_{\mathrm{p}}A\sqrt{H}\ /\ A_{\mathrm{T}}} \tag{7.1}$$

式中，c_p 为空气定压比热容；h_c 为腔室表面综合换热系数(前人研究中大约取为 0.018kW/(m^2·K))；A_T 为腔室除开口部分的表面积。图 7.4 为侧墙长度为 0.6m 下不同侧墙间距条件下的归一化腔室内温升，分别以侧墙间距为横坐标，归一化后的腔室内部温升为纵坐标。可以看到，在侧墙长度固定在 0.6m 时，实验工况下的侧墙间距分别为 0.3m、0.45m、0.6m、0.75m 和∞(即无侧墙的自由边界)条件下，归一化后的腔室内部温升基本能符合式(7.1)，与侧墙间距的关系不大。这说明，在一定条件下，尽管侧墙的存在可能会阻挡侧面的空气卷吸，但并不会影响腔室内部的热释放速率，此时溢出热释放速率也不会发生改变。这与 Yanagisawa 等得到的结论较为一致[7-9]。

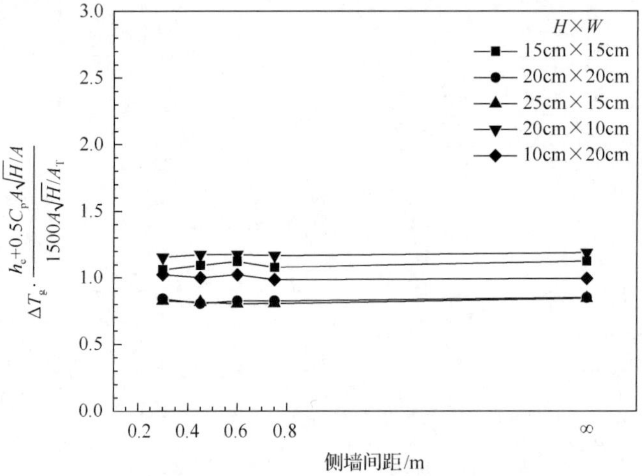

图 7.4 不同侧墙间距条件下的归一化的腔室内温升(侧墙长度为 0.6m)

然而，随着实验深入，发现并不是所有的侧墙长度下的腔室内部温升都和上述结论一致。进一步选取了更窄的侧墙间距和更长的侧墙长度，结果发现，当侧墙长度持续增加时，腔室内的温度却有所下降，这一点在侧墙长度 3 倍于侧墙间距之后逐渐显现出来($L>3D$)[10]。这是因为，侧墙长度的增加，火溢流卷吸受限加剧。侧墙长度增加到一定程度后，由于卷吸困难，富余燃料不能很好地和空气接触混合，因此总体燃烧效率下降，腔室内部产生的热量也会相应降低，在图 7.5 中可以清楚地看到，$L>3D$ 后腔室内部温度发生的这种燃烧不充分，效率降低引起的转折。

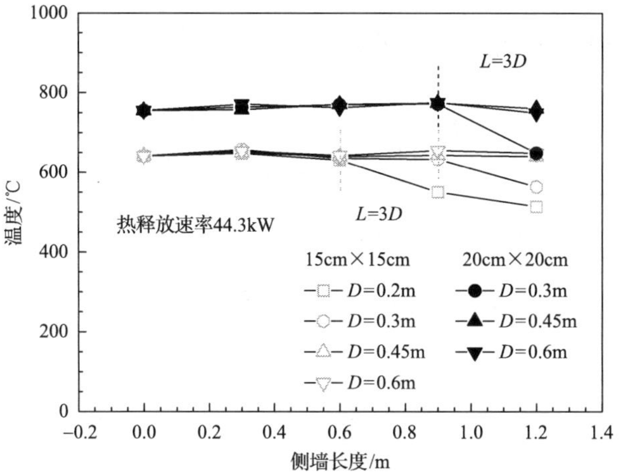

图 7.5　不同侧墙间距和长度条件下腔室内部温度分布规律
(侧墙长度 3 倍于侧墙间距之后，腔室内部温度开始下降)

以上结果表明，在侧墙长度与侧墙间距之比大于 3 后，过长的侧墙很大程度上阻碍了周围的空气卷吸，燃料的燃烧效率降低，因此溢出热释放速率 $\dot{Q}_{ex}$ 也将发生改变，火焰高度的决定因素变得复杂起来；而在侧墙长度与侧墙间距之比小于 3 时，由于腔室内部温度分布较自由边界条件几无差异，可以认为溢出热释放速率 $\dot{Q}_{ex}$ 与侧墙长度和侧墙间距无关。本章将重点阐述侧墙长度与侧墙间距之比小于 3 时的建筑外立面开口火溢流行为特性演化规律。

一、火焰高度随侧墙间距和长度的演化规律

基于 1∶8 小尺寸实验，首先固定侧墙长度 0.6m，经实验拍摄和图像处理，图 7.6 给出了得到给定火源热释放速率，不同侧墙间距条件下开口火溢流正面的溢出火焰间歇率等值线图，其开口尺寸为 15cm×15cm。与前面章节的情况一样，蓝色区域为火焰间歇率低于 5%的部分，表明该区域几乎不出现火焰；相反，红色区域为火焰间歇率高于 95%的部分，表明该区域呈现连续性火焰。当火焰间歇率降至 50%处时，我们用黑线标明了该工况下的平均火焰高度。

图 7.7 给出了不同侧墙间距受限边界条件下，不同开口尺寸的平均火焰高度。可以看到，不同开口情况下，火焰高度随侧墙间距的变化规律不完全相同，大体上可以分为两种情况。

(1) 对于 15cm (*H*) ×15cm (*W*)、20cm (*H*) ×10cm (*W*) 和 10cm (*H*) ×20cm (*W*) 三种开口，随着侧墙间距逐渐降低，火焰高度开始逐渐升高，如图 7.7 (a) 所示，在图 7.7 中的火焰间歇率等值线图也可以看出来。

(2) 对于 20cm (*H*) ×20cm (*W*) 和 25cm (*H*) ×15cm (*W*) 两种开口，侧墙间距降低时，火焰高度变化并不明显，与无侧墙情况 (即侧墙间距为∞) 时差距不大，如图 7.7 (b) 所示。

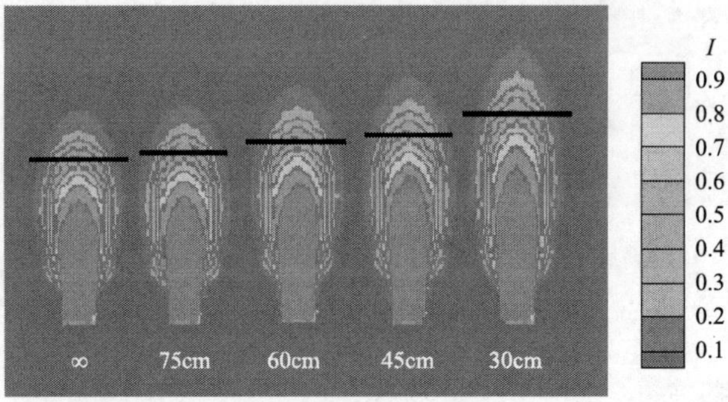

图 7.6　图像处理后的不同侧墙间距火焰间歇率等值线图(彩图扫二维码)

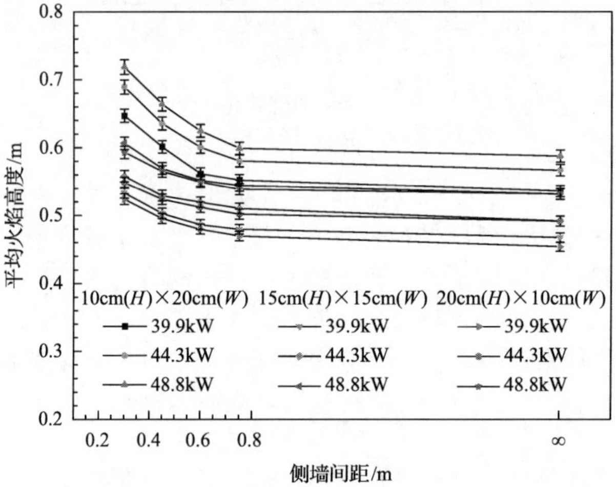

(a) 三种开口，随着侧墙间距逐渐降低，火焰高度开始逐渐升高

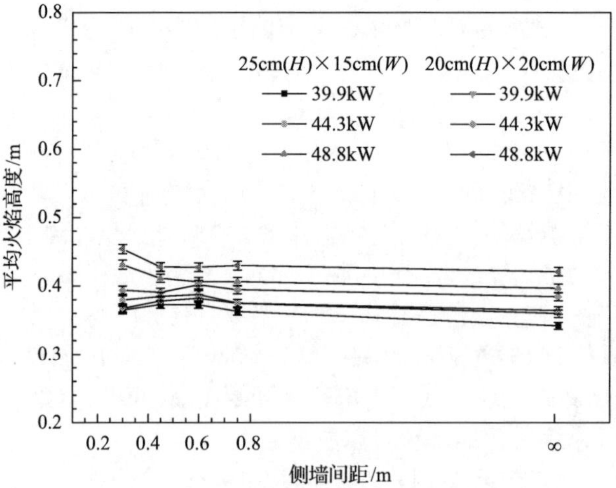

(b) 两种开口，侧墙间距降低时，火焰高度变化并不明显

图 7.7　不同侧墙间距条件下的平均火焰高度(彩图扫二维码)

自由边界条件时，通风控制情况下的火焰高度 Z_f 由无量纲溢出热释放速率 $\dot{Q}_{ex}^*$ 及开口特征长度 ℓ_1 决定(式(4.10))。无量纲溢出热释放速率 $\dot{Q}_{ex}^*$ 的大小，又将决定火焰从开口溢出的形态。Delichatsios 和 Lee 指出其分界点在 1.3 附近[11,12]。当 $\dot{Q}_{ex}^*>1.3$ 时，溢出燃料动量较大，火焰呈近似“半轴对称”的形式燃烧，卷吸主要是三维的；当 $\dot{Q}_{ex}^*<1.3$ 时，溢出燃料动量较小，火焰呈“近壁燃烧”状态，卷吸主要是二维的。然而，当侧墙出现后，火焰溢出燃烧室的卷吸特性发生了变化，上述的火焰高度模型也就不再适用了。图 7.8 给出了有侧墙情况下的平均火焰高度 Z_D 经开口特征长度 ℓ_1 归一化后，得到的 Z_D/ℓ_1 与 $\dot{Q}_{ex}^*$ 变化关系。可以看到，当 $\dot{Q}_{ex}^*<1.3$ 时，数据点仍较为收敛，平均火焰高度变化不大，而当 $\dot{Q}_{ex}^*>1.3$ 时，数据点逐渐发散开来。以上现象说明侧墙的存在将影响平均火焰高度，其主要原因在于侧墙对空气卷吸的作用机制也与无量纲溢出热释放速率 $\dot{Q}_{ex}^*$ 相关，分为两个阶段。

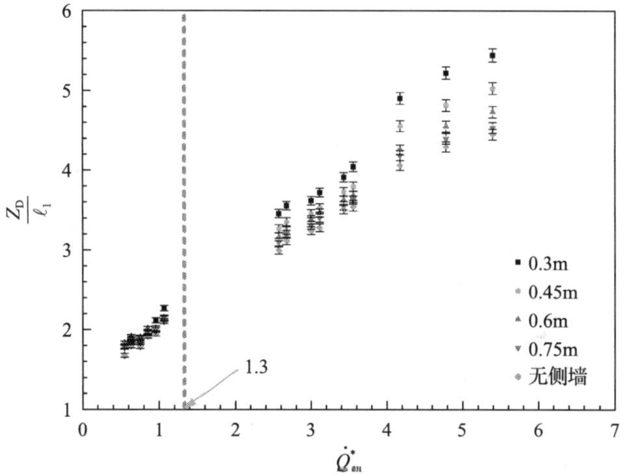

图 7.8　不同侧墙条件下的归一化火焰高度与无量纲溢出热释放速率的关系

(1)“半轴对称火”($\dot{Q}_{ex}^*>1.3$)：火焰溢出后周围的空气卷吸是三维的，来自于三个方向，即正面和两个侧面。侧墙的存在会阻挡来自侧面的空气卷吸，侧墙间距越小，阻隔效应就越明显。来自侧面的空气卷吸速率降低后，溢出的富余燃料需运动到更高处卷吸更多的空气才能完全燃烧，因此火焰高度随侧墙间距降低而逐渐上升。

(2)“近壁面火”($\dot{Q}_{ex}^*<1.3$)：火焰溢出后周围的空气卷吸是二维的，主要来自于燃烧室正面，而侧墙主要阻挡来自侧面的空气卷吸，对正面的空气卷吸影响较小，因此平均火焰高度变化不大。

以上部分通过限定侧墙长度，改变侧墙间距的相关实验结果分析，获得了不同侧墙间距条件下溢出平均火焰高度发展规律的定性结果。在另一个系列实验中同时改变了侧墙长度和侧墙间距两方面因素。图 7.9(a)～(d)给出了开口尺寸为15cm×15cm 时不同侧墙长度和间距限制条件下的火焰高度，从图中可以看出平均火焰高度变化规律的不同趋势。图 7.9(a)和(b)分别为侧墙间距为 0.2m 和 0.3m 时，随着侧墙长度 L 的增加，平均火焰高度先是有所上升，之后又逐渐下降，并不是单调变化的，变化趋势的转折点大约在侧墙长度 L=3D 附近，这与前面所发现的腔室内部温度变化规律的转折点是一致。而对于图 7.9(c)和(d)中侧墙间距为 0.45m 和 0.6m 时的情况，平均火焰高度随侧墙长度 L 的增加而逐渐上升，也即没有发生上述平均火焰高度转折的现象。

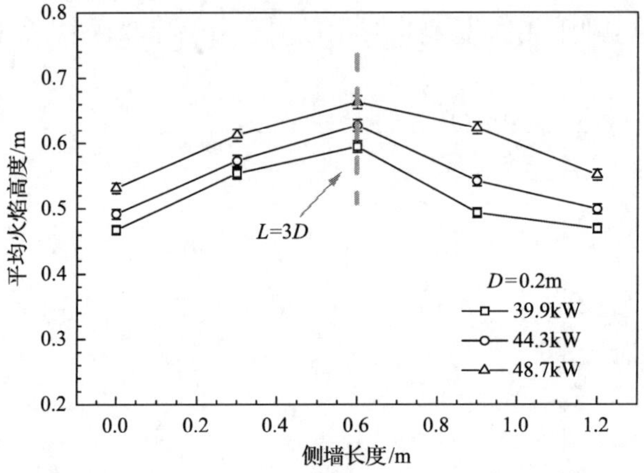

(a) 侧墙间距0.2m

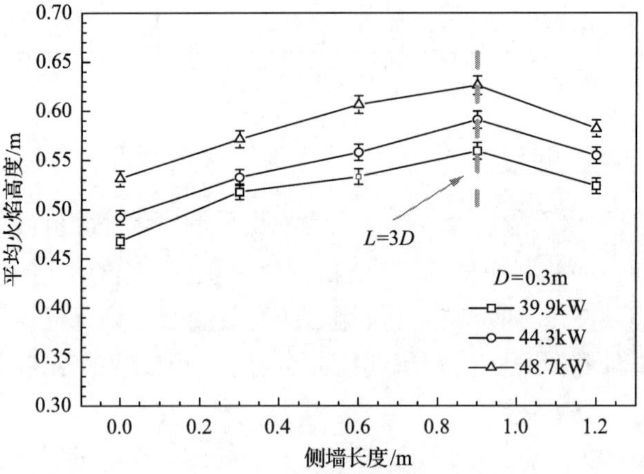

(b) 侧墙间距0.3m

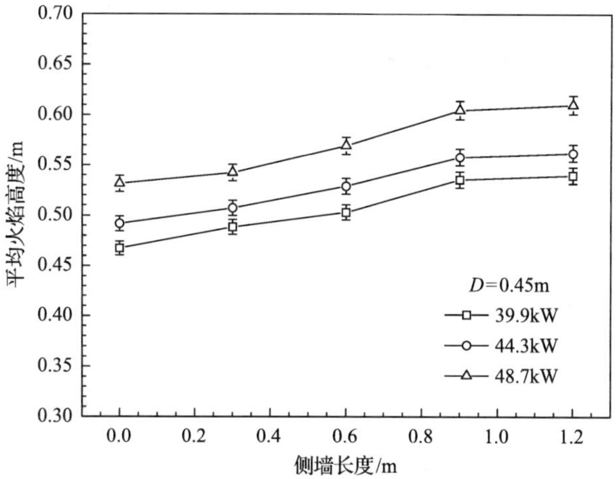

(c) 侧墙间距0.45m

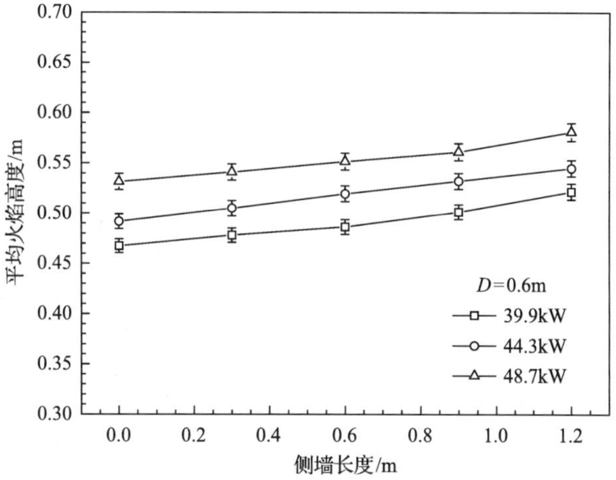

(d) 侧墙间距0.60m

图 7.9　开口尺寸为 15cm×15cm 时不同侧墙条件下的火焰高度

图 7.10 给出了开口尺寸为 20cm×20cm 时不同侧墙长度和间距限制条件下的火焰高度，其变化趋势与开口尺寸为 15cm×15cm 时并不相同。图 7.10(a)中，侧墙间距 D 为 0.3m 时，随着侧墙长度 L 的增加，火焰高度先是变化不大，随后当侧墙长度增加到 0.9m 后又开始逐渐下降，而对于图(b)(c)中侧墙间距 D 为 0.45m 和 0.6m 时的情况，随着侧墙长度 L 的增加，火焰高度变化并不明显。

图 7.11 中，分别以无量纲平均火焰高度 $\dfrac{Z_{\mathrm{f}}}{\ell_1 \cdot \dot{Q}_{\mathrm{ex}}^{*\,2/5}}$ 为纵坐标、侧墙长度和间距之比 L/D 为横坐标作图，可以清晰地体现出不同开口尺寸情况下侧墙的影响效应。图中把归一化火焰高度的变化规律分为两个阶段，包括火焰卷吸控制阶段和燃烧效率控制阶段。

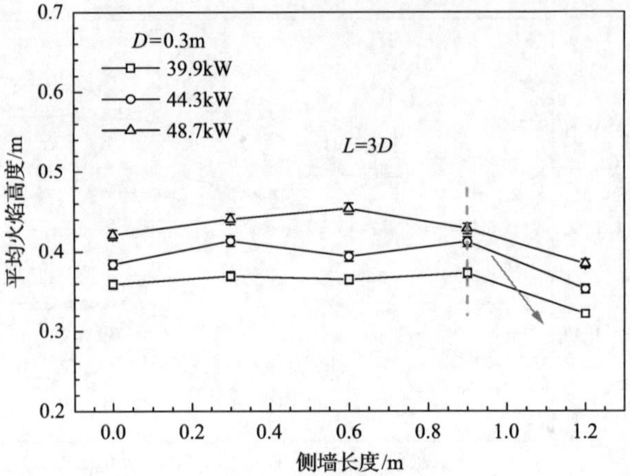

(a) 侧墙间距0.3m

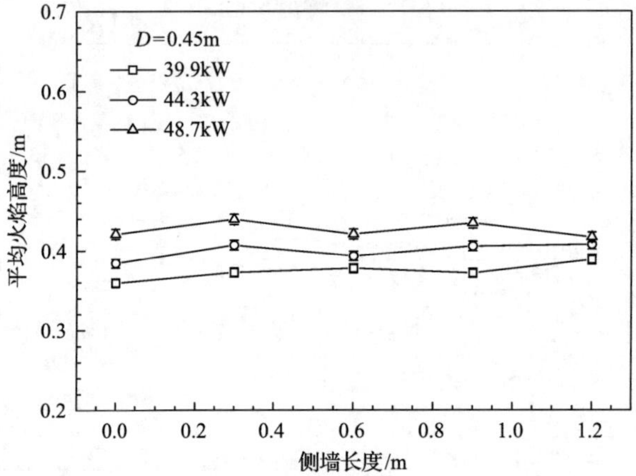

(b) 侧墙间距0.45m

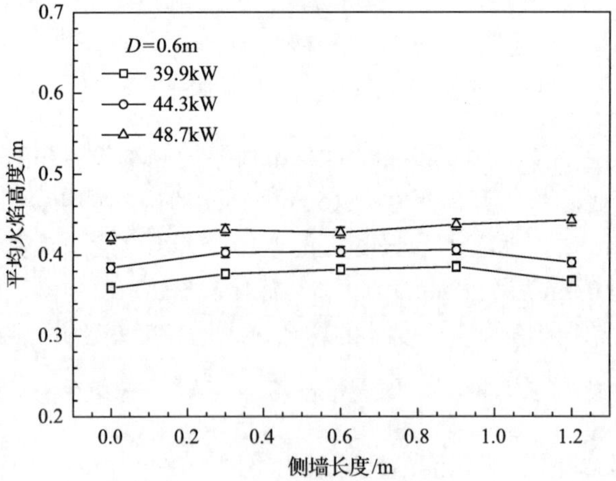

(c) 侧墙间距0.6m

图 7.10　开口尺寸为 20cm×20cm 时不同侧墙长度和间距限制条件下的火焰高度

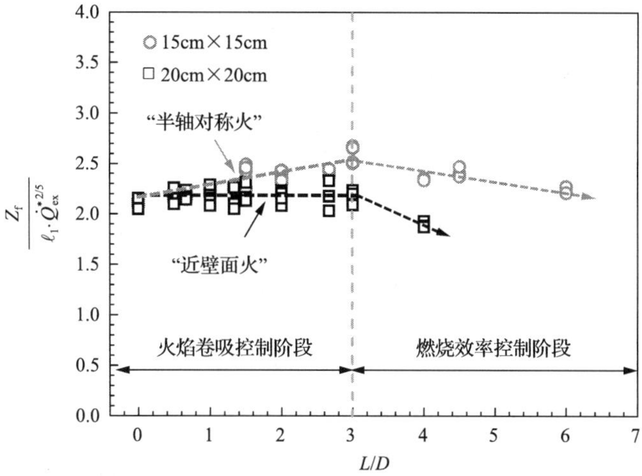

图 7.11　无量纲平均火焰高度与 L/D 的分段关系

(1) $L/D<3$ 时，开口火溢流处于火焰卷吸控制阶段。在此阶段中，当 $\dot{Q}_{ex}^{*}<1.3$ 时，溢出火焰为“近壁面火”，火焰高度主要受来自燃烧室正面的卷吸控制，其卷吸速率不随侧墙长度变化，因此平均火焰高度几乎不变；当 $\dot{Q}_{ex}^{*}>1.3$ 时，溢出火焰为“半轴对称火”，火焰高度由燃烧室正面和侧面的卷吸决定，随着侧墙长度和间距之比 L/D 增加，卷吸受限程度加剧，因此平均火焰高度有所上升。

(2) $L/D>3$ 时，开口火溢流处于燃烧效率控制阶段，卷吸受到侧墙阻挡，相对较为困难，富余燃料不能很好地和空气接触混合，总体燃烧效率下降，导致火焰高度逐渐下降。这与之前观察到的温度变化规律是一致的。从图 7.11 中火焰高度下降的趋势来看，“近壁面火”受侧墙长度的限制效应要比“半轴对称火”更为明显。

二、侧墙限制对火焰卷吸的影响机制与理论

前文已定性分析了不同侧墙限制边界条件下开口火溢流平均火焰高度的演化规律。可以看到，无量纲溢出热释放速率 $\dot{Q}_{ex}^{*}$ 的大小决定开口火溢流行为处于“近壁面火”阶段或“半轴对称火”阶段，而在这两个阶段下，侧墙限制边界条件对开口火溢流行为的影响效应并不相同。从前面的分析中发现，对于“近壁面火”阶段，侧墙的存在对于溢出平均火焰高度的影响很小，而在“半轴对称火”阶段这种影响效应就显得较为明显了。要进一步获得定量结论，就需要更深层次地研究侧墙限制对火焰卷吸的影响机制。这里重点讨论“半轴对称火”阶段时，不同侧墙条件下的火焰卷吸机制，并且重点关注图 7.11 中的火焰卷吸控制阶段。对于图 7.11 中的燃烧效率控制阶段，由于其影响因素更为复杂，这里不再进一步讨论。

首先，只考虑侧墙长度保持不变的情况。通过引入火焰高度修正因子 K，可以表征不同侧墙间距受限边界条件下的火焰高度：

$$K = \frac{Z_{\mathrm{f,D}}}{Z_{\mathrm{f},\infty}} \tag{7.2}$$

式中，$Z_{\mathrm{f,D}}$ 和 $Z_{\mathrm{f},\infty}$分别为侧墙间距为 D 和侧墙间距无穷大(即无侧墙的自由边界条件)时的平均火焰高度。引入开口特征长度 ℓ_1，式(7.2)也可以写成归一化火焰高度的形式[13]：

$$\frac{Z_{\mathrm{D},\infty}}{\ell_1} = K \cdot \frac{Z_{\mathrm{f},\infty}}{\ell_1} \tag{7.3}$$

显然，对于 $\dot{Q}_{\mathrm{ex}}^* < 1.3$（“近壁面火”）的情况，火焰高度变化不大，可以认为 $K \approx 1$。对于 $\dot{Q}_{\mathrm{ex}}^* > 1.3$（“半轴对称火”）的情况，从实验结果来看，可以认为火焰高度修正因子 K 应为侧墙间距 D，开口特征长度 ℓ_1 和 ℓ_2 及无量纲溢出热释放速率 $\dot{Q}_{\mathrm{ex}}^*$ 的函数：

$$K = \mathrm{fcn}\left(D, \ell_1, \ell_2, \dot{Q}_{\mathrm{ex}}^*\right) \tag{7.4}$$

基于 Lee 提出的开口火溢流矩形火源简化模型[12]，开口火溢流可以近似等价为燃烧室开口中性面上的矩形火源。矩形的长宽分别为 ℓ_1 和 ℓ_2，而热释放速率为 $\dot{Q}_{\mathrm{ex}}$，因此侧墙限制边界条件下的开口火溢流的矩形火源简化模型如图 7.12 所示。在这种情况下，卷吸主要来自此矩形火源的三条边上(除去外立面阻挡的一条边)。

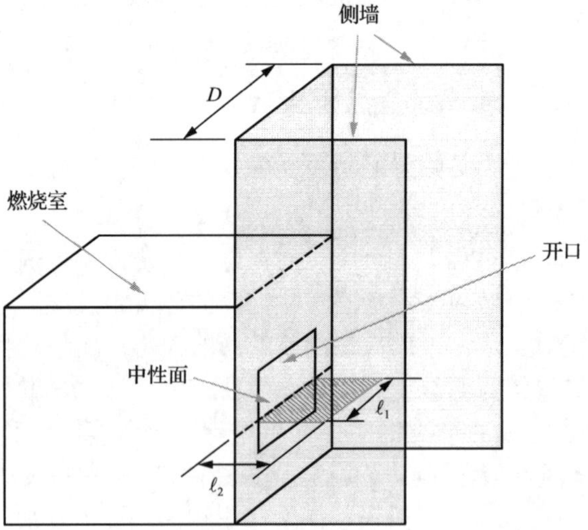

图 7.12 Lee 提出的开口火溢流的矩形火源简化模型

当 $\dot{Q}_{ex}^* > 1.3$ 时，火焰溢出燃烧室开口后，受到三个方向的卷吸作用。假定卷吸速率与矩形的边长呈比例关系。由于两个侧墙是对称放置的，两侧的卷吸速率可以假定一致。火焰溢出后的卷吸分为三种情况。

(1) 无侧墙情况(即侧墙间距 $D=\infty$的情况，如图 7.13(a)所示)，来自燃烧室正面和侧面的卷吸 $\dot{m}_{front}$ 和 $\dot{m}_{side}$ 可以分别表示为

$$\dot{m}_{front} \sim \alpha \cdot \ell_1 \tag{7.5}$$

$$\dot{m}_{side} \sim \alpha \cdot \lambda \cdot \ell_2 \tag{7.6}$$

式中，α 为空气卷吸系数；λ 表示正面和侧面卷吸的差异。因此，总的火溢流卷吸速率 $\dot{m}_{total,\infty}$ 可以表示为

$$\dot{m}_{total,\infty} = \dot{m}_{front} + 2 \cdot \dot{m}_{side} \sim \alpha \cdot \left(\ell_1 + 2\lambda\ell_2\right) \tag{7.7}$$

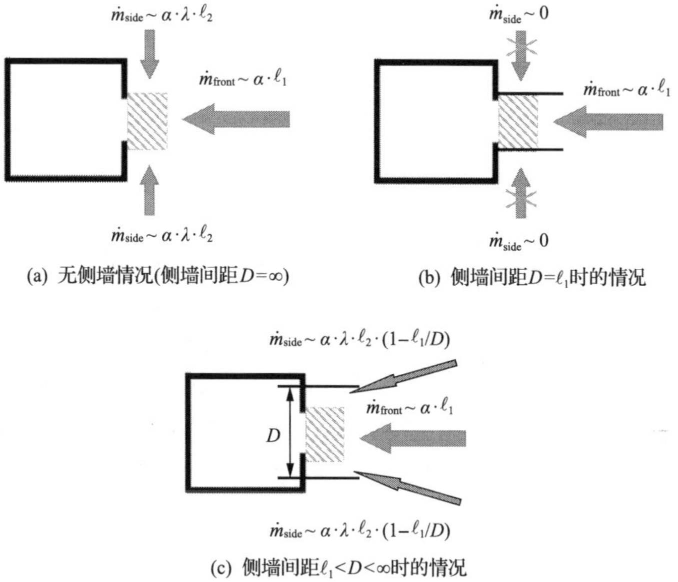

(a) 无侧墙情况(侧墙间距 $D=\infty$)

(b) 侧墙间距 $D=\ell_1$时的情况

(c) 侧墙间距 $\ell_1<D<\infty$时的情况

图 7.13　不同侧墙间距条件下的卷吸模型

(2) 侧墙间距 $D=\ell_1$ 时(如图 7.13(b)所示，这里不考虑侧墙间距 $D<\ell_1$ 情况)，来自侧面的卷吸基本被限制住了，来自正面的卷吸影响不大，因此有

$$\dot{m}_{front} \sim \alpha \cdot \ell_1 \tag{7.8}$$

$$\dot{m}_{side} \sim 0 \tag{7.9}$$

而总的火溢流卷吸速率 $\dot{m}_{total,\ell_1}$ 变为

$$\dot{m}_{\text{total},\ell_1} = \dot{m}_{\text{front}} + 2\cdot\dot{m}_{\text{side}} \sim \alpha\cdot\ell_1 \tag{7.10}$$

(3) 侧墙间距在以上两种极端情况之间时(即 $\ell_1 < D < \infty$，如图 7.13(c) 所示)，来自正面的卷吸受侧墙影响不大，但侧墙的存在会阻碍来自侧面的空气卷吸。这里引入无量纲距离因子 $1-\ell_1/D$ 来表征侧墙的影响效应，当 $D=\infty$ 时，无量纲距离因子为 1，表示侧墙不影响火溢流卷吸，而 $D=\ell_1$ 时，无量纲距离因子为 0，表示侧墙完全阻挡了侧面的火溢流卷吸，这与以上两种极端情况相符。因此，此时来自燃烧室正面和侧面的空气卷吸 $\dot{m}_{\text{front}}$ 和 $\dot{m}_{\text{side}}$ 分别为

$$\dot{m}_{\text{front}} \sim \alpha\cdot\ell_1 \tag{7.11}$$

$$\dot{m}_{\text{side}} \sim \alpha\cdot\lambda\cdot\ell_2\cdot(1-\ell_1/D) \tag{7.12}$$

总的火溢流卷吸速率 $\dot{m}_{\text{total},D}$ 为

$$\dot{m}_{\text{total},D} = \dot{m}_{\text{front}} + 2\cdot\dot{m}_{\text{side}} \sim \alpha\cdot\left[\ell_1 + 2\lambda\ell_2\left(1-\ell_1/D\right)\right] \tag{7.13}$$

根据前面的分析，平均火焰高度应与火溢流卷吸速率成反比，这样，只考虑侧墙间距因素时，火焰高度修正因子 K 就可以用以下的公式表示出来：

$$K = \frac{Z_{\text{f},D}}{Z_{\text{f},\infty}} = \frac{\dot{m}_{\text{total},\infty}}{\dot{m}_{\text{total},D}} = \frac{\ell_1 + 2\lambda\ell_2}{\ell_1 + 2\lambda\ell_2\left(1-\ell_1/D\right)} \tag{7.14}$$

式(7.14)可以很好地表达当侧墙长度保持不变时，不同侧墙间距对火溢流卷吸的影响。在此基础上，需用类似的方法进一步将侧墙长度因素耦合到该表达式中。对于不同侧墙长度条件，空气的卷吸同样分为三种情况，如图 7.14 所示。

(1) 无侧墙情况，如图 7.14(a) 所示，总的卷吸速率与前面第一种情况完全相同，有

$$\dot{m}_{\text{total},\infty} \sim \alpha\cdot\left(\ell_1 + 2\lambda\ell_2\right) \tag{7.15}$$

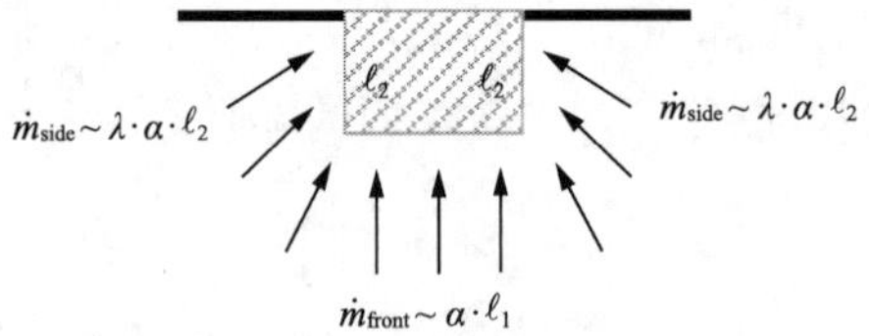

(a) 无侧墙(自由边界)情况

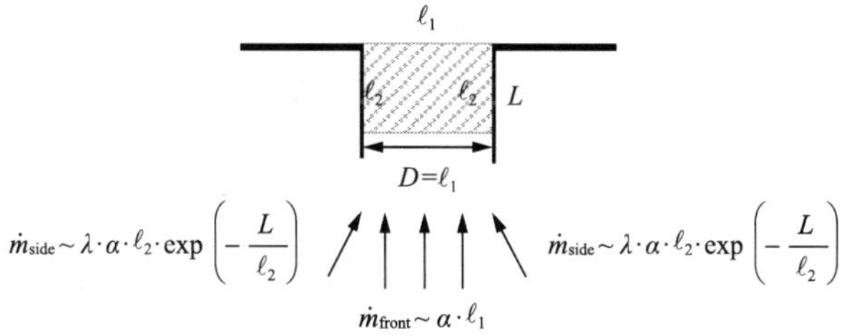

(b) 侧墙间距$D=\ell_1$时的情况

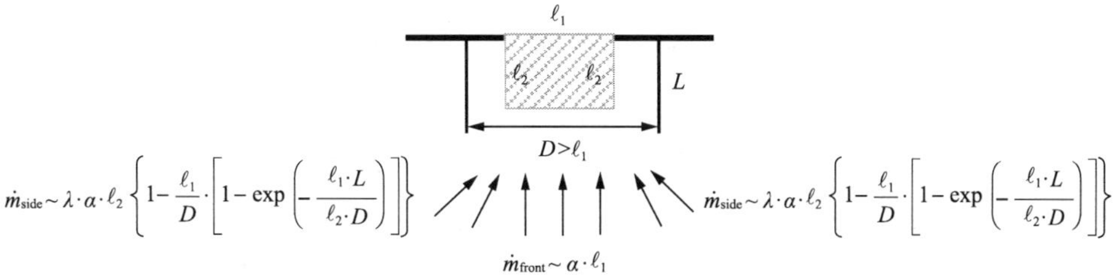

(c) 侧墙间距$\ell_1<D<\infty$时的情况

图 7.14　考虑侧墙长度耦合作用后的卷吸模型

(2) 侧墙间距 $D=\ell_1$ 时，且侧墙长度为 L 时，如图 7.14(b) 所示。在式(7.6)的基础上引入指数因子 $\exp\left(-\dfrac{L}{\ell_2}\right)$ 来表征其侧面的空气卷吸，有

$$\dot{m}_{\text{side}} \sim \lambda \cdot \alpha \cdot \ell_2 \cdot \exp\left(-\frac{L}{\ell_2}\right) \tag{7.16}$$

这里可以看到，当侧墙长度 $L=0$ 时，指数因子为 1，式(7.16)重新变为式(7.8)的形式，即此时又相当于无侧墙情况，卷吸不受影响；而当侧墙长度 $L=\infty$时，指数因子取值为 0，此时式(7.16)也变为 0，说明来自侧面的卷吸应完全被阻挡，只存在正面的卷吸。

(3) 侧墙间距 $\ell_1<D<\infty$时，如图 7.14(c) 所示，此时需要对侧面的卷吸进行进一步修正。根据实验结果，侧墙间距越大，卷吸受限程度越低；反之侧墙长度越大，卷吸受限程度就越高。这里，充分考虑侧墙长度和侧墙间距的比例因素，引入指数衰减因子 $\exp\left(-\dfrac{\ell_1 \cdot L}{\ell_2 \cdot D}\right)$ 进行表征，将侧面的卷吸用以下的公式表示：

$$\dot{m}_{\text{side}} \sim \lambda \cdot \alpha \cdot \ell_2 \left\{1-\frac{\ell_1}{D} \cdot \left[1-\exp\left(-\frac{\ell_1 \cdot L}{\ell_2 \cdot D}\right)\right]\right\} \tag{7.17}$$

可以看到，式(7.17)能满足各种极限情况。当 $D=\infty$(也就是无侧墙情况，或

L=0 情况)时，指数衰减因子取值为 1，因此 $\dot{m}_{\text{side}} \sim \lambda \cdot \alpha \cdot \ell_2$；当 $D=\ell_1$ 时，式(7.17)与式(7.16)的表达形式相同；而当 L=∞时，式(7.17)与上述只考虑侧墙间距因素时的式(7.12)完全一样。因此，应用侧墙长度修正后的卷吸模型后，总的卷吸速率 $\dot{m}_{\text{total},D,L}$ 为

$$\dot{m}_{\text{total},D,L} = \dot{m}_{\text{front}} + 2 \cdot \dot{m}_{\text{side}} \sim \alpha \cdot \ell_1 + 2\lambda \cdot \alpha \cdot \ell_2 \left\{1 - \frac{\ell_1}{D} \cdot \left[1 - \exp\left(-\frac{\ell_1 \cdot L}{\ell_2 \cdot D}\right)\right]\right\} \tag{7.18}$$

最终，获得了耦合侧墙间距和侧墙长度因素的火焰高度修正因子 K，用以下公式来表示：

$$K = \frac{Z_{\text{f},D,L}}{Z_{\text{f},\infty,0}} = \frac{\dot{m}_{\text{total},\infty,0}}{\dot{m}_{\text{total},D,L}} = \frac{\ell_1 + 2\lambda\ell_2}{\ell_1 + 2\lambda \cdot \alpha \cdot \ell_2 \left\{1 - \frac{\ell_1}{D} \cdot \left[1 - \exp\left(-\frac{\ell_1 \cdot L}{\ell_2 \cdot D}\right)\right]\right\}} \tag{7.19}$$

式中，$Z_{\text{f},D,L}$ 和 $Z_{\text{f},\infty,0}$ 分别为侧墙间距为 D、侧墙长度为 L 条件下及自由边界条件下的开口火溢流平均火焰高度。

三、考虑侧墙间距和长度的火焰高度理论模型

通过卷吸模型的分析，获得了火焰高度修正因子 K 的函数模型，现在只需要确定系数 λ 的取值，就可以得到不同侧墙受限边界条件下的火焰高度的无量纲表征模型。

首先仍讨论侧墙长度保持不变的情况，分析不同侧墙间距条件下系数 λ 的取值。分别取 λ=1、0.5、0.3 和 0.2，以 $\dot{Q}^*_{\text{ex}}$ 为横坐标，$Z_{\text{f},D}/(K \cdot Z_{\text{f},\infty})$ 为纵坐标作图，如图 7.15 所示，通过互相对比可以发现，当 λ=0.2 时，$Z_{\text{f},D}/(K \cdot Z_{\text{f},\infty})$ 值接近于 1。

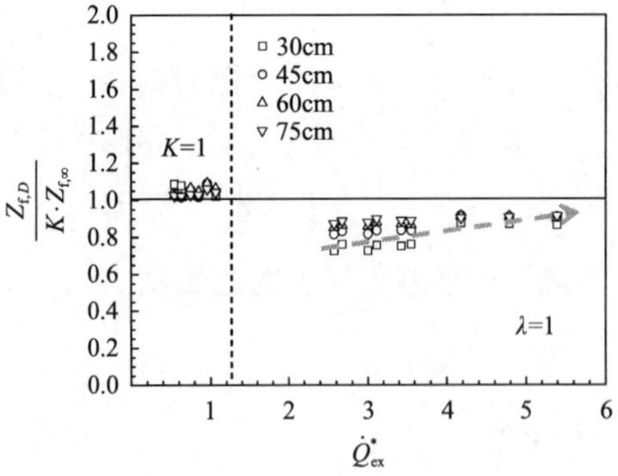

(a)

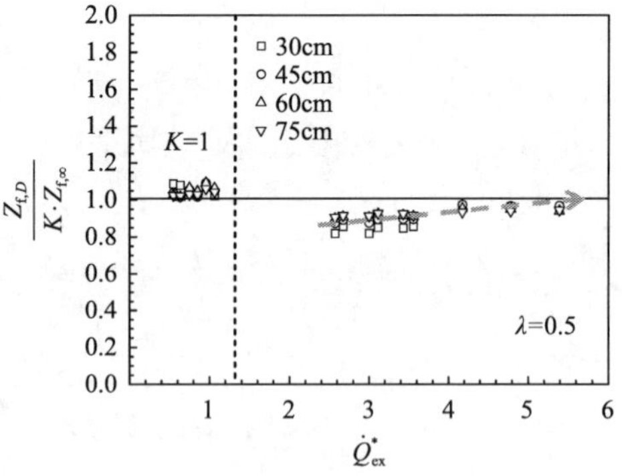

(b)

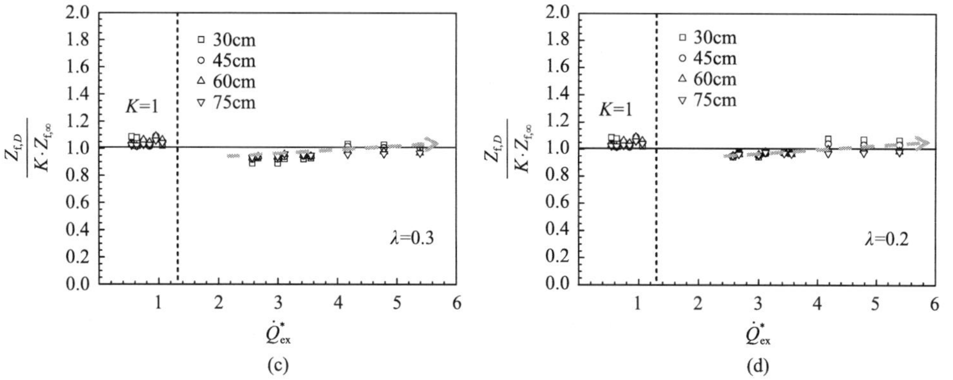

图 7.15　λ 取不同定值时的火焰高度修正结果

进一步考虑侧墙长度的因素，可以发现，在火焰卷吸控制阶段($L<3D$)，无量纲溢出热释放速率 $\dot{Q}_{ex}^*>1.3$，λ 取 0.2 时的平均火焰高度修正效果较好，如图 7.16 所示。

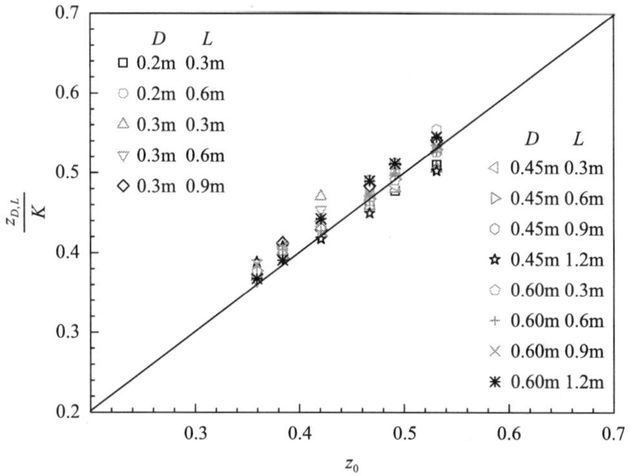

图 7.16　不同侧墙条件下火焰高度修正模型

最后，值得注意的是，理论上来说由于 λ 表征腔室外侧面和正面的空气卷吸差异程度，因此在不同侧墙条件下，λ 取定值不够合理。通过分析认为 λ 的取值应与 $\dot{Q}_{ex}^*$ 有关：

$$\lambda=\text{fcn}(\dot{Q}_{ex}^*) \tag{7.20}$$

从不同侧墙间距条件下的实验数据推知，当 $\dot{Q}_{ex}^*>1.3$ 时，若 λ 与 $\dot{Q}_{ex}^{*2/5}$ 呈下面的线性关系(图 7.17)，平均火焰高度修正效果较好(图 7.18)：

$$\lambda=0.317\dot{Q}_{ex}^{*2/5}-0.352,\quad \dot{Q}_{ex}^*>1.3 \tag{7.21}$$

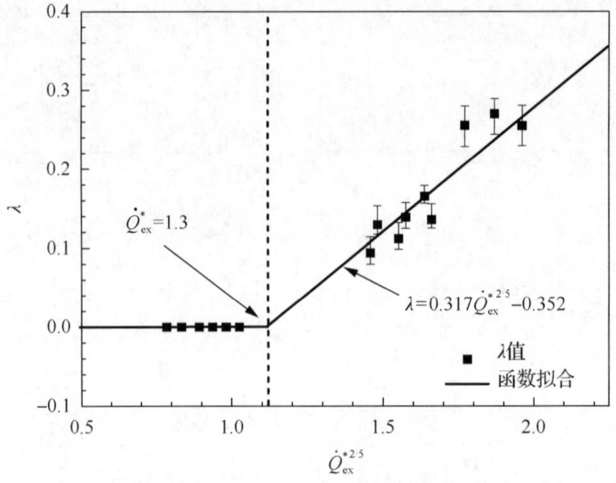

图 7.17　λ 与无量纲溢出热释放速率 $\dot{Q}^{*}_{ex}$ 呈线性关系

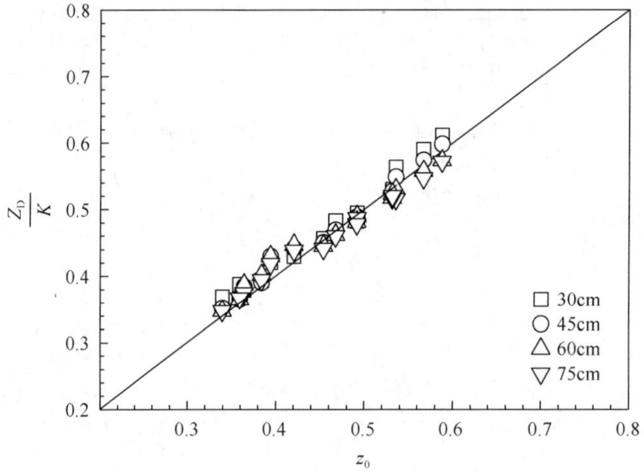

图 7.18　λ 取为式(7.21)时，不同侧墙间距条件下火焰高度修正模型

最终，综合考虑了侧墙间距和侧墙长度两方面因素，侧墙限制边界条件下平均火焰高度的无量纲修正模型可以用式(7.22)来表征：

$$
\begin{aligned}
&Z_{\mathrm{f},\infty} = \mathrm{fcn}(\dot{Q}^{*}_{\mathrm{ex}}) \\
&K = \frac{Z_{\mathrm{f},D,L}}{Z_{\mathrm{f},\infty}} = \begin{cases} 1, & \dot{Q}^{*}_{\mathrm{ex}} \leqslant 1.3 \\ \dfrac{\ell_1 + 2\lambda\ell_2}{\ell_1 + 2\lambda\cdot\alpha\cdot\ell_2\left\{1-\dfrac{\ell_1}{D}\cdot\left[1-\exp\left(-\dfrac{\ell_1\cdot L}{\ell_2\cdot D}\right)\right]\right\}}, & \dot{Q}^{*}_{\mathrm{ex}} > 1.3 \end{cases} \qquad (7.22) \\
&\lambda = 0.317\dot{Q}^{*2/5}_{\mathrm{ex}} - 0.352, \quad \dot{Q}^{*}_{\mathrm{ex}} > 1.3
\end{aligned}
$$

第二节　侧墙限制边界下建筑外立面开口火溢流的竖向温度分布

从上一节可以看到，不同侧墙限制条件下，由于侧墙对空气卷吸的阻隔效应，将引起开口火溢流平均火焰高度发生变化，而平均火焰高度的变化势必改变腔室外部的温度分布规律。本节中将重点关注“半轴对称火”阶段(即无量纲溢出热释放速率 $\dot{Q}_{ex}^{*}>1.3$ 时)，不同侧墙间距条件下建筑外立面开口火溢流的竖向温度分布规律。

一、竖向温度分布随侧墙间距的演化规律

首先，需获得自由边界条件下开口火溢流的竖向温度分布规律。图 7.19 给出了基于 1∶8 小尺寸实验得到的自由边界条件下开口火溢流竖向温度分布[14]，其横坐标为取样高度与开口中性面高度之间的相对距离(中性面高度保持在距离开口底部 0.4H 处，H 为开口高度)。通过对比可以看到，当开口较小时(即开口通风因子较小时)，开口火溢流竖向温度较高。

侧墙出现后，对于“半轴对称火”，溢出腔室的平均火焰高度有所上升，同时侧墙的存在不利于火场周围的热量向环境扩散，双重因素作用下可以预计开口火溢流竖向温度也将增加。图 7.20 给出了当侧墙间距为 0.2m 时，不同开口尺寸和热释放速率条件下的开口火溢流竖向温度分布。虽然温度在竖直方向也呈现不断衰减状态，这一点与图 7.19 的规律是类似的，然而，同样可以看到，图 7.20 中呈现的温度均较图 7.19 中相同开口尺寸和热释放速率条件下的结果要高。

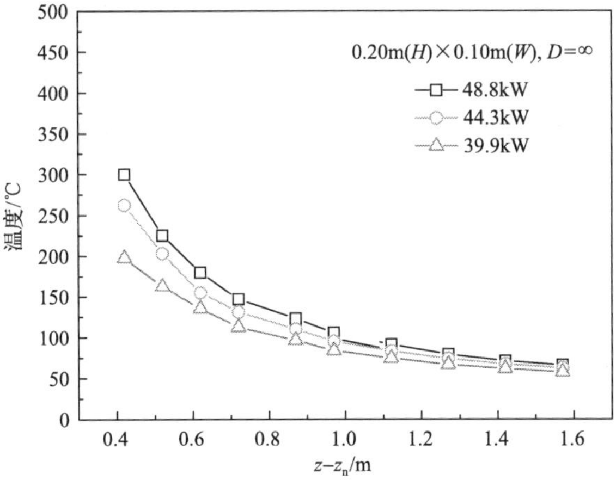

(a)

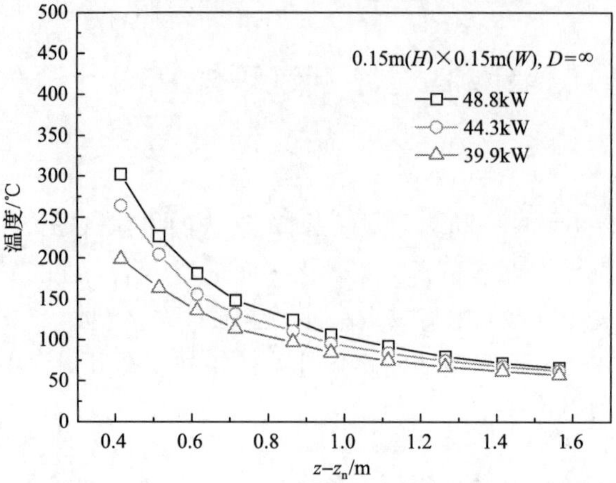

(b)

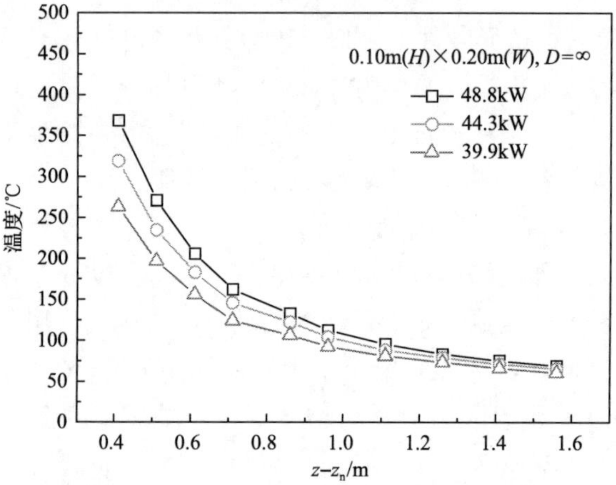

(c)

图 7.19　自由边界条件下开口火溢流竖向温度分布

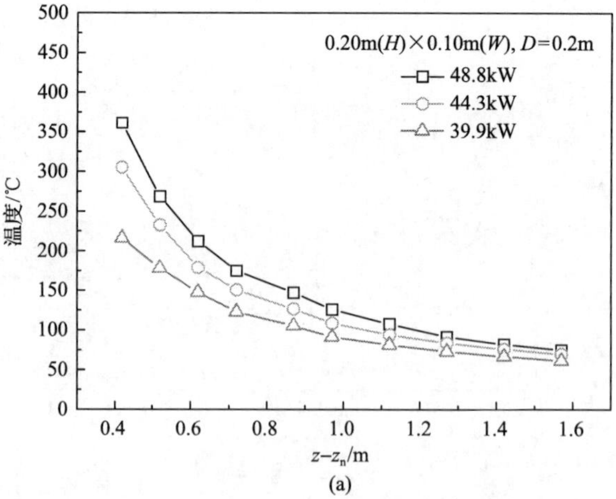

(a)

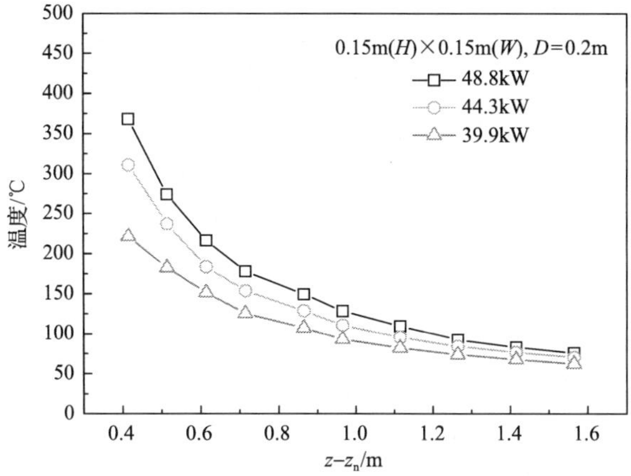

(b)

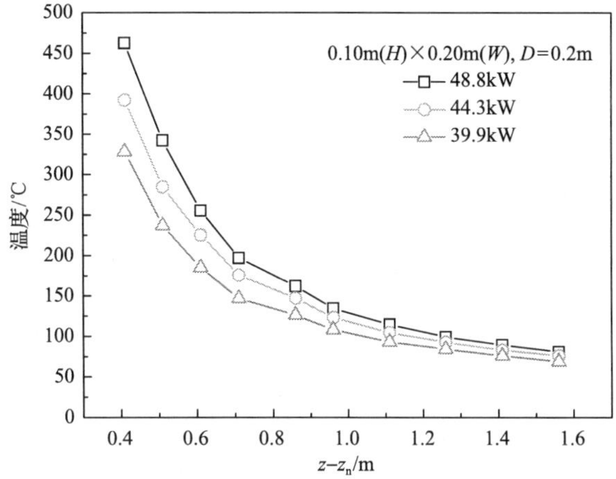

(c)

图 7.20　当侧墙间距为 0.2m 时，不同开口尺寸和热释放速率条件下开口火溢流竖向温度分布

图 7.21 中给定了热释放速率 48.8kW，可以对不同侧墙间距条件下的开口火溢流竖向温度分布进行比较。此时发现，随着侧墙间距由远及近，相同高度处测得的温度是单调上升的，尤其在侧墙间距小于 0.45m 后，其上升趋势愈发明显，对于通风因子较小的开口(0.10m(*H*)×0.20m(*W*))，侧墙间距的影响效应最大。而当侧墙间距超过 0.6m 后，侧墙对开口火溢流竖向温度的影响则相对减弱，与无侧墙(自由边界条件，即侧墙间距为∞)情况下的结果类似。

另外，在给定开口尺寸条件下，同样可以发现热释放速率越高，侧墙的影响效应也有所提升，体现在温度分布的提升率上有着微弱的增加。例如，图 7.22 列出了开口尺寸为 0.10m(*H*)×0.20m(*W*)时，不同热释放速率及侧墙间距条件下的开口火溢流竖向温度分布情况，当热释放速率为 48.8kW，侧墙间距为 0.2m 时的温升较自由边界条件而言上升了 29%，而当热释放速率为 39.9kW，相同侧墙间距条件下的温升只提高了 25%。

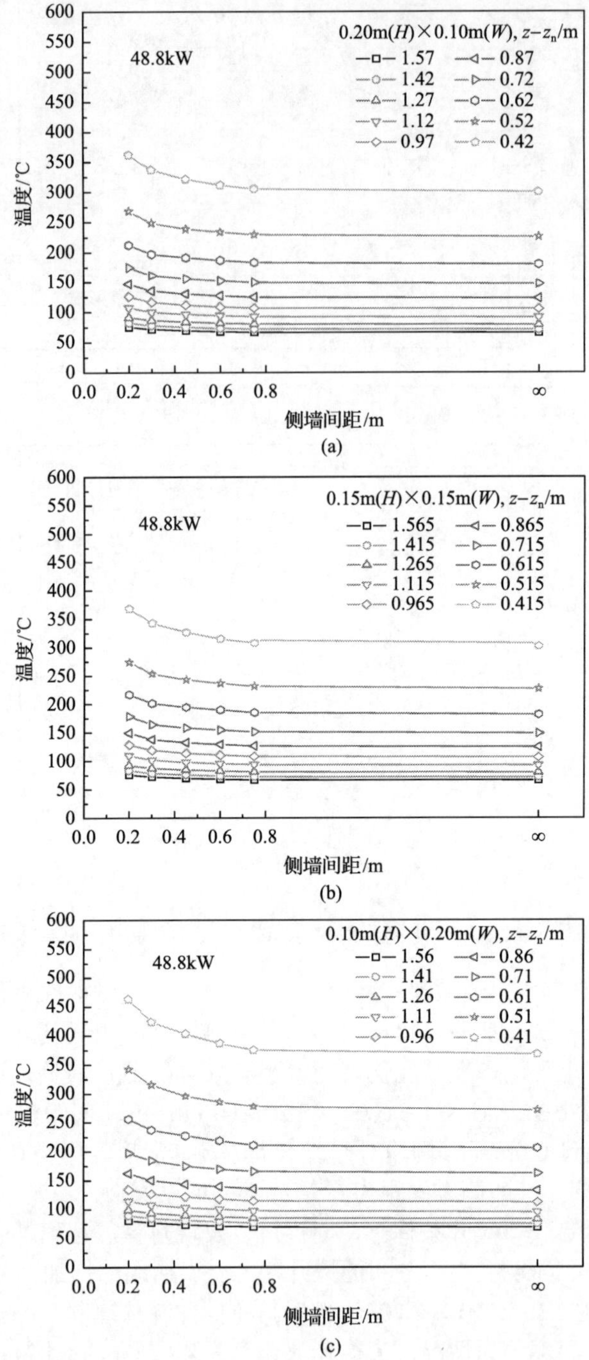

图 7.21　给定热释放速率时，不同侧墙间距条件下开口火溢流竖向温度分布

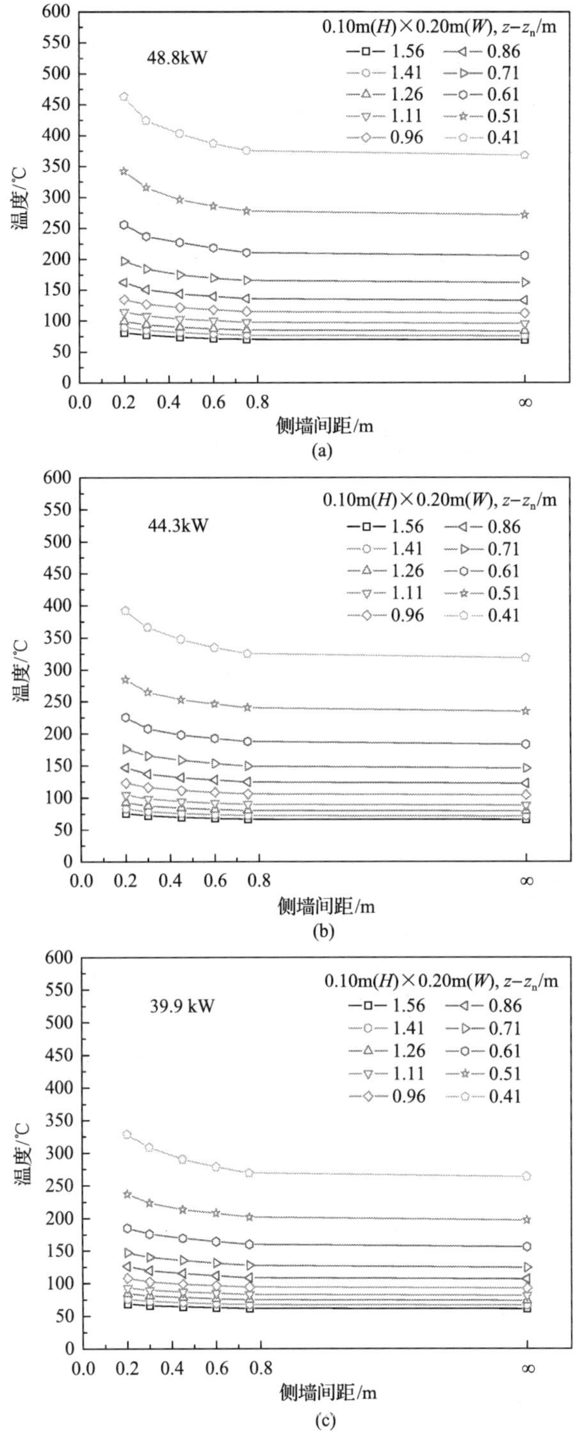

图 7.22　给定开口尺寸时，不同热释放速率及侧墙间距条件下开口火溢流竖向温度分布

二、考虑侧墙间距的竖向温度分布理论模型

中国科学技术大学唐飞提出了自由边界条件下开口火溢流的虚点源模型[6]，并指出，无量纲竖向温度分布可以用下面的公式来表示：

$$\Theta = \mathrm{fcn}\left(\frac{z - z_{\mathrm{n}} - z_0}{\ell_1}\right) = \mathrm{fcn}\left(z^*\right) \tag{7.23}$$

式中，z_0 为虚点源高度位置；z^*为归一化竖向高度，$z^* = \dfrac{z - z_{\mathrm{n}} - z_0}{\ell_1}$；$\Theta$ 为无量纲温度，定义为

$$\Theta = \frac{\Delta T_z / T_\infty}{\dot{Q}_{\mathrm{conv}}^{*2/3}} = \frac{\Delta T_z / T_\infty}{\left(\dfrac{\dot{Q}_{\mathrm{conv}}}{\rho_\infty C_{\mathrm{p}} T_\infty \sqrt{g}\, \ell_1^{2/5}}\right)^{2/3}} \tag{7.24}$$

式中，ΔT_z 为在 z 高度处的温升；$\dot{Q}_{\mathrm{conv}}$ 为溢出热释放速率的对流部分，有

$$\dot{Q}_{\mathrm{conv}} = \left(\dot{m}_{\mathrm{f}} + \dot{m}_{\mathrm{a}}\right) \cdot C_{\mathrm{p}} \cdot \left(T_{\mathrm{g}} - T_\infty\right) + \dot{Q}_{\mathrm{ex}} \tag{7.25}$$

采用上述方法，自由边界条件下开口火溢流竖向温度可以进一步用式(7.26)表征，如图 7.23 所示。注意到实验工况处于“半轴对称火”阶段，由于溢出的富余燃料受三维卷吸控制，无量纲竖向温度分布与归一化竖向高度呈–5/3 次方的幂指数关系：

$$\Theta = 2.93 z^{*-5/3} \tag{7.26}$$

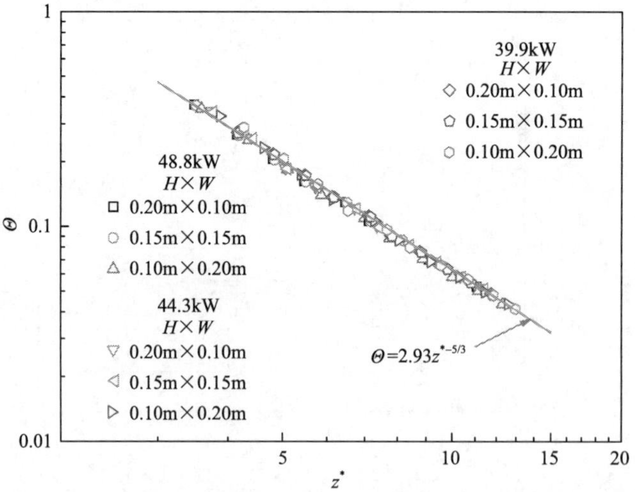

图 7.23　自由边界条件下开口火溢流竖向温度分布模型(1∶8 小尺寸实验)

采用上述类似方法，图 7.24 中得到不同侧墙限制边界条件下的开口火溢流竖向温度分布与归一化高度的变化关系。无量纲竖向温度 Θ 与归一化竖向高度仍保持较好的–5/3 次方的幂指数关系。然而，拟合系数与自由边界条件下有明显差异，即

$$\Theta = \alpha_D z^{*-5/3} \tag{7.27}$$

式中，α_D 为拟合系数，与侧墙间距相关。

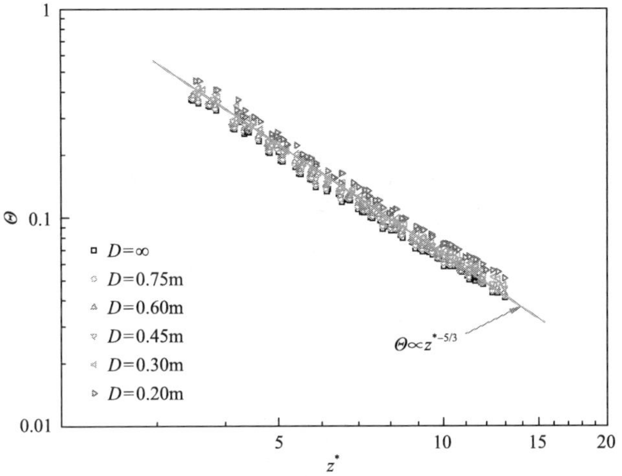

图 7.24　不同侧墙限制边界条件下的开口火溢流竖向温度分布与归一化高度的变化关系（1∶8 小尺寸实验）

将图 7.24 中的横坐标变换为 $z^{*-5/3}$，斜率拟合可以获得为拟合系数 α_D 的取值（图 7.25）。从图中可以看到，随着侧墙间距的降低，拟合系数 α_D 是不断上升的

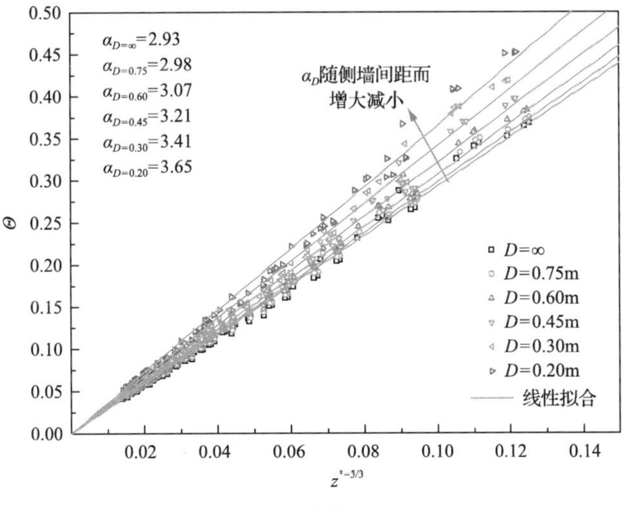

图 7.25　Θ 与 $z^{*-5/3}$ 的拟合关系

(图 7.26)。进一步定义 $\alpha^* = \alpha_D / \alpha_{D=\text{inf}.}$，即侧墙限制边界条件与自由边界条件下的拟合系数之比。图 7.26 的右下角给出了 α^* 与第七章第一节中火焰高度修正因子 K 之间的关系，可以看到 α^* 与 K 相差不大。

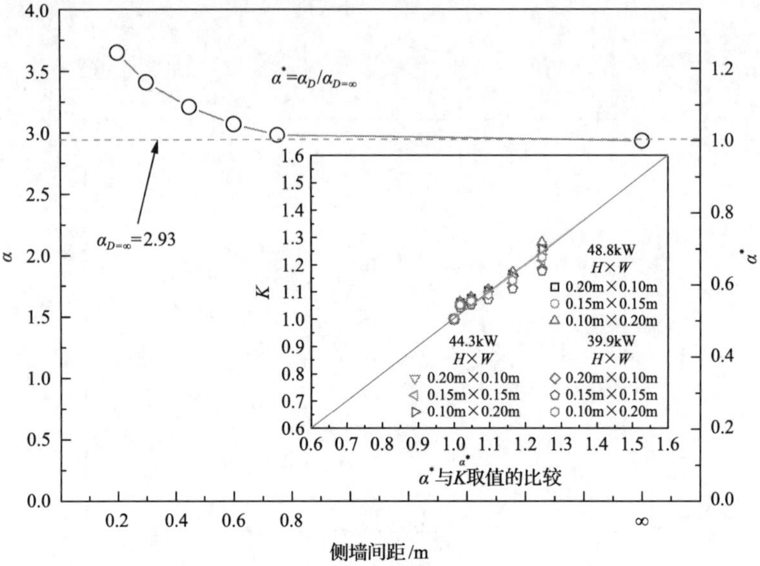

图 7.26　拟合系数 α_D 随侧墙间距的变化关系

因此，只需将式(7.26)作进一步修正如式(7.28)所示，从图 7.27 中可以看到其拟合程度较好。

$$\Theta / K = 2.93 z^{*-5/3} \tag{7.28}$$

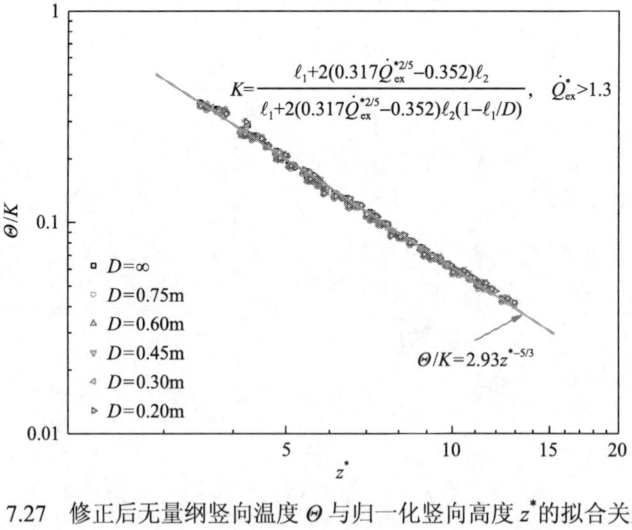

图 7.27　修正后无量纲竖向温度 Θ 与归一化竖向高度 z^*的拟合关系

这里 K 的取值沿用式(7.14)给定的取值，即

$$K=\frac{\ell_1+2\left(0.317\dot{Q}_{\rm ex}^{*2/5}-0.352\right)\ell_2}{\ell_1+2\left(0.317\dot{Q}_{\rm ex}^{*2/5}-0.352\right)\ell_2\left(1-\ell_1/D\right)},\quad \dot{Q}_{\rm ex}^{*}>1.3 \tag{7.29}$$

第三节　侧墙限制边界下建筑外立面开口火溢流的热流分布

建筑外立面热流密度是影响火蔓延的重要因素，受开口附近的热量累积和火焰高度共同影响。从前面的分析中可以看到，侧墙的存在，会改变溢出火焰的卷吸性质，从而改变平均火焰高度，可以预期此时外立面热流密度分布也会发生变化。本节注重阐述侧墙限制边界下建筑外立面开口火溢流的热流分布规律。

一、外立面竖向热流分布随侧墙间距的演化规律

在腔室外立面上设置了 5 个热流密度计，以测量不同侧墙间距条件下外立面竖向的热流密度分布。首先，获得了无侧墙条件(自由边界条件)下不同开口的外立面热流分布[15]，如图 7.28 所示。在竖直方向上，热流密度逐渐下降，这与燃烧室外立面温度分布情况是类似的。

在自由边界的基础上，进一步考虑侧墙的因素。实验得到了侧墙间距为 30cm、38cm 和 45cm 时外立面热流密度竖向分布的演化规律，分别如图 7.29～图 7.31 所示。可以看到，热流密度在竖直方向上的衰减规律与无侧墙情况类似。

然而，分别比较不同侧墙间距受限边界条件，可以发现五个热流密度计测得的热流密度有所变化，如图 7.32 所示，热流密度变化规律同样分为两种。

(1)“半轴对称火”(开口尺寸 15cm(H)×15cm(W)和 20cm(H)×10cm(W)，

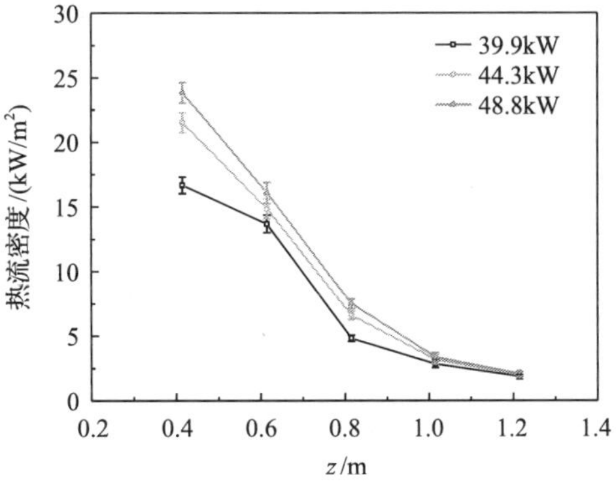

(a) 15cm(H)×15cm(W)

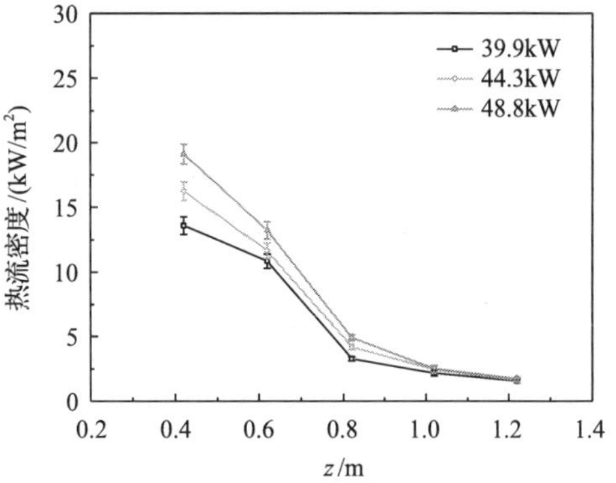

(b) 20cm(H)×10cm(W)

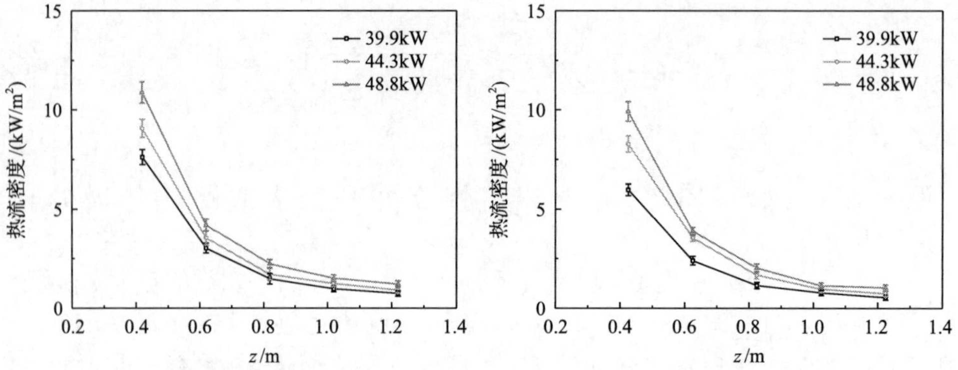

(c) 20cm(H)×20cm(W)　　(d) 25cm(H)×15cm(W)

图 7.28　无侧墙条件下不同开口的外立面热流密度随竖向高度的变化关系

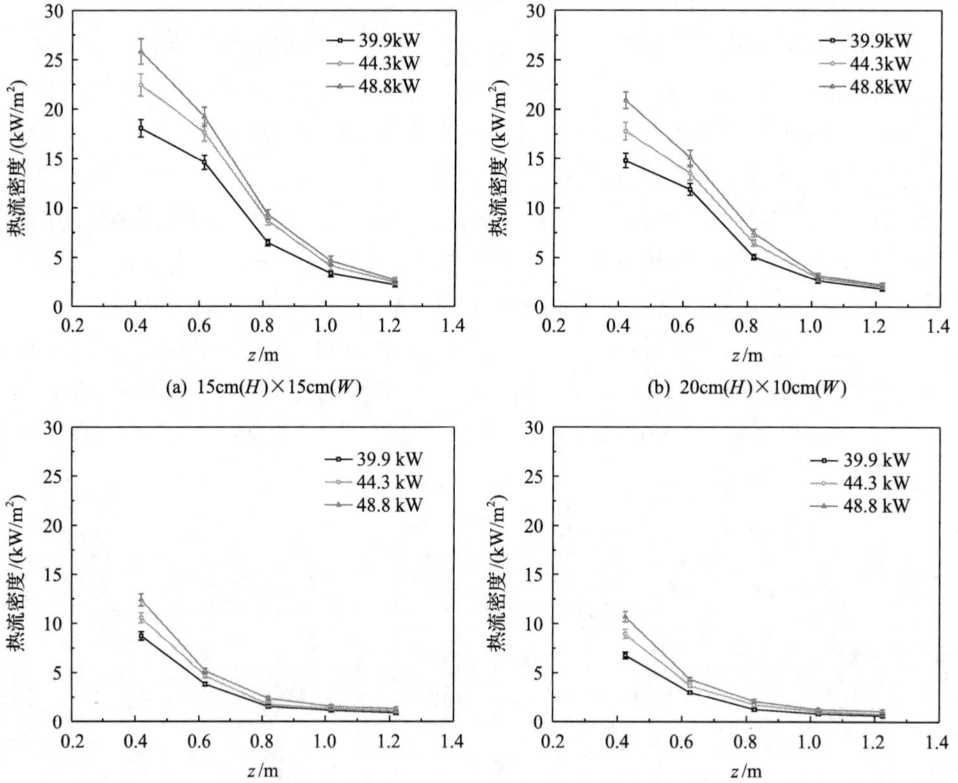

(a) 15cm(H)×15cm(W)　　(b) 20cm(H)×10cm(W)

(c) 20cm(H)×20cm(W)　　(d) 25cm(H)×15cm(W)

图 7.29　侧墙间距为 30cm 时外立面热流密度随竖向高度的变化关系

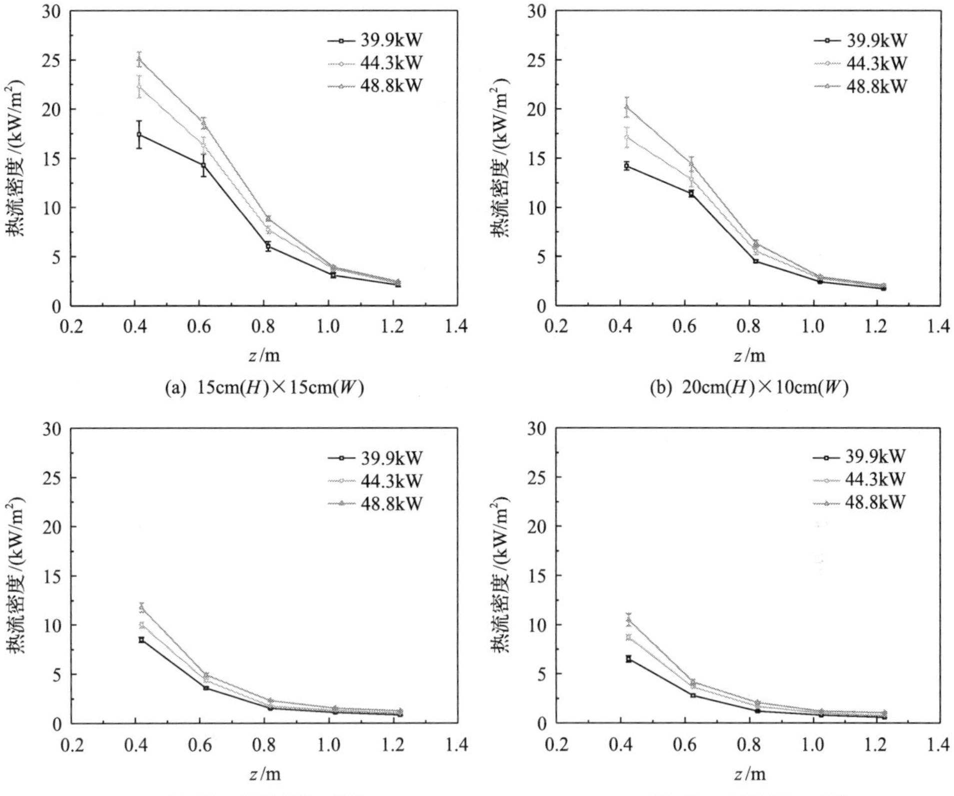

(a) 15cm(H)×15cm(W)　(b) 20cm(H)×10cm(W)

(c) 20cm(H)×20cm(W)　(d) 25cm(H)×15cm(W)

图 7.30　侧墙间距为 38cm 时热流密度随竖向高度的变化关系

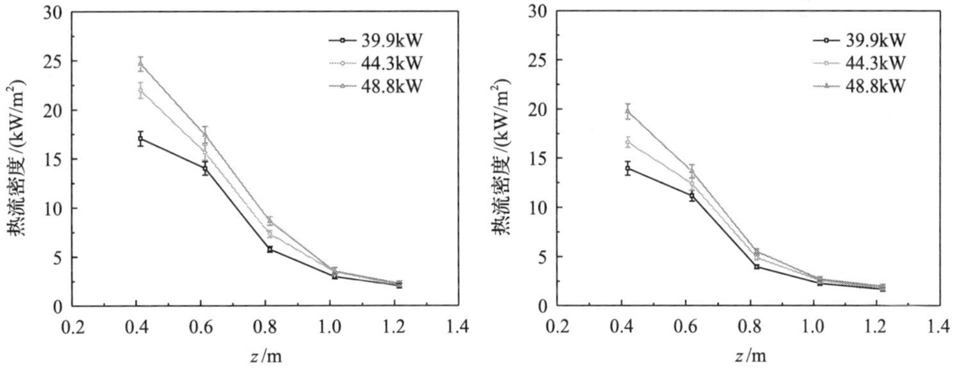

(a) 15cm(H)×15cm(W)　(b) 20cm(H)×10cm(W)

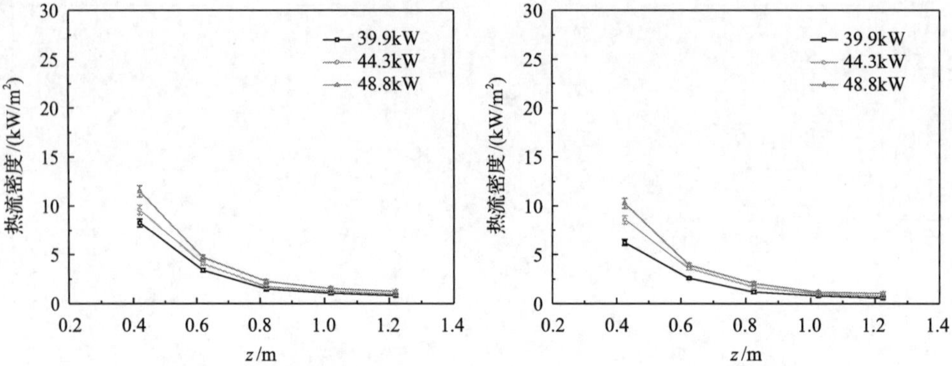

(c) 20cm(H)×20cm(W)　　(d) 25cm(H)×15cm(W)

图 7.31　侧墙间距为 45cm 时热流密度随竖向高度的变化关系

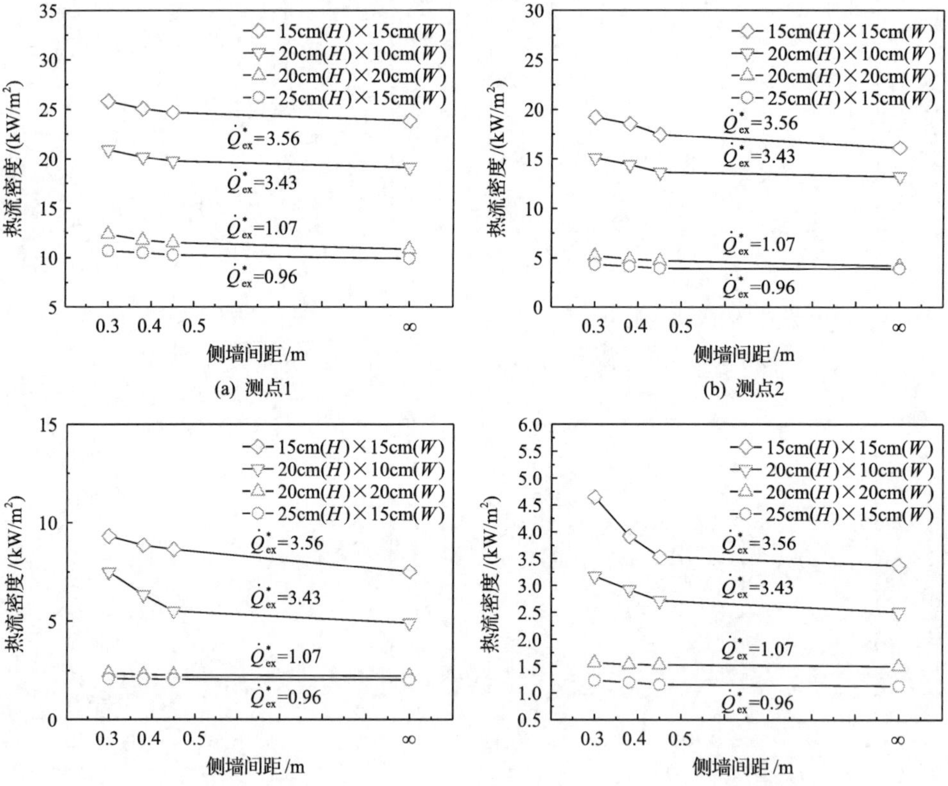

(a) 测点1　　(b) 测点2

(c) 测点3　　(d) 测点4

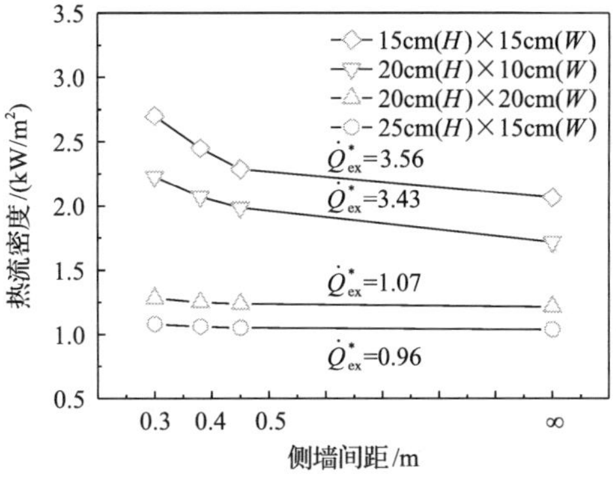

(e) 测点5

图 7.32　不同无量纲溢出热释放速率下热流密度随侧墙间距的变化规律

$\dot{Q}_{ex}^{*}$ 分别为 3.56 和 3.43，大于 1.3），随着侧墙间距缩小，热流密度显著上升。侧墙间距为 30cm 时的热流密度要明显高于无侧墙情况(侧墙间距∞)，这是因为“半轴对称火”侧墙的存在会引起火焰高度上升。

(2)“近壁面火”(开口尺寸 20cm(*H*)×20cm(*W*)和 25cm(*H*)×15cm(*W*)，$\dot{Q}_{ex}^{*}$ 分别为 1.07 和 0.96，小于 1.3)，热流密度随侧墙间距的变化较小，这是因为“近壁面火”的火焰高度几乎不受侧墙影响。

二、考虑侧墙间距的外立面热流分布理论模型

Ohmiya 等[16,17]的理论分析和实验研究认为，自由边界条件下外立面上的热流密度分布 $\dot{q}''$，可由燃烧室开口附近的热量累积(即溢出的燃料热释放速率)及开口尺寸决定，可以用以下公式表示

$$\frac{\dot{q}''\cdot Z_{\mathrm{f}}}{\dot{Q}_{\mathrm{conv}}/W}=\mathrm{fcn}\left(\frac{z}{Z_{\mathrm{f}}},\frac{W}{H}\right) \tag{7.30}$$

式中，z 为外立面上高出燃烧室中性面平面的竖直高度位置；W 和 H 分别为燃烧室开口的宽度和高度；而 $\dot{Q}_{\mathrm{conv}}$ 可以由以下的公式计算：

$$\dot{Q}_{\mathrm{conv}}=(\dot{m}_{\mathrm{f}}+0.5AH^{1/2})\cdot c_{\mathrm{p}}\cdot(T_{\mathrm{g}}-T_{\mathrm{a}})+\dot{Q}_{\mathrm{ex}} \tag{7.31}$$

式中，$\dot{m}_{\mathrm{f}}$ 为燃料质量流率；$\dot{m}_{\mathrm{a}}=0.5AH^{1/2}$ 为进入燃烧室的空气质量流率；T_{g} 和 T_{a} 分别为燃烧室内外温度。此后，在 Lee 等的进一步研究中，把 $\dot{Q}_{\mathrm{conv}}$ 替换为溢出火源热释放速率 $\dot{Q}_{\mathrm{ex}}$，并结合特征长度 ℓ_1 和 ℓ_2 对以上模型进行了修正[11,12]：

$$\frac{\dot{q}''\cdot Z_{\mathrm{f}}}{\dot{Q}_{\mathrm{ex}}/\ell_1}=\mathrm{fcn}\left(\frac{z}{Z_{\mathrm{f}}},\frac{Z_{\mathrm{f}}}{\ell_1},\frac{\ell_1}{\ell_2}\right) \tag{7.32}$$

考虑到平均火焰高度 Z_{f} 是无量纲溢出热释放速率 $\dot{Q}_{\mathrm{ex}}^*$ 的函数，并且 $\ell_1\approx\ell_2$，式(7.32)可以简化为

$$\frac{\dot{q}''\cdot Z_{\mathrm{f}}}{\dot{Q}_{\mathrm{ex}}/\ell_1}\cdot \mathrm{e}^{0.6(H/\ell_1)}=\mathrm{fcn}\left(\frac{z}{Z_{\mathrm{f}}}\right) \tag{7.33}$$

这里，$\mathrm{e}^{0.6(H/\ell_1)}$ 是一个体现开口形状差异性的经验修正因子。基于此观点，他们将归一化的竖向高度 z/Z_{f} 按取值大小分段进行区分，认为 $z/Z_{\mathrm{f}}<0.8$ 区间为连续火焰区，而 $z/Z_{\mathrm{f}}>1.3$ 的区间为浮力羽流区，z/Z_{f} 取值在 0.8～1.3 的部分归为间歇火焰区。在这三个不同区间内，热流密度分布规律也不相同。

将图 7.28 无侧墙(即自由边界)条件下的竖向热流密度结果按上述方式区分，如图 7.33 所示。图中可以看出热流密度竖向分布呈现三个阶段[12,18]。

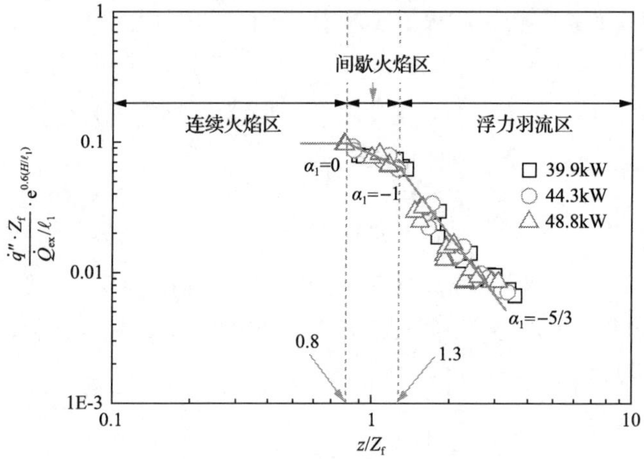

图 7.33　无侧墙条件下热流密度竖向分布

(1) z/Z_{f} 小于 0.8 时，热流密度计所处的位置在连续火焰区内，此时热流密度受辐射热流主控，根据 McCaffrey[19]火羽流竖向温度分布规律，外立面竖向温度基本保持不变，因此热流密度变化保持不变，其指数为 $\alpha_1=0$。

(2) z/Z_{f} 在 0.8～1.3 时，热流密度计所处的位置基本上在间歇火焰区，与 McCaffrey 火羽流竖向温度分布规律类似，此时热流密度包括辐射热流和对流热流两个部分，随高度呈线性下降关系(指数 $\alpha_1=-1$)。

(3) z/Z_{f} 大于 1.3 时，热流密度计所处的位置基本上在浮力羽流区，即无火焰区，此区间内热流密度受对流热流主控，热流密度与温度分布成正比，随高度增加而逐渐下降，指数为 $\alpha_1=-5/3$。

因此实验结果可以较好地符合 Delichatsios 等[11]的理论模型。

进一步，考虑侧墙因素时，首先需要将不同侧墙间距受限边界条件下的平均火焰高度 $Z_{f,D}$ 代入热流密度表达式(7.33)中。然而，我们发现这样的修正仍不够充分，主要体现在以下两个方面。

(1) 在 $\dot{Q}_{ex}^* > 1.3$ 的“半轴对称火”阶段，$z/Z_f < 0.8$ 时的连续火焰区内的热流密度应只与温度相关，相对来说是保持不变的。然而，侧墙的存在限制空气卷吸，火焰高度会有所提高，因此在侧墙限制条件下，达到相同的火焰高度所需的 $\dot{Q}_{ex}$ 较小。因此侧墙受限边界条件下，上述热流密度表达式的左边得到的结果将偏大，需要降低。

(2) 在 $\dot{Q}_{ex}^* < 1.3$ 的“近壁面火”阶段，尽管前面并没有对平均火焰高度进行修正，实验得到的热流密度仍然随着侧墙间距的减小有微弱的上升，这说明上述热流密度表达式的左边得到的结果也将偏大，需要降低。

基于以上两个方面考虑，我们最终在热流密度的表达式的指数修正项中，进一步引入了无量纲距离因子 $1-\ell_1/D$，即把式(7.33)中的指数修正因子由 $\exp[0.6\cdot(H/\ell_1)]$ 变为 $\exp[0.6\cdot(H/\ell_1)\cdot(1-\ell_1/D)]$。此时，当无侧墙时(即当 $D=\infty$ 时)，指数修正因子仍然保持不变。修正后的不同间距侧墙受限条件下的热流密度分布规律可以用以下的公式来表示：

$$\frac{\dot{q}''\cdot Z_{f,D}}{\dot{Q}_{ex}/\ell_1}\cdot\exp\left[0.6\cdot\left(\frac{H}{\ell_1}\right)\cdot\left(1-\frac{\ell_1}{D}\right)\right]=\mathrm{fcn}\left(\frac{Z}{Z_{f,D}}\right) \tag{7.34}$$

以式(7.34)的左右两边分别作为横纵坐标，可以得到如图 7.34 所示的开口尺寸 $H\geqslant W$ 时热流密度竖向分布规律，按 z/Z_f 的取值明显可以区分为连续火焰区、间歇火焰区和浮力羽流区三个部分，总体拟合程度也较为良好。

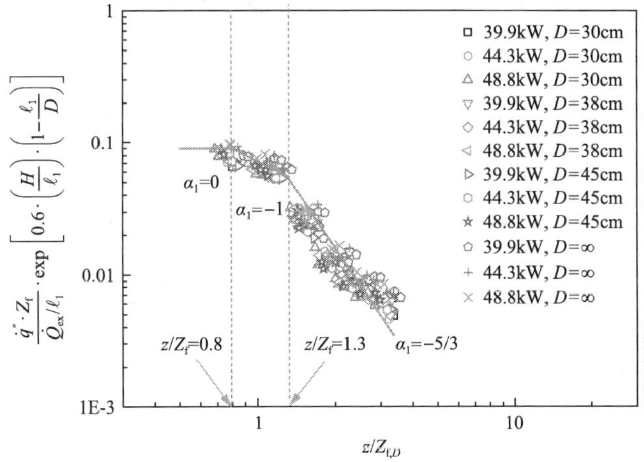

图 7.34　不同侧墙条件下热流密度竖向分布的修正(彩图扫二维码)

参 考 文 献

[1] Kim Y, Mizuno M, Ohmiya Y. Fire examination of super high-rise apartment building “wooshin golden suites” in Busan, Korea. Fire Science and Technology, 2011, (30): 81-90.

[2] Hu L H, Tang F, Delichatsios M A, et al. Global behaviors of enclosure fire and facade flame heights in normal and reduced atmospheric pressures at two altitudes. International Journal of Heat and Mass Transfer, 2013, (56): 119-126.

[3] 唐飞, 胡隆华, 朱伟, 等. 斜坡受限下燃烧室内及开口外部溢流的温度场分布特性实验研究. 燃烧科学与技术, 2011, (17): 243-249.

[4] 唐飞, 胡隆华, 敖大成, 等. 毗连斜坡条件下受限空间开口火焰间歇性溢出概率实验研究. 中国工程热物理会议燃烧学会议, 2012.

[5] Hu L H, Lu K H, Tang F, et al. A global non-dimensional factor characterizing side wall constraint effect on facade flame entrainment and flame height from opening of compartment fires. International Journal of Heat and Mass Transfer, 2014, (75): 122-129.

[6] Tang F, Hu L H, Delichatsios M A, et al. Experimental study on flame height and temperature profile of window spill thermal plume for compartment fires. International Journal of Heat and Mass Transfer, 2012, (55): 93-101.

[7] Nakao T, Yanagisawa A, Jo A, et al. Fire plume ejected from an opening in unconfined space part 1 experimental outline. Fire Science and Technology, 2007, (26): 497-503.

[8] Yanagisawa A, Jo A, Nakao T, et al. Fire plume ejected from an opening in unconfined space part 2 generation limit of the external flame. Fire Science and Technology, 2007, (26): 505-510.

[9] Jo A, Nakao T, Yanagisawa A, et al. Fire plume ejected from an opening in unconfined space part 3 behavior of fire plume ejected from an opening in the vicinity of opposed walls. Fire Science and Technology, 2007, (26): 511-516.

[10] Lu K H, Hu L H, Tang F, et al. Experimental investigation on window ejected facade flame heights with different constraint side wall lengths and global correlation. International Journal of Heat and Mass Transfer, 2014, (78): 17-24.

[11] Lee Y P, Delichatsios M A, Silcock G W H. Heat fluxes and flame heights in facades from fires in enclosures of varying geometry. Proceedings of the Combustion Institute, 2007, (31): 2521-2528.

[12] Lee Y P. Heat fluxes and flame heights in external facade fires. University of Ulster Ph.D. thesis, 2006.

[13] Lu K H, Hu L H, Tang F, et al. Facade flame heights from enclosure fires with side walls at the opening. Procedia Engineering: The 9th Asia-Oceania Symposium on Fire Science and Technology, 2013, (62): 202-210.

[14] Lu K H, Wang J, Hu L H. Vertical temperature profile of fire-induced facade thermal plume ejected from a fiir. Applied Thermal Engineering, 2017, (113): 70-78.

[15] Lu K H, Hu L H, Tang F, et al. Heat flux profile upon building facade with side walls due to window ejected fire plume: an experimental investigation and global correlation. Fire Safety Journal, 2014, (70): 14-22.

[16] Ohmiya Y, Tanaka T, Wakamatsu T. A room fire model for predicting fire spread by external flames. Fire Science and Technology, 1998, (18): 11-21.

[17] Ohmiya Y, Hori Y, Sagimori K, et al. Predictive method for properties of flame ejected from an opening incorporating excess fuel. 4th Asia-Oceania Symposium on Fire Science and Technology, 2000: 375-386.

[18] Tang F, Hu L H, Lu K H, et al. Heat flux profile upon building facade due to ejected thermal plume from window in a sub atmospheric pressure at high altitude. Energy and Buildings, 2015, (92): 331-337.

[19] McCaffrey B J. Purely buoyant diffusion flames: some experimental results. Washington DC: National Bureau of Standards, NBSIR 79-1910, Report, 1979.

第八章　高原低压低氧特殊环境下建筑外立面开口火溢流

在高海拔低气压环境中，空气中的相对含氧量基本不会发生太大变化，但由于海拔越高，大气压越小，空气中的绝对含氧量也将降低，故而形成了高原低压低氧的特殊环境，在这种高原低压低氧环境下受限空间火灾发展规律会与常压平原地区存在差异，尤其要考虑现行的建筑类防火设计规范对高海拔地区的适用性，所以研究高海拔地区建筑外立面开口溢出火焰火灾发展规律是非常有必要的。本章主要开展高原低压低氧特殊环境下建筑外立面开口火溢流对比分析研究，选择在安徽合肥(平原)和西藏拉萨(高原)两地开展建筑外立面开口火溢流特征参数研究。表 8.1 是合肥(平原)和拉萨(高原)两地的参数对比。

表 8.1　合肥和拉萨的参数对比

地点	海拔高度/m	环境气压/kPa	空气密度/(kg/m^3)	重力加速度/(m/s^2)
合肥	50	100	1.293	9.7947
拉萨	3650	64	0.829	9.7799

第一节　高原低压低氧特殊环境下建筑外立面开口火溢流的温度分布

一、竖向温度分布

在我国高原地区，有着形形色色的建筑群体，其中，古建筑极有特色。然而，古建筑一旦失火，将导致不可恢复的严重后果，将我国历史长河中遗留下来的宝贵财富化为灰烬。

2013 年 3 月 11 日，丽江古城(平均海波 3000m 以上)光义街现文巷突发火灾，此次火灾烧毁民房 107 间，涉及 13 户，其中客栈 4 家，6 个院落，过火面积 2243.46m^2。2014 年 1 月 11 日 1 时 10 分许，云南省迪庆藏族自治州香格里拉县(平均海波 3500m 以上)独克宗古城发生火灾，如图 8.1 所示，造成烧损、拆除房屋面积 59980.66m^2，烧损(含拆除)房屋直接损失 8983.93 万元(不含室内物品和装饰费用)。1984 年 5 月发生在甘肃拉卜楞寺的火灾，造成了 1000 多件文物被毁；西藏“3.14”事件，也造成了多处建筑被火烧毁；2014 年 1 月 25 日晚，贵州省镇远县报京乡报京侗寨发生大火，300 年历史侗族村寨 100 余栋房屋被烧毁等。

图 8.1　独克宗古城火灾(图片来自中新网)

对于高原低压低氧特殊环境下火灾研究，国内外学者主要集中在可燃物(包括保温材料)的燃烧特性(燃烧速率[1-4]、火焰高度[5-10]、振荡频率[11-12]，辐射特性[13-15]，羽流温升[17-19]等)，比如，李振华等[1-4]对西藏高原低压低氧条件下可燃物燃烧特性和烟气特性进行了研究；张孝春等[10]对低压下火羽流以及顶棚射流进行了研究；王强[11-12]对低压下火焰的振荡频率进行了研究；Hankinson 和 Lowesmith[15]对低压射流火辐射特性进行了研究；Gomez-Mares 等[18]对低压下羽流温升特性进行了研究。以上学者的研究使民众对高海拔低气压环境下可燃物燃烧特征有了广泛的认识。究其原因主要是在高海拔地区随着气体密度变化，导致卷吸强度发生了差异变化，造成了可燃物燃烧特性发生了改变。本书的前面章节已经从不同边界条件下介绍了平原常压常氧环境下建筑外立面开口火焰溢出行为特征[19-26]，但是还没有揭示高海拔低气压环境下建筑外立面开口火焰溢出行为特征规律。为了探究高海拔低气压环境下建筑外立面或开口火焰溢出行为特征规律，在拉萨也搭建了 1∶8 尺寸建筑外立面开口火溢流实验台，其中拉萨地区的大气压约为合肥的 0.64 倍。用于对比研究高海拔低气压地区的建筑外立面火焰溢出发展规律。

笔者团队在拉萨低压低氧环境条件下开展一系列建筑外立面开口火溢流实验。

实验在 1∶8 小尺寸燃烧腔室模型进行的，在合肥和拉萨两地实验模型上分别布置了 5 行和 4 行热电偶，其分布情况如图 8.2 所示。最内侧的热电偶测点距离竖直壁面 0.5cm，相邻测点间距 5cm。

在低压地区，空气密度也相对减小，这会影响浮力羽流向周围空气卷吸的质量流率，从而直接影响竖直方向温度衰减，因此低压条件下浮力羽流竖向温度分布和常压条件下是完全不同的。

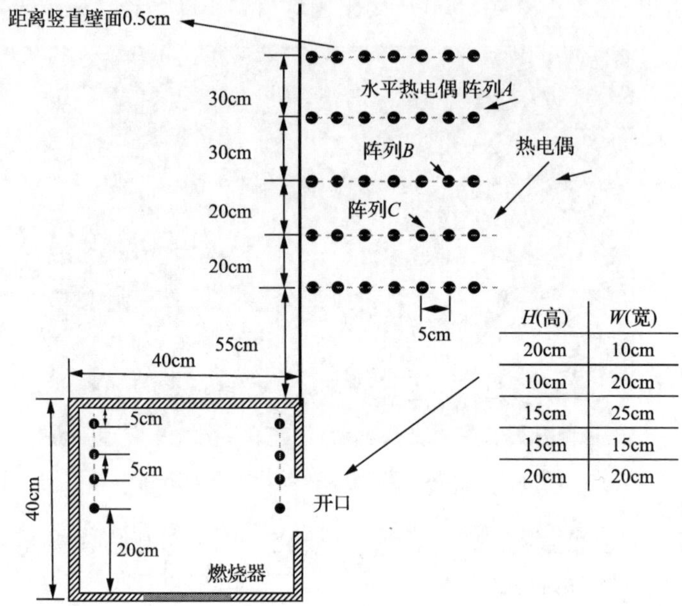

(a) 合肥

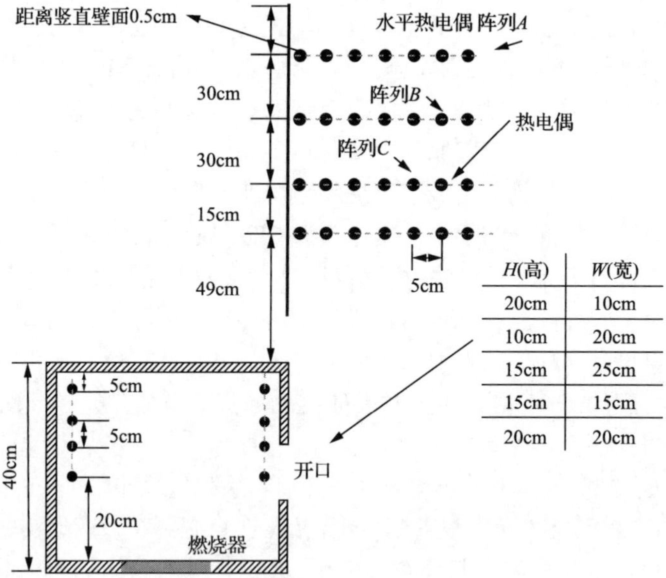

(b) 拉萨

图 8.2　温度分布实验测点布置图

合肥和拉萨两地不同气压条件下近壁面处竖向温度分布如图 8.3 所示。从图中可以明显地看出，在开口上方同一高度处，低压环境下的羽流温度要明显比常压环境下的高，也体现了更高的危险性。为此，本书从理论推导的角度对两种不同气压环境下的羽流温度出现的差异进行分析。

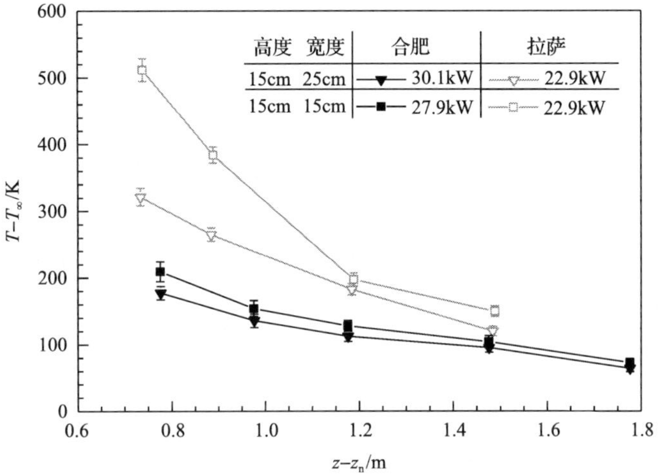

图 8.3　合肥和拉萨两地不同气压条件下近壁面处竖向温度分布

从理论推导过程来看低气压对火焰高度的影响，火羽流经典理论假定，空气卷吸的水平速度 v 和羽流上升速度 u 呈正比关系，有

$$v = \alpha u \tag{8.1}$$

式中，α 为卷吸系数[27]。

羽流质量流率（$\dot{m}_{\mathrm{p}}$）公式为

$$\dot{m}_{\mathrm{p}} = \frac{1}{2}\rho u \pi r^2 \propto \pi\rho(\alpha z)^2\left(\frac{1}{\alpha^2}\cdot\frac{\dot{Q}g}{\pi c_{\mathrm{p}} T_\infty \rho_\infty}\right)^{1/3} z^{-1/3} \tag{8.2}$$

把其中的常数整合，有

$$\dot{m}_{\mathrm{p}} = \alpha^{4/3} p^{2/3} \Pi \dot{Q}^{1/3} z^{5/3} \tag{8.3}$$

此外，在火焰尖上方任意高度 z_1 处，由能量守恒或浮力通量守恒，有

$$c_{\mathrm{p}}\dot{m}_{\mathrm{p}}\Delta T_z = c_{\mathrm{p}}\alpha^{4/3}P^{2/3}\Pi\dot{Q}^{1/3}(z_1 - z_0)^{5/3}\Delta T_z = \dot{Q} \tag{8.4}$$

式(8.2)～式(8.4)中，ΔT_z 为相对于环境的温升；$\dot{Q}$ 为火焰总热释放速率(kW)；P 为环境空气压力(kPa)；Π 为和环境气压无关的系数。

自由边界条件下建筑外立面开口火溢流(半轴对称羽流)的竖向温度分布可以通过以下无量纲公式表示出来[18]：

$$\Theta=\frac{(\Delta T_{z,\max}/T_\infty)}{\left(\dfrac{\dot{Q}_{\text{conv}}}{\rho_\infty c_{\text{p}} T_\infty g^{1/2}\ell_1^{5/2}}\right)^{2/3}}=\frac{\Delta T_{z,\max}/T_\infty}{(\dot{Q}_{\text{conv}}^*)^{2/3}}\propto \text{fcn}\left(\frac{z-z_{\text{n}}}{\ell_1}\right) \tag{8.5}$$

式中，ℓ_1 表征燃烧室出口条件的特征长度，$\ell_1 \propto (A\sqrt{H})^{2/5}$ (m)。

图 8.4 验证了以上的竖向温度分布规律，可以明显发现，在低压条件下，归一化之后的竖向温度分布同样也高于常压条件下的值。从式(8.2)～式(8.4)中，可以认为卷吸强度系数在低压条件下的变化是造成这种差异的主要原因，而在式(8.5)中，并没有考虑这样的变化，因此只适用于常压的条件。关于卷吸强度系数在不同气压下的变化，本章将在后面单独介绍。

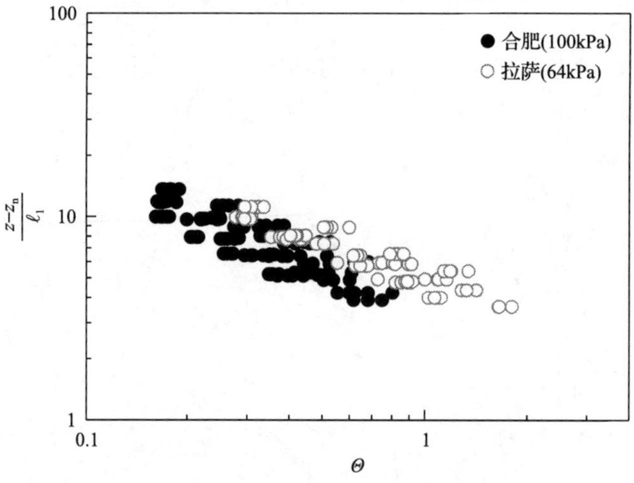

图 8.4 采用公式(8.5)对实验数据拟合

二、径向温度分布

合肥和拉萨地区的建筑外立面开口火溢流径向温度分布如图 8.5 所示。

图 8.5 和图 8.6 是在不同气压环境条件下，相同溢出功率及中性面上方同一高度处的典型溢出羽流径向温度分布。从图中可以看出：①在低压条件下，近壁面

中心线的温度要比常压环境下高，发生火灾时更具有威胁性，这是由于气压较低，对应的空气密度也较低，羽流的卷吸速率减小；②从归一化温升和无量纲距离的关系图中可以发现，在低压条件下，温度沿着径向的衰减速率也比常压时要大，径向温度分布在低压和常压条件下有着明显的差异。

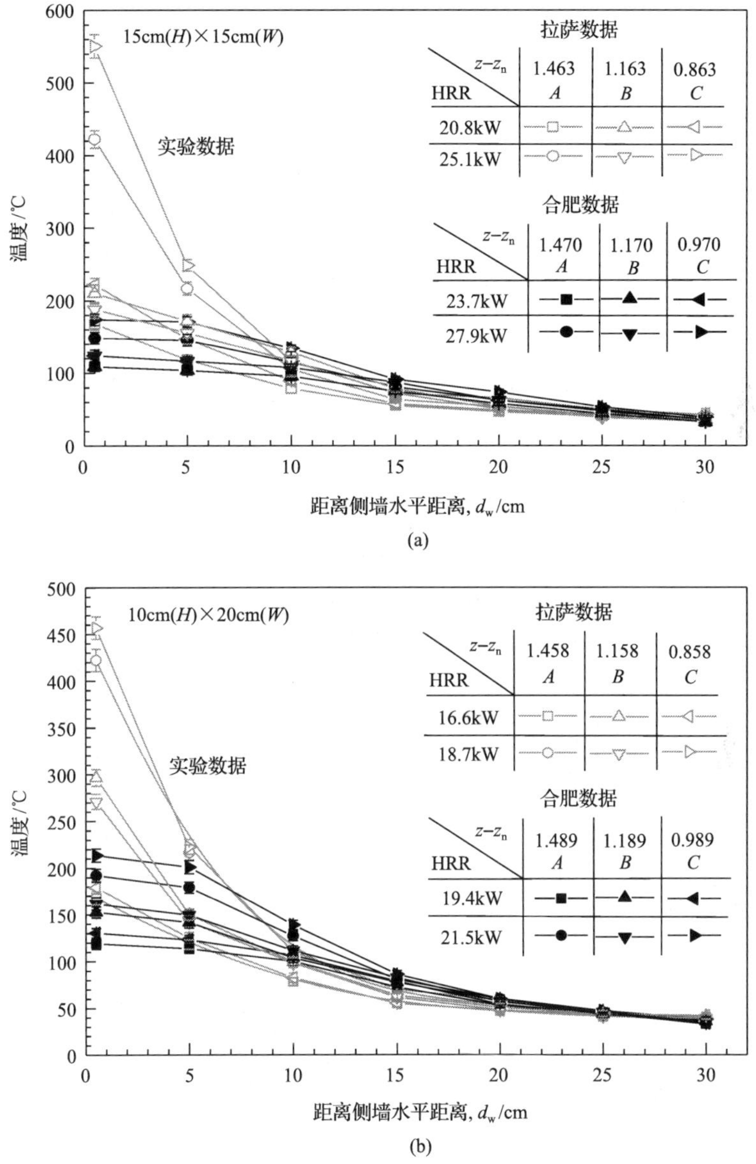

图 8.5　合肥和拉萨地区的建筑外立面开口火溢流径向温度分布

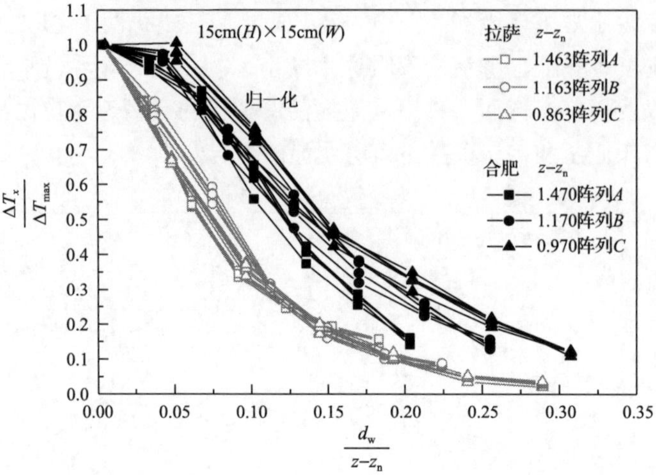

(a)

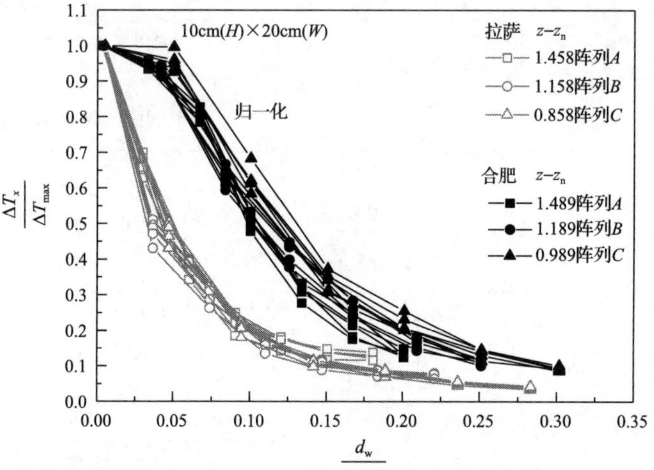

(b)

图 8.6　合肥和拉萨两地火溢流径向温度归一化分布和衰减规律

为了归一化大气压力条件对溢出火羽流径向温度分布的影响，本书引入无量纲温度参数 Y 对温度进行拟合。无量纲温度参数 Y 通过式(8.6)得出：

$$Y=\frac{(\Delta T_z/T_\infty)(z-z_\mathrm{n})^{5/3}}{\left(\dfrac{\dot{Q}_\mathrm{conv}}{\rho_\infty c_\mathrm{p}T_\infty g^{1/2}}\right)^{2/3}}=\frac{(\Delta T_z/T_\infty)(z-z_\mathrm{n})^{5/3}}{\left(\dfrac{R\dot{Q}_\mathrm{conv}}{Pc_\mathrm{p}g^{1/2}}\right)^{2/3}} \tag{8.6}$$

式中，对流项 $\dot{Q}_\mathrm{conv}$ 可以通过进入开口的空气质量流率和溢出开口的燃料质量流率计算得出：

$$\dot{Q}_\mathrm{conv}=(\dot{m}_\mathrm{f}+\dot{m}_\mathrm{a})c_\mathrm{p}(T_\mathrm{g}-T_\infty)+\dot{Q}_\mathrm{ex}\approx c_\mathrm{p}\dot{m}_\mathrm{a}(T_\mathrm{g}-T_\infty)+(\dot{Q}-\dot{Q}_\mathrm{inside}) \tag{8.7}$$

用无量纲距离参数表征测点到燃烧室外壁面径向距离，将无量纲温度参数 Y 与该无量纲径向距离参数 $d_w/(z-z_n)$ 作图，如图 8.7 所示。从图中可以看出，虽然无量纲参数 Y 和无量纲径向距离参数有着较好的拟合关系，但当无量纲径向距离参数较小时，即靠近外壁面的测点处，低压条件下的无量纲温度要明显比常压条件下的高。

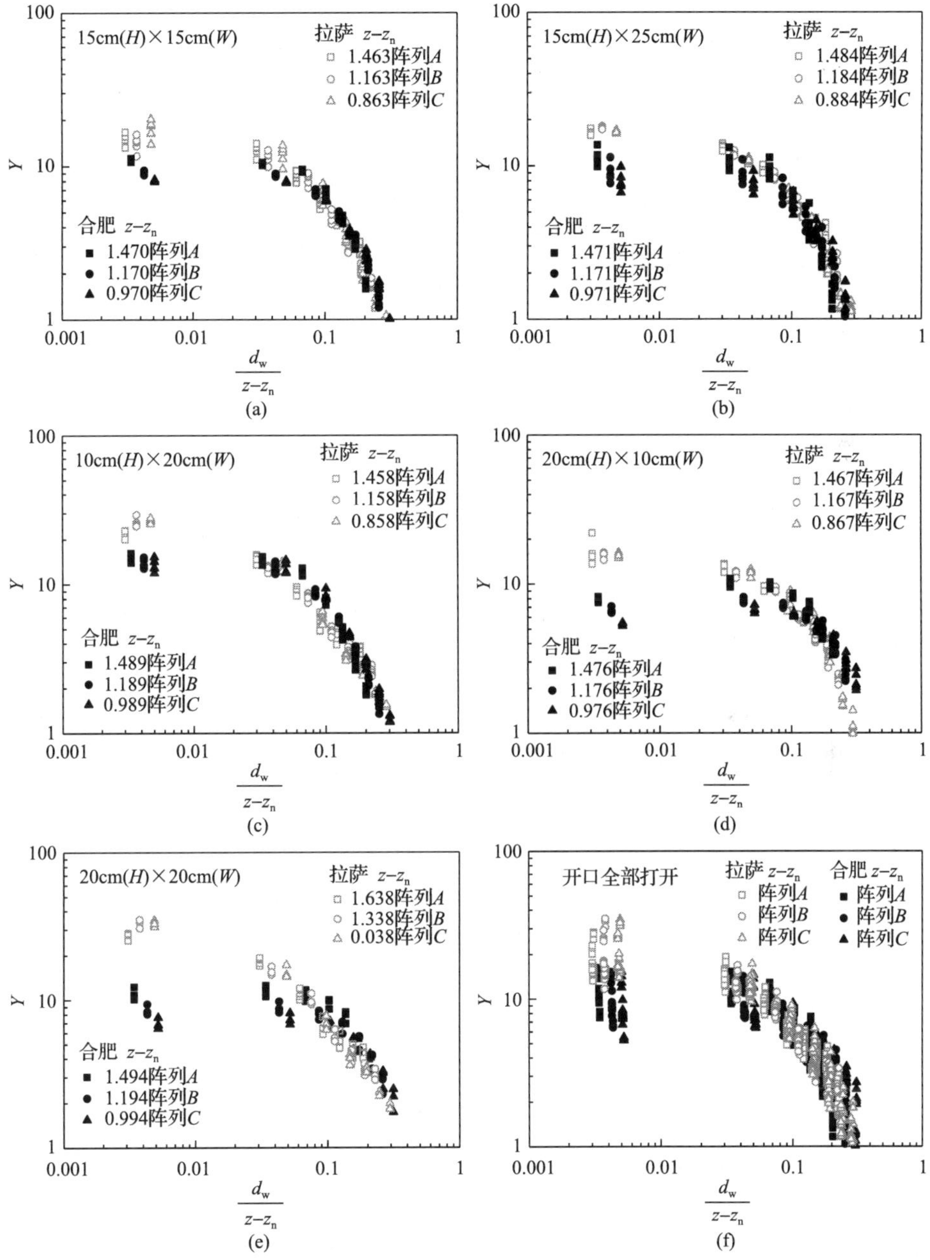

图 8.7　基于式(8.6)拟合后的无量纲温度与无量纲径向距离的关系

第二节　高原低压低氧特殊环境下建筑外立面开口火溢流的火焰高度

一、常压和低压环境下火焰高度的差异

胡隆华、唐飞等通过在拉萨的建筑外立面开口火溢流实验台展开一系列相关实验，给出了合肥和拉萨两地建筑外立面开口火溢流无量纲平均火焰高度（Z_f / ℓ_1）随着无量纲溢出火源功率（$\dot{Q}_{ex}^*$）变化的过程。

如图 8.8 所示，从实验数据上可以明显看出，在不同气压情况下的无量纲火焰高度差异较为明显；尤其在高原低压情况下，无量纲火焰高度较高，这意味着建筑外立面开口火溢流形成的向上火蔓延会造成更大的人员伤亡和财产损失。

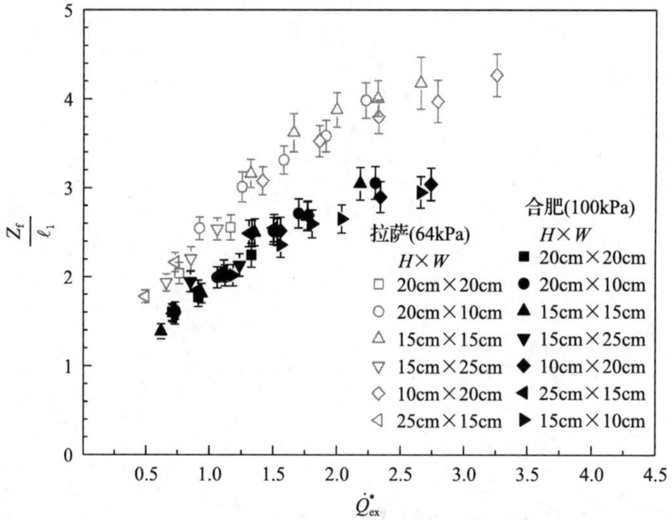

图 8.8　无量纲火焰高度与无量纲溢出火源功率变化规律

依据式(8.2)～式(8.5)，不管大气环境压力如何，在该无量纲形式下的火焰高度应该是完全一样的。出现这样矛盾的原因是式(8.2)～式(8.5)中的理论假设为：在不同的大气环境压力情况下，火焰的卷吸机制和强度完全一样。实际上，笔者通过对合肥和拉萨实验中建筑外立面开口溢出火焰拍摄的形态视频的细致观察和分析，发现在低压情况下，火焰的脉动幅度较大，可能使卷吸强度变弱，所以对于常压和低压情况下的火焰卷吸的差异需要着重探究。

二、常压和低压环境下火焰卷吸的差异

上一小节介绍了竖向温度分布规律在低压条件下，归一化之后的竖向温度仍然高于常压条件下的值。从式(8.2)～式(8.4)中，分析卷吸强度系数在低压条件下的变化是造成这种差异的主要原因，而在式(8.5)中，并没有考虑这样的变化，因此只适用于常压的条件。这里需要推导并揭示这一变化，式(8.5)可以改写成

$$\alpha^{4/5}P^{2/5}\Pi'(z_1-z_0)=\dot{Q}^{2/5}/\Delta T_z^{\ 3/5} \tag{8.8}$$

式中，Π' 为和环境气压无关的参数。

对于式(8.8)，在任意高度 z，有

$$\alpha^{4/5}P^{2/5}\Pi'(z-z_0)=\dot{Q}^{2/5}/\Delta T_z^{\ 3/5} \tag{8.9}$$

将式(8.9)与式(8.8)相减，得

$$\alpha^{4/5}P^{2/5}\Pi'(z-z_1)=\dot{Q}^{2/5}(1/\Delta T_z^{\ 3/5}-1/\Delta T_{\mathrm{a}}^{\ 3/5}) \tag{8.10}$$

把式(8.10)两边都除以参数$(\rho_\infty c_{\mathrm{p}}T_\infty\sqrt{g}\ell_1^{\ 5/2})^{2/5}$，并考虑理想气体状态方程[27]

$$PM=\rho RT \tag{8.11}$$

式中，P 为压力；M 为气体的摩尔质量；R 为理想气体常数(8.31J/K·mol)。因此有

$$\alpha^{4/5}\Pi''(z-z_1)/\ell_1=\dot{Q}^{*2/5}(1/\Delta T_z^{\ 3/5}-1/\Delta T_{\mathrm{a}}^{\ 3/5}) \tag{8.12}$$

式中，$\Pi''=\left(\dfrac{R}{Mc_{\mathrm{p}}\sqrt{g}}\right)^{2/5}$；$\dot{Q}^{*2/5}=\left(\dfrac{\dot{Q}}{\rho_\infty c_{\mathrm{p}}T_\infty\sqrt{g}}\right)^{2/5}$。

因此可以选择以下两个无量纲参数作为坐标，用合肥和拉萨的测量得到参数作图，他们应该具有线性关系：

$$\dot{Q}^{*2/5}(1/\Delta T_z^{\ 3/5}-1/\Delta T_{\mathrm{a}}^{\ 3/5})\sim(z-z_{\mathrm{n}})/\ell_1 \tag{8.13}$$

以上，Π、Π' 和 Π'' 均为和环境气压无关的参数。从两地数据得到的直线斜率 λ，可以最终获得两地卷吸系数的关系：

$$\frac{\alpha_{\mathrm{Lhasa}}}{\alpha_{\mathrm{Hefei}}}=\left(\frac{\lambda_{\mathrm{Lhasa}}}{\lambda_{\mathrm{Hefei}}}\right)^{5/4} \tag{8.14}$$

图 8.9 是基于式(8.14)得出的合肥和拉萨两地的测量值，其线性度很好，验证了上述的推导。由两条直线的斜率获得了两地卷吸系数的差异：$\frac{\alpha_{\mathrm{Lhasa}}}{\alpha_{\mathrm{Hefei}}}=\left(\frac{\lambda_{\mathrm{Lhasa}}}{\lambda_{\mathrm{Hefei}}}\right)^{5/4}\approx 0.8$。这说明了在 0.64 大气压条件下，燃烧时的卷吸强度削弱了，只有常压条件下的 80%。

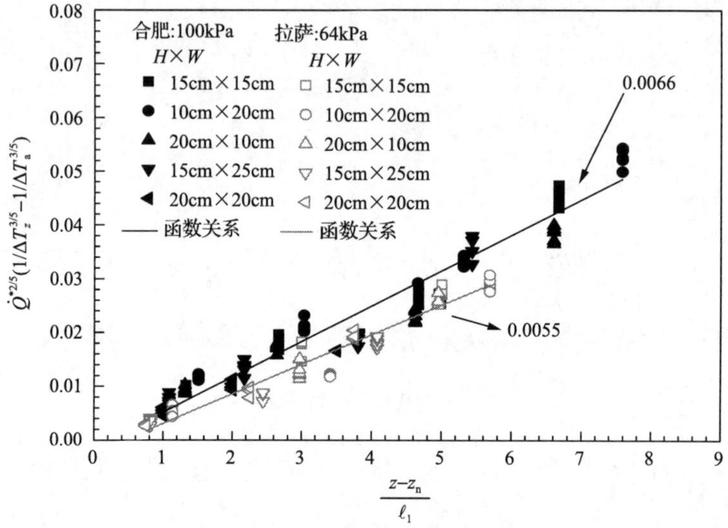

图 8.9　两地卷吸系数的差异

经过合肥和拉萨两地卷吸强度系数的修正$\left(\frac{\alpha}{\alpha_{\mathrm{Hefei}}}\right)^{4/5}$，无量纲温度与高度的关系可以由图 8.10 表示，即

$$\Theta=\frac{(\Delta T_{z,\max}/T_\infty)}{\left(\frac{\dot{Q}_{\mathrm{conv}}}{\rho_\infty c_{\mathrm{p}}T_\infty g^{1/2}\ell_1^{5/2}}\right)^{2/3}}=\frac{\Delta T_{z,\max}/T_\infty}{(\dot{Q}_{\mathrm{conv}}^{*})^{2/3}}\propto \mathrm{fcn}\left[\left(\frac{z-z_{\mathrm{n}}}{\ell_1}\right)\cdot\left(\frac{\alpha}{\alpha_{\mathrm{Hefei}}}\right)^{4/5}\right] \tag{8.15}$$

在图 8.10 中，发现无量纲温度与无量纲高度拟合较好，和无量纲高度近似呈 –5/3 次方的幂指数关系，这符合前人的研究成果。

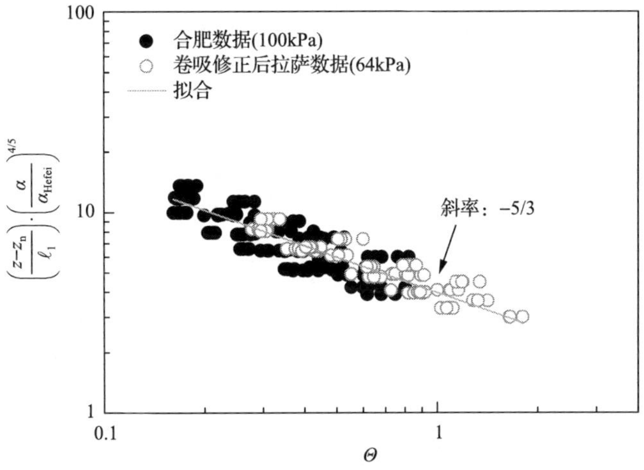

图 8.10　考虑卷吸修正后，采用方程(8.15)的实验数据拟合

三、火焰高度的统一模型

第八章第一节已经介绍了低压情况下火焰的卷吸系数会对建筑外立面开口火溢流的火焰高度造成影响，也就是出现了如图 8.4 所示的变化，所以需要针对两点不同的气压情况对卷吸系数也进行修正。

经过合肥和拉萨两地卷吸强度系数的修正$\left(\dfrac{\alpha}{\alpha_{\mathrm{Hefei}}}\right)^{4/5}$，无量纲温度与高度的关系如下

$$\Theta=\frac{(\Delta T_{z,\max}/T_\infty)}{\left(\dfrac{\dot{Q}_{\mathrm{conv}}}{\rho_\infty c_{\mathrm{p}}T_\infty g^{1/2}\ell_1^{5/2}}\right)^{2/3}}=\frac{\Delta T_{z,\max}/T_\infty}{(\dot{Q}^*_{\mathrm{conv}})^{2/3}}\propto \mathrm{fcn}\left[\left(\frac{z-z_{\mathrm{n}}}{\ell_1}\right)\cdot\left(\frac{\alpha}{\alpha_{\mathrm{Hefei}}}\right)^{4/5}\right] \tag{8.16}$$

利用式(8.16)对两种环境气压情况下的实验数据进行拟合时，拉萨高原低压情况下的平均火焰高度都需要乘以 0.8 的系数。

图 8.11 显示出两种环境气压情况下，考虑卷吸强度差异修正后，实验数据拟合效果较好。

根据 Delichatsios 等提出的理论[20,28]，如果开口溢出火羽流是贴壁羽流（$\dot{Q}^*_{\mathrm{ex}}<1.3$），指数因子应该是 2/3，当开口溢出火羽流是轴对称羽流时（$\dot{Q}^*_{\mathrm{ex}}>1.3$），指数因子应该是 2/5。在物理意义上，当$\dot{Q}^*_{\mathrm{ex}}<1.3$ 时，卷吸大部分发生在羽流(二维羽流)的前方；当$\dot{Q}^*_{\mathrm{ex}}>1.3$ 时，卷吸同时发生在溢流的正面和侧面。图 8.11 中的相

关结果显示，当 $\dot{Q}_{ex}^{*}<1.3$ 时，指数因子是 0.63；当 $\dot{Q}_{ex}^{*}>1.3$ 时，指数因子是 0.37，与理论符合得很好。

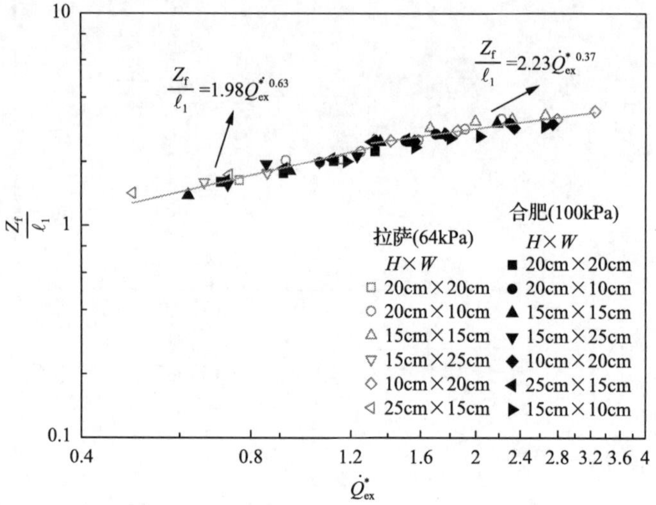

图 8.11　考虑卷吸差异修正后的无量纲火焰高度与无量纲溢出火源功率变化规律

第三节　高原低压低氧特殊环境下竖直挡墙限制边界对建筑外立面开口火溢流火焰高度的影响

一、竖直挡墙距离对火焰高度的影响特性

前面章节已经讨论过在正常大气压情况下竖直挡墙限制边界对建筑外立面开口火溢流的火焰高度影响，本小节则重点探讨低压情况下的竖直挡墙限制边界下的外立面火溢流特征行为。

图 8.12 为侧墙距离实验测点布置图，图 8.13 展示了两种不同压强下，平均火焰高度随竖直挡墙间距 D_v 的变化规律。

平均火焰高度随竖直挡墙间距 D_v 变化规律如下。

随着建筑外立面与竖直挡墙间距 D_v 的增加，合肥和拉萨地区外立面开口火溢流的火焰高度都会下降，尽管拉萨的平均火焰高度会高一些。当建筑外立面与竖直挡墙间距 D_v 比特征长度 ℓ_3 小时，平均火焰高度随着间距 D_v 的减小有了显著的增加，但当两面墙之间的距离为 30cm，平均火焰高度相当于没有竖直挡墙时的高度。火焰高度随竖直挡墙间距的变化而变化是由于竖直挡墙靠近时卷吸受限的阻碍作用（ℓ_3：火溢流从水平方向变成垂直方向经过的距离，$\ell_3 \propto \left(\frac{\Delta T_g}{\Delta T_f}\right)^{1/2}\left(\frac{\rho_g}{\rho_\infty}\right)^{1/2}\left(1-\frac{1}{1+(\rho_\infty/\rho_g)^{1/3}}\right)(AH^{4/3})^{3/10}$）。

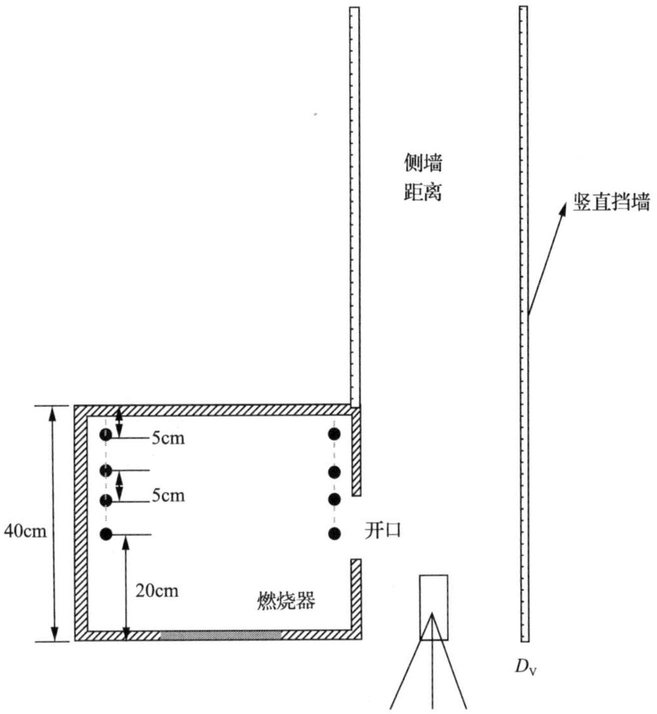

图 8.12　侧墙距离实验测点布置图

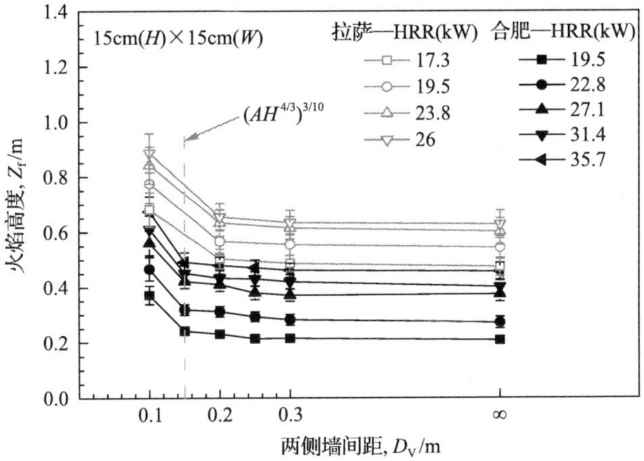

(a)

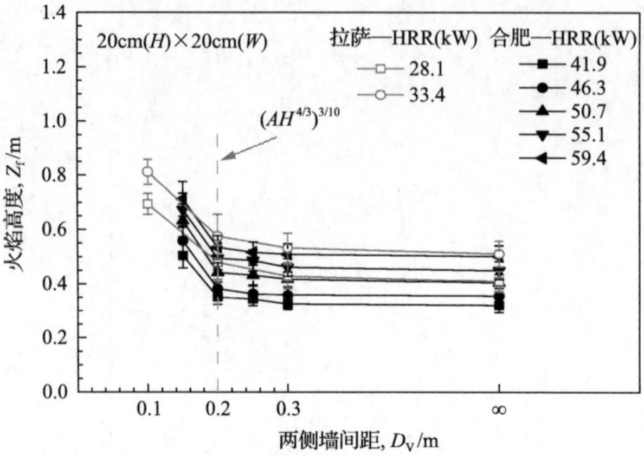

(b)

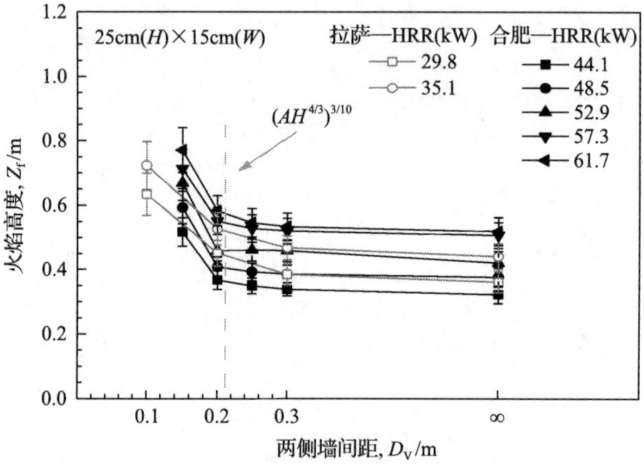

(c)

图 8.13　在两种大气压强下，平均火焰高度随竖直挡墙间距 D_V 的变化规律

对于特征长度 ℓ_3，拉萨地区较合肥地区大。将竖直挡墙移近外立面，在低压情况下，竖直挡墙能够影响到火焰高度变化的临界距离较大。在合肥地区的常压实验情况下，通过实验数据得到的 ℓ_3 值与理论计算值较接近。然而，拉萨的临界特征距离 ℓ_3 比合肥的特征距离要大，意味着在低压情况下 ℓ_3 的数值较大。

二、竖直挡墙边界下火焰高度的理论模型

根据本书前面章节介绍的正常大气压下的竖直挡墙边界下火焰高度模型，有

$$M_{\text{ent}} = \alpha\rho_\infty \frac{\Delta T_{\text{f}}}{T_\infty} g\ell_3^2\ell_1 \approx \rho_{\text{g}} \frac{\Delta T_{\text{g}}}{T_\infty}(H - z_{\text{n}})^2 gW = M_0 \tag{8.17}$$

之前的无竖直挡墙限制实验分析中讨论过，ℓ_3 的增加归因于气压因素使卷吸系数 α 减小，并且增大了火焰的脉动。经验上，我们发现拉萨的 ℓ_3 数值是合肥的 ℓ_3 数

值的 1.25 倍(1/0.8)。

前面章节已经介绍了竖直挡墙限制下建筑外立面开口溢流火焰高度与无量纲间距 D_v/ℓ_3 之间的耦合关系：

$$\frac{Z_\mathrm{f}{D_\mathrm{v}}^{2/3}}{\left(\dfrac{\dot{Q}_\mathrm{ext}}{\rho_\infty c_\mathrm{p} T_\infty g^{1/2}}\right)^{2/3}} \propto f\left(\frac{D_\mathrm{v}}{\ell_3}\right) \tag{8.18}$$

图 8.14 中给出了无量纲平均火焰高度(拉萨地区实验数值乘以了 0.8)随着无量纲间距 D_v/ℓ_3 (拉萨高原地区 ℓ_3 大小是合肥地区的 1.25 倍)的变化规律。平均火焰高度随着外立面与竖直挡墙之间距离变化关系，可以分段拟合。

当 $D_\mathrm{v} < \ell_3$ 时，

$$\frac{Z_\mathrm{f}{D_\mathrm{v}}^{2/3}}{\left(\dfrac{\dot{Q}_\mathrm{ext}}{\rho_\infty c_\mathrm{p} T_\infty g^{1/2}}\right)^{2/3}} \propto \left(\frac{D_\mathrm{v}}{\ell_3}\right)^0 \tag{8.19}$$

当 $D_\mathrm{v} \geqslant \ell_3$ 时，

$$\frac{Z_\mathrm{f}{D_\mathrm{v}}^{2/3}}{\left(\dfrac{\dot{Q}_\mathrm{ext}}{\rho_\infty c_\mathrm{p} T_\infty g^{1/2}}\right)^{2/3}} \propto \left(\frac{D_\mathrm{v}}{\ell_3}\right)^{2/3} \tag{8.20}$$

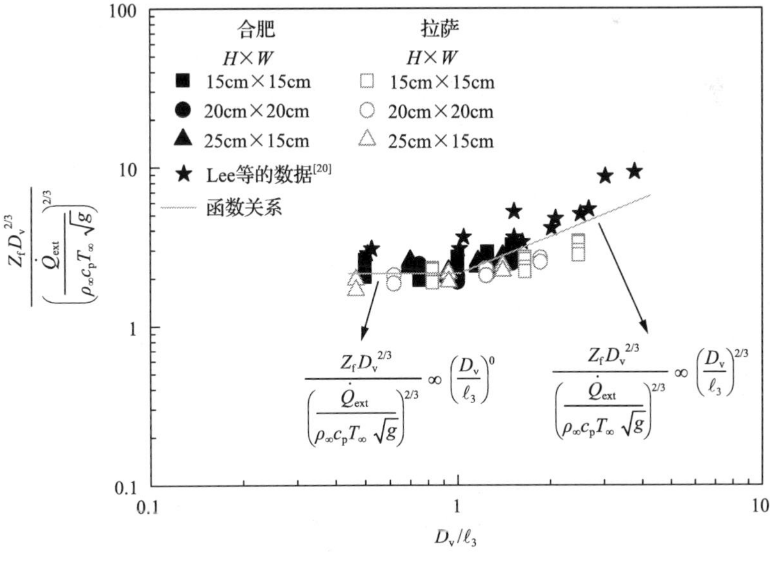

图 8.14　考虑卷吸差异修正后，无量纲火焰高度随着无量纲间距的变化规律

参考文献

[1] 李振华. 西藏高原低压低氧条件下可燃物燃烧特性和烟气特性研究. 合肥: 中国科学技术大学出版社, 2009.

[2] 孙晓乾, 李元洲, 霍然, 等. 西藏古建筑常用木材的着火特性试验. 中国科学技术大学学报, 2006, (1): 77-80.

[3] Sun X Q, Li Y Z, Huo R, et al. Comparison on generation principle of carbon monoxide concentration in pine combustion between plain and altiplano regions.18th International Symposium on Analytical and Applied Pyrolysis, 2008.

[4] 任彬彬. 高原环境下木材着火特性及油池火羽流特性研究. 合肥: 中国科学技术大学出版社, 2009.

[5] Thomas P H, Hinkley P L, Theobald C R, et al. Investigations into the flow of hot gases in roof venting. Fire Research Technical Paper No. 7, HMSO, London, 1963.

[6] Cetegen B M, Ahmed T A. Experiments on the periodic instability of buoyant plumes and pool fires. Combustion and Flame, 1993, 93(1-2): 157-184.

[7] Most J M, Mandin P, Chen J P. Joulain influence of gravity and pressure on pool fire-type diffusion flames. Proceedings of the 26th Symposium (International) on Combustion, The Combustion Institute, 1996: 1311-1317.

[8] Fang J, Yu C Y, Tu R. The influence of low atmospheric pressure on carbon monoxide of n-heptane pool fires.Journal of Hazardous Materials, 2008, (154): 476-483.

[9] Li Z H, He Y P, Zhang H, et al.Combustion characteristics of n-heptane and wood crib fires at different altitudes. Proceedings of the Combustion Institute, 2009, (32): 2481-2488.

[10] 张孝春. 不同火源形状下射流火羽流及顶棚射流特征参数演化行为研究. 合肥: 中国科学技术大学出版社, 2014.

[11] Wang Q, Hu L H, Tang F, et al. Characterization and comparison of flame fluctuation magnitude of a turbulent buoyant jet diffusion flame under reduced and normal pressure atmosphere. Procedia Engineering, 2012, 62(0): 211-218.

[12] 王强. 不同环境条件下扩散射流火焰形态特征与推举、吹熄行为研究. 合肥: 中国科学技术大学出版社, 2015.

[13] Orloff L, DeRis J, Delichatsios M A. Radiation from buoyant turbulent diffusion flames.Combustion Science and Technology, 1992, 84: 177-186.

[14] Markstein G H. Relationship between smoke point and radiant emission from buoyant turbulent and laminar diffusion flames. Symposium (International) on Combustion, 1985, 20: 1055-1061.

[15] Hankinson G, Lowesmith B J. A consideration of methods of determining the radiative characteristics of jet fires. Combustion and Flame, 2012, 159: 1165-1177.

[16] Mahmud T, Sangha S K, Costa M, et al. Experimental and computational study of a lifted non-premixed turbulent free jet flame. Fuel, 2007, 86: 793-806.

[17] Toro V V, Mokhov A V, Levinsky H B, et al. Combined experimental and computational study of laminar axisymmetric hydrogen-air diffusion flames. Proceedings of Combustion Institute, 2005, 30: 485-492.

[18] Gomez-Mares M, Munoz M, Casai J. Axial temperature distribution in vertical jet fires.Journal of Hazardous and Material, 2009, 172: 54-60.

[19] Audouin L, Kolb G, Torero J L. Average centerline temperature of a buoyant pool fire obtained by image processing of video recordings. Fire Safety Journal,1995, 24: 167-187.

[20] Lee Y P, Delichatsios M A, Silcock G W H. Heat fluxes and flame heights in facades from fires in enclosures of varying geometry. Proceedings of the Combustion Institute, 2007, 31(2): 2521-2528.

[21] Lee Y P. Heat fluxes and flame heights in external facade fires. University of Ulster, FireSERT, 2006.

[22] Hu L H, Lu K H, Delichatsios M A, et al. An experimental investigation and statistical characterization of intermittent flame ejecting behavior of enclosure fires with an opening. Combustion and Flame, 2012, 159: 1178-1184.

[23] Tang F, Hu L H, Delichatsios M A, et al. Experimental study on flame height and temperature profile of buoyant window spill plume from an under-ventilated compartment fire. International Journal Heat and Mass Transfer, 2012, 55: 93-101.

[24] Lee Y P, Delichatsios M A, Ohmiya Y. Effect of a facing wall on facade flames. Proceedings of the 5th International Seminar on Fire and Explosion Hazards, Edinburgh, UK, 23-27 April, 2007: 381-392.

[25] Lee Y P, Delichatsios M A, Ohmiya Y, et al. Heat fluxes on opposite building wall by flames emerging froman enclosure. Proceedings of the Combustion Institute, 2009, 32: 2551-2558.

[26] Yanagisawa A, Goto D, Ohmiya Y, et al. flame heights and heat fluxes on a building facade and an opposite building wall by flames emerging from an opening. 9th International Symposium on Fire Safety Science, Germany, 2008.

[27] Karlsson B, Quintiere J G. Enclosure Fire Dynamics. Florida: CRE Press, 2000.

[28] Delichatsios M A, Lee Y P, Tofilo P. A new correlation for gas temperature inside a burning enclosure. Fire Safety Journal, 2009, 44: 1003-1009.

第九章　环境风作用下的建筑外立面开口火溢流

随着经济发展，近年来高层建筑由于其占地面积少、建筑面积大等特点适合于人口密集的大城市，因此超高层建筑得到了蓬勃的发展。然而，城市高层建筑物由于其海拔较高，建筑外形等特点，往往存在较为强烈的外界风。风荷载是高层建筑的主要控制荷载之一，当高层建筑发生火灾时，环境风将对火灾发展及开口火溢流各特征参数产生显著影响，本章将主要介绍环境风作用下的建筑外立面开口火溢流现象。

第一节　环境风作用下腔室内部火灾行为

建筑腔室火灾的发生往往伴随着外界环境风的作用，环境空气的流动是影响建筑物内火灾蔓延的重要因素，环境风产生的风压远大于建筑火灾内部火焰热浮力产生的压强，这在高层建筑上体现得尤为突出[1-2]。研究表明，在香港等大城市，在海拔 32m 处风速为 3～8m/s，最大通常能超过 40m/s，当环境风速在 5～20m/s 时，环境风压能达到 15～240Pa[3]，因此，环境风将对建筑腔室火灾产生显著的影响。

前人研究主要针对无风条件下，如图 9.1 中红色箭头所示，由于热浮力的作用，腔室内部热烟气卷吸环境空气由火源上方向上流动，并最终撞击腔室顶部沿顶板扩展，在腔室侧壁处形成涡旋，同时会形成上层为热烟气层(正压)下层为冷空气层(负压)。随着竖向高度增加压强不断增大，由于该种压强分布在开口处便会形成下层流入新鲜空气，上层溢出高温烟气的流动机制，基于质量守恒及伯努利方程推导了空气、烟气速度与质量流率等参数；然而，如图 9.1 中蓝色箭头所示，在环境风的作用下(风向垂直于建筑外壁面，2m/s)，高层建筑外壁面的存在将对环境风产生滞止效应，环境风动压在外壁面附近完全转化为静压，此时，外壁面附近压强将大于大气压强，建筑窗口作为连接内外部物质交换的通道在此情况下会使得进入内部的空气参数发生显著变化，从而导致室内空气流动掺混更加剧烈，且不再存在无风条件下的良好压强分层现象。

图 9.2 给出了环境风作用下腔室内部不同位置处温度随火灾功率变化的规律，可以看出，当功率较小时(燃料控制)，环境风速对腔室内部温度几乎没有影响；然而，当功率较大时(通风控制)且风速较大时，温度会出现较大的下降。这是由于在通风控制情况下，腔室内部燃烧行为受外界通风作用影响相对燃料控制阶段更大，环境风是由具有较强的通风混合效应引起的，环境风进入腔室内部与腔室内部高温烟气复杂掺混，环境风的强烈降温作用使腔室内部的温度下降。

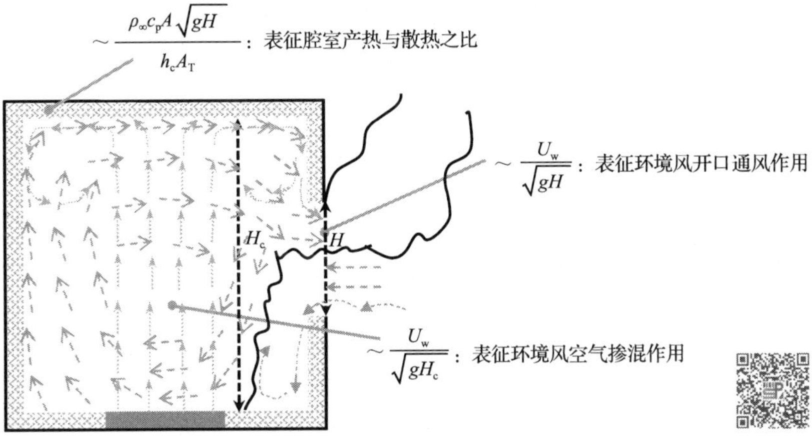

图 9.1　环境风对腔室内压强分布的影响(彩图扫二维码)

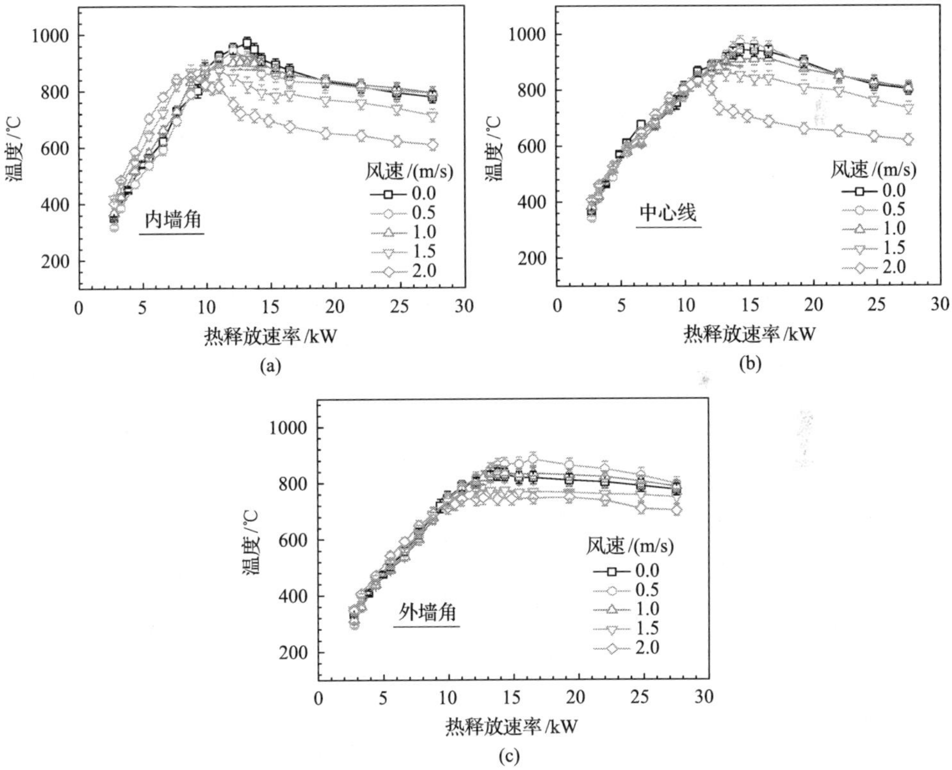

图 9.2　环境风对腔室内温度的影响

无风情况下腔室火灾发生后，随着火灾功率的不断增大，室内高温烟气不断增多，由分层最终发展为充分混合，可分为四个阶段[4]，如图 9.3 所示。第一阶段，通常发生在火灾发生的初始阶段，这个阶段的显著特征是热烟气层还未到达开口顶部，内部热量释放造成烟气的扩散使压力升高，腔室内部整体压强高于外界环境。第二阶段，烟气层刚刚达到开口顶部，烟气开始溢出，冷空气从下部继续溢出，此时腔室内部压强仍大于外界压强，此阶段仅能持续数秒。第三阶段，在此阶段，腔室与外界空气流动发生改变，热烟气从开口上部溢出，冷空气从开口下部进入，因此，此时也存在一个没有空气流动的中性面(压差由正变负的临界面)。在中性面以下，腔室内为负压(相比于外界压强)，冷空气从下部流入；类似地，由于中性面以上腔室内为正压，热烟气从上部溢出。第四阶段，为火灾充分发展阶段，此阶段烟气层下降到地面，腔室内部充满热烟气，同时被认为具有空间位置统一的温度。

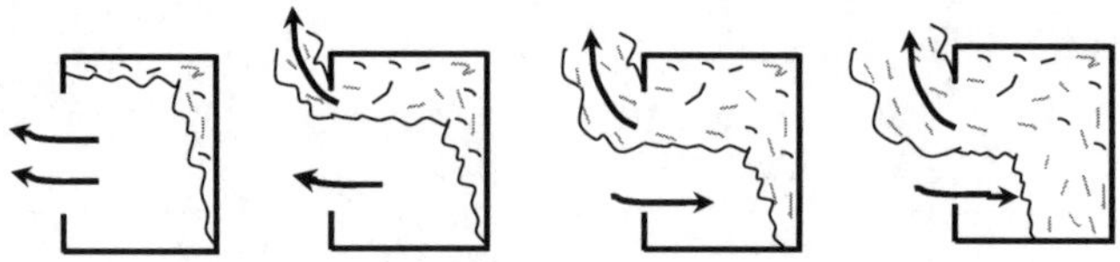

图 9.3　室内火灾发展的不同阶段(分层-充分混合)

当存在环境风的情况下，腔室内部火灾发展由于受到环境风的强烈掺混作用(vent-mixing effect)将不同于上述过程，更快达到充分混合状态(well-mixed condition)。随着热释放速率增加，腔室内部火灾规模不断增大，火焰(高温烟气)会经历由未接触顶棚到撞击顶棚在顶部扩展，并最终逐渐沿侧壁向下发展的完整过程。如图 9.4 所示为不同风速下的腔室内部火焰行为特征，可以看出在相同功率下，随着风速的增大，室内火焰湍流度逐渐增大，达到充分混合临界功率不断减小。环境风作用下腔室内部气流流动相比于无风情况下更为剧烈，有利于促进腔室内部高温烟气的掺混，加速室内火灾从分层发展到充分混合。

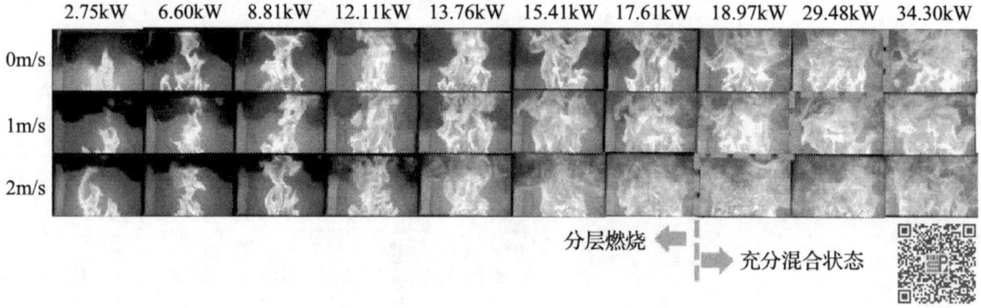

图 9.4　不同风速下的腔室内部火焰行为特征(彩图扫二维码)

室内温度变化是腔室火灾中一个重要的参数，在一定程度上可以反映腔室内部的烟气流动状态。为了进一步量化表征室内气流流动掺混行为，可以引入上下层温度差值来分析，图 9.5 给出了室内温度上下层差值随功率及风速的变化规律，同时考虑了不同通风因子(开口尺寸)对上下层温度差值的影响。可以看出，随着火灾热释放速率的增大，腔室内部上下层的温度差值先增大后减小；在同一热释放速率下，随着风速的增大，温度差值不断减小；不同通风因子情况下的转折功率都在 0.6 倍的临界溢出热释放速率。

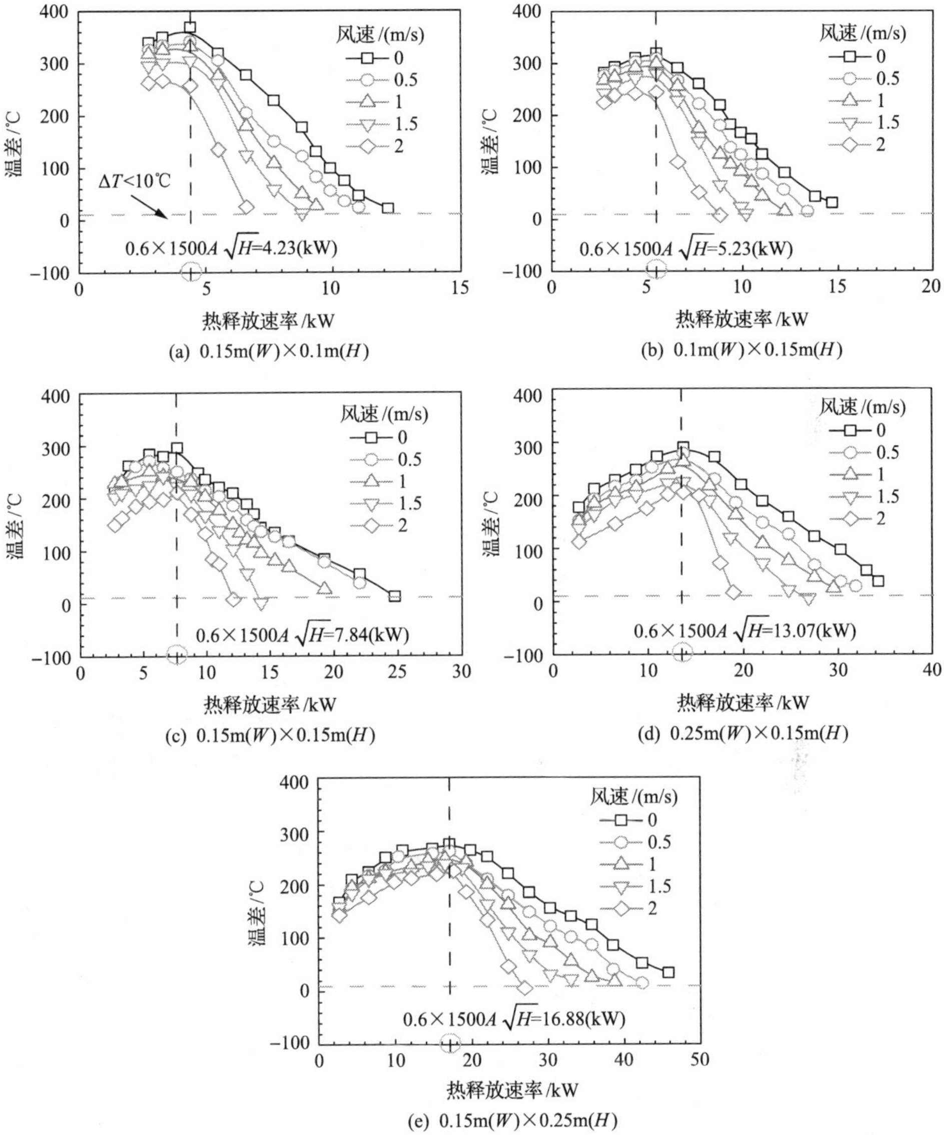

图 9.5　不同风速及通风因子条件下腔室内部上下层温差随功率及风速的变化规律

从图 9.5 中可以得到不同通风因子、不同风速下达到充分混合的临界热释放速率，并且能够发现随着风速的逐渐增大，达到充分混合的临界热释放速率不断减小。图 9.6 给出了无量纲临界热释放速率与风速弗劳德数的拟合关系图，拟合效果很好，说明了腔室内达到充分混合的临界热释放速率主要受到开口处环境风的惯性力与溢出高温烟气的浮力效应的竞争作用，其无量纲关系式如下

$$\dot{Q}^*_{\text{well-mixed}} = -0.47U_{\text{w}} / \sqrt{gH} + 1.7 \tag{9.1}$$

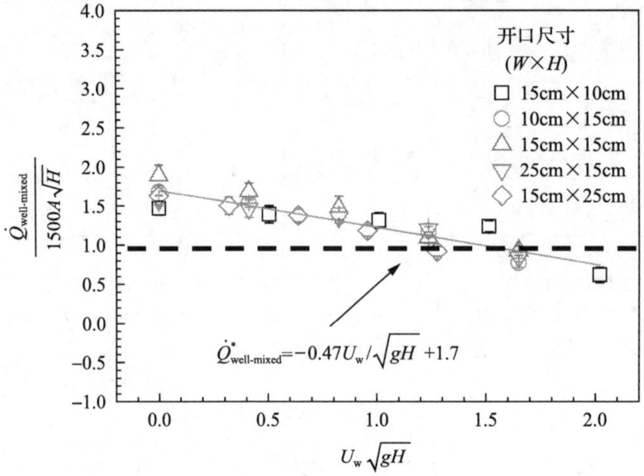

图 9.6　无量纲临界热释放速率与风速弗劳德数的拟合关系图(彩图扫二维码)

第二节　环境风作用下建筑外立面开口火溢流的火焰高度

燃烧室内可燃物液化蒸发形成的可燃性气体随高温烟气从开口处溢出，与外界氧气混合燃烧而产生火焰，形成建筑外立面开口火溢流[5, 6]，其在外部环境中会受到各种各样的影响，如竖直挡墙[5, 8-9]、倾斜挡墙[5, 10]、侧面挡墙[11-14]、低压低氧环境[5, 9, 15]、环境风[16]等，其中，环境风对建筑外立面开口火溢流的影响较为普遍。本节将对正向环境风(垂直于建筑外立面)对开口火溢流火焰高度的影响做较为深入地阐述。

一、火焰高度随风速的演化规律

图 9.7 给出了一组工况(开口 15cm×10cm(W×H)、总的热释放速率(HRR=18.48kW))的平均火焰高度随风速演化规律的示意图。从图中可以直观地看出，当开口尺寸和 HRR 保持不变时，随着外界环境风速的增大，平均火焰高度呈下降趋势。

不同开口(15cm×10cm，10cm×15cm，20cm×10cm，15cm×15cm，10cm×20cm(W×H))、不同总热释放速率(18.48～33.88kW)情况下平均火焰高度随风速(0～2.0m/s)的演化规律见图 9.8。

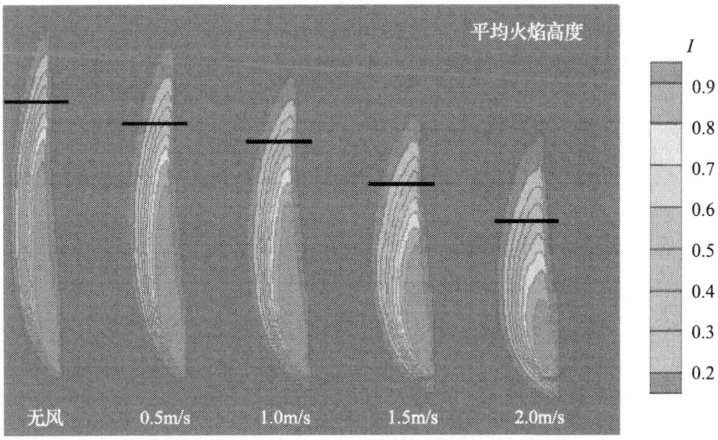

图 9.7　开口 15cm(*W*)×10cm(*H*)、HRR=18.48kW 的平均火焰高度随风速演化规律示意图(彩图扫二维码)

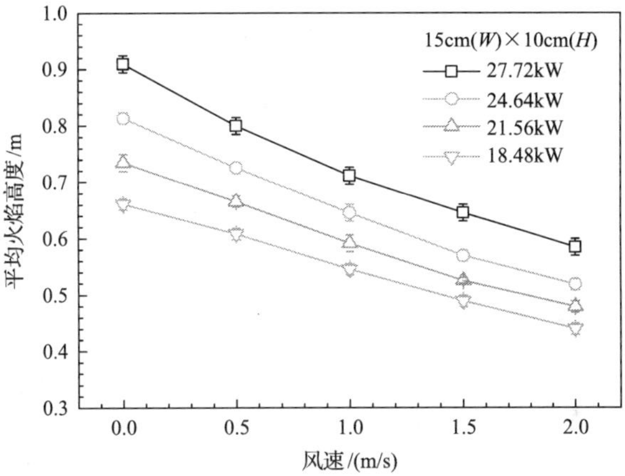

(a)

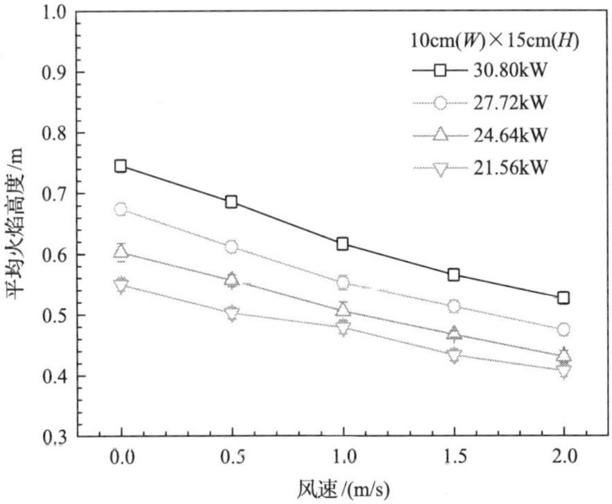

(b)

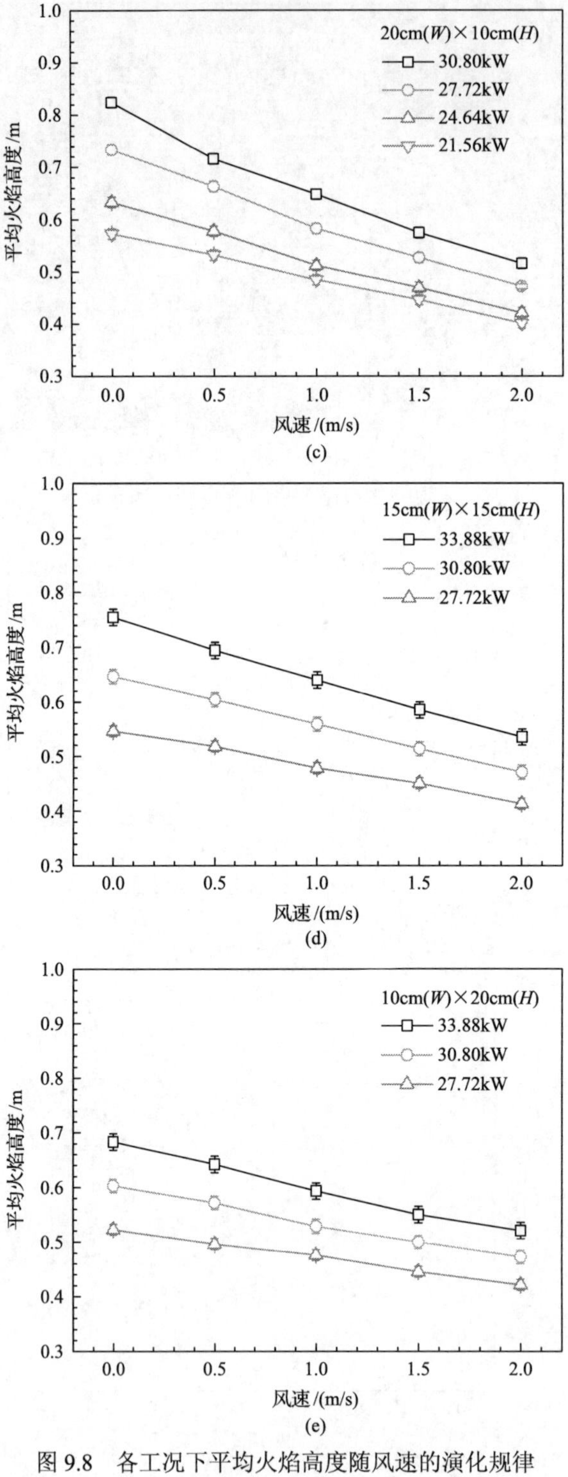

图 9.8　各工况下平均火焰高度随风速的演化规律

从图 9.8 中可以看出：①当开口尺寸和外界环境风速保持不变时，建筑外立面开口火溢流的火焰高度随着总热释放速率的增加而增加；②当开口尺寸和总热释放速率保持不变时，建筑外立面开口火溢流的火焰高度随着外界环境风速的增大呈现较为明显的下降趋势。

建筑外立面开口火溢流的火焰高度由溢出热释放速率（$\dot{Q}_{ex}$）和外界空气卷吸决定。环境风对开口火溢流的火焰溢出功率有一定的影响[16]，这主要取决于空气供给与通风的耦合作用。

图 9.9 给出了各开口(15cm×10cm、10cm×15cm、20cm×10cm、15cm×15cm、10cm×20cm(*W*×*H*))临界溢出功率（$\dot{Q}_{critical}$）随风速的变化规律，与前面结论一致。虽然风速的增加(特别是较小开口、较大风速工况)会促进开口火溢流溢出热释放速率的增大，进而增加溢出火焰高度，但是外界空气卷吸随风速的增大更为明显且始终占据主导地位，即空气卷吸对火焰高度的降低效应更为显著，所以整体上建筑外立面开口火溢流的火焰高度随风速的增大呈现较为明显的下降趋势。

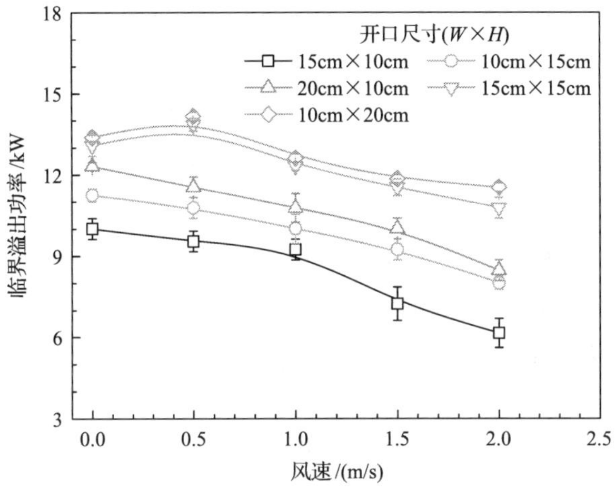

图 9.9　不同开口临界溢出功率随风速的变化规律

二、环境风作用下的火焰卷吸理论

根据 Lee 等提出的矩形火源近似理论[17, 18]，溢出火焰的空气卷吸主要来自除去外立面阻挡一侧的其他三条边，即其主要受到来自垂直于建筑外立面的正面卷吸（ℓ_1）和两个平行于建筑外立面的侧面卷吸（ℓ_2）作用。由于环境风垂直于建筑外立面，所以溢出火焰受到正面和侧面的空气卷吸强度会有较大的不同。实际上，根据侧墙对建筑外立面开口火溢流火焰高度影响[12]的研究表明，考虑到火焰溢出开口后由于具有原始水平冲量会向前投射一定的水平距离，即使无风情况下，溢出火焰受到的正面和侧面的卷吸强度也是不同的，并由此提出空气卷吸特征长度 $\tilde{\ell}$ ，见图 9.10(a)。

$$\tilde{\ell} = \ell_1 + 2(0.317\dot{Q}_{\rm ex}^{*2/5} - 0.352)\ell_2 \tag{9.2}$$

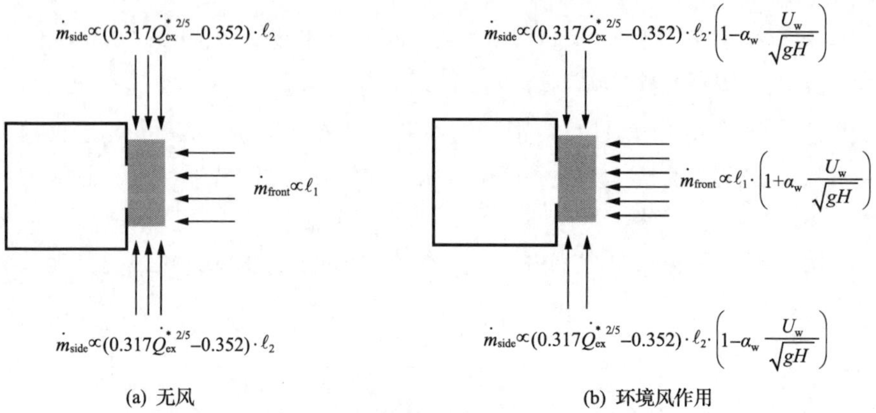

图 9.10　环境风作用下的火焰卷吸理论

由于环境风垂直于建筑外立面的正面，与正面卷吸的方向相同，而且风流在接触外立面后会向周围发散，所以环境风会增强正面的卷吸同时抑制侧面的卷吸。由于 $0.317\dot{Q}_{\rm ex}^{*2/5} - 0.352 < 1$，表明正面的卷吸作用大于侧面卷吸，即正面卷吸作用占据主导地位，所以总体来说，环境风的影响会促进空气卷吸，进而导致溢出火焰高度随风速的增加而降低。为体现环境风对正面卷吸的增强作用和侧面卷吸的抑制作用，引入用来描述环境风对空气卷吸作用影响的系数 $\alpha_{\rm w}$ ，见图 9.10(b)，所以环境风影响下的空气卷吸特征长度可表示为

$$\tilde{\ell}_{\rm w} = \ell_1\cdot\left(1+\alpha_{\rm w}\frac{U_{\rm w}}{\sqrt{gH}}\right) + 2(0.317\dot{Q}_{\rm ex}^{*2/5} - 0.352)\ell_2\cdot\left(1-\alpha_{\rm w}\frac{U_{\rm w}}{\sqrt{gH}}\right) \tag{9.3}$$

三、耦合风速的火焰高度理论模型

为表征不同环境风速条件下建筑外立面开口火溢流的火焰高度，引入火焰高度修正因子 $K_{\rm f}$，由前面分析可知，$K_{\rm f}$ 应该是环境风速（$U_{\rm w}$）、特征长度（ℓ_1 、ℓ_2）和无量纲溢出热释放速率（$\dot{Q}_{\rm ex}^*$）的函数，所以环境风作用下的建筑外立面开口火

溢流火焰高度 Z_{f} 与无环境风的火焰高度 $Z_{\mathrm{f},0}$ 的比值 K_{f} 可以表示为

$$K_{\mathrm{f}}=\frac{Z_{\mathrm{f}}}{Z_{\mathrm{f},0}}=\mathrm{fcn}(U_{\mathrm{w}},\ell_1,\ell_2,\dot{Q}_{\mathrm{ex}}^{*}) \tag{9.4}$$

目前，关于火焰高度与空气卷吸特征长度的关系尚没有明确的理论解决方案，特别是考虑环境风的影响在内。在研究侧墙对建筑外立面开口火溢流火焰高度的影响[8]时，曾假设火焰高度与空气卷吸成反比而且实验数据具有较好的收敛性，所以基于空气卷吸特征长度越大火焰高度越低的规律，同样假设环境风作用下建筑外立面开口火溢流的火焰高度与空气卷吸成反比，即

$$\begin{aligned}K_{\mathrm{f}}=\frac{Z_{\mathrm{f}}}{Z_{\mathrm{f},0}}&=\left[\frac{\ell_1\left(1+\alpha_{\mathrm{w}}\dfrac{U_{\mathrm{w}}}{\sqrt{gH}}\right)+2(0.317\dot{Q}_{\mathrm{ex}}^{*2/5}-0.352)\ell_2\left(1-\alpha_{\mathrm{w}}\dfrac{U_{\mathrm{w}}}{\sqrt{gH}}\right)}{\ell_1+2(0.317\dot{Q}_{\mathrm{ex}}^{*2/5}-0.352)\ell_2}\right]^{-1}\\&=\frac{\ell_1+2(0.317\dot{Q}_{\mathrm{ex}}^{*2/5}-0.352)\ell_2}{\ell_1\left(1+\alpha_{\mathrm{w}}\dfrac{U_{\mathrm{w}}}{\sqrt{gH}}\right)+2(0.317\dot{Q}_{\mathrm{ex}}^{*2/5}-0.352)\ell_2\left(1-\alpha_{\mathrm{w}}\dfrac{U_{\mathrm{w}}}{\sqrt{gH}}\right)}\end{aligned} \tag{9.5}$$

首先，分别假设 α_{w} 为 0.1、0.3、0.4 和 0.7，以 $\dot{Q}_{\mathrm{ex}}^{*}$ 为横坐标、$\dfrac{Z_{\mathrm{f}}}{K_{\mathrm{f}}\cdot Z_{\mathrm{f},0}}$ 为纵坐标作图，如图 9.11 所示。

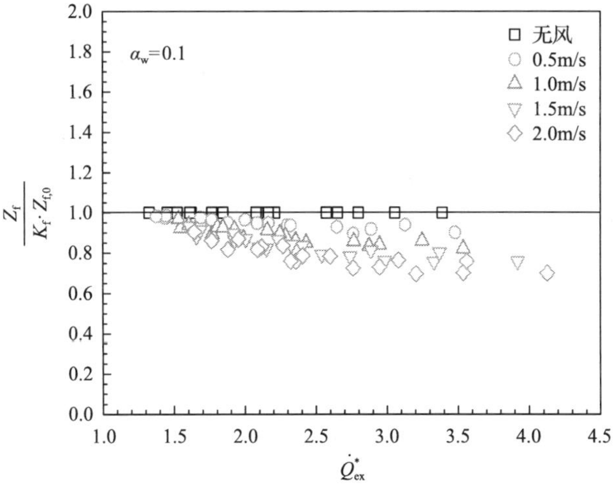

(a)

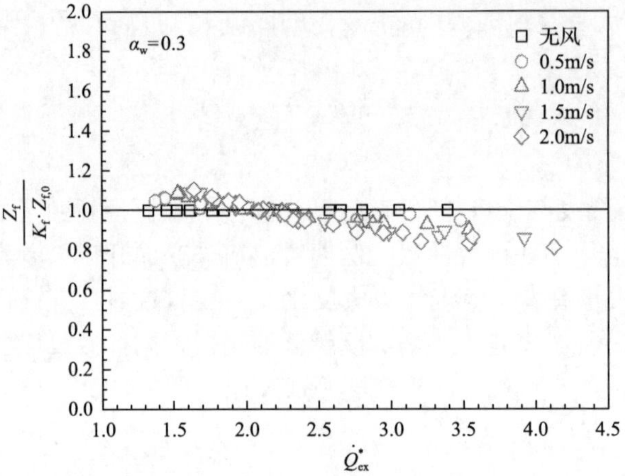

(b)

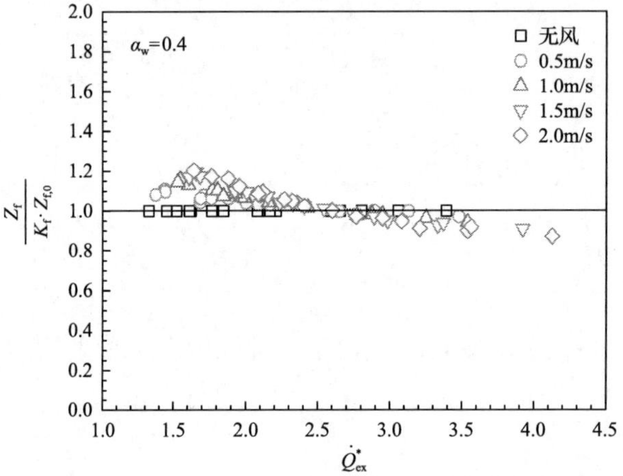

(c)

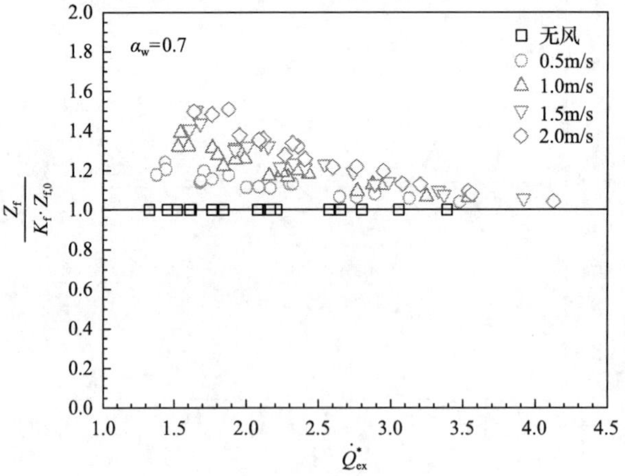

(d)

图 9.11　α_w 取定值时实验数据的收敛性(彩图扫二维码)

从图 9.11 中可得，当不考虑风速为零时，α_{w} 取值为 0.1、0.3、0.4 和 0.7 时，纵坐标值先是全部位于水平直线的下部，然后分列水平直线两侧，最后全部位于水平直线的上部。而当火焰高度修正因子 K_{f} 选取较合理时，纵坐标值则会收敛于水平直线，所以 α_{w} 不应当为定值。

前面提到，K_{f} 是环境风速（U_{w}）、特征长度（ℓ_1、ℓ_2）和无量纲溢出热释放速率（$\dot{Q}_{\mathrm{ex}}^{*}$）的函数，结合式(9.5)，由于溢出热释放速率的不同将改变环境风对溢出火焰高度的影响，所有 α_{w} 应该是无量纲溢出热释放速率（$\dot{Q}_{\mathrm{ex}}^{*}$）的函数。对每一组实验工况反推出的 α_{w} 对 $\dot{Q}_{\mathrm{ex}}^{*2/5}$ 作图，见图 9.12，从图中可以得到较好的线性关系：

$$\alpha_{\mathrm{w}} = 0.8\dot{Q}_{\mathrm{ex}}^{*2/5} - 0.76 \tag{9.6}$$

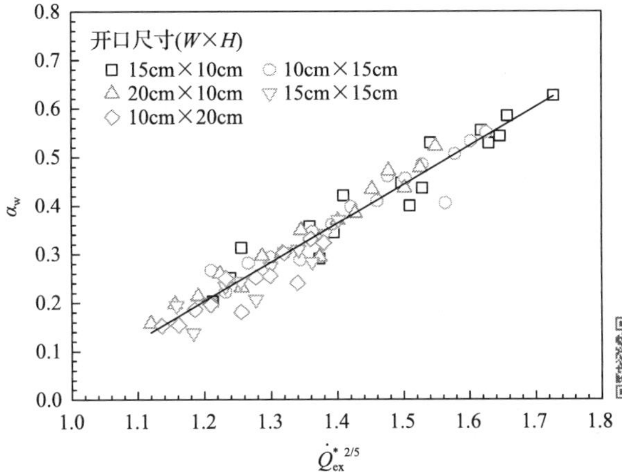

图 9.12　每组实验工况反推出的 α_{w} 对 $\dot{Q}_{\mathrm{ex}}^{*\ 2/5}$ 拟合分析（彩图扫二维码）

将式(9.6)代入式(9.5)，火焰高度修正因子 K_{f} 可表示为

$$K_{\mathrm{f}} = \frac{Z_{\mathrm{f}}}{Z_{\mathrm{f},0}}$$

$$= \frac{\ell_1 + 2(0.317\dot{Q}_{\mathrm{ex}}^{*2/5} - 0.352)\ell_2}{\ell_1\left[1 + (0.8\dot{Q}_{\mathrm{ex}}^{*2/5} - 0.76)\dfrac{U_{\mathrm{w}}}{\sqrt{gH}}\right] + 2(0.317\dot{Q}_{\mathrm{ex}}^{*2/5} - 0.352)\ell_2\left[1 - (0.8\dot{Q}_{\mathrm{ex}}^{*2/5} - 0.76)\dfrac{U_{\mathrm{w}}}{\sqrt{gH}}\right]} \tag{9.7}$$

图 9.13 和图 9.14 给出了用式(9.7)修正的不同环境风速条件下建筑外立面开口火溢流的火焰高度，可以看出，数据具有较好的收敛性。

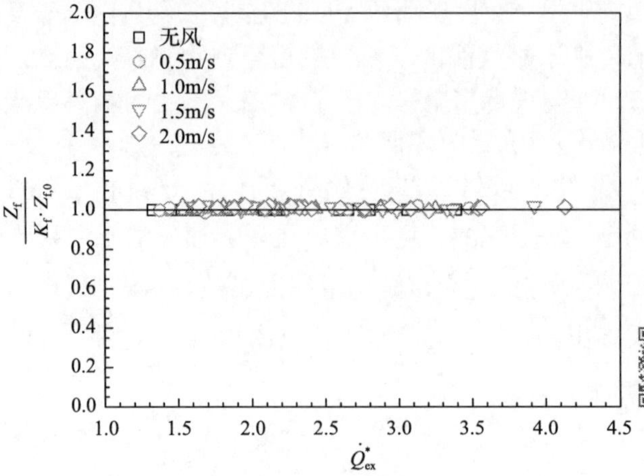

图 9.13　α_w 取 $\dot{Q}^*_{ex}$ 函数时的修正效果(彩图扫二维码)

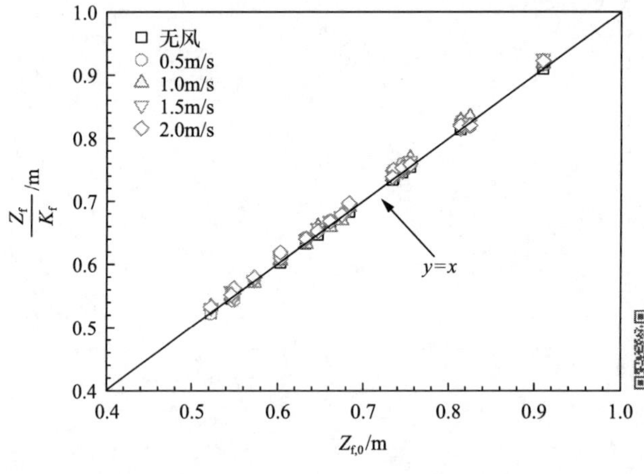

图 9.14　耦合风速的火焰高度理论模型(彩图扫二维码)

第三节　环境风作用下建筑外立面开口火溢流的温度分布

一、竖向温度分布及数学表征

高层建筑内发生火灾时，对于通过风控制的火灾场景，受限空间内火焰可通过破碎玻璃的窗口溢出，从而形成了紧贴建筑外壁面的溢出羽流。溢出的火焰可能会导致火灾从着火房间上窜至邻近的上部楼层。近年来，由于火焰溢出导致的城市高层建筑重大火灾事故已经对城市安全构成了较大的威胁。火场从下往上蔓延主要是由强烈热辐射和热对流造成的，而火焰的辐射强度和对流取决于壁面溢出火焰高度和火焰温度分布[5,15,28]。环境风对溢出火焰的竖向温度将会产生显著影响。图 9.15 给出了不同环境风速下溢出火焰二维温度分布图，可以看出，随风速的增大在竖向不同区域内火焰温度均呈现逐渐降低的趋势，这是由于环境风作用下，火焰及羽流正向卷吸的空气量不断增加，环境风强烈的冷却作用使得温度不断的降低。

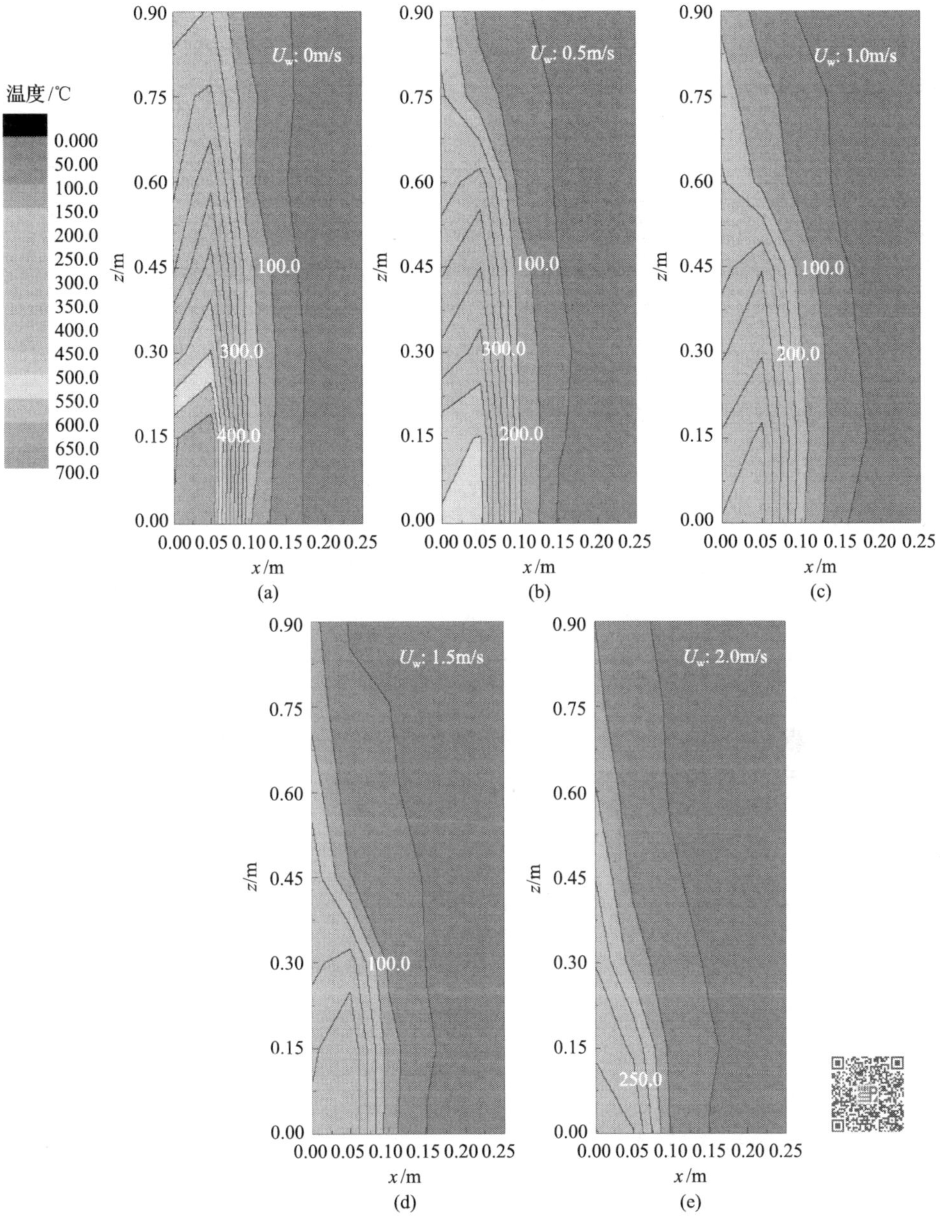

图 9.15　不同环境风速下溢出火焰二维温度分布(彩图扫二维码)

第五章引入溢出火羽流虚点源这一参量拟合了开口火溢流竖向中心线温度、总的对流热量和开口特征参量之间的关系，因此，这里有必要分析环境风作用下溢出火羽流虚点源的变化规律。图 9.16 给出了不同环境风速作用下虚点源竖向位置与溢出火羽流的对流热释放速率之间的无量纲关系式，从图中可以看出，虚点源位置基本不随风速变化而变化。因为虚点源的位置取决于火源功率的大小，对流热释放速率等于溢出气体能量与溢出燃料的热释放速率之和，对流热释放速率受环境风影响较小，所以虚点源的竖向位置基本不随环境风速变化而变化。

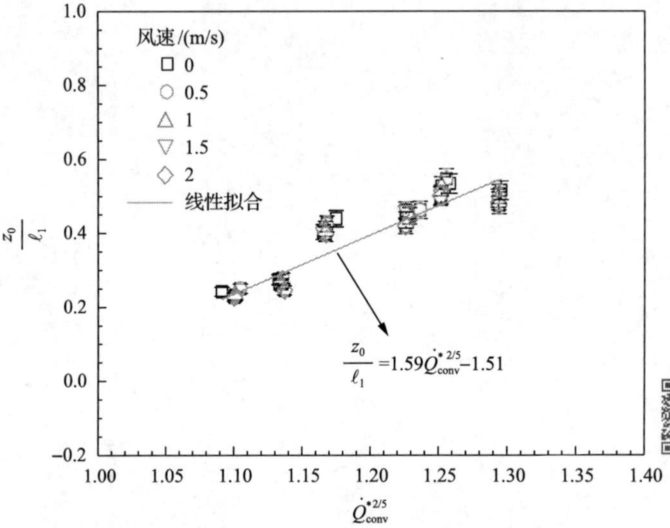

图 9.16　不同环境风速作用下虚点源竖向位置与溢出火羽流的对流热释放速率之间的无量纲关系式(彩图扫二维码)

通过考虑虚点源模型，基于第五章中无风情况下竖向温度分析模型，有风情况下竖向温度实验数据可以通过下列无量纲关系式表示：

$$\frac{\Delta T/T_\infty}{\left(\dot{Q}^*_{\text{conv}}\right)^{2/3}} \propto \boldsymbol{\kappa}\left(\frac{z-z_{\text{n}}-z_0}{\ell_1}\right)^{\eta} \tag{9.8}$$

由图 9.17 可以看出，在同一高度处，随着环境风速增大无量纲温度不断降低，其不同区域(火焰区、间歇火焰区、羽流区)的拟合系数减小，拟合系数结果如表 9.1 所示。

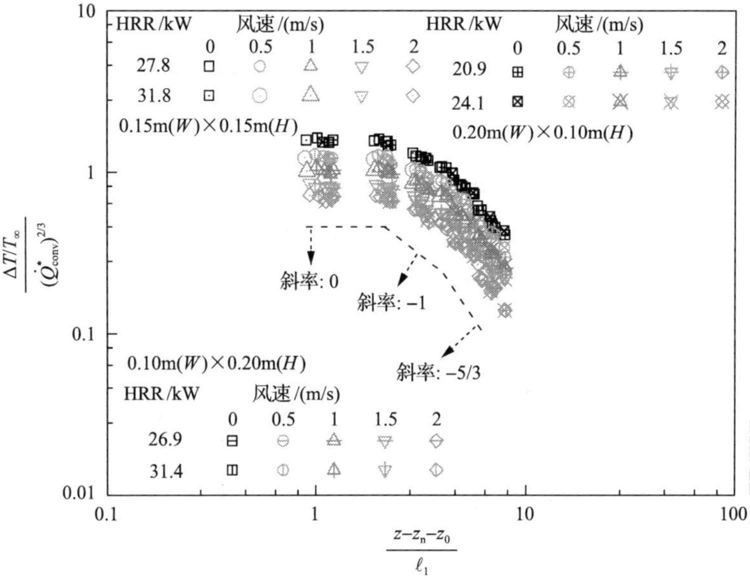

图 9.17　不同环境风速、通风因子下基于火羽流经典三段式竖向温度分布模型(彩图扫二维码)

表 9.1　拟合系数汇总表

系数	κ					η
风速/(m/s)	0.0	0.5	1.0	1.5	2.0	
火焰区	1.548	1.222	1.015	0.812	0.692	0
间歇火焰区	4.050	3.264	2.689	2.118	1.803	–1
羽流区	12.278	9.988	7.865	6.408	5.059	–5/3

通过进一步计算有风与无风情况下拟合系数之比，提出了修正因子 K_w 用以表征环境风对火羽流空气卷吸的影响，图 9.18 给出了修正因子 K_w 与环境风速的关系，可以发现修正因子 K_w 与环境风速间呈现了良好的线性关系：

$$K_w = -0.31U_w + 1,\quad 0 < U_w < 2\text{m/s} \tag{9.9}$$

通过引入修正因子，不同环境风速下的竖向温度分布曲线可以很好的拟合到一起，图 9.19 给出了最终的拟合结果，其最终表达式为

$$\frac{\Delta T / T_\infty}{(\dot{Q}^*_{\text{conv}})^{2/3} K_w} = \kappa_0 \left(\frac{z - z_n - z_0}{\ell_1} \right)^\eta \tag{9.10}$$

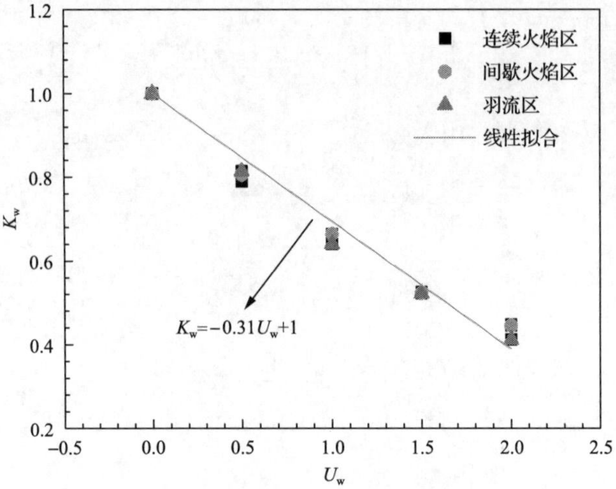

图 9.18 修正因子 K_w 与环境风速的关系

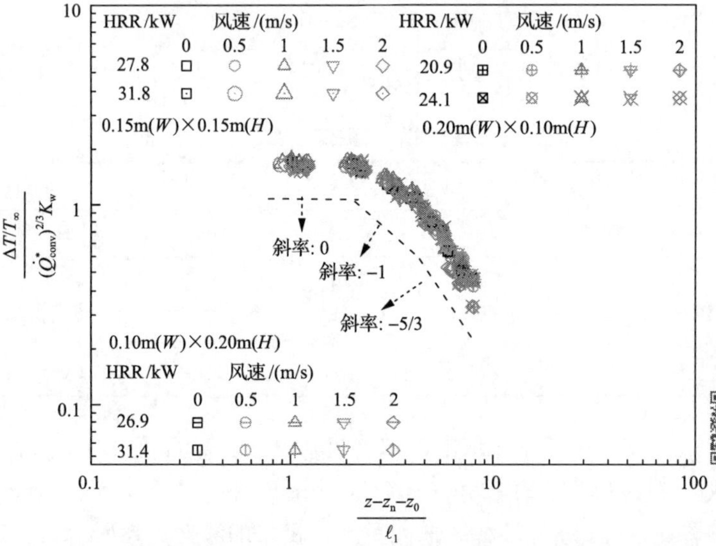

图 9.19 考虑修正因子 K_w 的竖向温度分布拟合(彩图扫二维码)

二、径向温度分布及数学表征

如第五章第二节所述，径向的温度分布是开口火溢流特性参数之一，经典的高斯分布模型是描述火焰上方火羽流竖直中心面上归一化径向温度分布的合适方法，通过重新确定羽流厚度和高斯拟合系数，很好地描述了无风情况下开口火溢流的径向温度分布规律。环境风将显著影响开口火溢流径向温度分布，图 9.20 所示为不同开口尺寸及功率情况下，环境风作用下开口火溢流径向温度随环境风速变化规律，从图中可以看出以下情况。

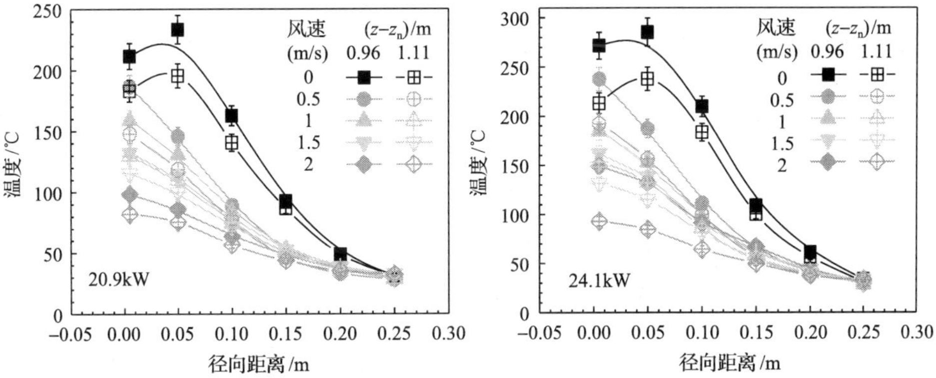

(a) 0.20m(*W*)×0.10m(*H*)

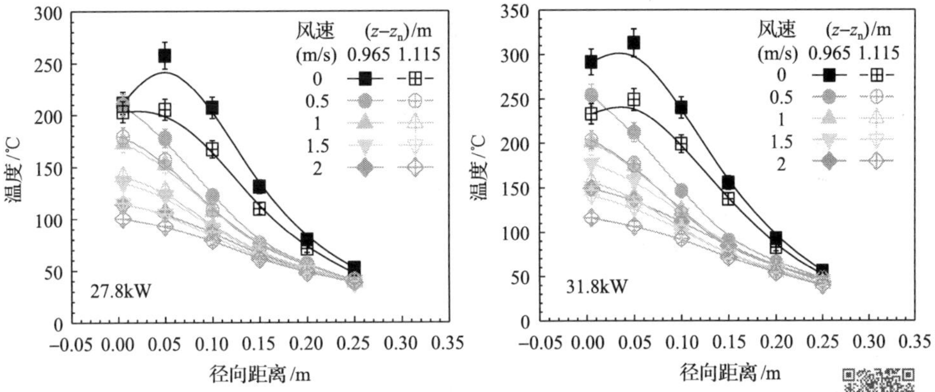

(b) 0.15m(*W*)×0.15m(*H*)

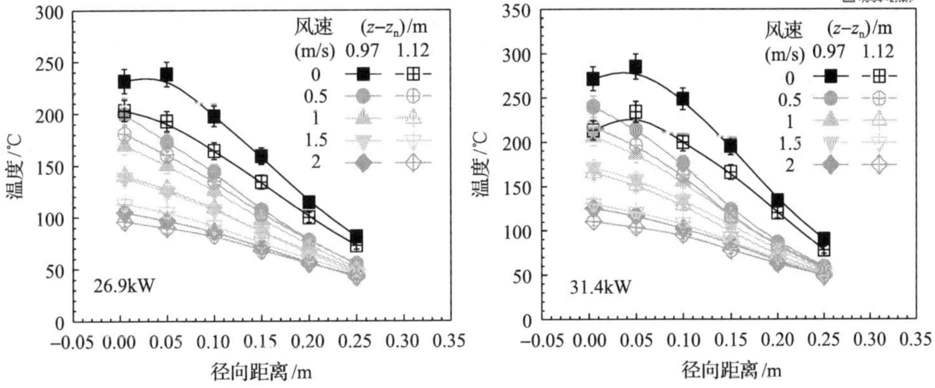

(c) 0.10m(*W*)×0.20m(*H*)

图 9.20　环境风作用下开口火溢流径向温度分布规律(彩图扫二维码)

(1)随着径向距离的增大，无风情况下温度先上升后下降，在有风情况下温度单调递减。

(2) 随着竖向高度增加，温度降低，但随着径向距离的增大，其差值逐渐减小。

(3) 随着环境风速的增大，同一位置的温度逐渐降低且在径向距离较小的时候更加明显。

由图 9.20 可以看出，环境风会抑制火溢流径向温度分布，环境风惯性力及对空气卷吸的增强使羽流附壁效应更加明显，最大温度出现水平位置向壁面移动。依据第五章第二节研究模型，对环境风作用下径向温度下降段进行拟合分析，图 9.21 所示为不同开口尺寸及不同风速条件下归一化径向温升随无量纲径向距离增大的变化规律。由于最大温度出现位置向壁面移动，图 9.21 中横坐标改为 $(x-x_{\mathrm{m}})/L_0$，其中 x_{m} 为同一高度上最大温度水平位置。如图 9.21 所示，随着环境风速的增大，归一化的径向温度随无量纲径向距离衰减速度逐渐减小，因此，无风环境下径向温度模型需要进一步发展修正。

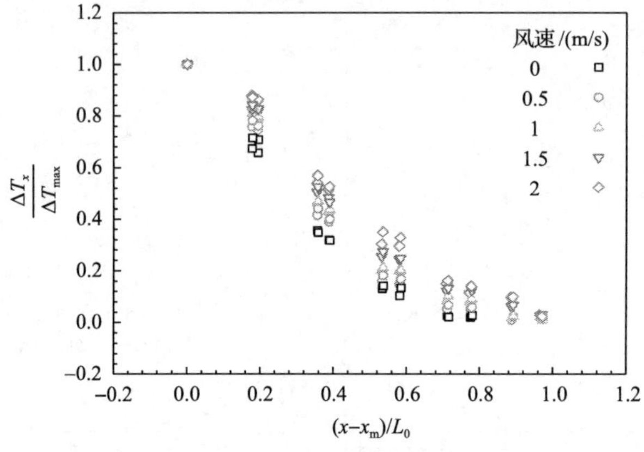

(a) 20cm(W)×10cm(H)

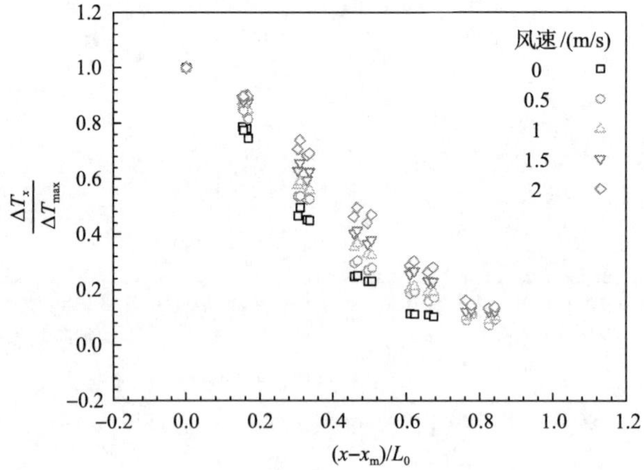

(b) 15cm(W)×15cm(H)

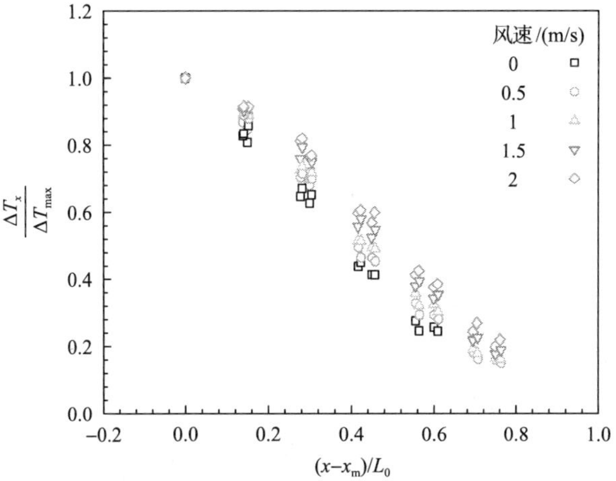

(c) 10cm(W)×20cm(H)

图 9.21　不同开口尺寸及风速情况下开口火溢流归一化径向温度变化规律(彩图扫二维码)

依据第五章第二节研究结论，随着火羽流的上升，空气卷吸速率使火羽流的水平尺寸随着高度的增加而扩大。通过确定溢出火羽流特征有效厚度尺度，很好地拟合了径向温度数据。但环境风的存在将显著影响壁面羽流的空气卷吸，依据第九章第二节中研究结论，正向风将增大火羽流正面空气卷吸速率同时降低其侧面空气卷吸速率，且该变化可通过火溢流特征尺寸的变化来量化，为表征正向环境风作用下的空气卷吸速率变化，外立面火溢流特征尺寸 ℓ_1 修正为 $\ell_1(1+\alpha_w U_w/\sqrt{gH})$ 以表征正面卷吸变化，同时特征尺寸 ℓ_2 修正为 $\ell_2(1-\alpha_w U_w/\sqrt{gH})$ 以表征侧面卷吸变化。因此，第五章第二节中外壁面火溢流正面特征厚度尺度与侧面特征厚度尺度之比可进一步表示为

$$K_{1,w}=\frac{\ell_x}{\ell_y}\approx\frac{\ell_2}{\ell_1}\cdot\frac{1+\alpha_w U_w/\sqrt{gH}}{1-\alpha_w U_w/\sqrt{gH}} \tag{9.11}$$

因此，环境风作用下的溢出羽流有效厚度可以表示为

$$L_w=\ell_2+\alpha\left(\frac{2K_{1,w}+1}{2}\right)(z-z_n-z_0) \tag{9.12}$$

式(9.11)中 α_w 表征环境风对空气卷吸影响，经过研究表明，其与无量纲溢出热释放速率有如下关系：

$$\alpha_w=0.8\dot{Q}_{ex}^{*\,2/5}-0.76 \tag{9.13}$$

利用修正的环境风作用下溢出羽流有效厚度，可以重新拟合环境风作用下的径向温度分布实验数据，如图 9.22 所示，不同风速下的径向温度分布可以很好地拟合在一起。值得注意的是，与无风情况下相同，高斯拟合系数随开口的增大而增大。

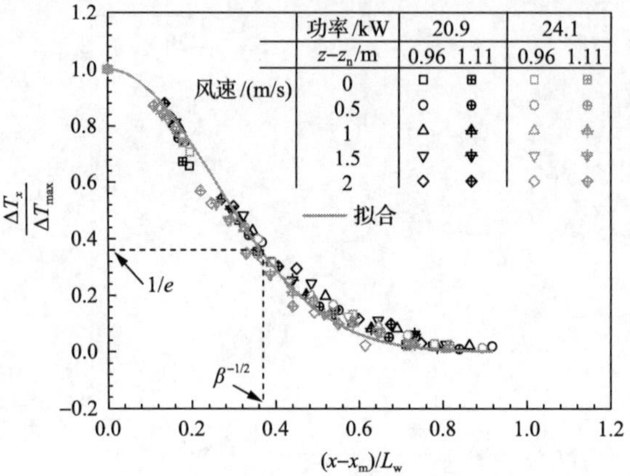

(a) 20cm(W)×10cm(H)

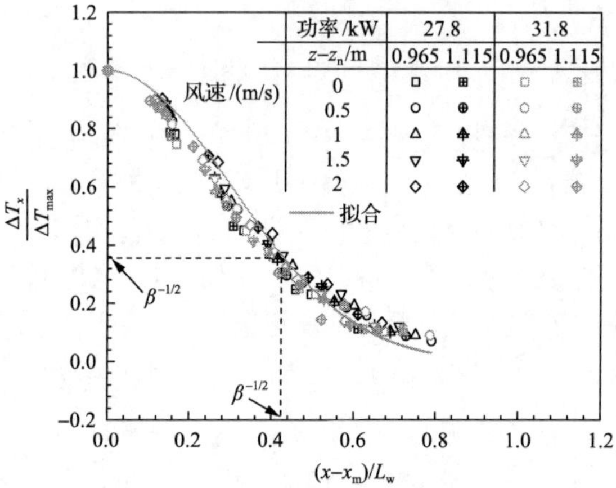

(b) 15cm(W)×15cm(H)

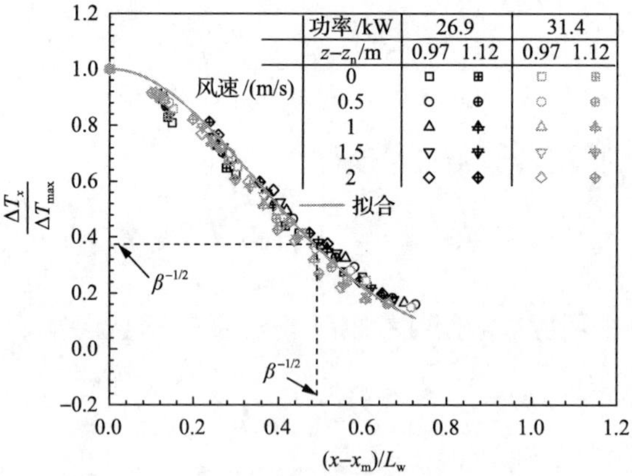

(c) 10cm(W)×20cm(H)

图 9.22　归一化径向温度与无量纲距离拟合关系(彩图扫二维码)

如图 9.23 所示为不同开口尺寸情况下 $\beta^{-1/2}$ 随宽高比变化情况，可以看出，

随高宽比增大 $\beta^{-1/2}$ 不断增大，与前人无风情况下结果符合较好：

$$\beta^{-1/2} = 1 - 0.7\mathrm{e}^{-0.25(H/W)} \tag{9.14}$$

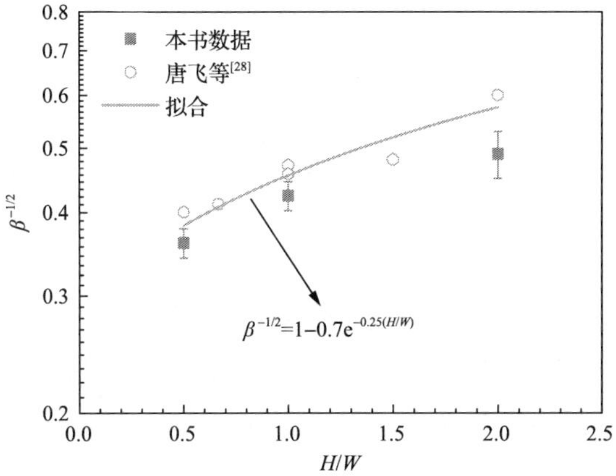

图 9.23　高斯拟合系数与开口宽高比拟合关系图

将式(9.12)和式(9.14)代入式(5.21)，可以得到考虑环境风对径向温度分布作用的无量纲拟合公式：

$$\frac{\Delta T_x}{\Delta T_{\max}} = \exp\left\{-\left[\frac{x/(1-0.7\mathrm{e}^{-0.25(H/W)})}{\ell_2 + \alpha\left(\dfrac{2K_{1,\mathrm{w}}+1}{2}\right)(z - z_{\mathrm{n}} - z_0)}\right]^2\right\} \tag{9.15}$$

图 9.24 对比了提出的无量纲拟合公式与不同风速下的实验数据，可以看出，新提出的无量纲拟合公式可以很好地拟合所有的实验数据。

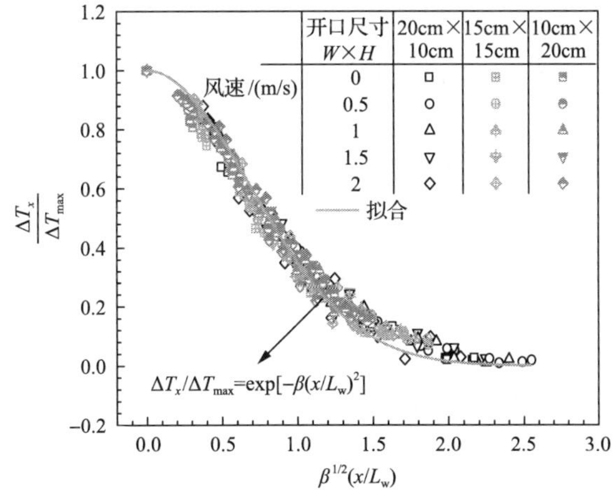

图 9.24　基于有风情况下特征长度的无量纲径向温度拟合图(彩图扫二维码)

第四节 水平贯穿风作用下建筑外立面开口火溢流

无风下单开口的建筑外立面开口火溢流是实际火溢流场景中最理想和简化的情形。事实上，对于实际腔室火灾场景，火溢流可能会从不止一个开口溢出且易受到环境风的影响。中国科学技术大学高威等[38-39]对水平贯穿风作用下对称双开口建筑外立面火溢流演化规律进行了详尽的理论分析与实验研究，本节将着重阐述高威等[38-39]在水平贯穿风作用方面的研究工作。

一、水平贯穿风作用下开口火溢流特征长度理论分析

对于一个无风情况下单开口充分混合腔室火灾来说，腔室内部温度在轰燃后期会呈现均匀一致的现象，溢出羽流由腔室内外压差驱动，压差可以表示为

$$\Delta P = (P_{g0} - P_{a0}) - (\rho_g - \rho_a)gz \tag{9.16}$$

式中，P_{g0} 与 P_{a0} 分别代表室内烟气和竖向坐标原点大气环境静压；ρ_g 和 ρ_a 分别为室内烟气和大气密度。此处竖向坐标原点为开口底部边缘。

根据中性面的定义，式(9.16)可以表示为

$$\Delta P = (\rho_g - \rho_a)g(H_N - z) \tag{9.17}$$

根据伯努利方程，可以推导出开口处高温烟气与新鲜空气的气流流速：

$$v_g = \sqrt{2(z - H_N)(\rho_a - \rho_g)g/\rho_g} \tag{9.18}$$

$$v_a = \sqrt{2(H_N - z)(\rho_a - \rho_g)g/\rho_a} - \Delta V_a \tag{9.19}$$

通过开口处气流流速，可以进一步得到溢出高温烟气和空气质量流率：

$$\dot{m}_g = \frac{2}{3}C_d W \rho_g \sqrt{\frac{2(\rho_a - \rho_g)g}{\rho_g}}(H - H_N)^{3/2} \tag{9.20}$$

$$\dot{m}_a = \frac{2}{3}C_d W \rho_g \sqrt{\frac{2(\rho_a - \rho_g)g}{\rho_a}}H_N{}^{3/2} - \Delta\dot{m}_a \tag{9.21}$$

需要注意的是，由于腔室内部压强损失，上述推导过程中分别考虑了速度 Δv_a 和质量流入速率 $\Delta \dot{m}_a$ 的降低[20]，该系统质量守恒方程为

$$\dot{m}_g = \dot{m}_a + \dot{m}_f \tag{9.22}$$

式中，$\dot{m}_f$ 为燃料供应速率。

联立式(9.20)～式(9.22)，可以推导出中性面高度：

$$H / H_N = \left(\frac{1 + \dot{m}_f / (\dot{m}_a + \Delta \dot{m}_a)}{\sqrt{\rho_g / \rho_a}} \right)^{2/3} + 1 \tag{9.23}$$

对于一个无风情况下对称双开口火溢流来说，质量守恒方程可以进一步写为

$$2\dot{m}_g = 2\dot{m}_a + \dot{m}_f \tag{9.24}$$

于是对称双开口火溢流中性面高度可以表示为

$$H / H_N = \left(\frac{1 + \dot{m}_f / 2(\dot{m}_a + \Delta \dot{m}_a)}{\sqrt{\rho_g / \rho_a}} \right)^{2/3} + 1 \tag{9.25}$$

对比式(9.23)和式(9.25)，可以看出，在腔室内部燃烧情况相同时对称双开口火溢流中性面高度高于单开口，当水平贯穿风存在时，气流将在外壁面及开口处产生风压，在迎风侧腔室内部烟气与外部空气压强可分别表示为

$$P_{g,w}^W = P_{g0,w}^W - \rho_{g,w} gz \tag{9.26}$$

$$P_a^W = P_{a0} - \rho_a gz + C_{P,W} \rho_a v_w^2 / 2 \tag{9.27}$$

于是迎风侧压差可以表示为

$$\Delta P_w^W = (P_{g0,w}^W - P_{a0}) - (\rho_{g,w} - \rho_a) gz - C_{P,W} \rho_a v_w^2 / 2 \tag{9.28}$$

背风侧可同理推导

$$\Delta P_w^L = (P_{g0,w}^L - P_{a0}) - (\rho_{g,w} - \rho_a) gz - C_{P,L} \rho_a v_w^2 / 2 \tag{9.29}$$

参照式(9.17)，式(9.28)与式(9.29)可分别表示为

$$\Delta P_w^W = (\rho_{g,w} - \rho_a) g (H_{N,w}^W - z) \tag{9.30}$$

$$\Delta P_{\mathrm{w}}^{\mathrm{L}} = (\rho_{\mathrm{g,w}} - \rho_{\mathrm{a}})g(H_{\mathrm{N,w}}^{\mathrm{L}} - z) \tag{9.31}$$

式中，下标 w 表示水平贯穿风；上标 W 和 L 分别代表迎风侧与背风侧；v_{w} 为环境风速；$C_{\mathrm{P,W}}$ 和 $C_{\mathrm{P,L}}$ 分别为迎风侧和背风侧平均压强系数，通常取值为 0.7 和 –0.3[21,22]；$\rho_{\mathrm{g,w}}$ 为腔室内部气体密度；$H_{\mathrm{N,w}}^{\mathrm{L}}$ 与 $H_{\mathrm{N,w}}^{\mathrm{W}}$ 分别为迎风侧和背风侧中性面高度。

通过考虑无风情况下的压差，联立式(9.17)，式(9.28)和式(9.29)可以进一步表示为下述形式：

$$\Delta P_{\mathrm{w}}^{\mathrm{W}} = \Delta P\left(1 - \frac{C_{\mathrm{P,W}}\rho_{\mathrm{a}}v_{\mathrm{w}}^{2}/2 - (P_{\mathrm{g0,w}}^{\mathrm{W}} - P_{\mathrm{g0}}) + (\rho_{\mathrm{g,w}} - \rho_{\mathrm{g}})gz}{(\rho_{\mathrm{g}} - \rho_{\mathrm{a}})g(H_{\mathrm{N}} - z)}\right) \tag{9.32}$$

$$\Delta P_{\mathrm{w}}^{\mathrm{L}} = \Delta P\left(1 - \frac{C_{\mathrm{P,L}}\rho_{\mathrm{a}}v_{\mathrm{w}}^{2}/2 - (P_{\mathrm{g0,w}}^{\mathrm{L}} - P_{\mathrm{g0}}) + (\rho_{\mathrm{g,w}} - \rho_{\mathrm{g}})gz}{(\rho_{\mathrm{g}} - \rho_{\mathrm{a}})g(H_{\mathrm{N}} - z)}\right) \tag{9.33}$$

相应地，中性面高度可由式(9.28)和式(9.29)推导为

$$H_{\mathrm{N,w}}^{\mathrm{W}} = \frac{-C_{\mathrm{P,W}}\rho_{\mathrm{a}}v_{\mathrm{w}}^{2}/2 + (P_{\mathrm{g0,w}}^{\mathrm{W}} - P_{\mathrm{g0}}) + (\rho_{\mathrm{g}} - \rho_{\mathrm{a}})gH_{\mathrm{N}}}{(\rho_{\mathrm{g,w}} - \rho_{\mathrm{a}})g} \tag{9.34}$$

$$H_{\mathrm{N,w}}^{\mathrm{L}} = \frac{-C_{\mathrm{p,L}}\rho_{\mathrm{a}}v_{\mathrm{w}}^{2}/2 + (P_{\mathrm{g0,w}}^{\mathrm{L}} - P_{\mathrm{g0}}) + (\rho_{\mathrm{g}} - \rho_{\mathrm{a}})gH_{\mathrm{N}}}{(\rho_{\mathrm{g,w}} - \rho_{\mathrm{a}})g} \tag{9.35}$$

为了表征水平贯穿风对中性面高度的影响，引入了两个修正的理查森数：

$$Ri_{\mathrm{w}}^{\mathrm{W}} = \frac{-C_{\mathrm{P,W}}\rho_{\mathrm{a}}v_{\mathrm{w}}^{2}/2 + (P_{\mathrm{g0,w}}^{\mathrm{W}} - P_{\mathrm{g0}}) + (\rho_{\mathrm{g,w}} - \rho_{\mathrm{a}})gH_{\mathrm{N}}}{(\rho_{\mathrm{g,w}} - \rho_{\mathrm{a}})gH_{\mathrm{N}}} \tag{9.36}$$

$$Ri_{\mathrm{w}}^{\mathrm{L}} = \frac{-C_{\mathrm{P,L}}\rho_{\mathrm{a}}v_{\mathrm{w}}^{2}/2 + (P_{\mathrm{g0,w}}^{\mathrm{L}} - P_{\mathrm{g0}}) + (\rho_{\mathrm{g,w}} - \rho_{\mathrm{a}})gH_{\mathrm{N}}}{(\rho_{\mathrm{g,w}} - \rho_{\mathrm{a}})gH_{\mathrm{N}}} \tag{9.37}$$

无风情况下($v_{\mathrm{w}} = 0,\ \rho_{\mathrm{g,w}} = \rho_{\mathrm{g}}$)，上述理查森数为 0。理查森数在物理上表征由环境风速引起的压强变化与无风情况下中性面处静压之比。迎风侧与背风侧中性面高度可以推导为

$$H_{\mathrm{N,w}}^{\mathrm{W}} = H_{\mathrm{N}} \cdot (1 + Ri_{\mathrm{w}}^{\mathrm{W}}) \tag{9.38}$$

$$H_{\mathrm{N,w}}^{\mathrm{L}}=H_{\mathrm{N}}\cdot(1+Ri_{\mathrm{w}}^{\mathrm{L}}) \tag{9.39}$$

式(9.36)～式(9.39)表明水平贯穿风对腔室内外压差存在三种影响：①水平贯穿风将直接在迎风侧和背风侧分别产生风压 $-C_{\mathrm{P,W}}\rho_{\mathrm{a}}v_{\mathrm{w}}^2/2$ 和 $-C_{\mathrm{P,L}}\rho_{\mathrm{a}}v_{\mathrm{w}}^2/2$；②水平贯穿风将影响室内燃烧进程，从而影响室内压强变化，由式中 $P_{\mathrm{g0,w}}^{\mathrm{W}}-P_{\mathrm{g0}}$（迎风侧）和 $P_{\mathrm{g0,w}}^{\mathrm{L}}-P_{\mathrm{g0}}$（背风侧）表示；③室内燃烧过程将引起烟气密度变化，进一步影响静压 $-(\rho_{\mathrm{g,w}}-\rho_{\mathrm{g}})gH_{\mathrm{N}}$ 的变化。

式(9.36)和式(9.37)中理查森数的正负决定了中性面相对于无风情况下是升高还是降低，式(9.36)和式(9.37)中理查森数的分母为负值。环境风引起的腔室内部压强 $P_{\mathrm{g0,w}}^{\mathrm{W}}-P_{\mathrm{g0}}$ 和 $P_{\mathrm{g0,w}}^{\mathrm{L}}-P_{\mathrm{g0}}$ 的变化范围在 0.01～0.1Pa。环境风速相对较大时，其直接产生的风压 $-C_{\mathrm{P,W}}\rho_{\mathrm{a}}v_{\mathrm{w}}^2/2$ 与 $-C_{\mathrm{P,L}}\rho_{\mathrm{a}}v_{\mathrm{w}}^2/2$ 远大于腔室内部压强变化 $P_{\mathrm{g0,w}}^{\mathrm{W}}-P_{\mathrm{g0}}$ 和 $P_{\mathrm{g0,w}}^{\mathrm{L}}-P_{\mathrm{g0}}$。静压 $-(\rho_{\mathrm{g,w}}-\rho_{\mathrm{g}})gH_{\mathrm{N}}$ 变化取决于开口高度。因此，当腔室内部压强 $P_{\mathrm{g0,w}}^{\mathrm{W}}-P_{\mathrm{g0}}$ 和 $P_{\mathrm{g0,w}}^{\mathrm{L}}-P_{\mathrm{g0}}$ 变化可以忽略时，可以得到以下两点结论。

(1) 对于迎风侧理查森数 $Ri_{\mathrm{w}}^{\mathrm{W}}$，$C_{\mathrm{P,W}}\rho_{\mathrm{a}}v_{\mathrm{w}}^2/2>0$。假设环境风引起室内温度上升，$(\rho_{\mathrm{g,w}}-\rho_{\mathrm{g}})gH_{\mathrm{N}}<0$，此时理查森数正负取决于 $C_{\mathrm{P,W}}\rho_{\mathrm{a}}v_{\mathrm{w}}^2/[2(\rho_{\mathrm{g}}-\rho_{\mathrm{g,w}})gz_{\mathrm{n}}]$ 的比值。假设环境风引起室内温度下降，$(\rho_{\mathrm{g,w}}-\rho_{\mathrm{g}})gH_{\mathrm{N}}>0$，此时理查森数为正值。

(2) 对于背风侧理查森数 $Ri_{\mathrm{w}}^{\mathrm{L}}$，$C_{\mathrm{P,L}}\rho_{\mathrm{a}}v_{\mathrm{w}}^2/2<0$。假设环境风引起室内温度上升，$(\rho_{\mathrm{g,w}}-\rho_{\mathrm{g}})gH_{\mathrm{N}}<0$，此时理查森数为负值。假设环境风引起室内温度下降，$(\rho_{\mathrm{g,w}}-\rho_{\mathrm{g}})gH_{\mathrm{N}}>0$，理查森数正负取决于 $C_{\mathrm{P,L}}\rho_{\mathrm{a}}v_{\mathrm{w}}^2/[2(\rho_{\mathrm{g}}-\rho_{\mathrm{g,w}})gH_{\mathrm{N}}]$ 的比值。

本书双开口实验中烟气温度在 800～1000℃，$\rho_{\mathrm{g,w}}-\rho_{\mathrm{g}}$ 取值低于 0.1kg/m^3，且当环境风速在 1m/s 时中性面高度大约在 0.1m。因此相比于环境风压 $(\rho_{\mathrm{g}}-\rho_{\mathrm{g,w}})gH_{\mathrm{N}}$ 可以被忽略。式(9.38)和式(9.39)表明由于贯穿风的存在迎风侧与背风侧的中性面高度分别会上升和下降，从而引起迎风侧中性面下部流入更多新鲜空气且背风侧中性面上部流出更多烟气，相应地腔室内部压强分布也将受到影响。

图 9.25 给出了贯穿风作用下中性面高度和压强分布示意图。当理查森数 $Ri_{\mathrm{w}}^{\mathrm{W}}=-1+H/H_{\mathrm{N}}$（达到临界风速 $v_{\mathrm{w}}^{\mathrm{W}}$ 时）时，迎风侧中性面达到开口上沿；当 $Ri_{\mathrm{w}}^{\mathrm{L}}=-1$（达到临界风速 $v_{\mathrm{w}}^{\mathrm{L}}$ 时）时，背风侧中性面高度下降至开口下沿。该两个临界风速可由式(9.36)和式(9.37)推导得出：

$$v_{\mathrm{w}}^{\mathrm{W}}=\sqrt{\frac{2}{\rho_{\mathrm{a}}C_{\mathrm{P,W}}}[(\rho_{\mathrm{g}}-\rho_{\mathrm{a}})gH_{\mathrm{N}}-(\rho_{\mathrm{g,w}}-\rho_{\mathrm{a}})gH]} \tag{9.40}$$

$$v_{\mathrm{w}}^{\mathrm{L}}=\sqrt{\frac{2}{\rho_{\mathrm{a}}C_{\mathrm{P,L}}}\cdot(\rho_{\mathrm{g}}-\rho_{\mathrm{a}})gH_{\mathrm{N}}} \tag{9.41}$$

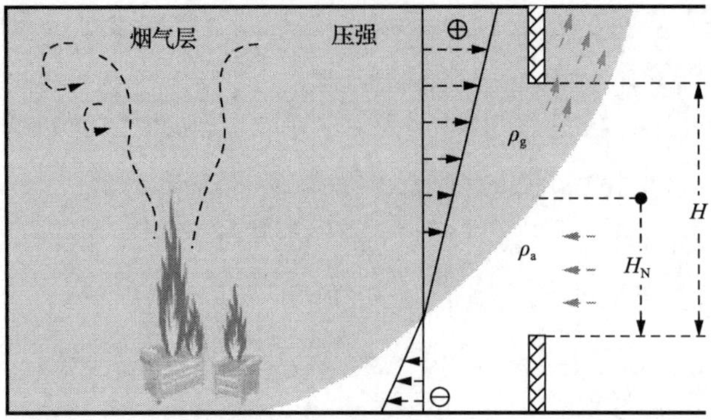

(a) 无风单开口

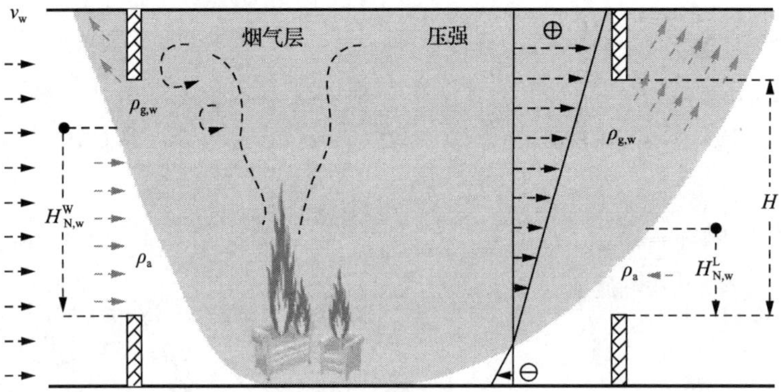

(b) 水平贯穿风双开口

图 9.25　贯穿风作用下中性面高度与压强分布示意图(彩图扫二维码)

式(9.40)与式(9.41)相除可以得到

$$\frac{v_{\mathrm{w}}^{\mathrm{W}}}{v_{\mathrm{w}}^{\mathrm{L}}}=\sqrt{\frac{C_{\mathrm{P,W}}}{C_{P,W}}\left[1-\frac{(\rho_{\mathrm{g,w}}-\rho_{\mathrm{a}})gH}{(\rho_{\mathrm{g}}-\rho_{\mathrm{a}})gH_{\mathrm{N}}}\right]}\approx\sqrt{\frac{3}{7}\left(\frac{H}{H_{\mathrm{N}}}-1\right)} \tag{9.42}$$

式(9.42)表明，当中性面高度大于 0.3 倍的开口高度时，$v_{\mathrm{w}}^{\mathrm{W}}<v_{\mathrm{w}}^{\mathrm{L}}$。如图 9.26 所示，随着环境风速的增加，双开口火溢流中性面呈现出六种不同的阶段。

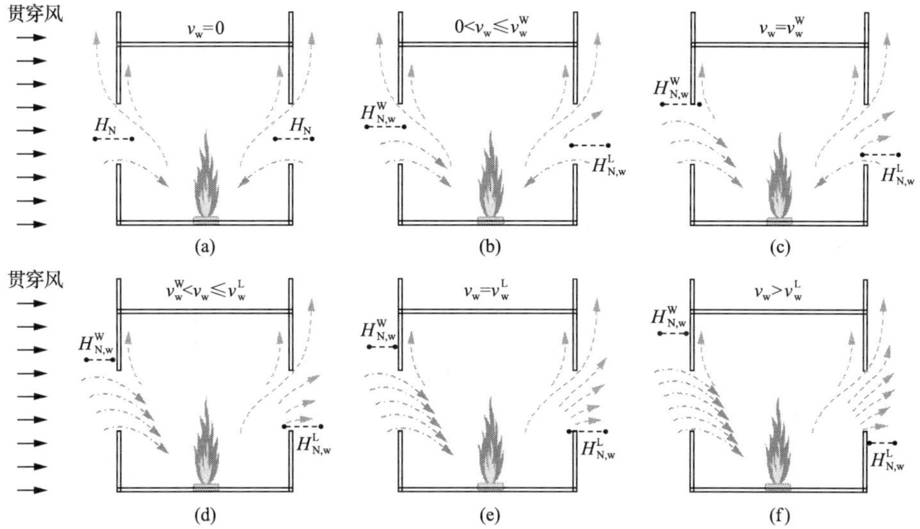

图 9.26　不同水平贯穿风速下腔室气体流动示意图

(1) $v_{\mathrm{w}}=0$ (图 9.26(a))：羽流从两侧开口对称溢出，且中性面高度相同。

(2) $0<v_{\mathrm{w}}\leqslant v_{\mathrm{w}}^{\mathrm{W}}$ (图 9.26(b))：随着环境风速增加，迎风侧中性面高度增加，背风侧中性面高度降低。

(3) $v_{\mathrm{w}}=v_{\mathrm{w}}^{\mathrm{W}}$ (图 9.26(c))：迎风侧中性面到达开口上沿。

(4) $v_{\mathrm{w}}^{\mathrm{W}}<v_{\mathrm{w}}\leqslant v_{\mathrm{w}}^{\mathrm{L}}$ (图 9.26(d))：随着风速的增加，迎风侧中性面高度将超过开口上沿。

(5) $v_{\mathrm{w}}=v_{\mathrm{w}}^{\mathrm{L}}$ (图 9.26(e))：背风侧中性面降低至开口下沿。

(6) $v_{\mathrm{w}}>v_{\mathrm{w}}^{\mathrm{L}}$ (图 9.26(f))：背风侧中性面继续下降，低于开口下沿。

对于无风情况下单开口腔室火灾轰燃后期，当忽略室内燃料供应速率时，空气流入质量流率 $\dot{m}_{\mathrm{a}}$ 通常为 $0.5A\sqrt{H}$ kg/s。上述拟合未考虑中性面高度，直接用于推导火溢流特征长度。然而，本书双开口火溢流实验研究中，内衬材料的燃烧将产生大量燃料，$0.5A\sqrt{H}$ kg/s 的推导公式不适用于本书双开口火溢流的火灾场景。因此，将以更普适的方法推导迎风侧和背风侧的特征长度。开口处对流热释放速率可以表示为

$$\dot{Q}_{\mathrm{conv}}^{\mathrm{W}}=C_{\mathrm{d}}\rho_{\mathrm{g}}C_{\mathrm{p}}W\int_{H_{\mathrm{N,w}}^{\mathrm{W}}}^{H}(T_{\mathrm{g,w}}-T_{\mathrm{a}})v_{\mathrm{g,w}}^{\mathrm{W}}\cdot\mathrm{d}z,\quad v_{\mathrm{w}}\leqslant v_{\mathrm{w}}^{\mathrm{W}} \tag{9.43}$$

$$\dot{Q}_{\mathrm{conv}}^{\mathrm{L}}=\begin{cases}C_{\mathrm{d}}\rho_{\mathrm{g,w}}C_{\mathrm{p}}W\int_{H_{\mathrm{N,w}}^{\mathrm{L}}}^{H}(T_{\mathrm{g,w}}-T_{\mathrm{a}})v_{\mathrm{g,w}}^{\mathrm{L}}\cdot\mathrm{d}z,\quad v_{\mathrm{w}}\leqslant v_{\mathrm{w}}^{\mathrm{L}}\\ C_{\mathrm{d}}\rho_{\mathrm{g,w}}C_{\mathrm{p}}W\int_{0}^{H}(T_{\mathrm{g,w}}-T_{\mathrm{a}})v_{\mathrm{g,w}}^{\mathrm{L}}\cdot\mathrm{d}z,\quad v_{\mathrm{w}}>v_{\mathrm{w}}^{\mathrm{L}}\end{cases} \tag{9.44}$$

式中，W 为开口宽度；C_d 为流动系数；C_p 为烟气定压比热；$T_{g,w}$ 与 $v_{g,w}^{W}$（$v_{g,w}^{L}$）分别为开口溢出烟气温度和速度；T_a 为环境温度。值得注意的是，上述公式考虑了不同风速的中性面高度的变化，且假设开口处温度是均匀一致的。

根据伯努利方程，开口处流速可从式(9.30)和式(9.31)中推导得出

$$v_{g,w}^{W}=\sqrt{2(z-H_{N,w}^{W})(\rho_a-\rho_{g,w})g/\rho_{g,w}} \tag{9.45}$$

$$v_{g,w}^{L}=\sqrt{2(z-H_{N,w}^{L})(\rho_a-\rho_{g,w})g/\rho_{g,w}} \tag{9.46}$$

利用式(9.45)和式(9.46)，可以将式(9.43)和式(9.44)整理为

$$\dot{Q}_{conv}^{W}=\frac{2}{3}C_d\rho_a C_p T_a\sqrt{\frac{2(T_{g,w}-T_a)^3 g}{T_a^{\ 3}}}\cdot\frac{\rho_{g,w}}{\rho_a}W(H-H_{N,w}^{W})^{3/2},\ \ v_w\leqslant v_w^{W} \tag{9.47}$$

$$\dot{Q}_{conv}^{L}\approx\begin{cases}\dfrac{2}{3}C_d\rho_a C_p T_a\sqrt{\dfrac{2(T_{g,w}-T_a)^3 g}{T_a^{\ 3}}}\cdot\dfrac{\rho_{g,w}}{\rho_a}W(H-H_{N,w}^{L})^{3/2}, & v_w\leqslant v_w^{L}\\ \dfrac{2}{3}C_d\rho_a C_p T_a\sqrt{\dfrac{2(T_{g,w}-T_a)^3 g}{T_a^{\ 3}}}\cdot\dfrac{\rho_{g,w}}{\rho_a}W[(H-H_{N,w}^{L})^{3/2}-(-H_{N,w}^{L})^{3/2}], & v_w>v_w^{L}\end{cases} \tag{9.48}$$

通过式(9.47)和式(9.48)，我们可以提取两个新的特征长度：

$$l_1^{W}=\left[\frac{\rho_{g,w}}{\rho_a}W(H-H_{N,w}^{W})^{3/2}\right]^{2/5},\quad v_w\leqslant v_w^{W} \tag{9.49}$$

$$l_1^{L}=\begin{cases}\left[\dfrac{\rho_{g,w}}{\rho_a}W(H-H_{N,w}^{L})^{3/2}\right]^{2/2}, & v_w\leqslant v_w^{L}\\ \left\{\dfrac{\rho_{g,w}}{\rho_a}W[(H-H_{N,w}^{L})^{3/2}-(-H_{N,w}^{L})^{3/2}]\right\}^{2/5}, & v_w>v_w^{L}\end{cases} \tag{9.50}$$

根据新提出的特征长度，无量纲热释放速率可以定义为

$$(\dot{Q}_{conv}^{W})^{*}=\frac{\dot{Q}_{conv}^{W}}{\rho_a C_p T_a\sqrt{g}(\ell_1^{W})^{5/2}} \tag{9.51}$$

$$(\dot{Q}_{\text{conv}}^{\text{L}})^* = \frac{\dot{Q}_{\text{conv}}^{\text{L}}}{\rho_{\text{a}} C_{\text{p}} T_{\text{a}} \sqrt{g} (\ell_1^{\text{L}})^{5/2}} \tag{9.52}$$

于是无量纲轴向温度可以从式(9.47)～式(9.52)中推导为

$$\Theta^{\text{W}} \equiv \frac{\Delta T_z^{\text{W}} / T_{\text{a}}}{[(\dot{Q}_{\text{conv}}^{\text{W}})^*]^{2/3}} = \text{fcn}\left(\frac{z - H_{\text{N,w}}^{\text{W}}}{\ell_1^{\text{W}}}\right), \quad v_{\text{w}} \leqslant v_{\text{w}}^{\text{W}} \tag{9.53}$$

$$\Theta^{\text{L}} \equiv \frac{\Delta T_z^{\text{L}} / T_{\text{a}}}{[(\dot{Q}_{\text{conv}}^{\text{L}})^*]^{2/3}} = \begin{cases} \text{fcn}\left(\dfrac{z - H_{\text{N,w}}^{\text{L}}}{\ell_1^{\text{L}}}\right), & v_{\text{w}} \leqslant v_{\text{w}}^{\text{L}} \\ \text{fcn}\left(\dfrac{z}{\ell_1^{\text{L}}}\right), & v_{\text{w}} > v_{\text{w}}^{\text{L}} \end{cases} \tag{9.54}$$

式中，ΔT_z^{W} 与 ΔT_z^{L} 分别为迎风侧与背风侧溢出火羽流温升；T_{a} 为环境温度。

上述两个新特征长度是在无风单开口特征长度[18]的基础上发展起来的，该特征长度考虑了贯穿风对中性面高度的变化。

二、水平贯穿风双开口火溢流实验现象及中性面高度分析

图 9.27 为一些典型实验图片与皮托管测量的背风侧压差(2 号实验，风速为 0.5m/s)。在初始阶段无火焰溢出，在轰燃前期，腔室内部温度相对较低，产生的压差较小，如图 9.27 所示，压差在 0 附近。在此阶段，贯穿风有两个相反的作用，首先贯穿风会促进腔室内部燃烧从而使温度升高，其次是吹散和稀释腔室内可燃气体使得温度下降[23,24,25]。在轰燃后期阶段，由于烟气温度突然上升，导致压差增大，在此阶段，火羽流从腔室内溢出，中性面形成。如图 9.27 所示，正压差(使高温烟气从开口上部溢出)逐渐升高，同时负压差(使冷空气从开口下部流入)逐渐下降，此时腔室内部流动不稳定，火焰为间歇性溢出。最终，流动趋于长时间的准稳态且腔室内部火灾充分发展，压差在不同竖向高度基本保持不变，同时局部区域存在波动。

图 9.28 给出了不同水平贯穿风速下火溢流的典型实验照片，从图中可以粗略看出中性面的位置变化。无风情况下，火羽流以几乎相同的形式从两个开口溢出，在背风侧，火羽流卷吸受到外壁面的限制有贴壁效应。然而，中性面高度以及火溢流初始参数(如速度 $v_{\text{g,w}}^{\text{L}}$、对流热释放速率 $\dot{Q}_{\text{conv}}$)，主要受到腔室内部燃烧和环境风速的影响，外壁面对此并无影响。当风速在 1.5～2m/s 时，迎

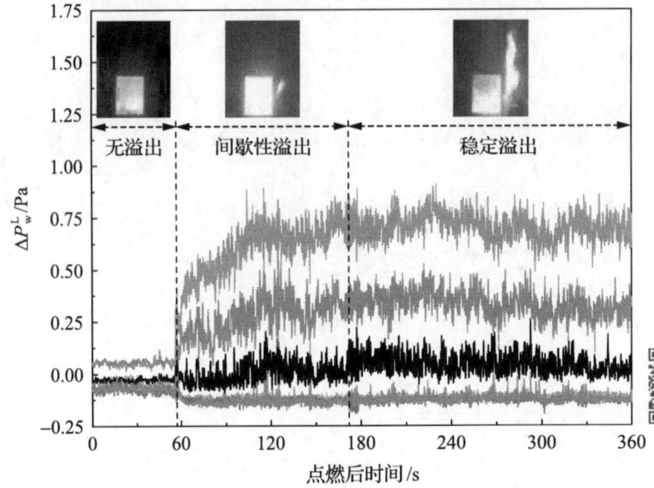

图 9.27　典型实验图片与皮托管测量的背风侧压差(风速：0.5m/s)(彩图扫二维码)

风侧中性面高度上升并达到开口上沿；当风速在 2～2.5m/s 时，背风侧中性面高度下降并达到开口下沿。由式(9.40)和式(9.41)可得，迎风侧临界风速 $v_{\mathrm{w}}^{\mathrm{W}}$ 在 1.1～1.3m/s 之间，背风侧临界风速 $v_{\mathrm{w}}^{\mathrm{L}}$ 为 2.3m/s，和实验结果较为吻合。

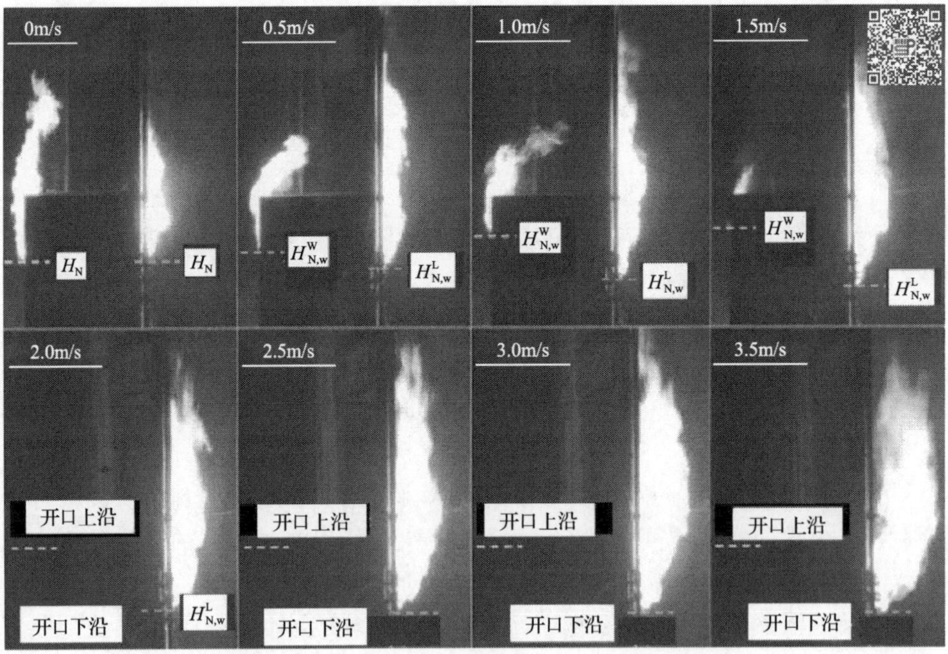

图 9.28　不同水平贯穿风速下火溢流的典型实验照片(彩图扫二维码)

通常有两种方法可以用来从实验数据中确定中性面高度，一种是视频图像分析，另一种是速度数据回归分析。Takeda[26]利用视频图像分析来确定无风情况下贯穿通风对门型开口的中性面高度影响，结果表明，相比于单开口该种情况下中性面高度更高，式(9.23)和式(9.25)可以很好地验证这一结论。Bryant[27]运用立体PIV确定ISO9705火溢流速度场，并与皮托管数据进行了对比，结果表明，随着内部热释放速率增大中性面高度下降，这与式(9.23)一致。

首先运用速度数据回归分析来确定中性面高度，背风侧火溢流速度可用下式表达：

$$v_{\mathrm{g,w}}^{\mathrm{L}}=\sqrt{\frac{2\Delta P_{\mathrm{w}}^{\mathrm{L}}}{\rho_{\mathrm{g,w}}}}=\sqrt{\frac{2[\Delta P-(\rho_{\mathrm{g,w}}-\rho_{\mathrm{a}})gz-C_{\mathrm{P,L}}\rho_{\mathrm{a}}v_{\mathrm{w}}^{2}/2]}{\rho_{\mathrm{g,w}}}} \tag{9.55}$$

式中，$\Delta P=P_{\mathrm{g0,w}}^{\mathrm{L}}-P_{\mathrm{a0}}$。由于$2[\Delta P-(\rho_{\mathrm{g,w}}-\rho_{\mathrm{a}})gz]/\rho_{\mathrm{g,w}}\propto z$，同时$-C_{\mathrm{P,L}}\rho_{\mathrm{a}}v_{\mathrm{w}}^{2}/\rho_{\mathrm{g,w}}$在准稳态火溢流中基本为常数，中性面高度(即$v_{\mathrm{g,w}}^{\mathrm{L}}=0$)可利用幂函数$v_{\mathrm{g,w}}^{\mathrm{L}}=\sqrt{C_1(z+C_2)}$通过回归分析($v_{\mathrm{g,w}}^{\mathrm{L}}\propto z$)来确定，其中，$C_1$、$C_2$为回归系数。通过回归分析，中性面高度为$H_{\mathrm{N,w}}^{\mathrm{L}}=-C_2$(如图9.29中箭头所示)，图9.29给出了相应的拟合结果，图中误差棒代表重复实验数据测量的误差。

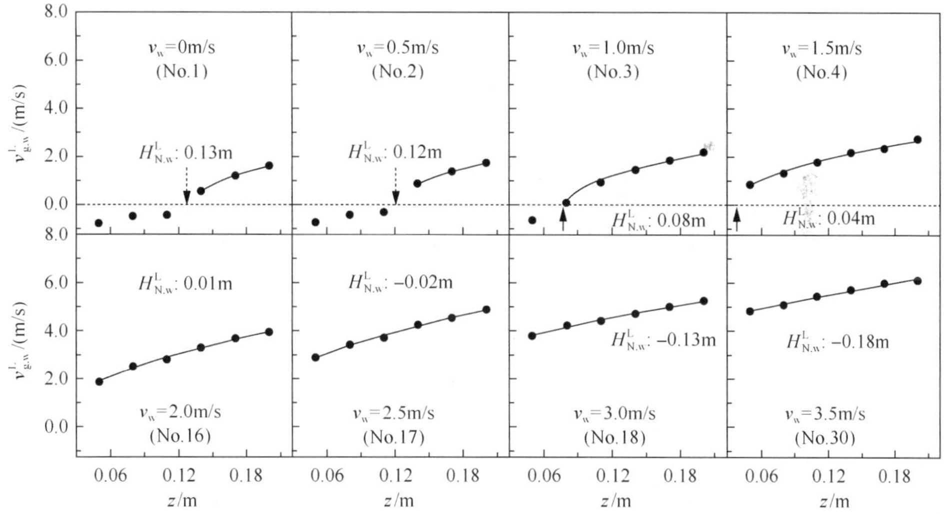

图 9.29　不同贯穿风速作用下背风侧平均速度分布与拟合中性面高度

运用Otsu方法进行视频图像分析，首先，在实验视频中提取了火焰图像，分析每一帧图像的平均概率。选取50%概率作为中性面高度，处理结果如图9.30所示，并与速度分析方法所得结果对比，发现两种方法具有良好的一致性。

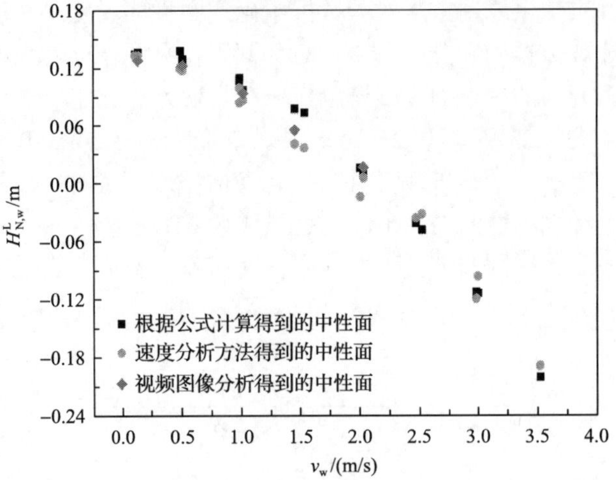

图 9.30 不同水平贯穿风速下中性面实验数据与式(9.39)计算对比

此外，在已知水平贯穿风速和无风情况下中性面高度时，不同贯穿风速下的中性面高度可直接由式(9.39)计算得到，无风情况下中性面高度可由上述两种方法获得。从式(9.37)中可以看出，计算主要的难度来源于 $P^{L}_{g0,w}-P_{g0}$ 这一项是未知的，然而，这一项可由速度数据回归分析获得的中性面高度求得。利用式(9.37)和式(9.39)及求得的中性面高度，可以确定随风速增加 $P^{L}_{g0,w}-P_{g0}$ 取值在 0.01～0.1Pa。当风速相对较小时，其取值范围与风压相同，当风速超过 1m/s 时，风压数值将逐渐超过 $P^{L}_{g0,w}-P_{g0}$，对于较大风速，$P^{L}_{g0,w}-P_{g0}$ 取值可以忽略，此时中性面高度可直接由式(9.39)计算。图 9.30 中给出了忽略 $P^{L}_{g0,w}-P_{g0}$ 取值时所计算得到的中性面高度，在风速较大情况下，以上三种中性面计算方法具有良好的一致性。对于风速小于 1m/s 的情况，式(9.39)计算的中性面高度偏大，这是因为，风速在此范围时，$P^{L}_{g0,w}-P_{g0}$ 取值与风压数量级相当。值得注意的是，式(9.39)的应用并不取决于速度数据和图像处理的精确度，因此式(9.39)提供了一个方便且准确的中性面计算方法(特别是大风速情况下)。此外，图 9.29 和图 9.30 表明背风侧临界风速在 2.5m/s 左右，和实验观测数值一致。

三、背风侧火溢流温度及热流分布

火溢流温度分布取决于对流热释放速率，由式(9.44)和式(9.46)可得，对流热释放速率随着背风侧中性面的降低(背风侧烟气溢出速度的升高)而升高。前人进行了无风情况下轴向温度[5]与径向温度[28]的研究。图 9.31 给出了不同风速情况下背风侧火溢流的温度轮廓图，温度是准稳态阶段热电偶测量的平均值。当风速在 0～

1.5m/s 时，火羽流轴线几乎与外壁面平行，最大温度在 850℃左右。当风速在 2.0～3.5m/s 之间时，火羽流轴线随风速增加慢慢偏离外壁面，且最大温度超过了 900℃。

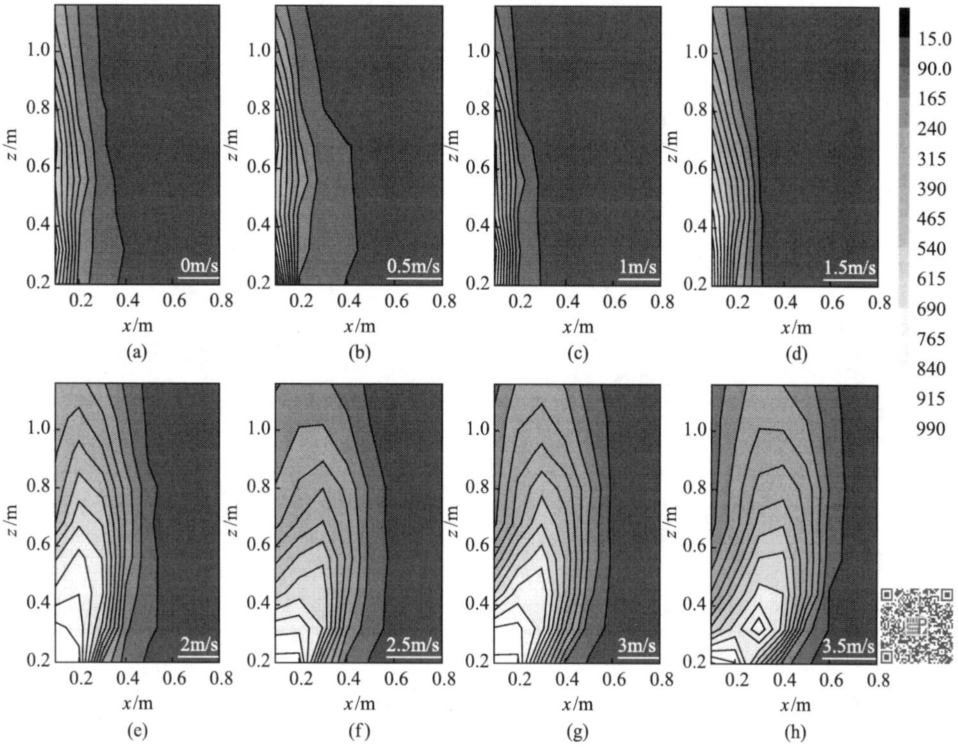

图 9.31　不同风速情况下背风侧火溢流的温度轮廓图(彩图扫二维码)

为了描述羽流迹线与温度分布，利用高斯方程拟合了每一高度实验测量的温度数据：

$$T_{x,z}^{\mathrm{L}}=T_{0,z}^{\mathrm{L}}+\frac{a}{w\sqrt{\pi/2}}\cdot \mathrm{e}^{-2\frac{(x-x_{\mathrm{m}})^2}{w^2}} \tag{9.56}$$

式中，$T_{x,z}^{\mathrm{L}}$ 表示高度为 z 时的温度；x 为水平坐标，原点为背风侧开口上沿中心；x_{m} 为指定高度最大温度的水平方向距离；a 为代表峰值区域的参数；w 为半峰宽(FWHM)；$\Delta T_{0,z}^{\mathrm{L}}$ 为峰值基线，羽流迹线由不同高度最大温度所在水平距离描绘，如图 9.32 所示。当存在外壁面时，羽流轴线是弯曲的，因此竖直方向上存在两个不同区域，一个未附着壁面，这是开口处的水平动量而形成；另一个是附壁区，这是由水平动量减弱且外壁面一侧卷吸受限导致。图 9.32 同时给出了不同风速情况下半峰宽变化情况，由图可知，半峰宽与高度之间是非线性关系，这与通常情况下的轴对称羽流半峰宽随高度单调增加不同。

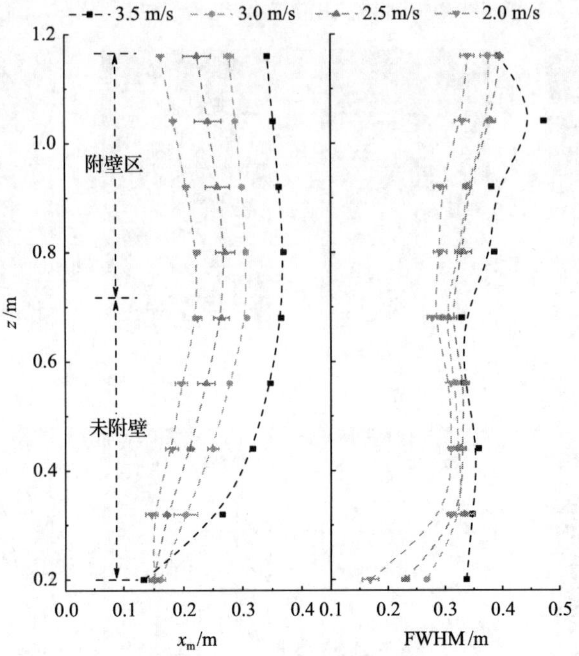

图 9.32　不同风速下背风侧火羽流迹线与半峰宽变化规律

对自由边界轴对称火羽流来说，高斯分布通常被用来描述归一化的径向温度，归一化的拟合公式为[29]

$$\frac{T_r^{\mathrm{L}}-T_{\mathrm{a}}}{T_{r,\max}^{\mathrm{L}}-T_{\mathrm{a}}}=\exp\left[-\beta\left(\frac{r}{b(z)}\right)^2\right] \tag{9.57}$$

式中，r 为到轴线距离；T_r^{L} 为距离羽流中心线距离为 r 的温度；$T_{r,\max}^{\mathrm{L}}$ 表示最大或中心线温度；T_{a} 为环境温度；β 为拟合系数；$b(z)$ 为羽流半宽或羽流半径(取决于高度 z)。

对于腔室火羽流，式(9.57)可修正为

$$\frac{T_x^{\mathrm{L}}-T_{\mathrm{a}}}{T_{x,\max}^{\mathrm{L}}-T_{\mathrm{a}}}=\exp\left[-\beta\left(\frac{x-x_{\mathrm{m}}}{b(z)}\right)^2\right] \tag{9.58}$$

式中，T_x^{L} 为水平距离为 x 处的温度；$T_{x,\max}^{\mathrm{L}}$ 表示最大温度。Himoto 等[7]提出 $b(z)$ 为 $0.04+0.2\xi$，ξ 为火羽流迹线距离；胡隆华等[28]提出了 $b(z)$ 与 z 的拟合公式 $\ell_2+\alpha[(2K+1)/2](z-z_{\mathrm{n}}-z_0)$，$\alpha$ 和 K 为常数，z_{n} 与 z_0 分别代表中性面与虚点源

高度，$b(z)$为水平方向羽流尺寸，取决于火羽流在垂直于壁面方向的分布。上述工作均认为羽流半宽随竖向高度单调增加。如图 9.32 所示，与之不同的是水平方向羽流尺寸不随高度线性变化，因此，直接采用 FWHM 作为$b(z)$来发展羽流温度的归一化公式。风速在 2～3.5m/s 不同高度的温度测量数据用于高斯拟合，图 9.33 展示了拟合结果，表明所有归一化的径向温度数据均能很好地用高斯函数拟合，揭示了不同条件下的温度具有自相似分布。此外，虽然由于外壁面的影响缺少当$(x-x_{\mathrm{m}})/\mathrm{FWHM}<-0.8$时的数据，但图 9.33 中的数据和拟合曲线足以说明，火羽流轴对称径向温度分布不受不同风速下弯曲迹线的影响。

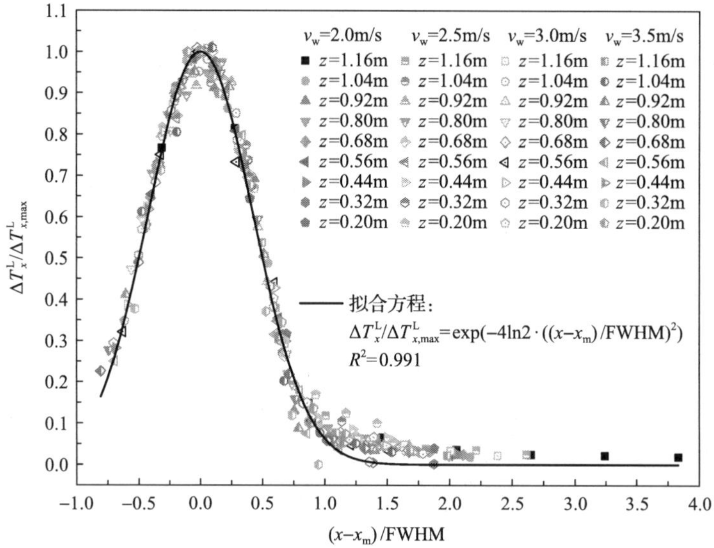

图 9.33　不同风速情况下背风侧径向温度拟合(彩图扫二维码)

图 9.34 给出了运用新提出的特征长度拟合的竖向温度(1.5m/s 与 3m/s)，图中$\Delta T_{x,\max}^{\mathrm{L}}=T_{x,\max}^{\mathrm{L}}-T_{\mathrm{a}}$表示最大温升。每一个风速下均进行了 12 组实验，包含了不同对流热释放速率、不同开口尺寸及油池位置。如图 9.34 所示，竖向温度数据拟合较好，体现了与特征长度一致的变化规律，图中不同拟合斜率 0、–1、–5/3 分别代表持续火焰区、间歇火焰区、羽流区。结果验证了新提出的特征长度适用于不同风速不同开口情况下的竖向温度拟合。此外，通过对比图 9.34(a)和(b)，随着风速增大，不同斜率之间的转折点减小，说明了风加速了从持续火焰区到间歇火焰区到羽流区的转变。这是由于贯穿风影响了火溢流的卷吸，一般来说体现在三个方面：首先，贯穿风降低了背风侧中性面高度，从而产生了更为强烈的羽流(卷吸加强)；其次，中性面高度的降低使得溢出水平动量更大，导致近场羽流卷吸显著增强；最后，中性面高度的下降使得对流热释放速率增大，根据 Cetegen 等[30]将会使远场羽流卷吸显著增强。

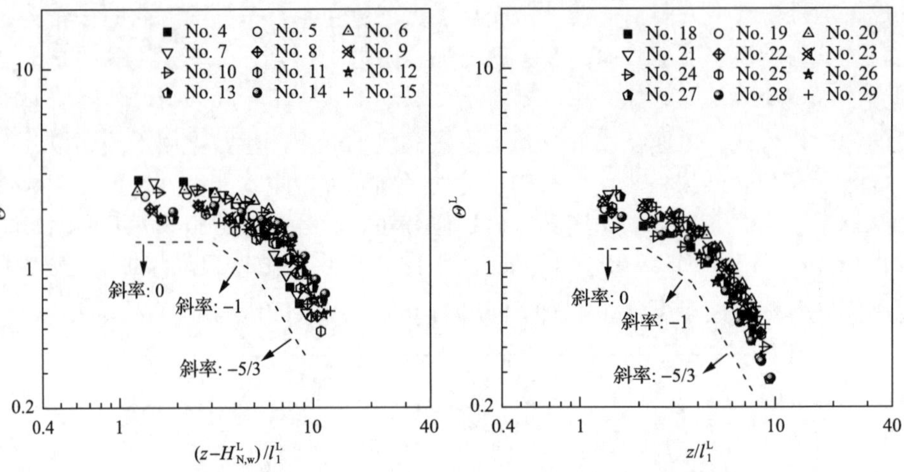

(a) 1.5 m/s (b) 3.0 m/s

图 9.34 背风侧无量纲竖向温度与高度拟合(风速 1.5m/s, 3m/s)

火溢流在高层建筑火蔓延扮演着重要角色，与自由边界条件下火羽流相比，外壁面火溢流包含较高的辐射、对流及空气卷吸的冷却作用[31]。外壁面火溢流热对壁面传热取决于初始对流热释放速率，火羽流火焰分布和空气卷吸，以上所有均受到贯穿风的影响。事实上，贯穿风在火溢流热传递方面有两种竞争作用：一方面，随着风速增加火羽流逐渐偏离壁面，倾斜角和偏离距离的增大从而导致辐射传热降低，同时卷吸限制减小空气卷吸的冷却作用提升，导致热传递减小；另一方面，根据式(9.55)，风速增大了背风侧火溢流溢出速度(式(9.44))，将增大对流热释放速率，进而增大了辐射传热强度(式(9.52))。

图 9.35 给出了不同环境风速下外壁面的总热流通量的竖向分布及温度分布，

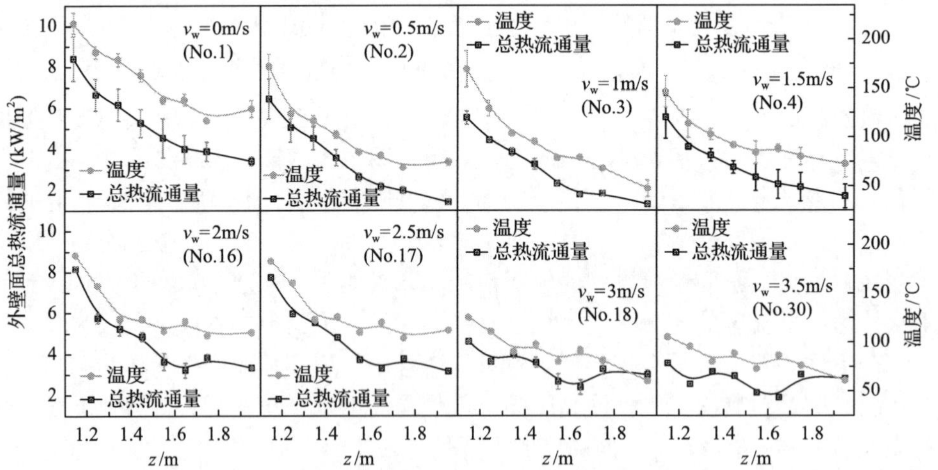

图 9.35 不同环境风速下外壁面的总热流通量的竖向分布及温度分布

清楚地反映了上述两种竞争作用。随风速增大，总热流通量在较低风速情况下(0～1.5m/s)先稳定下降，随后在 1.5～2.5m/s 上升，最终在大风速情况下(2.5～3.5m/s)又趋于下降。温度数据同时显示了与总热流通量相同的趋势。所有上述数据的变化趋势很好地体现了两种竞争作用。

对于总热流通量 $\dot{q}''$，Lee 等[8]基于无量纲分析提出了拟合方程：

$$\frac{\dot{q}''\cdot Z_{\rm f}}{\dot{Q}_{\rm conv}^{\rm L}/W}={\rm fcn}\left(\frac{z-H_{\rm N}}{Z_{\rm f}}\right) \tag{9.59}$$

然而，该拟合方程里归一化的热流通量数据较为离散。Lee 等[17]修正特征长度 W 为 $\ell_1 = A\sqrt{H}$ 。利用热通量数据来检验新提出的特征长度，拟合公式如下

$$\frac{\dot{q}''\cdot Z_{\rm f}}{\dot{Q}_{\rm conv}^{\rm L}/\ell_1^{\rm L}}=\begin{cases}{\rm fcn}\left(\dfrac{z-H_{\rm N,w}^{\rm L}}{Z_{\rm f}}\right), & v_{\rm w}\leqslant v_{\rm w}^{\rm L}\\ {\rm fcn}\left(\dfrac{z}{Z_{\rm f}}\right), & v_{\rm w}> v_{\rm w}^{\rm L}\end{cases} \tag{9.60}$$

火焰长度通过视频图像处理方法来确定，定义为从中性面到火焰尖部(50%火焰概率)的距离。

如图 9.36 所示，在风速 1.5m/s 和 3m/s 情况下，所有归一化的数据均拟合较好且显示了相似的变化趋势。因此，新提出的特征长度适用于拟合不同贯穿风速及开口尺寸条件下的火溢流总热流通量。

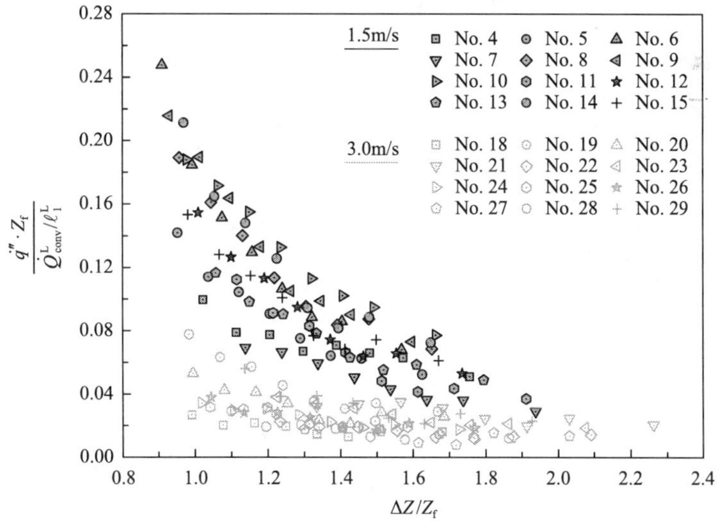

图 9.36　背风侧无量纲总热流通量与高度拟合(风速 1.5m/s 与 3m/s)

第五节　侧向风作用下建筑外立面开口火溢流

本章前面系统的介绍了环境风尤其是正向风(包括水平穿透风)作用下的建筑外立面开口火溢流的相关参数，本节将对侧向风(平行于外壁面)作用下建筑外立面开口火溢流做较为深入地阐述。主要涉及外部的火焰高度和水平扩展长度，室内温度演变以及温度分布。其中，外立面火焰高度和水平扩展长度是衡量外部火焰是否点燃上部建筑和相邻的建筑，室内温度对于消防专业人员人身和财产保护具有重要的现实意义。

一、侧向风作用下的外立面的火焰高度和水平扩展长度

(一) 火焰高度和水平扩展长度随侧向风速的演化规律

室内发生火灾导致窗户玻璃发生破裂，新鲜的空气通过窗户开口进入到燃烧房间，室内的火源功率会继续增大，甚至会引燃上层楼层底板或者是相邻楼层的可燃物，外壁面的溢流火焰已经受到了广泛的关注。外立面的火焰高度[5,8-13,15,17]是一个重要参数对于判断火焰是否可以点燃开口上部的可燃物，但是侧向风的引入，火焰在水平方向上会被拉长，从而形成侧向风作用下火焰水平扩展长度，这个参数决定了外部火焰是否会引燃临近的建筑。

本次实验火焰形态的量化是基于第三章火灾程序软件处理得到的火焰概率云图，在之前无环境风作用下的开口火溢流实验中，火焰形态左右对称，如图 9.37(a)所示，Lee 等[17,32]、唐飞等[5,9,10]、陆凯华等[11-14]定义的火焰高度是概率为 50%处的火焰顶部距离中性面(0.4H)的距离。本节火焰高度($Z_{f,v}$)与火焰水平扩展长度($W_{f,v}$)的测量均是基于概率为 50%火焰轮廓线，火焰高度是中性面与火焰顶部的距离，火焰的扩展长度是指距开口中心线最远的水平距离，其中无风环境下的火焰水平扩展距离($W_{f,0}$)即为火焰最大宽度的一半。后面会对两个参数变化作详细介绍。

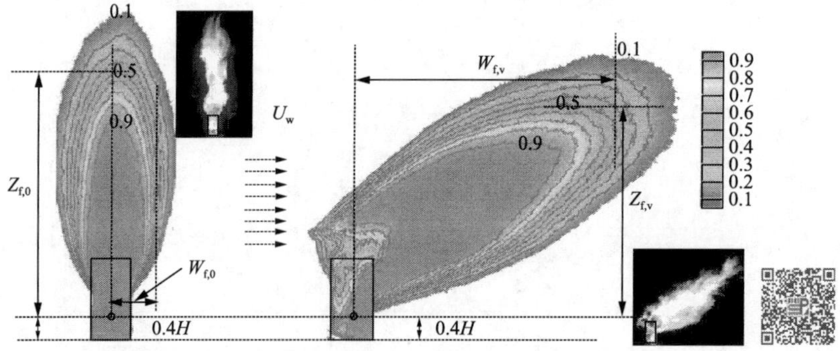

图9.37　无风及有风情况下火焰高度($Z_{f,0}$、$Z_{f,v}$)和水平扩展长度($W_{f,0}$、$W_{f,v}$)的定义(彩图扫二维码)

图 9.38 展示了外壁面的火焰高度与水平扩展随风速演变情况，可以发现

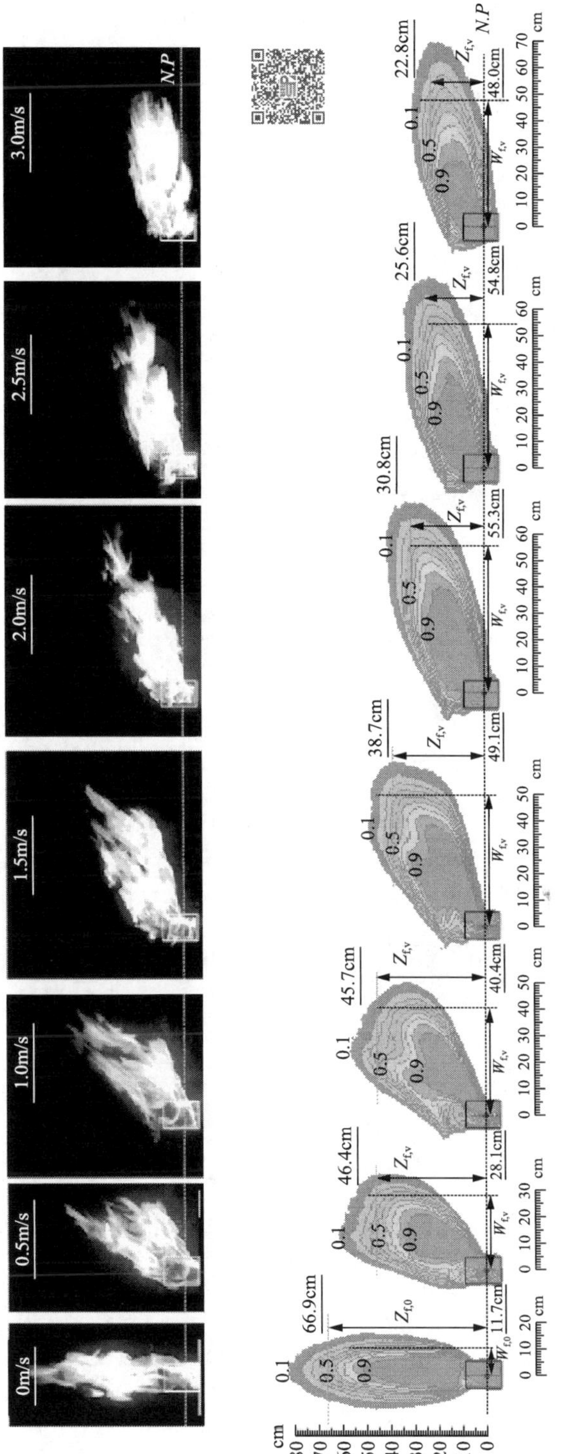

图9.38　外立面的火焰高度($Z_{f,v}$)与水平扩展长度($W_{f,v}$)随风速演变情况(彩图扫二维码)

随着风速增加，火焰逐渐倾斜向下游运动，火焰高度减少，水平方向上的扩展长度增加。

图 9.39 展示了不同开口外立面的火焰高度($Z_{f,v}$)随风速和热释放速率的演变情况。

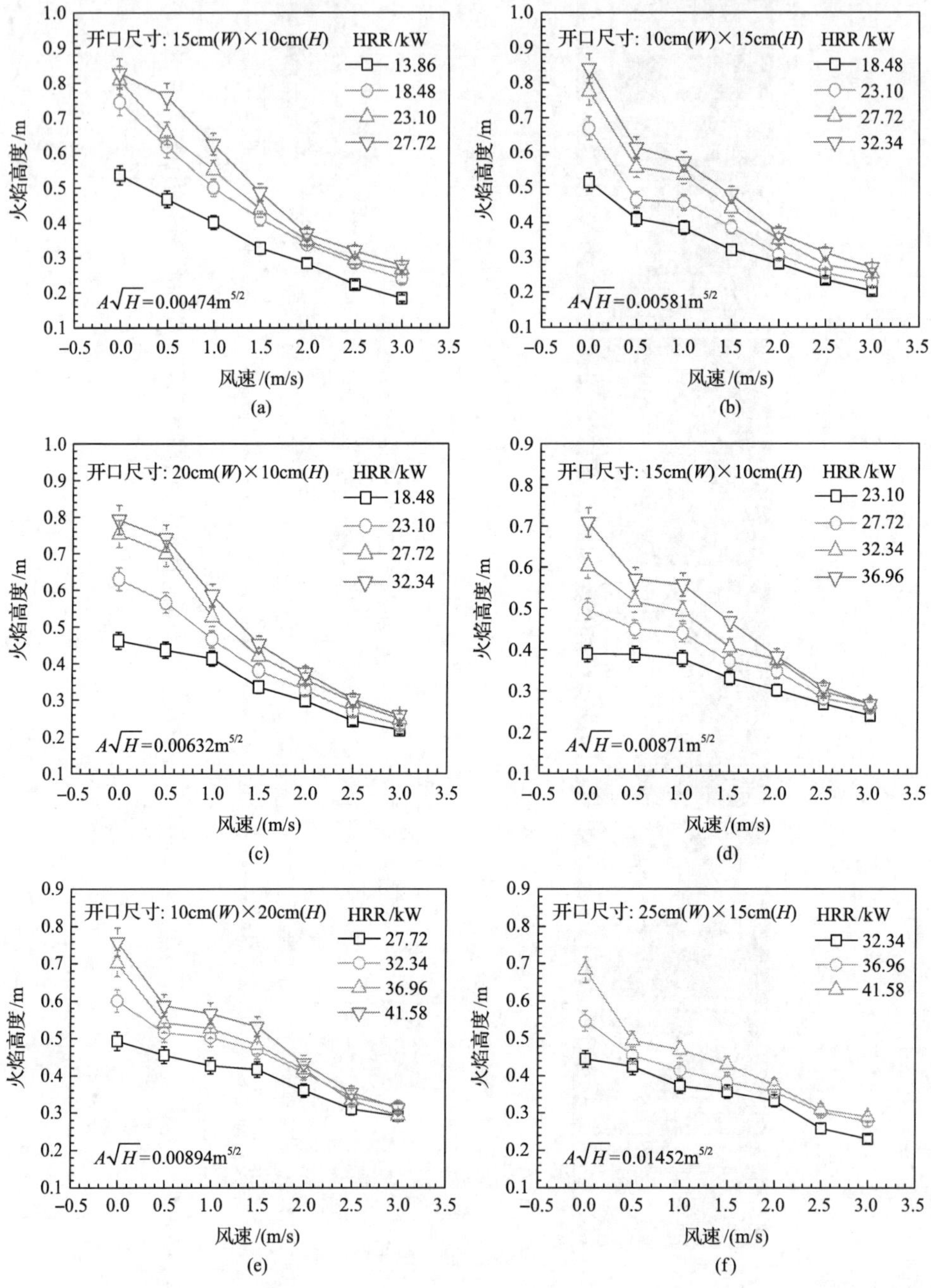

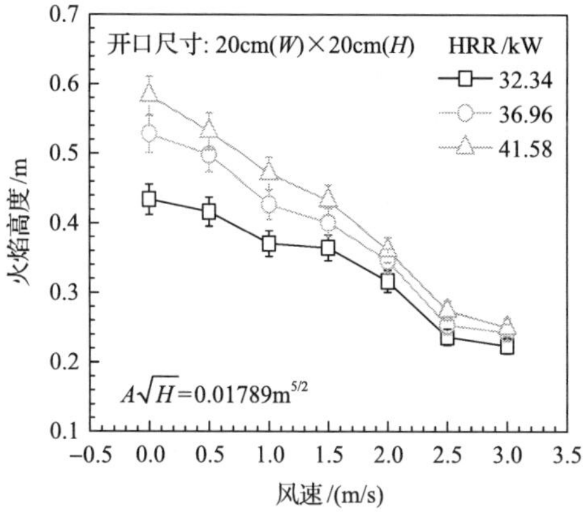

(g)

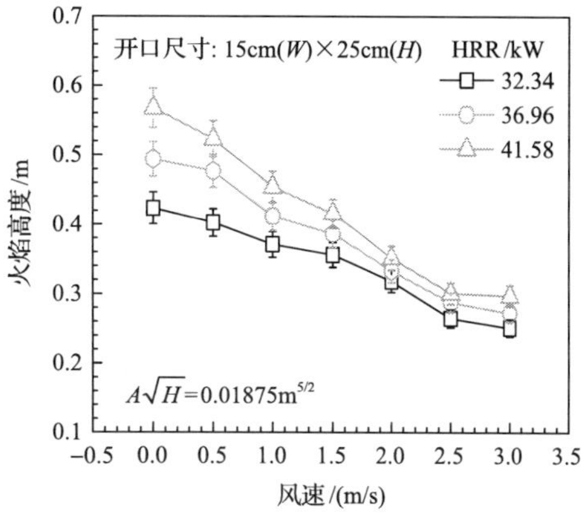

(h)

图 9.39　不同开口的火焰高度($Z_{f,v}$)随风速和热释放速率的演变情况

主要有以下特点：

(1)火焰高度随风速呈现单调下降。

(2)风速较小时，火焰高度随着热释放速率增加更明显。

(3)风速较大时，火焰高度随热释放速率变化并不明显，即使如此，整体上火焰高度还是随着热释放速率的增大而增加。

图 9.40 展示了不同开口火焰水平扩展长度($W_{f,v}$)随风速和热释放速率的变化情况，可以得到：

(1)对于较小的开口(即小开口因子：$A\sqrt{H}$，开口尺寸($W\times H$)：15cm×10cm、10cm×15cm、20cm×10cm)，火焰水平扩展长度随风速先增加后减少。

(2)对于较大的开口(即大开口因子：$A\sqrt{H}$，开口尺寸($W\times H$)：15cm×15cm、10cm×20cm、25cm×15cm、20cm×20cm、15cm×25cm)，火焰水平扩展长度随着风速单调增加。

(3)在无风或者小风速的情况下，火焰水平扩展长度随热释放速率相比于大风速变化比较明显。

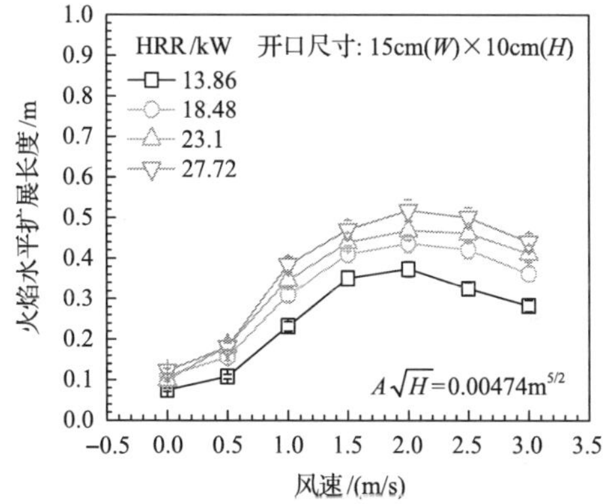

(a)

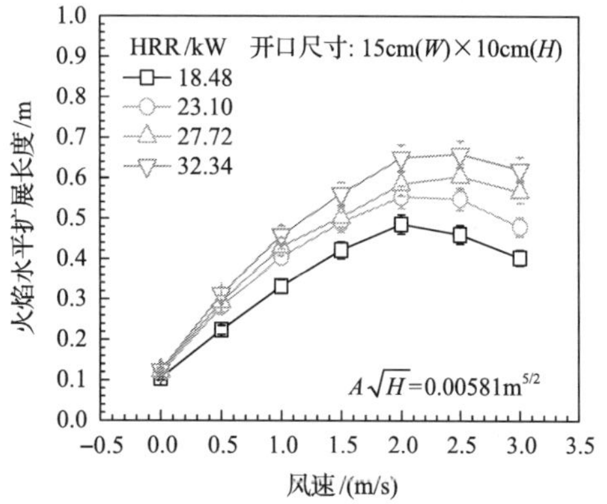

(b)

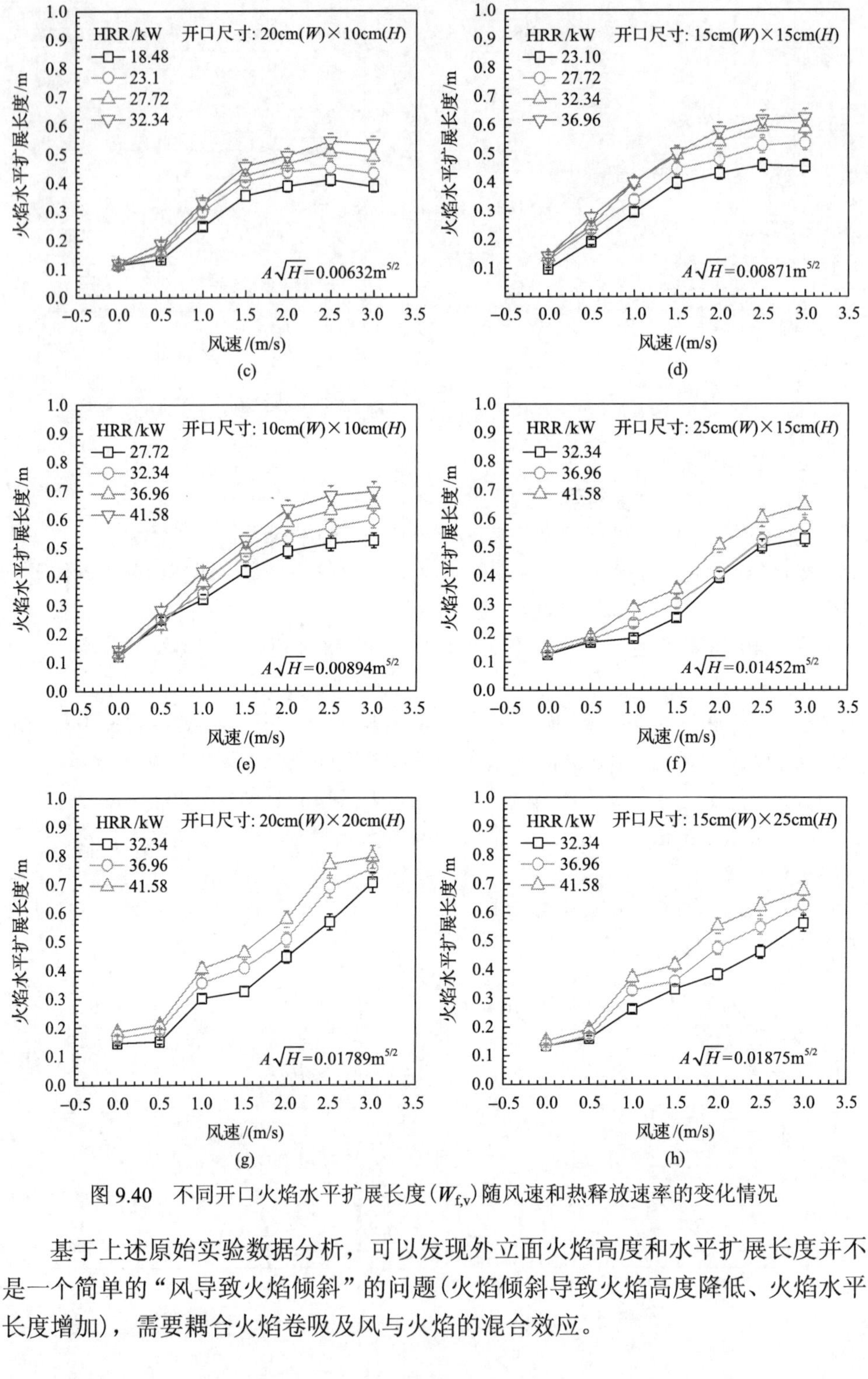

图 9.40　不同开口火焰水平扩展长度($W_{f,v}$)随风速和热释放速率的变化情况

基于上述原始实验数据分析，可以发现外立面火焰高度和水平扩展长度并不是一个简单的“风导致火焰倾斜”的问题(火焰倾斜导致火焰高度降低、火焰水平长度增加)，需要耦合火焰卷吸及风与火焰的混合效应。

以下的观察也证明了这一点：在风速较小的情况下，热浮力控制了空气的卷吸与混合，火焰高度随着热释放速率增加得会更显著，在增大风速的情况下，空气的卷吸和混合主要是由侧向风速控制的。这也说明了为什么在风速较大时火焰随着热释放速率变化很小，甚至对于相对较小的开口，火焰的水平长度在风速较大的情况下(2.5m/s、3.0m/s)会降低，这是因为风速增加的同时，空气的卷吸和混合会进一步加强。

这两个参数的大小除了受到侧向风速影响之外，还取决于热释放速率、开口尺寸(通风因子)及无风情况下的相关参数。接下来将进行无量纲分析来研究侧向风作用下的火焰高度、水平扩展长度与弗劳德数、空气卷吸之间的关系。

(二)无量纲分析

图 9.41 和图 9.42 展示了侧向风作用下外立面无量纲火焰高度和无量纲水平扩展长度与弗劳德数的关系，弗劳德数表示风的水平惯性力与外立面火焰浮力的比值：

$$Fr = \frac{U_{\mathrm{w}}}{\sqrt{gZ_{\mathrm{f,0}}}} \tag{9.61}$$

式中，U_{w} 为侧向风速；g 为重力加速度；$\sqrt{gZ_{\mathrm{f,0}}}$ 为外立面的浮力诱导火焰特征速度。在已发表的文献中[33,34]风的弗劳德数代表火焰的倾斜程度，风速为零时，$Z_{\mathrm{f,v}}/Z_{\mathrm{f,0}}=1$，无量纲参数并不能很好地拟合不同的风速。

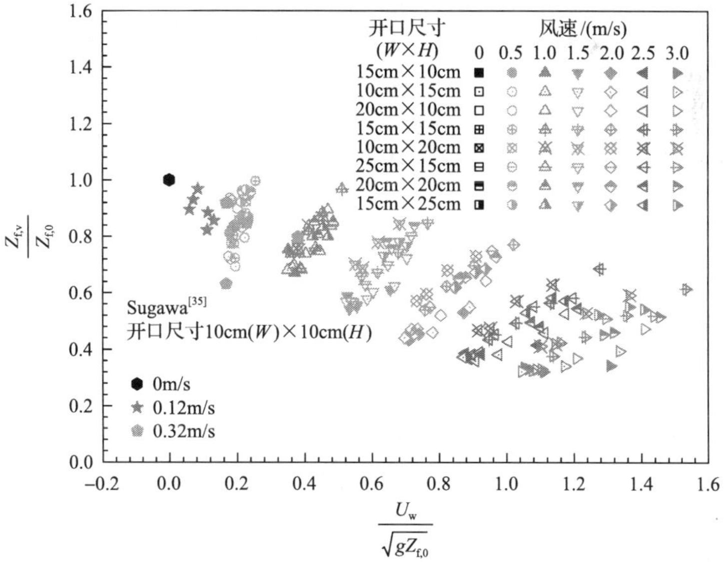

图 9.41　无量纲火焰高度($Z_{\mathrm{f,v}}/Z_{\mathrm{f,0}}$)与风的弗劳德数($U_{\mathrm{w}}/\sqrt{gZ_{\mathrm{f,0}}}$)的关系

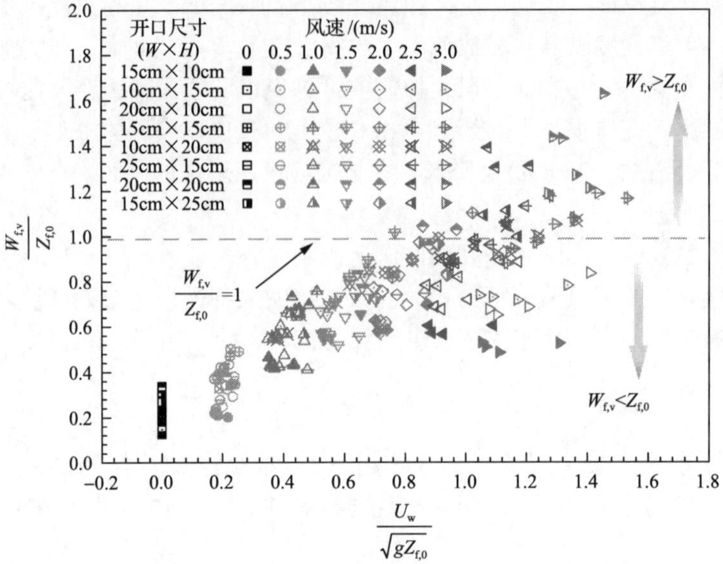

图 9.42　侧向风作用下的水平扩展长度和无风情况下的火焰高度比值（$W_{\mathrm{f,v}}/Z_{\mathrm{f,0}}$）与风的弗劳德数（$U_{\mathrm{w}}/\sqrt{gZ_{\mathrm{f,0}}}$）的关系

图 9.42 可以观察到一个很重要的现象是，对于相对大的开口，外立面的水平扩展长度甚至比无风情况下的火焰高度还要大(即 $W_{\mathrm{f,v}}/Z_{\mathrm{f,0}}>1$)，表明在侧向风速较大时，外部火焰对于临近的建筑很大风险，甚至会引燃相邻的建筑。之前研究的火焰高度主要考虑到火焰会引燃上部楼层地板的可燃物，但是在实际的建筑物中，相邻两个房间窗户开口的位置比楼层地板的距离要低，在大尺度侧向环境风的作用下，从窗户开口处溢出火焰的水平扩展距离会大于无风条件下的火焰高度。

图 9.42 也说明了对于大风速，数据会比较分散，这是因为前面提到过，火焰形态的变化不仅仅是侧向风导致火焰倾斜，同时也需要耦合火焰的卷吸与混合作用。

前面解释过外立面的火焰高度并不仅仅取决于风的倾斜效应，在考虑倾斜的同时应该耦合风的卷吸与混合。因此，结合风的卷吸作用和火焰倾斜，得到侧向风作用下的火焰高度的无量纲表述形式：

$$\frac{Z_{\mathrm{f,v}}}{Z_{\mathrm{f,0}}}=\mathrm{fcn}\left(\frac{U_{\mathrm{w}}\ell_2 Z_{\mathrm{f,0}}}{\sqrt{gZ_{\mathrm{f,0}}}Z_{\mathrm{f,0}}^2},\frac{U_{\mathrm{w}}}{\sqrt{gZ_{\mathrm{f,0}}}}\right) \tag{9.62}$$

如图 9.43 所示，式(9.62)的右侧第一个无量纲数（$U_{\mathrm{w}}\ell_2 Z_{\mathrm{f,0}}/\sqrt{gZ_{\mathrm{f,0}}}Z_{\mathrm{f,0}}^2$）的分

子表示侧向风作用下的空气卷吸与混合，其中 ℓ_2 表示溢出火焰的水平距离(与外立面垂直，$\ell_2=(AH^2)^{1/4}$)[17]，$\ell_2 Z_{f,0}$ 表示侧向风作用下的卷吸面积(与侧向风垂直)；同时，分母表示无风条件下由于火焰自身浮力作用下的卷吸程度($\sqrt{gZ_{f,0}}$ 表示浮力诱导的火焰卷吸速度，$Z_{f,0}^2$ 表示三维火焰卷吸面积)，因此，$U_w \ell_2 Z_{f,0}/\sqrt{gZ_{f,0}}Z_{f,0}^2$ 反映了有风与无风情况下火焰自身浮力作用下的卷吸差异。方程右侧第二个无量纲参数是风的弗劳德数($U_w/\sqrt{gZ_{f,0}}$)，表示侧向风作用下外部火焰的倾斜程度。

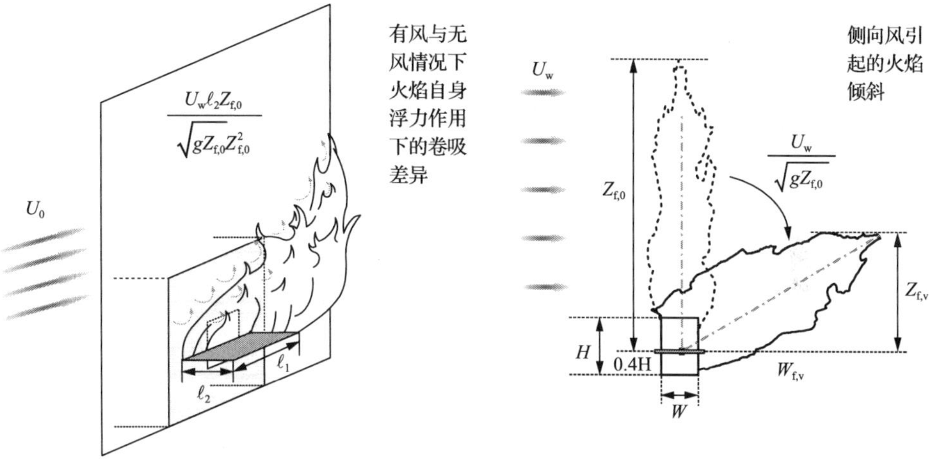

图 9.43　侧向风作用下的火焰高度($Z_{f,v}$)和水平扩展长度($W_{f,v}$)物理模型

式(9.62)可以进一步作如下简化：

$$\frac{Z_{f,v}}{Z_{f,0}}=\mathrm{fcn}\left(\frac{U_w \ell_2}{\sqrt{gZ_{f,0}}Z_{f,0}{}^2},\frac{U_w}{\sqrt{gZ_{f,0}}}\right) \tag{9.63}$$

$$\frac{Z_{f,v}}{Z_{f,0}}=\mathrm{fcn}\left(\frac{Z_{f,0}}{\ell_2},\frac{U_w}{\sqrt{gZ_{f,0}}}\right) \tag{9.64}$$

结合 Sugawa 等[35]之前的侧向风作用下的火焰高度实验数据，给出了如下的拟合形式(图 9.44)：

$$\frac{Z_{f,v}-0.6H}{Z_{f,0}-0.6H}=\mathrm{e}^{-\frac{\chi}{3.4}},\quad \chi=\left(\frac{Z_{f,0}}{\ell_2}\right)^{0.8}\left(\frac{U_w}{\sqrt{gZ_{f,0}}}\right)^{1.2} \tag{9.65}$$

方程中的分子、分母同时减去 0.6H，$Z_{f,v}-0.6H$ 可以得到火焰是高于开口上方的距离。我们认为，当风速趋近于无穷大时，火焰高度趋近于 0.6H，火焰被侧向风吹得水平，同时，当风速为 0 时，方程右边为 1，因此方程(9.65)可以较好地符合边界条件，同时 Sugawa 等[35]的实验数据也可以较好地符合本模型。

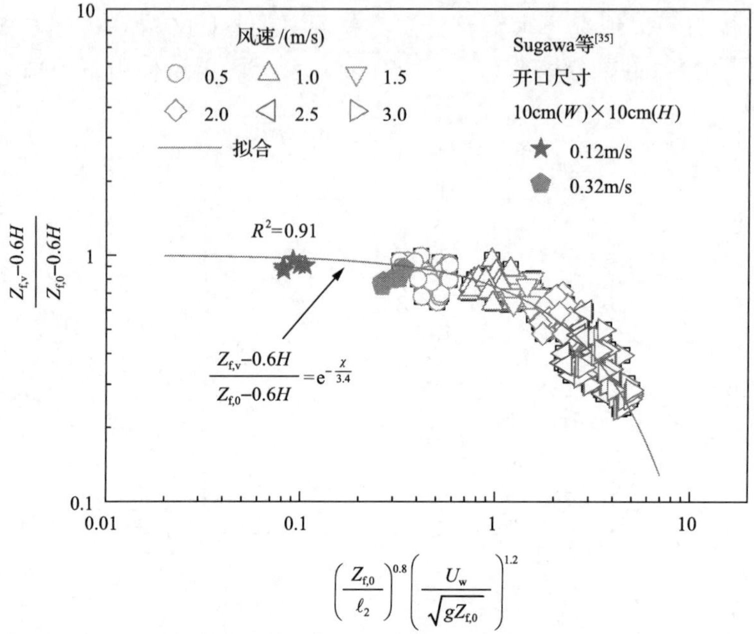

图 9.44　侧向风作用下开口火溢流的火焰高度无量纲模型

现在，需要考虑火焰的水平扩展长度，结合物理模型图 9.43，可以通过以下的公式进行解释：

$$\frac{Z_{f,v}}{W_{f,v}}\bigg/\frac{Z_{f,0}}{W_{f,0}}=\mathrm{fcn}\left(\frac{Z_{f,0}}{\ell_2},\frac{U_w}{\sqrt{gZ_{f,0}}}\right) \tag{9.66}$$

式中，左边分母($Z_{f,0}/W_{f,0}$)表示无风条件下的垂直的浮力效应与火焰水平扩散效应的比值；分子($Z_{f,v}/W_{f,v}$)表示侧向风作用下这两种效应的比值，它们的比值关系需要考虑有风和无风条件下空气卷吸差异和侧向风诱导下火焰倾斜这两个因素。图 9.45 是火焰高度和公式(9.66)提出的火焰水平扩展长度的拟合形式。

图 9.46 基于提出的模型比较了外立面的火焰高度和水平扩展长度的预测值与

实验值，可以发现预测值与实验值吻合较好，说明本次的实验数据可以较好的应用于提出的理论模型。其中火焰高度的平均相对误差为 6.98%，火焰水平长度的平均相对误差为 9.70%。

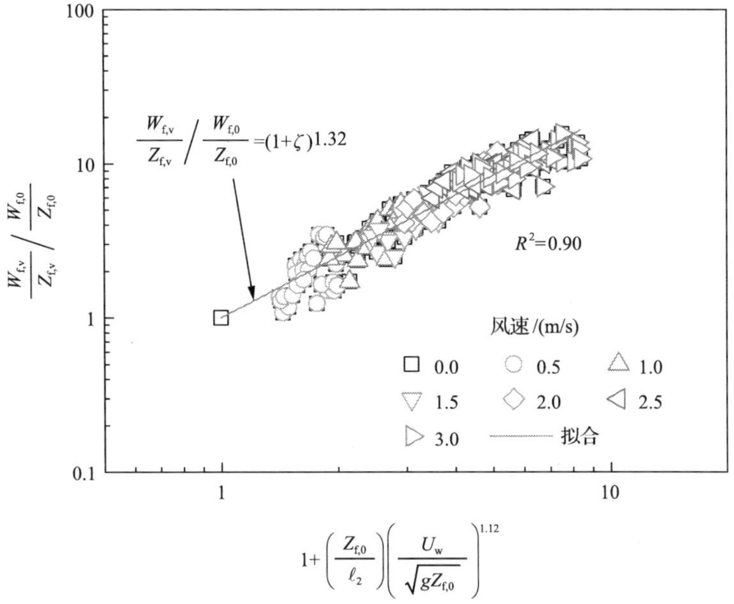

图 9.45　侧向风作用下开口火溢流的水平扩展长度的无量纲模型

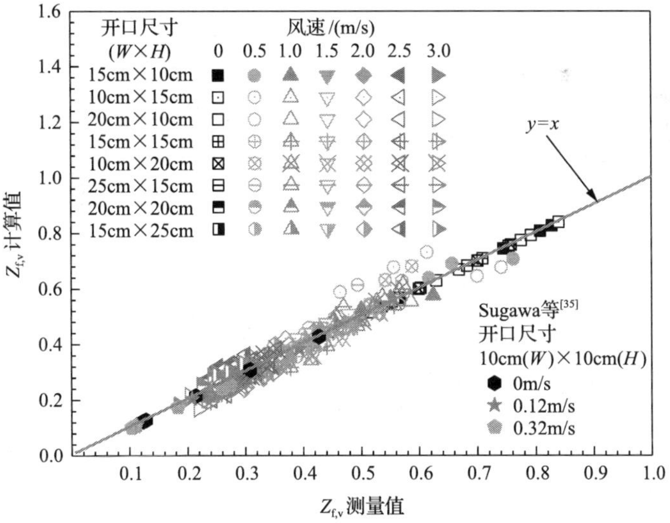

(a) 火焰高度

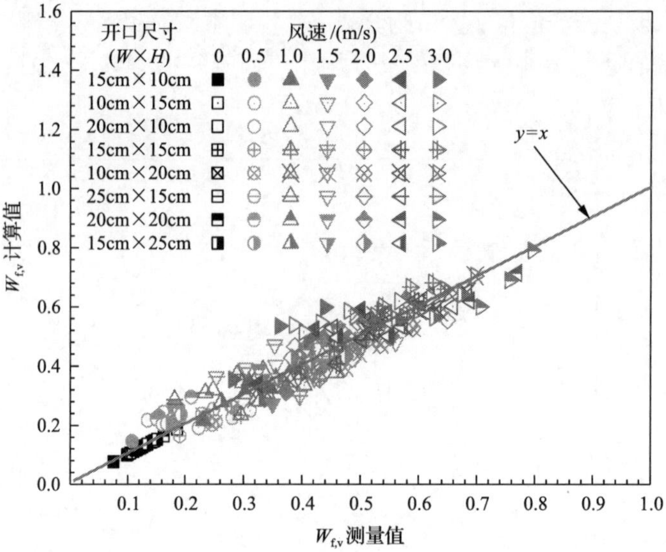

(b) 火焰水平长度

图 9.46　侧向风作用下开口火溢流的火焰高度和水平扩展模型预测值与实验值的对比

二、侧向风作用下燃烧室内温度演变及分布

(一)燃烧室内温度演变

室内温度演变及分布是表征腔室火灾的重要参数，这些方面的研究对于消防安全工程具有重要意义。对于基本的室内火灾场景，室内温度升高会导致上层的热空气从开口溢出，新鲜空气将会从开口下部流入，对与较小的热释放速率(室内状态是过度通风或者是室内氧气充足)，室内会呈现分层状态(上层热空气，下层冷空气)。随着热释放速率增加，热浮力驱动的湍流流动会更加强烈，从而导致室内达到充分混合的通风控制时期(氧气充足)，室内分层现象消失，室内温度达到一致[16,36]。关于室内温度分布以及演变的经典模型一般是基于无风情况，此时室内温度演变仅取决于室内火焰自身的热浮力，外部环境风也是影响室内火焰演变的重要因素。前面介绍了正向风作用下的温度演变，侧向风对室内火灾的影响也不可忽视,这种情况将会比正向风的情况更加复杂。

图 9.47 是燃烧腔室内部热电偶的布置情况，热电偶树布置在腔室中心线的两侧，距离两侧的壁面均为 5cm，定义靠近风洞出口的热电偶树是上风侧，远离风洞出口的热电偶树为下风侧。单热电偶树上的热电偶布置情况是：两个布置在上层，两个布置在下层，距离均为 5cm。上层的两个热电偶距离顶部的距离分别为 5cm、10cm，下层的热电偶距离底部的距离分别为 5cm、10cm。

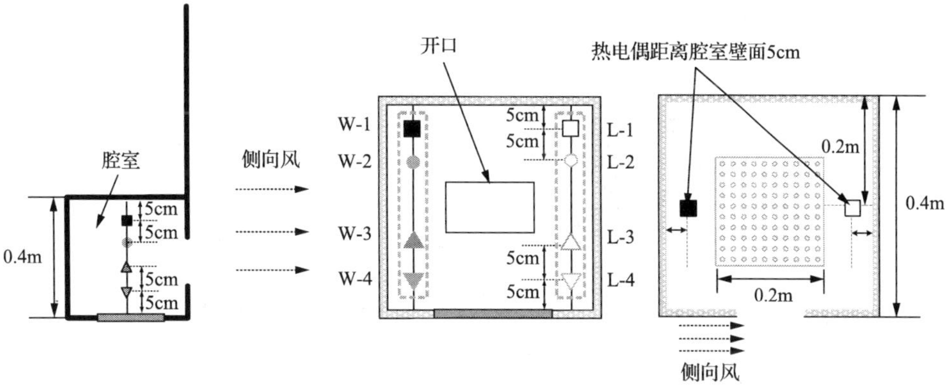

图 9.47　燃烧腔室内部热电偶的布置示意图

图 9.48 展示了在稳定状态时从开口处观察到的室内火焰形态随总的热释放速率和侧向风速的演变情况。可以得到：①在无风情况下，火焰将会保持竖直状态，并且在开口中心线(虚线)对称分布；②当外侧存在侧向风时，随着热释放速率的增加，火焰位置会存在一个有意思的转折，对于较小的热释放速率，火焰一直分布腔室的下风侧位置处，随着热释放速率的增加，火焰向下风侧转移。下面将会进一步描述火焰位置的转变从而导致了室内温度分布的转折。

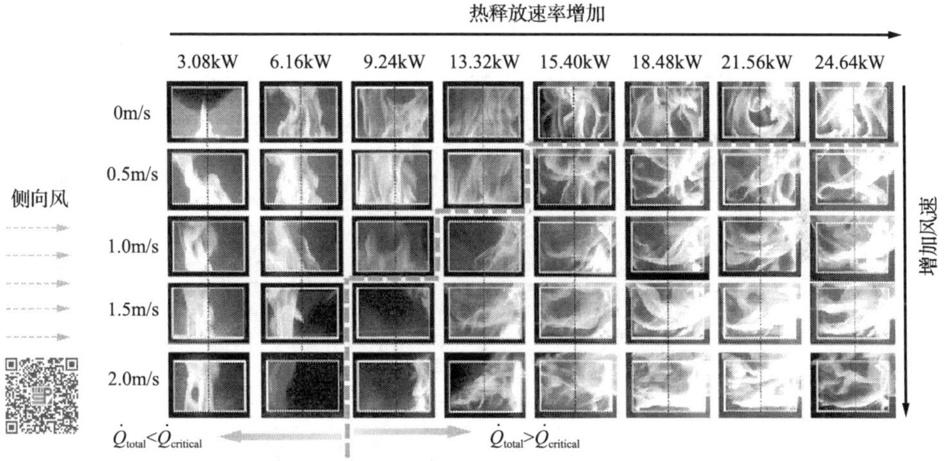

图 9.48　典型的室内火焰形态随总的热释放速率和侧向风速的演变行为(彩图扫二维码)

(开口尺寸：0.15m(*W*)×0.10m(*H*))

图 9.49 展示了在不同风速下室内的温度数值和同一高度处上、下风侧的温度差值随热释放速率的演变情况，有以下结论。

(1) 在无风情况下，上、下风侧的温度基本是一致的，温度差值不会超过 20℃，温度数值均随热释放速率先增加后减少，与前人所做的无风情况下演变趋势一致[16,36]。

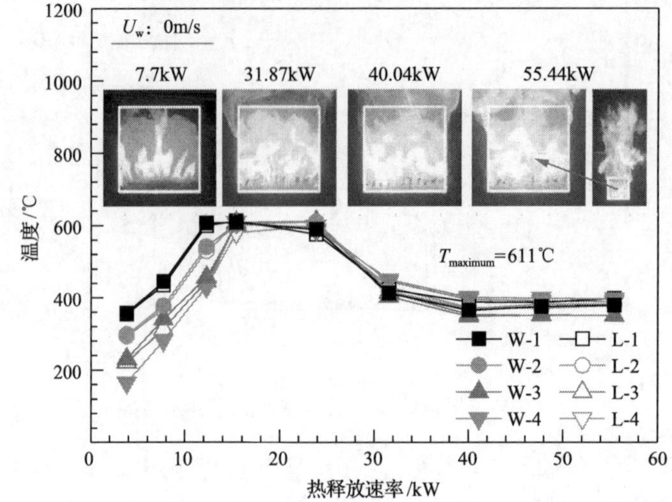
U_w：0m/s
7.7kW
31.87kW
40.04kW
55.44kW
$T_{maximum}$=611℃
W-1
L-1
W-2
L-2
W-3
L-3
W-4
L-4
温度/℃
热释放速率/kW
0
10
20
30
40
50
60
200
400
600
800
1000
1200

(a)

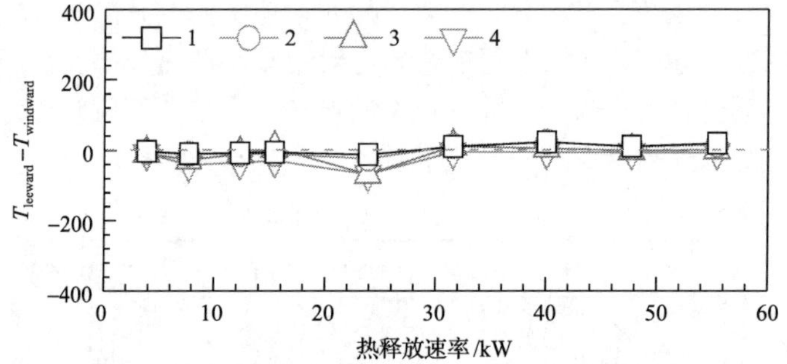
1
2
3
4
$T_{leeward}-T_{windward}$
热释放速率/kW
0
10
20
30
40
50
60
-400
-200
0
200
400

(b)

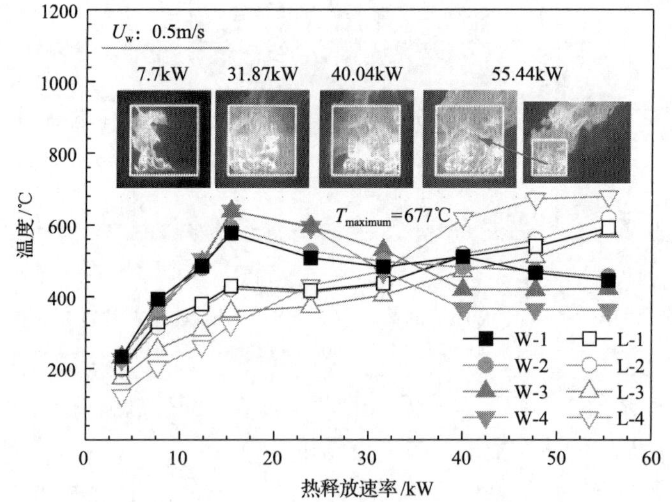
U_w：0.5m/s
7.7kW
31.87kW
40.04kW
55.44kW
$T_{maximum}$=677℃
W-1
L-1
W-2
L-2
W-3
L-3
W-4
L-4
温度/℃
热释放速率/kW
0
10
20
30
40
50
60
200
400
600
800
1000
1200

(c)

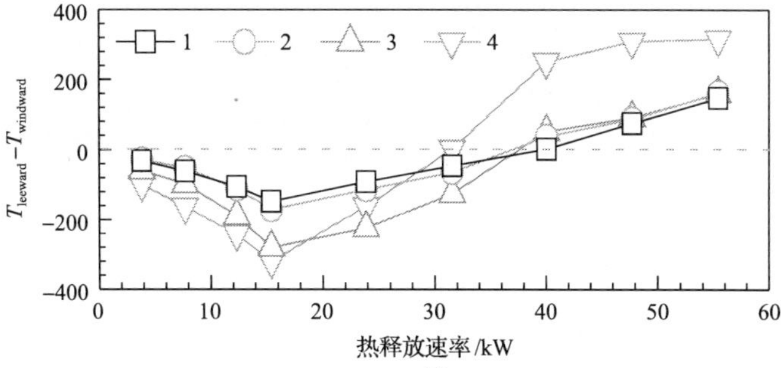
400
200
0
−200
−400
$T_{leeward}-T_{windward}$
1
2
3
4
0
10
20
30
40
50
60
热释放速率/kW

(d)

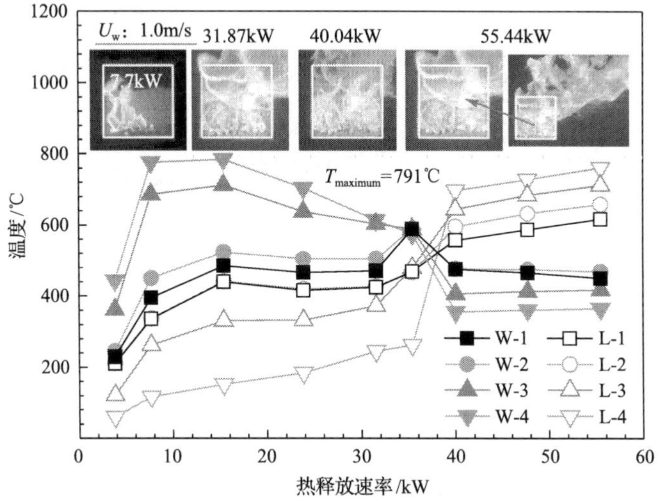
1200
1000
800
600
400
200
温度/℃
U_w：1.0m/s
7.7kW
31.87kW
40.04kW
55.44kW
$T_{maximum}$=791℃
W-1
L-1
W-2
L-2
W-3
L-3
W-4
L-4
0
10
20
30
40
50
60
热释放速率/kW

(e)

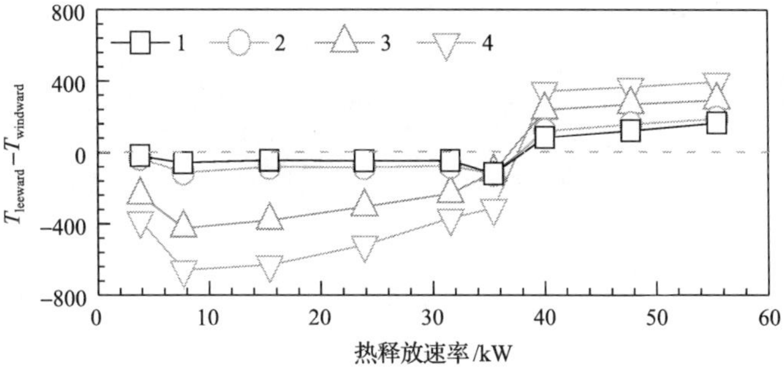
800
400
0
−400
−800
$T_{leeward}-T_{windward}$
1
2
3
4
0
10
20
30
40
50
60
热释放速率/kW

(f)

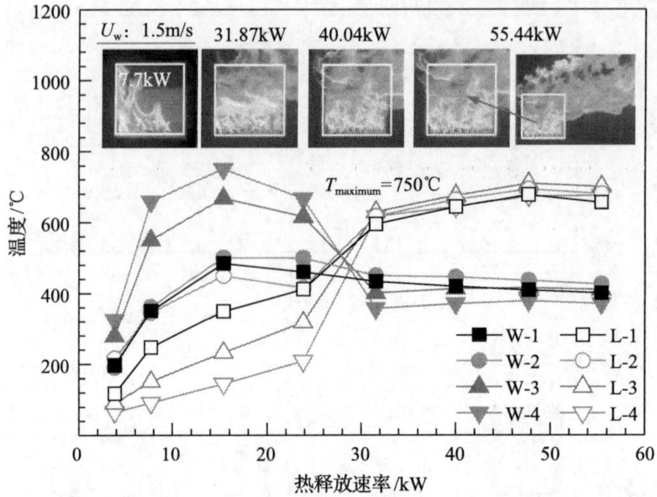

U_w: 1.5m/s
7.7kW
31.87kW
40.04kW
55.44kW
$T_{maximum}$=750℃
温度/℃
热释放速率/kW
W-1
W-2
W-3
W-4
L-1
L-2
L-3
L-4

(g)

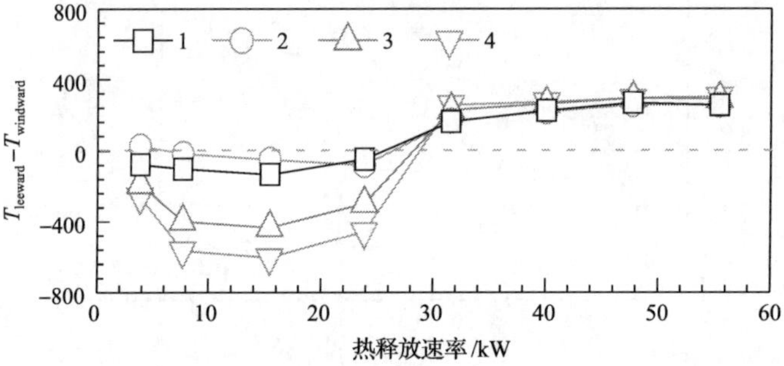

1
2
3
4
$T_{leeward}-T_{windward}$
热释放速率/kW

(h)

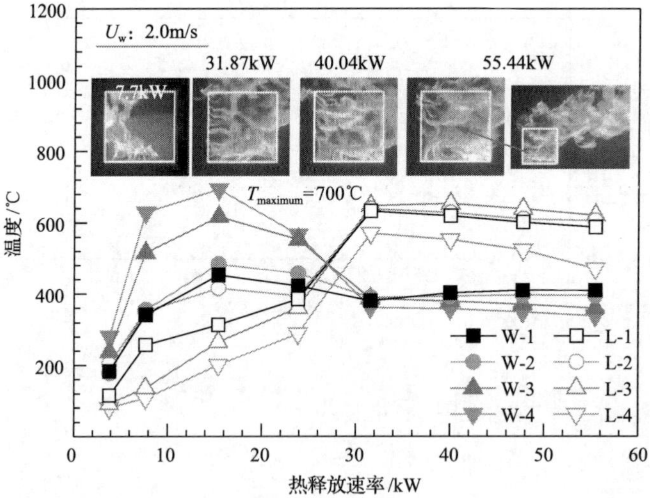

U_w: 2.0m/s
7.7kW
31.87kW
40.04kW
55.44kW
$T_{maximum}$=700℃
温度/℃
热释放速率/kW
W-1
W-2
W-3
W-4
L-1
L-2
L-3
L-4

(i)

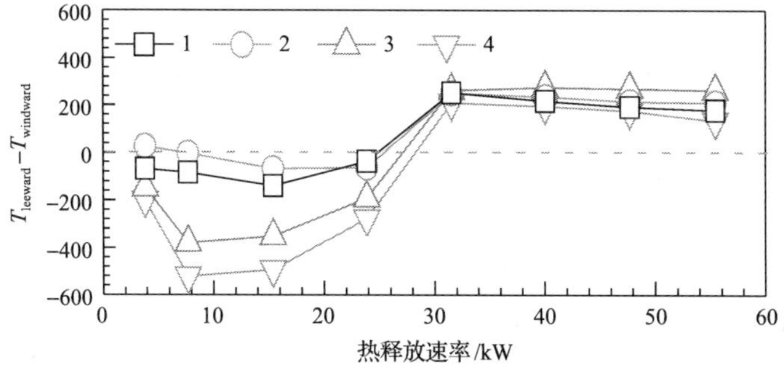

(j)

图 9.49　在不同风速下室内的温度数值和同一高度处上、下风侧的温度差值随热释放速率的变化规律(开口尺寸：20cm(*W*)×20cm(*H*))(彩图扫二维码)

(2)当侧向风作用时，上风侧的温度随着热释放速率急剧增加，然后降低。另外，背风侧的温度会先增加，但是比上风侧的温度低，随后突然增加，同时上风侧的温度也会急剧下降，从而下风侧的温度高于上风侧。这种转折(过渡)通过上、下风侧温度的差值($T_{leeward}-T_{windward}$)演变也可以观察到。下风侧与上风侧的温度差值一开始是零($T_{leeward}=T_{windward}$)，然后是负值($T_{leeward}<T_{windward}$)，最后为正值($T_{leeward}>T_{windward}$)。

这种过渡应该是室内流动转变导致的，可以通过测量的温度数值证实。在无风的情况下，羽流撞击到顶部，然后在顶部扩展，随后下降，从而导致了在初始状态时上部的温度高于下部的温度。当外部侧向风作用时，上风侧下部的温度高于上部的温度，这是侧向风的作用，室内火焰首先会向上风侧发生偏转，火焰在碰撞顶部之前会直接接触到下部的热电偶，从而导致下部的温度高于上部，这表明了侧向风会比较明显改变室内的流动情况。最大温度(图中使用绿色虚线标注)随着风速(611℃→677.7℃→791.2℃)先增加，主要是因为火焰向上风侧偏转，然后下降(791.2℃→750.0℃→700.0℃)，这是因为从开口进入腔室内部循环的冷却作用。流动情况的改变发生在热释放速率超过某一数值时，火焰和高温区域发生在下风侧。

为了更清楚地了解侧向风作用下的室内流场分布，开展了相关的数据模拟。使用的是火灾动力模拟软件 FDS(版本 6.4，大涡模拟)[37]，图 9.50 展示了典型的模拟结果，某一高度(z=15cm，距离地面 15cm，距离开口底部 5cm，开口尺寸：20cm(*W*)×20cm(*H*))处的室内外的流场及氧气浓度分布情况。模拟结果显示，存在一个流动转折，对于较小的热释放速率，火源上方(红色的虚线区域)的流动主要是从下风侧到上风侧，并且在上风侧存在一个高温区域；然而，对于较大的热释放速率，火源上方的流动主要从上风侧到下风侧，并且下风侧的温度较高。扩散火焰通常会靠近氧气匮乏的区域，对于较小的热释放速率，室内的流动是由侧向风决定的，室内达到循环流动，导致下风侧的氧气浓度降低，使火焰向下风侧运动，然而对于较大的热释放速率，这种循环流动不能穿透火羽流，新鲜的空气不能到达下风侧。当热释放速率为 40kW 时，火焰从开口处溢出，表明了室内达到通风控制，火焰直接受到侧向风控制，导致了下风侧较高的温度。

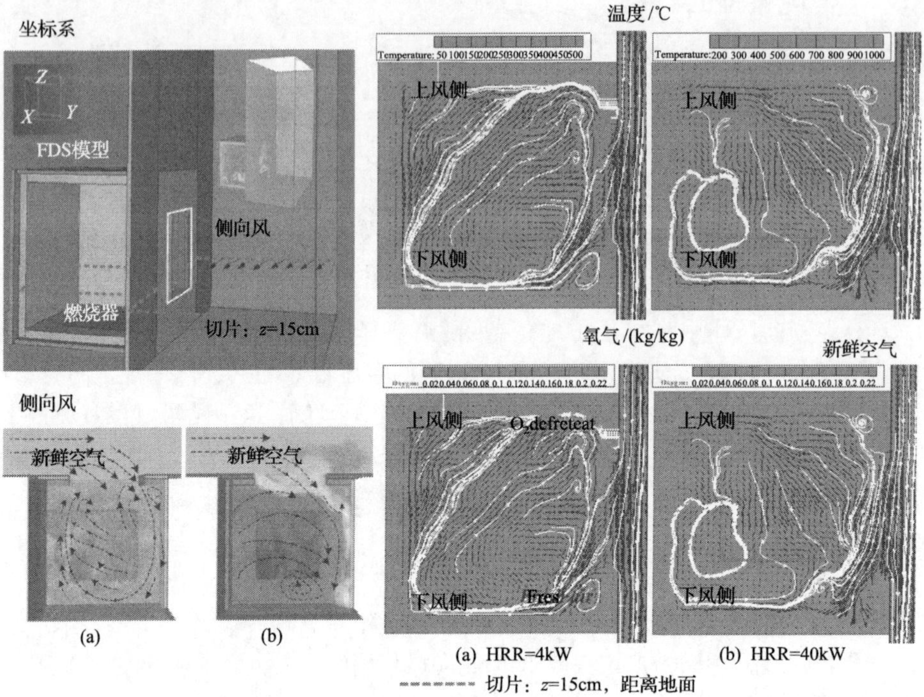

图 9.50　距离地面 15cm 处室内外的流场及氧气浓度分布（开口尺寸 20cm（W）×20cm（H））

(a) HRR=4kW，侧向风速=1m/s；(b) HRR=40kW，侧向风速=1m/s

模拟参数设置如下。

模拟软件：FDS 6.4（computational fluid dynamics），大涡模拟（large eddy simulation, LES）。

网格尺寸：1cm×1cm×1cm。

腔室尺寸：40cm。

燃烧器尺寸：20cm×20cm。

开口尺寸：20cm×20cm。

侧向风速：1.0m/s。

热释放速率（HRR）：(a) 4kW; (b) 40kW。

基于以上的讨论，增加热释放速率的过程中存在一个临界热释放速率，这是一个新的变量，可以用来定量这种转折，在这里使用临界热释放速率用 $\dot{Q}_{\text{critial}}$ 表示，图 9.51 是不同高度处临界热释放速率的定义情况，定义上风侧和下风侧温度相等（交点），对应的热释放速率数值为这一高度处的临界热释放速率，可以得到不同高度处的临界热释放速率，即 $\dot{Q}_{\text{critial},1}-\dot{Q}_{\text{critial},4}$、$\dot{Q}_{\text{critial},1}=38.2\text{kW}$、$\dot{Q}_{\text{critial},2}=37.8\text{kW}$、$\dot{Q}_{\text{critial},3}=36.9\text{kW}$、$\dot{Q}_{\text{critial},4}=37.6\text{kW}$，并且这四个数值是不同的，但是相差不大(5%以内)，定义四个数值最大的热释放速率值为临界的温度转折，即 $\dot{Q}_{\text{critial}}=\max[\dot{Q}_{\text{critial},1},\dot{Q}_{\text{critial},2},\dot{Q}_{\text{critial},3},\dot{Q}_{\text{critial},4}]$。临界热释放速率应该是外界风速与开口尺寸具有某种函数关系，将会在本节进行详细讨论。

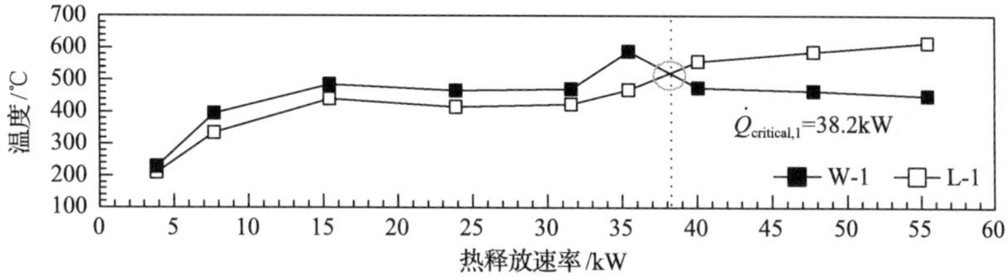

(a)

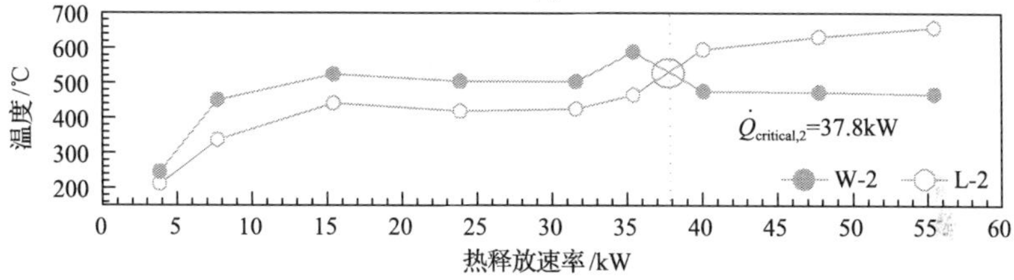

(b)

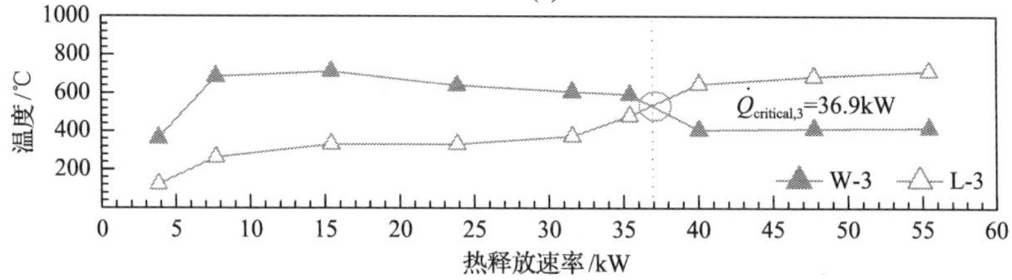

(c)

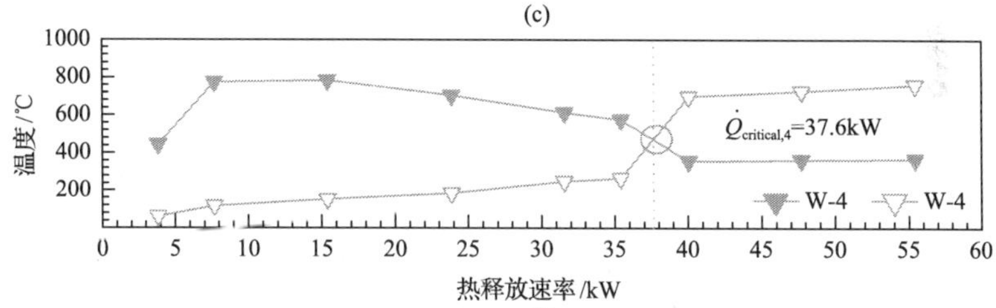

(d)

图 9.51　不同高度处临界转折热释放速率的定义(开口大小：20cm(*W*)×20cm(*H*))

(二)室内温度转变的临界热释放速率

图 9.52 展示了临界热释放速率随着侧向风速的增加而降低，同时随着开口尺寸的增加而降低，然而对于相似的开口因子，也就是开口尺寸为 15cm(*W*)×15cm(*H*)($A\sqrt{H}=0.0087\text{m}^{2.5}$)和 10cm(*W*)×20cm(*H*)($A\sqrt{H}=0.0089\text{m}^{2.5}$)时，开口宽度对临界功率影响更大，导致了开口宽度大的临界热释放速率大。

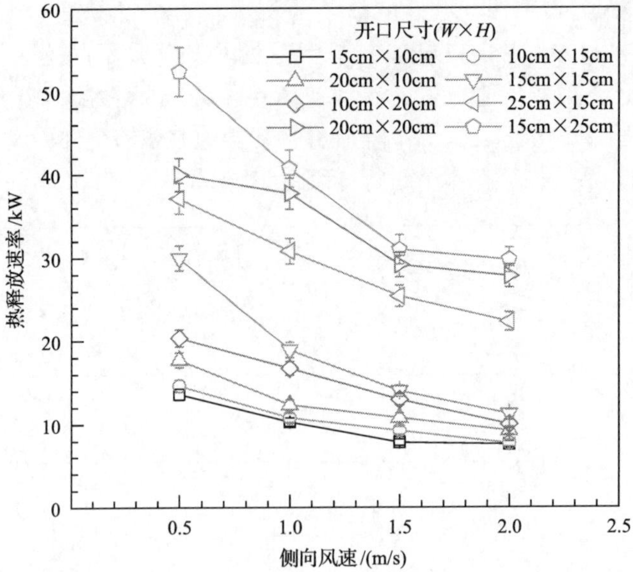

图 9.52　不同开口临界热释放速率随风速的演变情况

基于前面的讨论，临界热释放速率主要取决于开口处溢出热气体的浮力与风的惯性力的耦合作用。所以可以进行假设：临界热释放速率使用无风情况下室内从燃料控制转变为通风控制时期转变的热释放速率（$1500A\sqrt{H}$ kW[4,17,36]）进行无量纲化，它（$\dot{Q}_{\text{critical}}/1500A\sqrt{H}$）应该与侧向风作用下的风的惯性力（$M_{\text{w}}$）和开口处溢出热气体的浮力通量（$M_{\text{b}}$）的比值存在某种函数关系，即

$$\frac{\dot{Q}_{\text{critical}}}{1500A\sqrt{H}}=\text{fcn}\left(\frac{M_{\text{w}}}{M_{\text{b}}}\right) \tag{9.67}$$

在这里，从开口处溢出热气体的浮力通量（M_{b}）：

$$M_{\text{b}} \approx \dot{m}_{\text{g}} v \sim \rho_{\infty}\left(\sqrt{\frac{\Delta T_{\text{g}}}{T_{\infty}} gH}\right)^2 HW \tag{9.68}$$

风的惯性力（M_{w}）：

$$M_{\text{w}} \approx \dot{m}_{\text{w}} U_{\text{w}} \sim \rho_{\infty} U_{\text{w}} \ell_2 H U_{\text{w}} = \rho_{\infty} {U_{\text{w}}}^2 \ell_2 H \tag{9.69}$$

特征长度 ℓ_2 表示开口溢出热气体的运动的水平距离，Delichatsios 等[17]做了如下定义：

$$\ell_2 = (AH^2)^{1/4} \tag{9.70}$$

将式(9.68)～式(9.70)代入到式(9.67)中，可以得到

$$\frac{\dot{Q}_{\text{critical}}}{1500A\sqrt{H}}=\text{fcn}\left(\frac{{U_{\text{w}}}^2\ell_2 H}{\left(\sqrt{gH}\right)^2 WH}\right)=\text{fcn}\left(\frac{{U_{\text{w}}}^2}{g\,W^{3/4}H^{1/4}}\right) \tag{9.71}$$

它表明无量纲临界热释放率（$\dot{Q}_{\text{critical}}/1500A\sqrt{H}$）与新定义的弗劳德数（$Fr$）之间存在函数关系：

$$Fr=\frac{{U_{\text{w}}}^2}{g\,W^{3/4}H^{1/4}}=\frac{{U_{\text{w}}}^2}{g\,\tilde{\ell}} \tag{9.72}$$

上述可以推导出新的特征长度：

$$\tilde{\ell}=W^{3/4}H^{1/4} \tag{9.73}$$

这与图 9.52 观察到的结果一致，即开口宽度比开口高度更容易影响临界热释放速率。

图 9.53 展示给出了室内达到临界热释放速率与弗劳德数的无量纲的拟合，可以看出，随着风速的增加，更容易达到临界的热释放速率。当风速接近于 0 时，纵坐标趋近于∞；风速趋近于∞，纵坐标趋近于 0，可以较好地符合边界条件：

$$\frac{\dot{Q}_{\text{critical}}}{1500A\sqrt{H}}=1.20\left(\frac{{U_{\text{w}}}^2}{g\,W^{3/4}H^{1/4}}\right)^{-0.22} \tag{9.74}$$

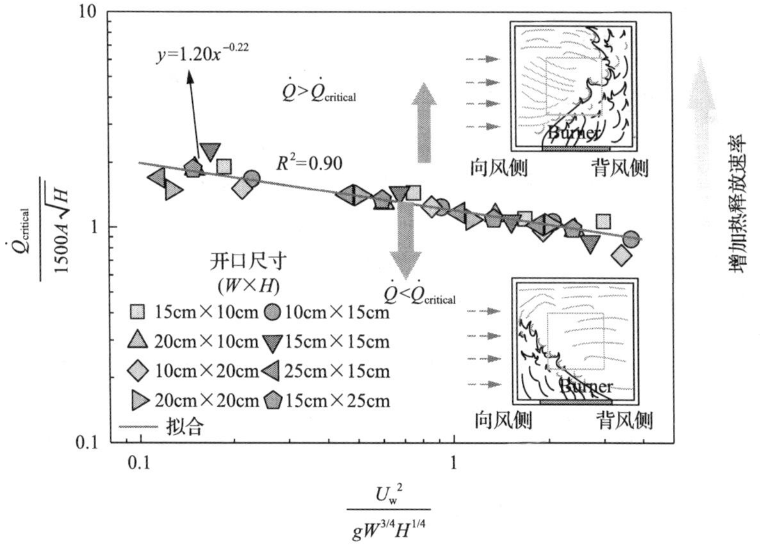

图 9.53　临界热释放速率与弗劳德数的无量纲的拟合

参 考 文 献

[1] Lo S K. The new Hong Kong wind code 2004. Structuacal Engineer, 2005, 83(20): 22-24.

[2] Yik F W H, Lo T Y, Burnett J. Wind data for natural ventilation design in Hong Kong. Building Services Engineering Research and Technology, 2003, 24(2): 125-136.

[3] Chen H X, Liu N A, Chow W K. Wind effects on smoke motion and temperature of ventilation-controlled fire in a twovent compartment. Building and Environment, 2009, 44 (12): 2521-2526.

[4] Karlsson B, Quintiere J G. Enclosure fire dynamics. CRC, 2000: 81-114.

[5] 唐飞. 不同外部边界及气压条件下建筑外立面开口火溢流行为特征研究. 合肥: 中国科学技术大学出版社, 2013.

[6] 邱曾维. 开口火溢流的火焰宽度与厚度演化规律与模型研究. 合肥: 中国科学技术大学出版社, 2015.

[7] Himoto K, Tsuchihashi T, Tanaka Y, et al. Modeling thermal behaviors of window flame ejected from a fire compartment. Fire Safety Journal, 2009, 44(2): 230-240.

[8] Lee Y P, Delichatsios M A, Ohmiya Y, et al. Heat fluxes on opposite building wall by flames emerging from an enclosure. Proceedings of the Combustion Institute, 2009, 32(2): 2551-2558.

[9] Hu L H, Tang F, Delichatsios M A, et al. Global behaviors of enclosure fire and facade flame heights in normal and reduced atmospheric pressures at two altitudes. International Journal of Heat and Mass Transfer, 2013, 56(1): 119-126.

[10] Tang F, Hu L H, Qiu Z W, et al. Window ejected flame height and heat flux along facade with air entrainment constraint by a sloping facing wall. Fire Safety Journal, 2015, 71: 248-256.

[11] 陆凯华. 不同开口与侧墙限制边界条件下火焰溢出卷吸行为与火焰高度模型研究. 合肥: 中国科学技术大学出版社, 2015.

[12] Hu L H, Lu K H, Tang F, et al. A global non-dimensional factor characterizing side wall constraint effect on facade flame entrainment and flame height from opening of compartment fires. International Journal of Heat and Mass Transfer, 2014, 75: 122-129.

[13] Lu K H, Hu L H, Tang F, et al. Experimental investigation on window ejected facade flame heights with different constraint side wall lengths and global correlation. International Journal of Heat and Mass Transfer, 2014, 78(11): 17-24.

[14] Lu K H, Hu L H, Tang F, et al. Heat flux profile upon building facade with side walls due to window ejected fire plume: an experimental investigation and global correlation. Fire Safety Journal, 2014, 70(70): 14-22.

[15] Tang F, Hu L H, Delichatsios M A, et al. Experimental study on flame height and temperature profile of buoyant window spill plume from an under-ventilated compartment fire. International journal of Heat and Mass transfer, 2012, 55(1-3): 93-10.

[16] Hu L H, Ren F, Hu K Z, et al. An experimental study on temperature evolution inside compartment with fire growth and flame ejection through an opening under external wind. Proceedings of the Combustion Institute, 2017, 36(2): 2955-2962.

[17] Lee Y P, Delichatsios M A, Silcock G W H. Heat fluxes and flame heights in facades from fires in enclosures of varying geometry. Proceedings of the Combustion Institute, 2007, 31(2): 2521-2528.

[18] Lee Y P, Delichatsios M A, Ohmiya Y. The physics of the outflow from the opening of an enclosure fire and reexamination of Yokoi's correlation. Fire Safety Journal, 2012, 49: 82-88.

[19] Steckler K D, Baum H R, Quintiere J G. Fire induced flows through room openings-flow coefficients. Symp. (Int.) Combust, 1985, 20(1): 1591-1600.
[20] Rockett J A. Fire induced gas flow in an enclosure. Combustion Science and Technology, 1976, 12 (4-6): 165-175.
[21] Santamouris M, Allard F. Natural ventilation in buildings: a design handbook. Earthscan, 1998, 24: 1-24.
[22] Swami M V, Chandra S. Correlations for pressure distribution on buildings and calculation of natural-ventilation airflow. ASHRAE Trans, 1988, 94(3112): 243-266.
[23] Kumar R, Naveen M. Compartment fires: acltree and cross-ventilation. Combustion Science and Technology, 2007, 179(8): 1549-1567.
[24] Huang H, Ooka R, Liu N A, et al. Experimental study of fire growth in a reduced-scale compartment under different approaching external wind conditions. Fire Safety Journal, 2009,44 (3): 311-321.
[25] Chen H X, Liu N A, Zhang L H, et al. Experimental study on crossventilation compartment fire in the wind environment. Proceedings of the 9th International Symposium on Fire Safety Science, 2008, 9: 907-918.
[26] Takeda H. Experimental investigation of five behavior in a 1/6 scale dual opening compartment[J]. Sym posium (International) on Combustion, 1988, 21: 137-142.
[27] Bryant R A. A comparison of gas velocity measurements in a full-scale enclosure fire. Fire Safety Journal, 2009, 44(5): 793-800.
[28] Hu L H, Tang F, Delichatsios M A, et al. A mathematical model on lateral temperature profile of buoyant window spill plume from a compartment fire. International Journal of Heat and Mass Transfer, 2013, 56(1-2): 447-453.
[29] Quintiere J G, Grove B S. A unified analysis for fire plumes. Symposium (International) on Combustion, 1998, 27(2): 2757-2766.
[30] Cetegen B M, Zukoski E E, Kubota T. Entrainment in the near and far field of fire plumes. Combustion Science and Technology, 1984, 39(1-6): 305-331.
[31] Zukoski E E. Properties of fire plumes//Cox G. Combustion Fundamentals of Fire. London:Academic Press, 1995.
[32] Lee Y P, Delichatsios M A, Ohmiya Y, et al. Flame heights and heat fluxes on a building facade and an opposite building wall by flames emerging from an opening. Fire Safety Science, 2007, 7: 153.
[33] Pipkin O A, Sliepcevich C M. Effect of wind on buoyant diffusion flames. Initial correlation. Industrial & Engineering Chemistry Fundamentals, 1964, 3(2): 147-154.
[34] Thomas P H. The size of flames from natural fires. Symposium (International) on Combustion, 1963, 9(1): 844-859.
[35] Sugawa O, Momita D, Takahashi W. Flow behavior of ejected fire flamelplume from an opening effected by external side wind. Fire Safety Science, 1997, 5: 249-260.
[36] Quintiere J G. Fundamentals of fire phenomena. Chichester: John Wiley, 2006: 340-342.
[37] User's Guide. NIST Special Publication 1018-5. Maryland:National Institute of Standards and Technology, 2007.
[38] Gao W, Liu N A, Delichatsios M A, et al. Fire spill plume from a compartment with dual symmetric openings under cross wind. Combustion and Flame, 2016, 167: 409-421.
[39] 高威. 无风及侧向风作用下的腔室开口火溢流研究. 合肥: 中国科学技术大学出版社, 2016.